数字图像处理

主编◎吴 娱

内容丰富 | 实例、习题详尽，可读性强
案例教学 | 案例生动形象，实用性强
重视实践 | 兼顾理论和应用，突出技能

内 容 简 介

本书全面、系统地介绍了数字图像处理中的各种技术及其应用。本书对数字图像处理的基本概念、基础理论都做了必要的交代,并且给出了 MATLAB 在数字图像处理的各个环节中的实现方法,在讲解各种基本理论时列举了丰富的实例,使得本书的应用性很强。本书的基本理论和应用实例程序完整,对于基于 MATLAB 软件编程的数字图像处理的应用和开发有很高的应用价值。

全书共 9 章,内容包括绪论、数字图像基础、图像的基本运算、空间域图像增强、频率域图像增强、图像压缩编码、图像分割、数学形态学及其应用、数字图像处理的应用实例。

本书可作为高等院校电子信息工程、通信工程、电子科学与技术、计算机科学与技术、生物医学、自动化等专业的本科生教材,也可作为相关专业本科生的教学参考书,同时还适用于数字图像处理的初学者和相关工程技术人员。

图书在版编目(CIP)数据

数字图像处理 / 吴娱主编. -- 北京:北京邮电大学出版社,2017.10(2021.12 重印)
ISBN 978-7-5635-5271-9

Ⅰ.①数… Ⅱ.①吴… Ⅲ.①数字图像处理-高等学校-教材 Ⅳ.①TN911.73

中国版本图书馆 CIP 数据核字 (2017) 第 214551 号

书　　名:	数字图像处理
主　　编:	吴　娱
责任编辑:	刘春棠
出版发行:	北京邮电大学出版社
社　　址:	北京市海淀区西土城路 10 号 (邮编:100876)
发 行 部:	电话:010-62282185　传真:010-62283578
E-mail:	publish@bupt.edu.cn
经　　销:	各地新华书店
印　　刷:	北京九州迅驰传媒文化有限公司
开　　本:	787 mm×1 092 mm　1/16
印　　张:	20.25
字　　数:	501 千字
版　　次:	2017 年 10 月第 1 版　2021 年 12 月第 2 次印刷

ISBN 978-7-5635-5271-9　　　　　　　　　　　　　　　　　定　价:49.00 元

· 如有印装质量问题,请与北京邮电大学出版社发行部联系 ·

前　　言

数字图像处理起源于20世纪20年代,当时通过海底电缆从英国的伦敦到美国的纽约采用数字压缩技术传输了第一张数字照片。此后,由于遥感等领域的应用,图像处理技术逐步受到关注并得到相应的发展。随着计算机科学技术的不断发展以及人们在日常生活中对图像信息的需求不断增大,数字图像处理作为一个跨学科的前沿科技领域,在工程学、计算机科学、信息学、统计学、物理、遥感、生物医学、地质、海洋、气象、农业等许多学科中都得到广泛的应用,并显示出广阔的前景。近年来,图像处理以其信息量大、传输速度快等一系列优点,已成为人类获取信息的重要来源及传输信息的重要手段,并且数字图像处理正以强劲的发展态势朝着智能化、网络化、个人化、实时化等方向发展。在信息社会中,图像处理技术无论是在理论上还是在实践中,都有着巨大的潜力。

在本科阶段的学习中,数字图像处理作为电子信息工程、通信工程、电子科学与技术、计算机科学与技术、生物医学、自动化等专业的专业课程,有助于学生提高认识世界和改造世界的能力。虽然各专业对图像的获取、变换、编码与压缩、增强与复原、分割与目标识别等处理的要求不尽相同,但基本理论、基础知识、基本技能对各个专业都是不可缺少的。本课程作为专业课,学时较少,但承接前修课程的概念较多,新概念、新理论也较多,如何有效地组织教材,使之成为一个有机的整体,是编写教材所面临的难题。国内外关于图像处理的教材很多,对图像处理技术的研究和学习使编者深刻意识到图像处理技术的博大精深。

目前,国内外关于数字图像处理的教材大致可分为三类:第一类偏重理论,数学公式比较多,概念的阐述比较抽象,追求严谨和学科的完整性,适合于研究生阶段的学习使用;第二类是偏重如Photoshop等图像处理工具在图像处理中的作用,着重讲述软件的实践,这类教材比较适合于艺术类、工业设计类专业的本科生使用;第三类是在讲述基本理论、基本知识的基础上,结合如MATLAB和C++等具体的编程语言验证相应的理论和算法,进一步培养图像处理的基本技能,以及设计图像处理软件和硬件的能力,此类比较适合于电子信息类专业的本科生使用。在吸收众多专家成果的基础上,编者立足于编写第三类教材,充分反映自己对图像处理的学习、讲授以及从事科研实践的成果和感受。

本书是在充分体现应用型本科教育的特点、力求提高学生分析问题和解决问题能力的基础上编写的,强调数字图像处理基本算法原理的深入讲解,以及注重理论算法和实际应用的紧密结合,图文并茂、深入浅出,理论描述力求简单易懂,并集理论和实践于一体,每个章节除介绍基本算法原理之外,同时给出了基于MATLAB软件的实现方法以及多种方法效果的分析比较,通过大量典型实例的分析和实践,使复杂的理论算法变得通俗易懂。选材上既注重基本概念、理论和方法的介绍,同时也反映出近年来数字图像处理领域的最新发展情况。每章后面配有小结和习题,这样的组织方式具有较强的结构性,用作教材或参考书都比较方便,便于初学者学习使用。

全书共 9 章,内容包括绪论、数字图像基础、图像的基本运算、空间域图像增强、频率域图像增强、图像压缩编码、图像分割、数学形态学及其应用、数字图像处理的应用实例。本书可作为电子信息工程、通信工程、电子科学与技术、计算机科学与技术、生物医学、自动化等专业本科生的教学用书,也可作为相关专业从事数字图像处理工作的技术人员的参考用书。

本书是笔者多年来在从事数字图像处理教学和科研工作基础上编写的。在编写过程中,参考了国内外大量的文献资料,在此向本书所参考文献的作者深表感谢。李丁依、王喜林同学也参与了部分文字的录入工作,在此也深表感谢。

由于编者教学和科研水平有限,书中错误、不妥之处在所难免,恳请各位读者批评指正。

编 者

目 录

第 1 章 绪论 ··· 1
1.1 数字图像处理的基本概念 ··· 1
  1.1.1 图像的种类 ·· 1
  1.1.2 数字图像处理的概念 ·· 2
1.2 数字图像处理的发展简史 ··· 2
1.3 数字图像处理的目的和特点 ··· 3
  1.3.1 数字图像处理的目的 ·· 3
  1.3.2 数字图像处理的特点 ·· 4
1.4 数字图像处理的主要研究内容 ··· 5
1.5 数字图像处理系统 ·· 8
1.6 数字图像处理的应用和发展趋势 ·· 8
  1.6.1 数字图像处理的应用 ·· 8
  1.6.2 数字图像处理的发展趋势 ·· 11
1.7 MATLAB 在图像处理中的应用简介 ······································· 11
  1.7.1 MATLAB 简介 ·· 12
  1.7.2 MATLAB 的常用命令 ·· 16
  1.7.3 MATLAB 的帮助系统 ·· 17
  1.7.4 MATLAB 的 m 文件 ·· 18
  1.7.5 MATLAB 绘图 ·· 22
  1.7.6 MATLAB 图像处理工具箱 ··· 23
1.8 本章小结 ··· 29
习题 1 ··· 29

第 2 章 数字图像基础 ·· 30
2.1 人类视觉系统 ··· 30
  2.1.1 人类视觉系统的构造 ·· 30
  2.1.2 光学成像过程 ·· 31
2.2 人眼视觉特性 ··· 32
  2.2.1 亮度适应性 ·· 32
  2.2.2 视错觉 ·· 33
  2.2.3 视觉惰性 ··· 35

2.3 色度学基础 ... 35
2.3.1 三基色原理 ... 35
2.3.2 颜色模型 ... 36
2.4 图像数字化 ... 39
2.4.1 图像的采样和量化 ... 39
2.4.2 图像的数学模型 ... 41
2.4.3 数字图像的数据量 ... 41
2.4.4 图像分辨率 ... 42
2.5 数字图像的类型 ... 44
2.6 常用的图像文件格式 ... 46
2.7 图像的统计特性 ... 48
2.7.1 图像的基本统计分析量 ... 48
2.7.2 数字图像的直方图 ... 49
2.7.3 多维图像的统计特性 ... 49
2.8 图像质量的评价 ... 50
2.9 MATLAB图像处理基础实验 ... 52
2.9.1 图像文件的读写 ... 52
2.9.2 图像文件的显示 ... 56
2.9.3 图像类型的转换 ... 58
2.9.4 视频文件的读写 ... 65
2.9.5 图像的统计特性 ... 71
2.10 本章小结 ... 73
习题 2 ... 74

第3章 图像的基本运算 ... 75
3.1 图像的代数运算 ... 75
3.2 图像的几何变换 ... 77
3.2.1 齐次坐标 ... 77
3.2.2 图像的位置变换 ... 78
3.2.3 图像的形状变换 ... 82
3.2.4 图像的复合变换 ... 86
3.3 图像基本运算的MATLAB实现 ... 86
3.3.1 图像代数运算的MATLAB实现 ... 86
3.3.2 图像几何变换的MATLAB实现 ... 90
3.4 本章小结 ... 97
习题 3 ... 97

第4章 空间域图像增强 ... 98
4.1 概述 ... 98

4.2 灰度变换 99
    4.2.1 灰度线性变换 99
    4.2.2 灰度非线性变换 102
  4.3 直方图修正 103
    4.3.1 灰度直方图的定义 103
    4.3.2 直方图修正的基础 105
    4.3.3 直方图均衡化 106
  4.4 空域滤波基础 109
  4.5 空域平滑滤波 111
    4.5.1 邻域平均法 111
    4.5.2 中值滤波法 113
  4.6 空域锐化滤波 114
    4.6.1 梯度运算 115
    4.6.2 拉普拉斯运算 117
  4.7 空域伪彩色增强 118
    4.7.1 灰度分层法 118
    4.7.2 灰度变换法 119
  4.8 空域图像增强的MATLAB实现 120
    4.8.1 灰度变换增强的MATLAB实现 120
    4.8.2 直方图修正增强的MATLAB实现 125
    4.8.3 图像噪声的MATLAB实现 129
    4.8.4 空域平滑滤波的MATLAB实现 134
    4.8.5 空域锐化滤波的MATLAB实现 140
    4.8.6 伪彩色增强的MATLAB实现 141
  4.9 本章小结 143
  习题4 143

第5章 频率域图像增强 145
  5.1 二维离散傅里叶变换 145
    5.1.1 二维离散傅里叶变换 145
    5.1.2 二维离散傅里叶变换的性质 146
    5.1.3 数字图像傅里叶变换的频谱分布和统计特性 148
  5.2 离散余弦变换 149
    5.2.1 一维离散余弦变换 150
    5.2.2 二维离散余弦变换 150
    5.2.3 离散余弦变换的应用 150
  5.3 频域滤波基础 151
  5.4 频域低通平滑滤波 152
  5.5 频域高通锐化滤波 153

5.6 频域伪彩色增强 ·· 154
5.7 频域图像增强的 MATLAB 实现 ·· 155
　　5.7.1 傅里叶变换的 MATLAB 实现 ·· 155
　　5.7.2 离散余弦变换的 MATLAB 实现 ··· 163
　　5.7.3 频域低通平滑滤波的 MATLAB 实现 ·· 168
　　5.7.4 频域高通锐化滤波的 MATLAB 实现 ·· 170
　　5.7.5 频域伪彩色增强的 MATLAB 实现 ··· 174
5.8 本章小结 ·· 175
习题 5 ·· 175

第 6 章　图像压缩编码 ··· 176

6.1 图像压缩编码概述 ·· 176
　　6.1.1 数据压缩的基本概念 ··· 176
　　6.1.2 图像压缩编码的必要性 ·· 177
　　6.1.3 图像压缩编码的可能性 ·· 177
　　6.1.4 图像压缩编码的分类 ··· 178
　　6.1.5 图像压缩编码的技术指标 ·· 179
6.2 熵编码 ··· 181
　　6.2.1 霍夫曼编码 ·· 181
　　6.2.2 香农-范诺编码 ··· 184
　　6.2.3 算术编码 ··· 186
　　6.2.4 行程编码 ··· 187
6.3 预测编码 ·· 187
　　6.3.1 预测编码的基本原理 ··· 187
　　6.3.2 DPCM 基本原理 ··· 188
　　6.3.3 自适应预测编码 ··· 189
6.4 变换编码 ·· 190
　　6.4.1 变换编码的基本原理 ··· 190
　　6.4.2 变换编码方案的选取 ··· 191
6.5 静止图像压缩编码标准 JPEG ··· 192
6.6 图像变换编码的 MATLAB 实现 ·· 197
6.7 本章小结 ·· 201
习题 6 ·· 202

第 7 章　图像分割 ·· 203

7.1 概述 ·· 203
　　7.1.1 图像分割的概念 ··· 203
　　7.1.2 图像分割的方法 ··· 203
7.2 阈值分割法 ··· 204

7.2.1　灰度阈值法 ………………………………………………………………… 204
　　7.2.2　最大类间方差法 ……………………………………………………………… 206
　　7.2.3　迭代阈值法 …………………………………………………………………… 208
　7.3　边缘检测法 …………………………………………………………………………… 209
　　7.3.1　边缘检测的基本原理 ………………………………………………………… 209
　　7.3.2　边缘检测算子 ………………………………………………………………… 209
　　7.3.3　霍夫(Hough)变换 …………………………………………………………… 212
　7.4　区域分割法 …………………………………………………………………………… 216
　7.5　图像分割的 MATLAB 实现 ………………………………………………………… 218
　　7.5.1　阈值分割法的 MATLAB 实现 ……………………………………………… 218
　　7.5.2　边缘检测法的 MATLAB 实现 ……………………………………………… 221
　7.6　本章小结 ……………………………………………………………………………… 227
　习题 7 ……………………………………………………………………………………… 227

第8章　数学形态学及其应用 …………………………………………………………… 229

　8.1　数学形态学概述 ……………………………………………………………………… 229
　　8.1.1　数学形态学的基本思想 ……………………………………………………… 229
　　8.1.2　基本符号和定义 ……………………………………………………………… 230
　8.2　二值图像形态学处理 ………………………………………………………………… 232
　　8.2.1　腐蚀 …………………………………………………………………………… 232
　　8.2.2　膨胀 …………………………………………………………………………… 233
　　8.2.3　开运算 ………………………………………………………………………… 234
　　8.2.4　闭运算 ………………………………………………………………………… 234
　8.3　灰度图像形态学处理 ………………………………………………………………… 235
　　8.3.1　腐蚀 …………………………………………………………………………… 235
　　8.3.2　膨胀 …………………………………………………………………………… 236
　　8.3.3　开运算 ………………………………………………………………………… 237
　　8.3.4　闭运算 ………………………………………………………………………… 237
　8.4　二值形态学的应用 …………………………………………………………………… 238
　8.5　形态学图像处理的 MATLAB 实现 ………………………………………………… 241
　8.6　本章小结 ……………………………………………………………………………… 249
　习题 8 ……………………………………………………………………………………… 249

第9章　数字图像处理的应用实例 ……………………………………………………… 250

　9.1　基于 Simulink 的视频和图像处理模块及实例 …………………………………… 250
　　9.1.1　Video and Image Processing Blockset ……………………………………… 250
　　9.1.2　图像增强的 Simulink 实现 …………………………………………………… 259
　　9.1.3　几何变换的 Simulink 实现 …………………………………………………… 265
　　9.1.4　形态学操作的 Simulink 实现 ………………………………………………… 269

9.1.5 图像综合处理实例的 Simulink 实现 …… 272
9.2 图形用户界面(GUI)设计与实现 …… 274
　9.2.1 图形用户界面概述 …… 274
　9.2.2 GUI 基本控件 …… 278
　9.2.3 GUI 对话框 …… 280
　9.2.4 GUI 实现图像处理实例 …… 284
9.3 运动目标检测的 MATLAB 实现 …… 289
　9.3.1 运动目标检测的理论基础 …… 289
　9.3.2 程序实现 …… 291
9.4 车牌倾斜校正算法的 MATLAB 实现 …… 296
9.5 本章小结 …… 298

附录 A 常用 MATLAB 图像处理工具箱函数 …… 299

附录 B 数字图像处理常用英汉术语对照 …… 303

参考文献 …… 311

第 1 章 绪 论

21世纪,人类已经进入信息化时代,人类传递信息的主要媒介是语音和图像。研究表明,在人类接受的各种信息中,听觉信息占20%,视觉信息占60%,其他如味觉、触觉、嗅觉等加起来约20%。所以,图像是人类获取信息、表达信息和传递信息的重要手段。俗话说,"百闻不如一见""眼见为实""一图值千字""一目了然"等,这些都反映了图像在传递信息中的独到之处。同时,我们又生活在一个数字化时代,随着计算机技术及网络技术的迅速发展,几乎所有的信息都可以以数字的形式呈现在人们面前。因此,学习和研究数字图像处理技术是时代的迫切需求。

本章将主要介绍数字图像处理的基本概念、目的、特点和主要研究内容,数字图像处理系统及数字图像处理的应用和发展趋势等内容,并且简单介绍数字图像处理实验常用的仿真软件MATLAB及其在图像处理中的应用。

1.1 数字图像处理的基本概念

1.1.1 图像的种类

为了实现对图像信号的处理和传输,首先必须对图像进行正确的描述,即什么是图像。从广义上来说,图像是自然界景物的客观反映,是人类认识世界和人类本身的重要源泉。照片、绘画、影视画面无疑属于图像;照相机、显微镜或望远镜的取景器上的光学成像也是图像;汉字起源于象形文字,可以看成是一种特殊的绘画;图形可以理解为介于文字与绘画之间的一种形式,也属于图像的范畴;通过某些传感器变换得到的电信号图,如脑电图、心电图等都可以看作一种图像。

"图"是物体反射或透射光的分布,"像"是人的视觉系统所接收的"图"在大脑中形成的印象或反映。总之,凡是记录在纸介质上的,拍摄在底片或照片上的,显示在电视、投影仪或计算机屏幕上的所有具有视觉效果的画面都可以称为图像。因此,图像是客观和主观的结合。

(1) 按图像的点空间位置和灰度的大小变化方式,图像可分为连续图像和离散图像两类。

连续图像:指在二维坐标系中具有连续变化的空间位置和灰度值的图像,如彩色照片、眼睛所观察到的图像等。

离散图像:指在空间位置上被分割成点,灰度值大小也分为不同级数的图像。数字图像就是典型的离散图像。

(2) 根据图像记录方式的不同,图像可分为模拟图像和数字图像两类。

模拟图像:通过某种物理量的强弱变化来表现图像上各个点的颜色信息。例如,在生物医学中,人们在显微镜下看到的图像就是一幅光学模拟图像,照片、用线条画的图、绘画都是模拟图像。模拟图像是连续的,一幅图像可以定义为一个二维函数 $f(x,y)$。其中,x 和 y 是空间平面坐标,f 表示图像在点 (x,y) 处的某种性质的数值,如亮度、灰度、色度等。x、y 和 f 可以是任意实数。

数字图像:将连续的模拟图像经过离散化处理后变成计算机能够辨识的点阵图像。将图像分解成若干个点(像素),每个点的颜色以不同的量化值来表示。数字图像必须依靠数字设备来产生和保存,易于处理和保存,例如,扫描的图片、数码相机所拍的图片等。在由二维函数 $f(x,y)$ 表示的图像中,当 x、y 和灰度值 f 是有限的离散数值时,称该图像为数字图像。

1.1.2 数字图像处理的概念

数字化后的图像可以看成是存储在计算机中的有序数据,数字图像处理是指借助于数字计算机来处理数字图像,包括对图像进行去除噪声、增强、复原、分割、提取特征等的理论、方法和技术。数字图像处理主要包括两方面的内容。

(1) 图像到图像的处理

这类处理是将一幅图像变为另一幅经过加工的图像,从而获得较好的效果。例如,在大雾天气下拍摄的景物,由于在空气中悬浮着许多微小的水颗粒,这些水颗粒在光线的散射下,使景物与镜头之间形成了一个半透明层,使得画面的能见度很低,一些细节特征看不见。为了提高画面的清晰度,采用适当的数字图像处理方法,消除或减弱大雾层对图像的影响,就可以得到一幅清晰的图像。

(2) 图像到非图像的处理

这类处理是将一幅图像转化为另一种非图像的表示。通常是对一幅图像中的若干个目标物进行识别分类后,给出其特性测度。例如,在一幅图像中,拍摄记录下来包含几个苹果和几个橘子等水果的画面,经过对图像的处理与分析之后,可以分检出苹果的个数和大小等。又如,对人体组织切片图像中的细胞分布进行自动识别与分析,给出病理分析报告就是一个在计算机辅助诊断系统中的一个重要的应用。这类处理在图像检测、图像测量等领域有着广泛的应用。

1.2 数字图像处理的发展简史

从远古时代开始,人们对外界的感觉是直观的,象形文字就是用视觉印象表达抽象意义的一种表达形式。望远镜延伸了人的视觉宏观范围,而显微镜则使人们能够洞察微观世界。照相机使人们对图像的印象成为永恒的记录。

20 世纪 20 年代,图像处理首次采用图像压缩技术改善伦敦和纽约之间海底电缆发送的图片质量。1946 年数字计算机的出现使图像的获取、处理、传输和存储产生了质的飞跃。数字图像处理最早出现于 20 世纪 50 年代,当时的电子计算机已经发展到一定水平,人们开始利用计算机来处理图形和图像信息。早期的计算机在计算速度、存储容量和软件处理功能等主要方面,难以满足对图像数据进行实时处理的要求。随着计算机软硬件技术的迅速发展,计算机处理图像的性能有了大幅度的提高。

数字图像处理作为一门学科,形成于 20 世纪 60 年代初期。1964 年,数字图像处理首次成功地应用在美国宇航局喷气推进实验室,当时对"徘徊者 7 号"探测器发来的几千张月球照片进行了几何校正、灰度变换、去除噪声等处理,并考虑了太阳位置和月球环境的影响,用计算机绘制了月球表面的照片,随后又对探测飞船发回的近十万张照片进行更为复杂的图像处理,获得了月球的地形图、彩色图及全景镶嵌图,为人类登月创举奠定了坚实的基础。在以后的宇航空间技术,如对火星、土星等星球的探测研究中,数字图像处理技术都发挥了巨大的作用。直到现在,数字图像处理在航天技术领域还是不可缺少的重要手段。

数字图像处理技术在 20 世纪 60 年代末和 20 世纪 70 年代初应用于医学成像、地球资源遥感监测和天文学等领域。早在 20 世纪 70 年代发明的计算机轴向断层术,简称计算机断层(CT),是图像处理在医学诊断领域最重要的应用之一。计算机轴向断层术是一种处理方法,在这种处理中,检测器环围绕着一个物体(或病人),并且一个与该环同心的 X 射线源绕着物体旋转。X 射线穿过物体并由环中对面的检测器进行收集。当 X 射线源旋转时,重复这一过程。断层由一些算法组成,这些算法使用感知的数据来重建通过物体的"切片"图像。当物体沿垂直于检测器环的方向运动时,就产生一系列这样的"切片",这些切片组成该物体内部的三维再现。

从 20 世纪 60 年代至今,图像处理领域一直在生机勃勃地发展。除了航天和医学应用外,数字图像处理技术现在已用于更广泛的范围。用计算机方法增强对比度或将灰度编码为彩色,以便于解释工业、医学及生物科学等领域中的 X 射线图像和其他图像。地理学者使用相同或相似的技术,从航空和卫星成像中研究污染模式。图像增强和复原方法用于处理不可修复物体的退化图像,或太昂贵以至于不可复制的实验结果。在考古学领域,使用图像处理方法已成功地复原了模糊的图片,这些图片是丢失或损坏的稀有物品的现有的记录。在物理学相关领域,计算机技术通常用于增强如高能等离子和电子显微镜等领域的实验图像。类似地,图像处理技术也成功地应用在天文学、生物学、核医学、法律实施、国防及工业领域中。

1.3 数字图像处理的目的和特点

1.3.1 数字图像处理的目的

一般地,数字图像处理需要完成以下一项或几项任务。

(1) 提高图像的视觉质量以达到人眼主观满意或较满意的效果。例如,图像的增强、图像的复原、图像的几何变换、图像的代数运算、图像的滤波处理等有可能使受到污染、干扰等因素影响产生的低清晰度、变形等图像质量问题得到有效的改善。

(2) 提取图像中目标的某些特征,以便于计算机分析或机器人识别。这些处理也可以划归于"图像分析"的范畴。例如,边缘检测、图像分割、纹理分析常用作模式识别、计算机视觉等高级处理的预处理。

(3) 为了存储和传输庞大的图像和视频信息,常常对这类数据进行有效的压缩。常用的方法有统计编码、预测编码和正交变换编码等。

(4) 信息的可视化。如温度场、流速场、生物组织内部等许多信息并非可视,但转化为视觉形式后可以充分利用人们对可视模式快速识别的自然能力,更便于人们观察、分析、研究、理解大规模数据和许多复杂现象。信息可视化结合了科学可视化、人机交互、数据挖掘、图像技术、图形学、认知科学等诸多学科的理论和方法,是研究人与计算机表示的信息,以及它们相互影响的技术。

(5) 信息安全的需要,主要反映在数字图像水印和图像信息隐藏。这是图像工程出现的新热点之一。数字水印是利用多媒体数字产品中普遍存在的冗余数据与随机性,把水印信息可见或不可见的嵌入到数字作品中,以期达到保护数字产品的版权或完整性的一种技术。在计算机通信、密码学等学科也有其用武之地。

1.3.2 数字图像处理的特点

数字图像处理利用数字计算机或其他专用的数字设备处理图像,与模拟方式相比具有以下鲜明的特点。

(1) 处理精度高

图像采集设备可将一幅模拟图像数字化为任意大小和精度的二维数组供处理设备加工。根据应用的需求,数字化的像素数可以从几十到几百万,甚至上千万,每个像素的等级可以量化为从1位到16位甚至更高,活动图像的帧率可以从十几赫兹到六十赫兹,高速摄像达几千赫兹到上万赫兹。而对处理设备来说,不同数据量的图像其处理程序大致是一样的。

(2) 重现性能好

理论上,数字图像处理不会因图像的存储、传输等过程而导致图像质量的退化。图像的质量主要受数字化过程时取样样本数、量化精度、处理过程中的处理精度等的限制。由于在一定范围内,人眼和机器视觉的分辨率都是有限的,因此只要保持足够的处理精度,图像重现性就会很好,能保证图像的原貌。

(3) 灵活性高

与模拟图像处理相比较,由于图像处理软件功能强大、扩展性好、用户界面友好,数字图像处理不仅能完成一般的线性和非线性处理,而且一切可以用程序实现的智能信息处理方法都可以加以采用。

(4) 图像信息量大

在数字图像处理中,一幅图像可以看成是由图像矩阵中的像素组成的,通常每个像素用红、绿、蓝三种颜色表示,每种颜色用 8 bit 表示灰度级,一幅 1 024 像素×1 024 像素不经压缩的真彩色图像,数据量达 3 MB。一幅 3 240 像素×2 340 像素的遥感图像,采用 4 bit 量化,占用约 3.8 MB 的存储空间。一幅中等分辨率的 VGA 640 像素×480 像素的 256 色图像的数据量为 300 KB。传送一路 PCM 彩色电视图像的速率达 108 Mbit/s,则每秒的数据量可达 13.5 MB。大数据量和传输速率对计算机的计算速度、网络带宽、媒体存储容量等提出了很高的要求,如果精度及分辨率再提高,所需处理时间将大幅度增加,因此数据压缩成为不可缺少的处理环节。

(5) 数字图像信号占用的频带较宽

在模拟域,视频信号的带宽比音频信号的带宽要大几个数量级。为了保证图像的质量,根据采样定理,数字化后,数字视频占用的频带进一步加宽。所以,在成像、传输、存储、处理、显示等各个环节的实现上,技术难度较大,成本较高,宽频带对处理和传输设备提出了更高的要求,因此频带压缩技术也是数字图像处理的一个值得注意的问题。

(6) 处理费时

由于图像数据量较大,因此处理比较费时。特别是采用区域处理方法时,由于处理结果与中心像素邻域有关而导致花费的时间更多。要实现快速甚至实时处理图像,就要对图像处理系统提出更高的要求,多处理器并行处理器、嵌入式系统等专用处理系统为提高图像处理速度提供了有效的解决方法。

1.4 数字图像处理的主要研究内容

数字图像处理的研究内容大体可分为以下几个方面。

(1) 图像信息的获取和存储

图像的获取是将自然界的图像通过光学系统成像并由电子器件或系统转化为模拟图像信号,再由模拟/数字转换器得到原始的数字图像信号,也称为图像的采集。

图像信息的突出特点是数据量巨大,一般主要采用磁带、磁盘或光盘进行存储。为解决海量存储问题,主要研究数据压缩、图像格式及图像数据库技术等。

(2) 图像频域变换

图像阵列很大,直观性强,但图像的频率、纹理等特性在空间域中难以获得和处理,计算量也很大。各种图像变换的方法,如离散傅里叶变换、离散余弦变换、小波变换等,可以间接地将空间域的处理转换到变换域进行更有效的处理。通过二维离散傅里叶变换(DFT),可以将空间域的图像变换为图像频谱,再在频率域进行各种数字滤波以获得图像质量的改善、数据量的压缩或突出某些特征便于后期处理。如图1.4.1所示,通过离散傅里叶变换,可以将图像变换到频率域,通过不同频段的不同处理,可以达到满意的效果。

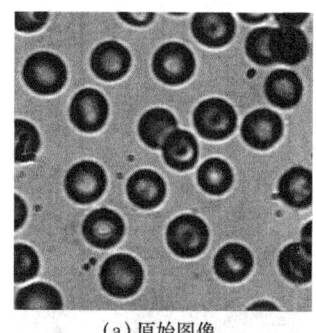
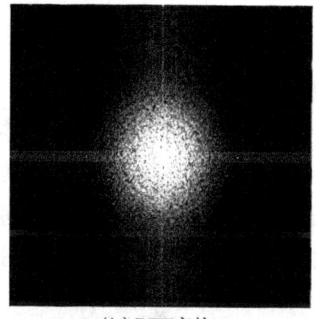

(a) 原始图像　　　　(b) DFT变换

图 1.4.1　图像离散傅里叶变换

(3) 图像几何变换

图像几何变换的目的是改变一幅图像的大小或形状。例如,通过平移、旋转、放大、缩小、镜像等,可以进行两幅以上图像内容的配准,以便于进行图像之间内容的对比检测。在印章的真伪识别以及相似商标检测中,通常都会采用这类的处理。另外,对于图像中景物的几何畸变进行校正、对图像中的目标物大小测量等,也需要进行图像几何变换处理。图像桶形畸变校正如图1.4.2所示。

(4) 图像增强

图像增强处理主要是突出图像中感兴趣的信息,而减弱或去除不需要的信息,从而使有用的信息得到加强,便于区分或解释。如强化图像高频分量,可使图像中物体轮廓清晰,细节明显;而强化低频分量可减少图像中的噪声影响,即对高频噪声起到平滑作用,如图1.4.3所示。其主要方法有直方图修正、伪彩色增强法、图像平滑、图像锐化等技术。

(a)桶形畸变的图像　　　　　　(b)桶形畸变校正后的图像

图 1.4.2　图像桶形畸变校正

(a)含噪声的图像　　　　　　(b)去噪后的图像

图 1.4.3　图像去噪

(5) 图像复原

图像复原处理主要是去掉干扰和模糊,恢复图像的本来面目,以达到清晰化的目的,如图 1.4.4 所示。图像退化的原因是过程有噪声、运动造成的模糊、光学系统的几何失真等,如果对其有一定的了解,通过理论推导或实验数据甚至可以建立退化的数学模型,那么可以采用某种滤波方法在一定程度上从降质的图像恢复原始图像。

(a)降质的图像　　　　　　(b)复原后的图像

图 1.4.4　图像复原

(6) 图像压缩编码

数据量庞大是数字图像的显著特点之一。在多媒体技术中,现有的大容量存储器和宽带网络技术仍不能满足对图像数据处理、存储和传输的需要。图像信息具有较强的相关特性,存在大量冗余信息,因此通过改变图像数据的表示方法,可对图像的数据冗余进行压缩。另外,利用人类的视觉特性,可对图像的视觉冗余进行压缩,由此来达到减小描述图像数据量的目的。图 1.4.5 给出了图像压缩编码的例子,图 1.4.5(b)和图 1.4.5(c)分别是对图 1.4.5(a)中原始图像进行压缩倍数为 10.26 和 98.70 的压缩效果图。

(a)原始图像　　　　(b)压缩倍数为10.26　　　　(c)压缩倍数为98.70

图 1.4.5　图像压缩编码

(7) 图像分割

图像可以看成是由背景和一个或多个目标组成的。图像分割是按一定的规则将图像分成若干个有意义或感兴趣的区域的过程,每个区域可代表一个对象。通过图像分割,图像中如边缘、区域等有意义的特征部分被提取出来,如图 1.4.6 所示。

(a)原始图像　　　　　　　　(b)分割后的图像

1.4.6　图像分割

(8) 图像重建

图像重建的目的是根据二维平面图像数据构造出三维物体的图像。例如,在医学影像技术中的 CT 成像技术,就是将多幅断层二维平面数据重建成可描述人体组织器官三维结构的图像。三维重建技术成为目前虚拟现实技术以及科学可视化技术的重要基础。

(9) 图像隐藏

图像隐藏的目的是将一幅图像或者某些可数字化的媒体信息隐藏在一幅图像中。在保密通信中,将需要保密的图像在不增加数据量的前提下,隐藏在一幅可公开的图像之中,同时要求达到不可见性及抗干扰性。图像隐藏的重要应用之一是数字水印技术。数字水印在维护数字媒体版权方面起着非常重要的作用。

1.5 数字图像处理系统

一般的数字图像处理系统如图1.5.1所示。

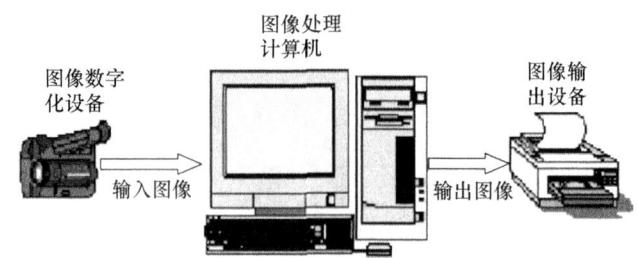

图1.5.1 数字图像处理系统示意图

(1) 图像数字化设备(摄像单元):扫描仪、数码相机、摄像机与图像采集卡等。

(2) 图像处理计算机:PC、工作站等,它可以实现通信(通信模块通过局域网等实现网络传输图像数据)、存储(存储模块采用磁盘、光盘等)和图像的处理与分析(主要是运算,用算法的形式描述,用软件实现)。

(3) 图像输出设备:显示器、打印机等。

1.6 数字图像处理的应用和发展趋势

1.6.1 数字图像处理的应用

视觉是人类观察世界、认知世界的重要功能和途径。图像是人类获取和交换信息的主要来源,图像处理起初主要应用在遥感、医学等领域,随着人类活动范围不断扩大、需求不断提高,图像处理的应用几乎渗透到科学研究、工程技术和人类社会生活的各个领域。

(1) 遥感方面

在飞机遥感和卫星遥感技术中,数字图像处理起到了其他技术无法替代的作用。侦察飞机或卫星获取的大量空中摄影照片需要进行处理和分析,如果人工进行处理和识别,则需要花费大量的人力资源,处理速度慢且不精确。采用计算机图像处理系统进行分析,既省了人力资源,又加快了处理速度。从20世纪70年代以来,美国及一些国际组织发射了资源遥感卫星(Landsat 系列)和天空实验室(Skylab 系列),由于成像条件受飞行器位置、姿态、环境条件等的影响,图像质量不可能很高,必须采用数字图像处理技术进行几何校正、恢复、增强等加工,从而还原图像的本来面目。

利用卫星遥感技术所获取的图像可以进行资源调查、灾害检测、资源勘查、农业规划、城市规划、气象预报等。图1.6.1所示为一幅城市遥感图像。

(2) 生物医学方面

数字图像处理在生物医学工程方面的应用十分广泛,且具有无创伤、快速、直观、准确等优势,无论是在临床诊断还是病理研究方面都大量采用图像处理技术。数字图像处理在医学上应用最成功的技术要数X射线CT技术,该技术的主要研制者G. N. Hounsfield(英)和

A.M.Commack(美)获得了1979年的诺贝尔生理医学奖,这足以说明CT的发明与研究对人类贡献之大、影响之深。图像处理还应用于显微图像的处理分析,如红细胞、白细胞分类,染色体分析,癌细胞识别等。在X光肺部图像增强、超声波图像处理、心电图分析、立体定向放射治疗等医学诊断方面都广泛地应用图像处理技术。图1.6.2所示为医学CT图像。

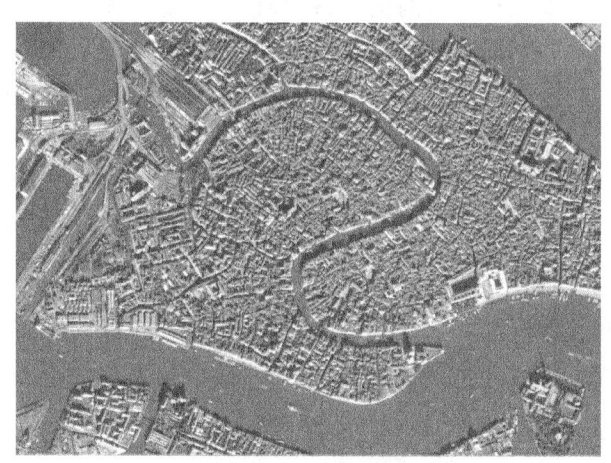

图1.6.1 城市遥感图像

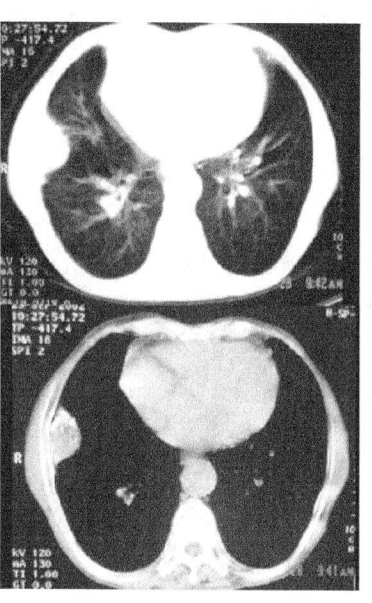

图1.6.2 医学CT图像

(3) 通信方面

数字图像通信包括传真、电视电话、数字电视、电视会议等。当前通信的主要发展方向是声音、文字、图像和数据结合的多媒体通信,电话网、电视网和计算机网络将以"三网融合"的方式形成多媒体通信网。由于图像的数据量巨大,必须采用编码技术来压缩信息的比特量。

(4) 工业生产方面

在工业生产领域,图像处理和机器人技术有着广泛的应用,对提高劳动生产率具有重大意义。管理者可以通过监控系统远程监控车间的生产情况,自动装配线中的图像测量装置可以无损检测产品的质量、对产品进行分类。如食品包装出厂前的质量检查,浮法玻璃生产线上对玻璃质量的监控和筛选,甚至在工件尺寸测量方面也可以采用图像处理的方法加以自动实现。在一些危险、有毒、放射性大、劳动强度大的环境中,利用机器人完成识别工件、装配产品、维护设备更是必不可少的,它们已在太空、深海、重工业、高污染等场合中得到了有效利用。自动识别系统可以实现邮政信件的自动分拣,从而大大减轻邮局工作人员的负担。

(5) 军事安保方面

以信息技术为核心的高新技术化已经成为现代战争越来越明显的特征,正在引发一场深刻的军事革命。信息化战争将逐步取代工业时代的机械化战争,成为未来战争的基本形态。图像信息的获取和利用将在信息化战争中扮演重要角色。图像处理和识别应用在军事目标侦查、制导系统、警戒系统、自动火警控制、反伪装等方面。例如,已经装备到导弹和军舰上的电视跟踪技术,就是运用了运动目标的图像自动跟踪技术,另外还有指纹、手迹、印章

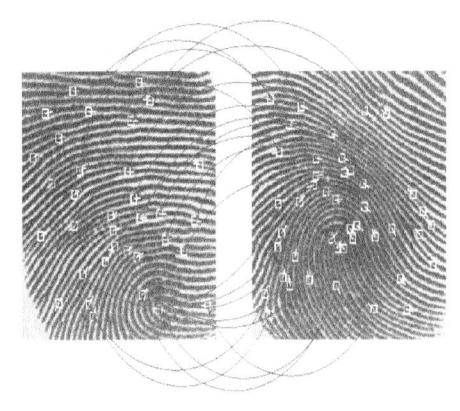

图 1.6.3 指纹识别图像

识别、图像复原、交通监控和事故分析等均用到了图像处理技术。如图1.6.3所示为一幅指纹识别图像,图1.6.4所示为交通监控系统的图像。

近年来,在信息安全方面,信息伪装技术发挥着越来越重要的作用。信息伪装就是将秘密信息隐藏于另一非机密的文件内容之中,其形式可以是任何一种数字媒体,如图像、视频、声音等。在被保护的对象中嵌入某些能够证明版权归属或跟踪侵权行为的信息,这些信息可能是作者的序列号、公司标志、有意义的文本等。数字水印作为在开放的网络环境下保护版权的新型技术,可以确立版权所有者,识别购买者,或者提供关于数字内容的其他附加信息,并将这些信息以人眼不可见的形式嵌入数字图像。数字水印在证据篡改鉴定、数据的分级访问、数据的跟踪和检测、商业和视频广播、互联网数字媒体的服务付费及电子商务的认证鉴定等方面,也具有广阔的应用前景。

图 1.6.4 交通监控系统的图像

(6) 生活娱乐方面

在文化艺术和生活娱乐方面数字图像处理所起的作用也是有目共睹的。数字摄像机、数码照相机、扫描仪、高分辨率打印机等图像输入/输出设备和各种各样的图像处理软件使个人计算机如虎添翼,成为名副其实的计算机图像处理系统。数字电视的普及也使数字图像处理设备进入千家万户。

另外,这类应用还有数字编辑、艺术照片、电子游戏、纺织工艺品设计、服装设计与制作、发型设计、计算机美术、广告等,如图1.6.5所示为图像合成的艺术照片。

图 1.6.5 图像合成的艺术照片

1.6.2 数字图像处理的发展趋势

数字图像处理技术是20世纪60年代初开始发展起来的,经过了初创期、发展期、普及期及广泛应用几个阶段。经过几十年的研究与发展,数字图像处理的理论和方法进一步完善,应用范围更加广阔,已经成为一门新兴的交叉学科,现已进入实用阶段。近几年来,随着计算机和各个相关领域研究的迅速发展,科学计算可视化、多媒体技术等研究和应用的兴起,数字图像处理从一个专门领域的学科,变成了一种新型的科学研究和人机界面的工具,其研究和应用呈现出蓬勃发展的崭新势头。数字图像处理的发展趋势主要反映在以下几个方面。

(1) 从低分辨率向高分辨率方向发展

随着图像传感器分辨率和计算机运算速度的不断提高,图像存储器内存、计算机内存及外设存储容量不断增大,数字图像由低分辨率向高分辨率不断发展,数字图像处理的运算量也越来越大,对处理和显示设备的要求也越来越高。

(2) 从二维(2D)向三维(3D)方向发展

三维图像获取及处理技术主要通过全息摄影实现,或通过断层扫描与图像重建实现。随着图像技术和计算机技术的发展,三维图像不再只是科幻电影中的某个镜头,而已经在军事、医学上得到广泛应用,并已逐步进入人们的日常生活。例如,现代医院的CT、MR等设备都是三维成像与重建设备,高档的超声设备也出现了三维成像与重建功能,这些设备对于人们的身体健康检查和治疗正发挥着日益重要的作用。

(3) 从静止图像向动态图像方向发展

随着传感器分辨率和主机运算速度的提高,计算机内存及外存容量的增大,数字图像处理由以静止图像处理为主发展到静止图像和动态图像并存并相互补充相互促进的局面。例如,VCD、DVD、数码摄像机、数字电视等影视设备,以及数字电影的制作和发行,都是动态图像广泛应用的体现。

(4) 从单态图像向多态图像方向发展

多态图像是指对于同一目标、景物或场景,采用不同的图像传感器或在不同条件下获取图像,然后对这些图像进行综合处理和应用。例如,军事上为了满足目标侦查的需要,可以用可见光、红外、合成孔径雷达(SAR)遥感对同一可疑地点进行扫描成像,并在不同时间段跟踪扫描,形成多态图像。又如,医院为了有效检查某种疑难病症,可以将病灶位置的CT、MR、超声的图像进行综合对比和分析。

1.7 MATLAB在图像处理中的应用简介

MATLAB是当今最强大的一款科技应用软件之一。与其他高级语言相比,MATLAB程序编写简单,计算高效,提供大量的专业工具箱,便于专业应用。MATLAB在数字图像处理领域的强大作用是提供了一个宽泛的处理多维阵列的函数集合,而图像可看成是二维数字阵列,是多维阵列的一种特殊情况。图像处理工具箱是一个把MATLAB数值计算环境扩展到图像处理的函数集合。本节主要介绍MATLAB在图像处理中的应用基础,包括MATLAB简介、MATLAB命令、MATLAB帮助系统、MATLAB的m文件、MATLAB绘图以及MATLAB图像处理工具箱。

1.7.1 MATLAB 简介

MATLAB 是一款由 Mathworks 公司开发的程序设计环境,主要用于算法开发、数据分析、可视化和数值计算。MATLAB 摆脱了传统非交互式程序设计语言(如 C、Fortran)的编辑模式,将数值分析、矩阵计算、数据可视化及非线性动态系统的建模和仿真等诸多强大功能集成在一个易于使用的视窗环境中,为科学研究、工程设计及需要进行有效数值计算的众多科学领域提供了一种全面的解决方案。MATLAB 有大量的用于不同专业领域的工具箱,包括信号和图像处理、通信、控制系统设计、测试和测量、财务建模和分析及计算生物学等,能够解决多种专业应用领域内的问题。

1.7.1.1 MATLAB 发展史

MATLAB 名字由 MATrix 和 LABoratory 两词的前三个字母组合而成。20 世纪 70 年代,时任美国新墨西哥大学计算机科学系主任的 Cleve Moler 出于减轻学生编程负担的动机,为学生设计了一组调用 LINPACK 和 EISPACK 矩阵软件工具包库程序的"通俗易懂"的接口,此即用 Fortran 编写的萌芽状态的 MATLAB。

1983 年,Cleve Moler 到斯坦福大学访问,将 MATLAB 介绍给工程师 John Little。同年,John Little、Cleve Moler 和 Steve Bangert 用 C 语言合作开发 MATLAB 第二代专业版。从这个版本的 MATLAB 开始,内核采用 C 语言编写,并且在原有的数值计算能力基础上,增加了数据图视功能。

1984 年由 Little、Moler 和 Steve Bangert 合作成立 Mathworks 公司,并把 MATLAB 正式推向市场。

1993 年 MathWorks 公司推出了基于 Windows 平台的 MATLAB 4.0。自此,MATLAB 成为国际控制界公认的标准计算软件。

1997 年仲春,MATLAB 5.0 版问世,该版本在继承了 MATLAB 4.0 版本功能的基础上,实现了真正的 32 位计算。之后又相继推出了 MATLAB 6.0 和 MATLAB 7.0 等诸多版本。MATLAB 的每次新版本都是一次技术上的飞跃,现今的 MATLAB 拥有更丰富的数据类型和结构、更友善的面向对象、更加快速精良的图形可视、更广博的数学和数据分析资源和更多的应用开发工具。

1.7.1.2 MATLAB R2010a 的新功能和特点

本书的实验主要应用 MATLAB 7.10 版本,即 MATLAB R2010a,由 Mathworks 公司于 2010 年上半年发布,该版本增加了一些新的功能。在 MATLAB 的命令行窗口输入命令 whatsnew,在 MATLAB 的帮助系统中会显示 MATLAB R2010a 的新功能。

MATLAB R2010a 对 MATLAB 和 Simulink,以及若干工具箱进行了更新和缺陷修复。MATLAB R2010a 版本的新功能包括:

(1) 增加更多多线程数学函数,增强文件共享、路径管理功能,改进了 MATLAB 桌面显示。

(2) 新增用于在 MATLAB 中进行流处理的系统对象,并在 Video and Image Processing Blockset 和 Signal Processing Blockset 中提供超过 140 种支持算法。

(3) 针对 50 多个函数提供多核支持并增强其性能,对图像处理工具箱中的大型图像提供更多支持。

(4) 在全局优化工具箱和优化工具箱中提供新的非线性求解器。

(5) 能够从 Symbolic Math Toolbox 中生成 Simscape 语言方程。

(6) 在 SimBiology 中提供随机近似最大期望(SAEM)算法等。

Simulink 产品系列的新功能包括：

(1) 在 Simulink 中提供可调参数结构、触发模型块及用于大型建模的函数调用分支。

(2) 在嵌入式 IDE 链接和目标支持包中提供针对 Eclipse、嵌入式 Linux 及 ARM 处理器的代码生成支持。

(3) 在 IEC 认证工具包中提供对 Real-Time Workshop Embedded Coder 和 PolySpace 产品的 ISO 26262 认证。

(4) 在 DO 鉴定工具包中提供扩展至模型的 DO-178B 鉴定支持。

(5) 新工具 Simulink PLC Coder，用于生成 PLC 和 PAC IEC 61131 结构化文本的新产品。

1.7.1.3　MATLAB 运行环境

启动 MATLAB 程序和启动其他程序一样，可以直接双击 MATLAB 在桌面上的快捷方式图标。如果没有找到桌面上的快捷方式，选择 Windows"开始"|"所有程序"| MATLAB|R2010a|MATLAB R2010a 命令即可。

MATLAB 开启以后，会短暂地出现一个显示 MATLAB 标志及一些 MATLAB 产品信息的窗口，然后 MATLAB Desktop 窗口启动。在 MATLAB Desktop 窗口中包含一个标题栏、一个菜单栏、一个工具栏和 4 个内嵌窗口，这 4 个内嵌窗口分别是中间位置的 Command Window 窗口，在其左面的 Current Folder 窗口，在其右面的 Workspace 窗口和 Command History 窗口。

退出 MATLAB 程序有 3 种方法，最简单的方法是直接在 MATLAB 的 Command Window 窗口中输入 exit；也可以像关闭其他程序一样，直接单击窗口右上角的关闭按钮；还可以在 File 菜单中选择 Exit MATLAB。

1.7.1.4　MATLAB 的工作界面

MATLAB 的工作界面如图 1.7.1 所示。

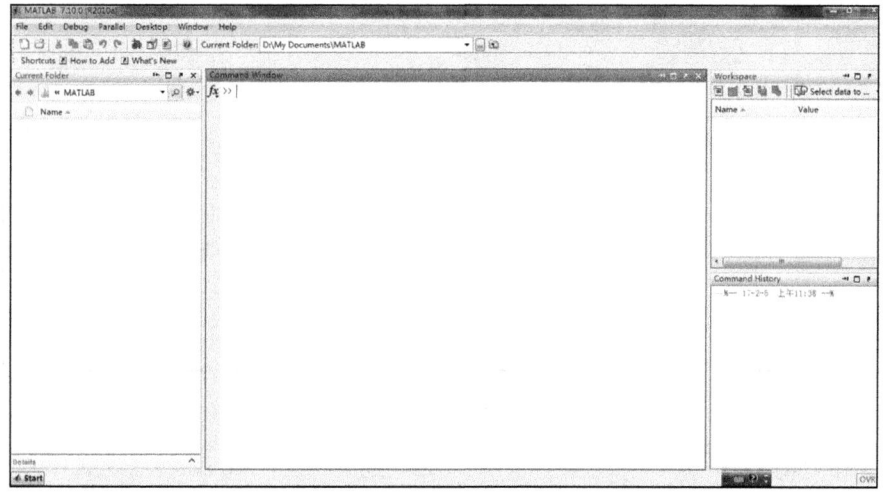

图 1.7.1　MATLAB 的工作界面

1．菜单栏

MATLAB 菜单栏包括 File 菜单、Edit 菜单、Debug 菜单、Parallel 菜单、Desktop 菜单、Window 菜单和 Help 菜单。

（1）File 菜单项用于实现 MATLAB 中关于文件的操作。

（2）Edit 菜单项用于实现对命令窗口的编辑操作。

（3）Debug 菜单项用于实现对程序的调试。

（4）Parallel 菜单项用于进行并行计算方面的设置。

（5）Desktop 菜单项用于设置主窗口显示结构。

（6）Window 菜单项用于设置所有打开窗口的位置和各个窗口之间的快速切换。

（7）Help 菜单项用于提供各种帮助。

2．工具栏

MATLAB 工具栏中包括 11 个命令快捷键，按从左至右的顺序，依次为新建、打开、剪切、复制、粘贴、撤销、重做、Simulink、GUIDE、Profiler 和帮助。

3．命令窗口

MATLAB 命令窗口（Command Window）是执行 MATLAB 操作的主要窗口，如图 1.7.2 所示，主要有两大功能。

（1）用户在该窗口中输入各种 MATLAB 运行命令和数据。

（2）该窗口显示所有命令执行结果和运行出错时给出的相关错误提示。

命令窗口中出现">>"符号之后，可以在命令窗口输入命令，按下回车后执行命令。如果一条命令输入后以";"结束，则命令执行后不显示执行结果；如果一条命令输入结束后直接按下回车，则命令执行后在窗口中显示执行结果。如果要清空命令窗口中的内容，可以选择 Edit|Clear Command Window 命令，也可以直接在命令窗口中输入"clc"命令。

图 1.7.2　命令窗口

4．工作空间窗口

MATLAB 工作空间窗口（Workspace）是显示工作空间中存储变量的窗口，如图 1.7.3 所示。在工作空间窗口中，变量显示的信息包括变量名（Name）、变量数值（Value）、变量大小(Size)、变量所占字节数(B)、变量类型(Class)、最小值(Min)、最大值(Max)、最大值与最小值之差(Range)、平均值(Mean)、中间值(Median)、众数(Mode)、方差(Var)和标准差(Std),其中除了变量名之外,其他均为可选择项。在工作空间中可以对变量进行各种操作,如新建变量、打开变量、导入变量、保存变量和删除变量,还可以单击 Select data to plot 图标将变量以图形形式显示。工作空间中存储的变量在MATLAB程序关闭时自动丢失,若想在以后应用这些变量,必须以MAT-file格式保存变量。

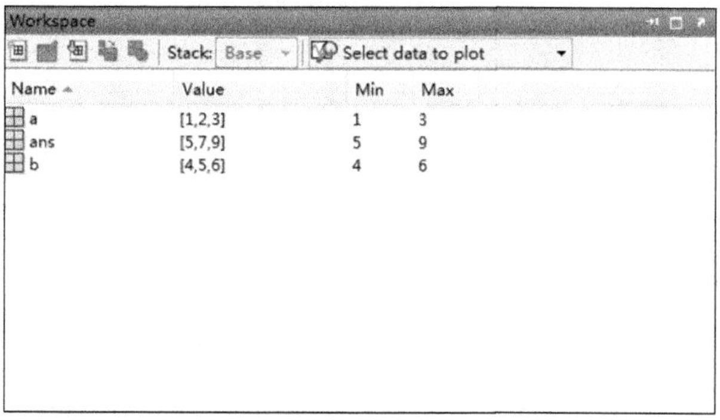

图1.7.3 工作空间窗口

5. 历史命令窗口

MATLAB历史命令窗口(Command History)保存MATLAB自安装以来命令窗口中输入的所有命令,如图1.7.4所示。在历史命令窗口中,可以按命令发生时间顺序查找之前的执行命令,单条命令双击,可以重新在命令窗口中执行;多条命令重新执行,可按住Ctrl键同时选择重新执行命令,在选中区域右击,在弹出的快捷菜单中选择Copy项,然后在命令窗口中右击,在弹出的快捷菜单中选择Paste项,把要重新执行的命名复制到命令窗口中即可。清除历史命令窗口,可以选择Edit|Clear Command Window命令。

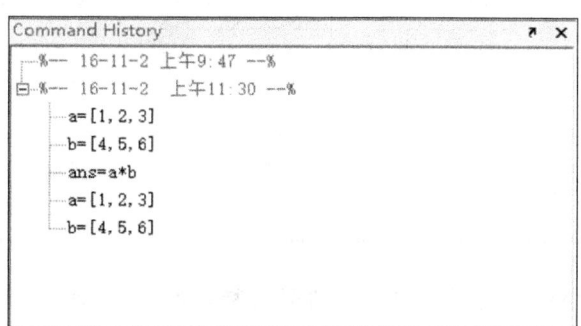

图1.7.4 历史命令窗口

6. 当前路径窗口

MATLAB当前路径窗口(Current Folder)显示MATLAB默认的保存当前运行的文件和文件夹目录。当前路径窗口显示文件(或文件夹)名(Name)、大小(Size)、修改时间(Data Modified)和类型(Type),其中除了文件(或文件夹)名之外,其他均为可选项。在Details行显示当前所选文件(或文件夹)的详细说明。在当前路径窗口中可以对文件和文件夹进行移动、删除、压缩和重命名等操作。

1.7.2 MATLAB 的常用命令

MATLAB 中除了用窗口和菜单栏设置操作外,还提供了一些常用命令,在命令窗口中同样可以进行设置操作。MATLAB 窗口的常用命令如表 1.7.1 所示。

表 1.7.1　MATLAB 窗口的常用命令

命令	说明	命令	说明
cd	更改当前文件夹	load	从磁盘调入数据变量
clc	清除命令窗口	mkdir	创建目录
clear	清除工作空间中变量,释放内存	openvar	在工作空间或其他图形编辑器中打开变量
clf	清除图形窗口	format	设置输出数据显示格式
commandhistory	打开历史命令窗口,或在已经打开的窗口中选择历史命令窗口	preferences	打开参数选择对话框
commandwindow	打开命令窗口,或在已经打开的窗口中选择命令窗口	pwd	显示当前工作目录
delete	删除文件或图形对象	save	保存变量到磁盘
demo	在帮助窗口中显示演示信息	workspace	打开工作空间窗口,或在已经打开的窗口中选择工作空间窗口
dir 或 ls	列出当前目录下的文件	type	显示文件内容
disp	显示文字内容	userpath	查看或更改用户定义的搜索路径
edit	打开 m 文件编辑器	who	显示当前工作空间中所有变量
exit 或 quit	终止 MATLAB 程序	whos	显示当前工作空间中变量大小、字节、类型等信息

此外,在 MATLAB 中,还有一些标点符号有特殊的用途,例如,通过方括号([ ])定义矩阵,通过感叹号(!)来执行 DOS 命令符,如表 1.7.2 所示。需要注意的是,这些标点符号都是在英文状态下输入的。

在 MATLAB 中还有很多命令,用户如有需要可以通过 MATLAB 帮助系统获得命令的帮助,通过这些命令,可以非常方便地完成一些常用操作。

表 1.7.2 标点符号特殊功能表

标点符号	说明	标点符号	说明
:	冒号,在矩阵中具有多种应用	..	父目录
,	逗号,区分矩阵的列	…	续行符号
;	分号,区分矩阵的行或取消运行结果的显示	!	感叹号,执行 DOS 命令
( )	小括号,指定运算的先后顺序	=	等号,用来赋值
[ ]	方括号,用于定义矩阵	'	单引号,定义字符串或矩阵的转置
{ }	大括号,建立单元数组	%	百分号,给程序添加注释
.	小数点或对象的域访问	@	创建函数句柄

1.7.3 MATLAB 的帮助系统

MATLAB 为用户提供了强大的帮助系统,其中包括产品帮助、函数帮助、网络资源帮助和演示等。选择菜单栏 Help|Product Help 命令,可以打开 MATLAB 帮助窗口,如图 1.7.5 所示。界面中的 Contents 标签页罗列了所有产品帮助文档的目录,单击这些目录及目录下面的文章标题,就可以在右边的窗体中具体浏览帮助信息。用户也可以在 Search 栏内输入关键字全文搜索,搜索结果在 Search Results 标签页中显示。

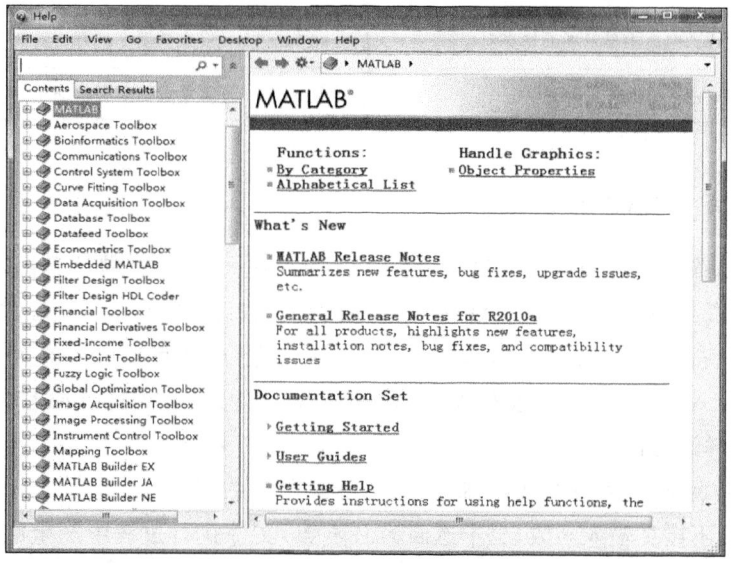

图 1.7.5 MATLAB 帮助窗口

此外,MATLAB 中为每一个工具箱或者模块都提供了大量的演示示例(Demos)供用户学习,如图 1.7.6 所示。这些演示程序非常有典型性,通过这些例子学习 MATLAB 往往能够起到事半功倍的效果。

如果在 MATLAB 窗口工作情况下,不方便打开 MATLAB 帮助系统,MATLAB 还提供了一些帮助命令帮助查询某个函数的帮助信息,例如,函数的调用方式、函数的位置及函数的说明和例子程序等。在 MATLAB 命令行窗口中,常用的帮助命令如表 1.7.3 所示。

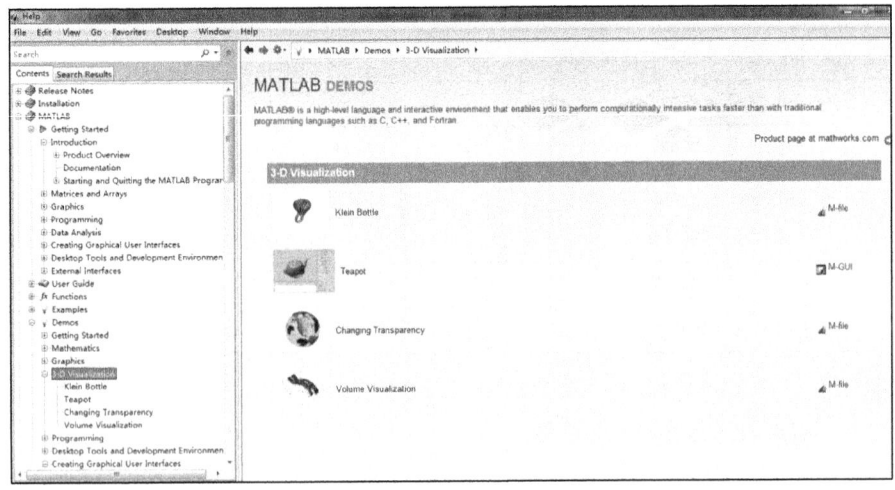

图 1.7.6　MATLAB 中的 Demos 界面

表 1.7.3　常用的帮助命令

命令	说明	命令	说明
help	在命令行窗口进行查询	lookfor	查询指定关键字相关的 m 文件
doc	在帮助窗口中显示查询结果	helpdesk	在浏览器中打开帮助窗口
which	获取函数或文件的路径	demo	在帮助窗口显示演示程序

1.7.4　MATLAB 的 m 文件

MATLAB 作为一种高级程序设计语言,除了提供一个交互式的计算机环境外,还提供了强大的计算机程序语言,MATLAB 语言编写的程序以 .m 扩展名存为 m 文件。用户可在 MATLAB Command Window 下操作,每次输入一条命令;也可以写一系列命令到一个 m 文件中,应用 MATLAB 自带的文件编译器创建函数文件,可以像调用 MATLAB 自带工具箱内的函数一样调用该文件。

MATLAB 的 m 文件分为两种:脚本文件和函数文件。

脚本文件:不接受输入函数,也不返回输出函数,文件执行过程中产生的所有变量都存储在工作空间中。

函数文件:可以接受输入参数,也可以有返回值,文件执行过程中产生的局部变量在文件执行完毕后自动释放,不保存在工作空间中。

1. m 文件的编写

(1) 脚本文件

在 MATLAB 菜单栏中选择 File|New 命令,出现一个下拉菜单,如图 1.7.7 所示。在下拉菜单中选择 Script 选项建立一个脚本文件,MATLAB 程序自动打开文本编辑器,用户

可以在文本编辑器中编写 m 文件。脚本文件实际上就是命令的集合,与在 Command Window 输入命令时一样,脚本文件每执行一条命令,每条命令都以";"结束。

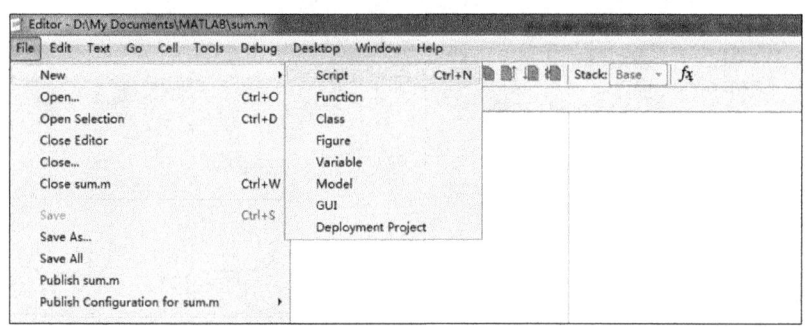

图 1.7.7　File|New 的下拉菜单

【例 1.7.1】　假设当前目录下有脚本文件 sum.m,如图 1.7.8 所示,求 1~100 的和,在 Command Window 中执行 sum.m 文件,查看 Workspace 的变量。

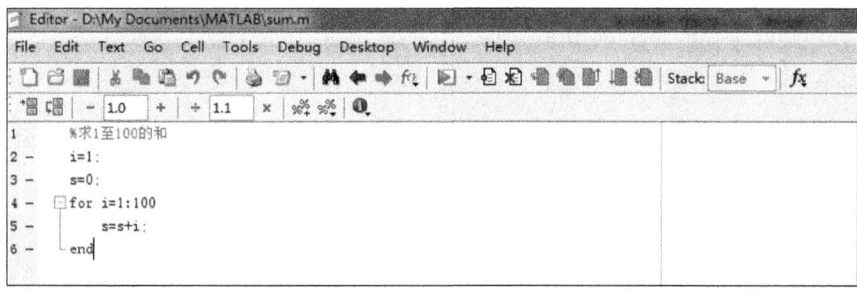

图 1.7.8　脚本文件 sum.m

在 Command Window 中输入文件名 sum 即可执行 sum.m 文件。
```
close all;clear all;clc;
sum
```
在 Workspace 查看变量 i 和 s 的值,如图 1.7.9 所示。

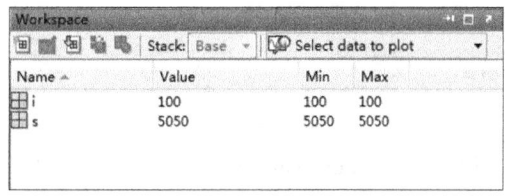

图 1.7.9　Workspace 显示结果

(2) 函数文件

在 MATLAB 菜单栏中选择 File|New 命令,出现的下拉菜单中选择 Function 选项为新建一个函数文件。MATLAB 程序自动打开文本编辑器,用户可以在文本编辑器中编写 m 文件。

【例 1.7.2】编写函数计算向量中元素的平均值,调用函数文件如图 1.7.10 所示。

图 1.7.10 函数文件

第 1 行为函数定义行，说明函数名及函数有哪些参数、参数顺序。function 是定义函数的关键字，y 为输出参数，x 为输入参数。从第 5 行开始是函数体部分，包括所有编辑代码。用户可以在编写程序语句的同时，在语句后面以％开头对语句进行解释说明。

在 Command Window 中调用 average.m 函数文件，如图 1.7.11 所示。

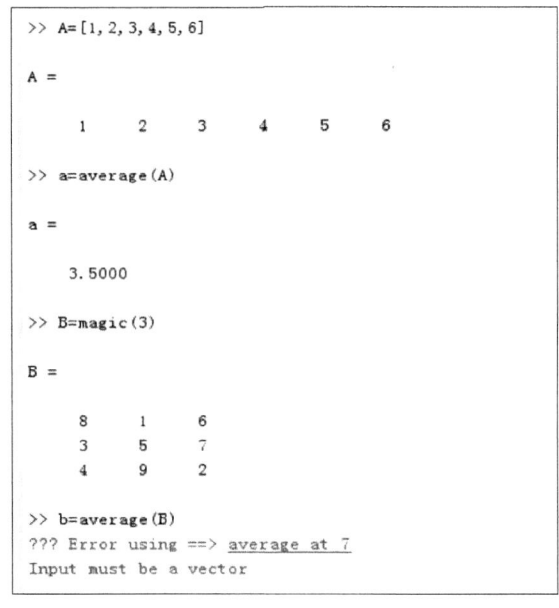

图 1.7.11　Command Window 程序运行结果

2．m 文件的调试

MATLAB 中常见调试错误有两种，一种是语法错误，另一种是逻辑错误。语法错误通常是由于拼写错误、标点漏写或错写造成的。MATLAB 在运行时一般都能发现，将终止执行并报错，根据提供的错误信息能很快地确定错误位置并改正。而逻辑错误可能是算法问题，也可能是用户对 MATLAB 的指令使用不当造成的程序运行与预期不符，这种错误有时没有错误提示，有时提供的错误信息并不能定位错误发生的位置。这种错误发生在运行过程中，影响因素比较多，而这时函数的工作空间已被删除，调试起来比较困难。

(1) 直接调试法

针对 MATLAB 程序中常见的错误,既可以直接根据错误提示信息改正错误,也可以根据一些技巧确定并改正错误。

可以将重点怀疑语句的分号去掉,使计算的中间结果在空间中显示出来,判断是否有错误。

可以在有疑问的位置添加输出语句,将变量输出查看是否有错误。

可以在 m 文件中的适当位置添加 keyboard 命令。当 MATLAB 执行至此处时将控制权交给键盘,可以通过查询变量的方法检查程序运行过程中的变量数值并判断是否有错误,检查完毕后,在提示符后输入 return 指令,继续执行原文件。

可以将函数文件第一行加%变成声明行,并定义输入变量的值,这样可以在工作空间中显示出函数的变量值,判断是否有错误。

(2) 工具调试法

MATLAB 文本编辑器的菜单栏中有一项 Debug 项,如图 1.7.12 所示。Debug 中提供了调试工具选项,功能说明如表 1.7.4 所示。

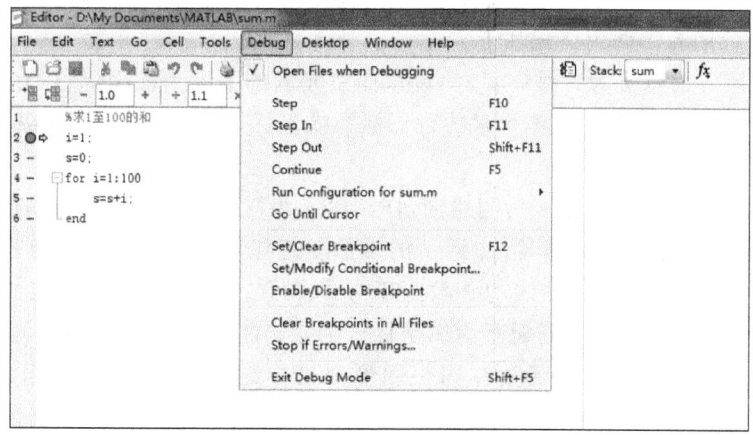

图 1.7.12　文本编辑器中 Debug 项

表 1.7.4　Debug 调试工具功能说明

菜单栏选项	说明	图标	命令
Step	单步执行		dbstep
Step in	进入调试函数		dbstep in
Step out	跳出调试函数		dbstep out
Continue	连续执行		dbcont
Set/Clear Breakpoint	设置或清除断点		dbstop、dbclear
Clear Breakpoints in All Files	清除全部断点		dbclear all
Exit Debug Mode	退出调试模式		dbquit

1.7.5 MATLAB 绘图

MATLAB 提供了强大的图形功能和各种各样的数据图形化函数,把计算数据以图形方式显示出来,便于用户分析结果。下面简单介绍几个图形绘制函数。

1. figure 函数

MATLAB 提供了函数 figure()用来打开不同的图形窗口,具体调用格式如下。

figure(1);figure(2);…;figure(n):该函数用来同时打开多个图形窗口,以便在不同窗口中绘制不同的图形。

2. subplot 函数

MATLAB 提供了函数 subplot()用来分割同一个图形窗口,具体调用格式如下。

subplot(m,n,p):该函数将当前窗口分割为 $m\times n$ 个图形区域,m 为分割行数,n 为分割列数,p 为子图形编号。

3. plot 函数

MATLAB 提供了二维曲线绘制函数 plot(),函数 plot()的 x 和 y 是两个基本输入参数,是自变量和因变量,根据输入参数,可以绘制出线段、曲线和参数方程曲线的函数图形。

函数 plot()的具体调用格式如下。

plot(x):该函数当 x 为一维向量时,以该向量元素的下标为横坐标,x 为纵坐标绘制一条曲线;当 x 为矩阵时,以该矩阵元素的行下标为横坐标,矩阵元素的值为纵坐标绘制多条曲线。

plot(x,y):该函数当 x 和 y 为同维向量时,以 x 为横坐标,y 为纵坐标的逐点连接的一条曲线。当 x 是向量,y 是矩阵时,向量 x 的维数与矩阵 y 的行数或列数相等,以 x 为横坐标绘制多条不同颜色的曲线,曲线的条数等于 y 的维数。当 x 和 y 是同维的矩阵时,以矩阵 x 列元素为横坐标,矩阵 y 列元素为纵坐标分别绘制曲线,曲线条数等于矩阵的列数。

plot(x1,y1,x2,y2…):该函数在同一图形窗口中绘制多组曲线,各组之间没有相互关联。

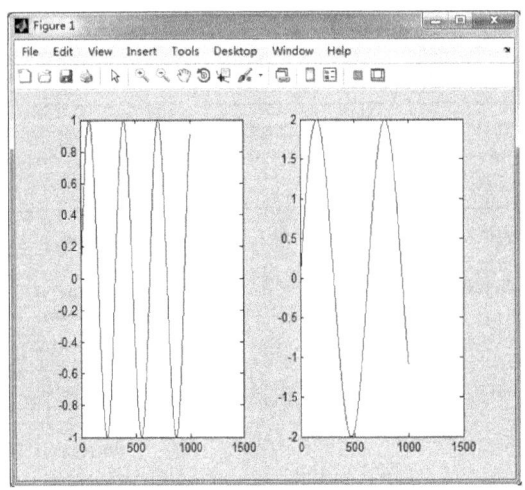

图 1.7.13 在同一个窗口中绘制两个坐标系独立的曲线

【例 1.7.3】 将 $y=\sin(2x)$ 和 $y=2\sin(x)$ 绘制在同一窗口下,每个图形有独立的坐标系。

程序代码如下:

close all;clear all;clc;% 关闭所有图形窗口,清除工作空间所有变量,清空命令行
x = 0:0.01:10;
y1 = sin(2.*x);
y2 = 2.*sin(x);
figure(1);% 打开一个图形窗口
subplot(1,2,1);plot(y1);% 将窗口分割成 1×2 两个区域,分别绘制 y1 和 y2
subplot(1,2,2);plot(y2);

程序运行后,输出结果如图 1.7.13 所示。

4. mesh 函数

MATLAB 提供了绘制三维网格曲面的函数 mesh(),具体调用格式如下。

mesh(X,Y,Z,C):该函数中的参数 X,Y,Z 都为矩阵值,参数 C 表示网格曲面的颜色分布情况。

【例 1.7.4】 三维网格曲面图绘制实例。利用函数 mesh 在笛卡尔坐标系中绘制以下函数的网格曲面图:$f(x,y)=\dfrac{\sin(\sqrt{x^2+y^2})}{\sqrt{x^2+y^2}}$。

程序代码如下:

```
close all;clear all;clc; % 关闭所有图形窗口,清除工作空间所有变量,清空命令行
x = -8:0.5:8;
y = x;
[X,Y] = meshgrid(x,y);
R = sqrt(X.^2 + Y.^2) + eps;
Z = sin(R)./R;
mesh(X,Y,Z); % 绘制网格曲线图
```

程序运行后,输出结果如图 1.7.14 所示。

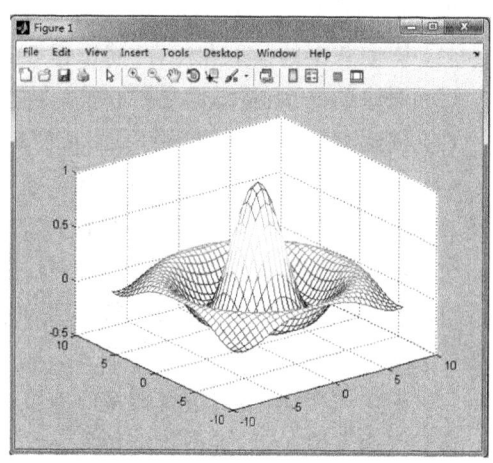

图 1.7.14 三维网格曲面图形

5. surf 函数

MATLAB 提供了绘制三维阴影曲面的函数 surf(),具体调用格式如下。

surf(X,Y,Z,C):该函数中的参数 X,Y,Z 都为矩阵值,参数 C 表示阴影曲面的颜色分布情况。

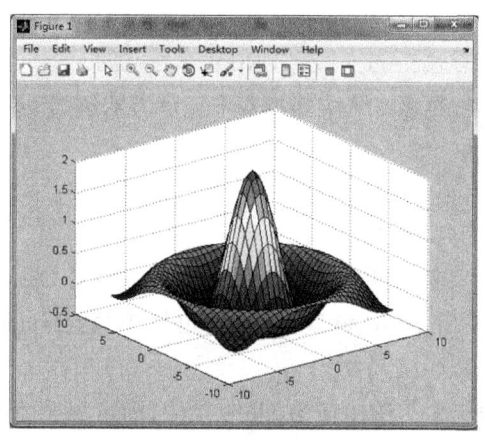

图 1.7.15 三维阴影曲面图形

【例 1.7.5】 三维阴影曲面图绘制实例。利用函数 surf 在笛卡尔坐标系中绘制以下函数的阴影曲面图:$f(x,y)=\dfrac{2\sin(\sqrt{x^2+y^2})}{\sqrt{x^2+y^2}}$。

程序代码如下:

```
close all;clear all;clc; % 关闭所有图形窗口,清除工作空间所有变量,清空命令行
x = -8:0.5:8;
y = x;
[X,Y] = meshgrid(x,y);
R = sqrt(X.^2 + Y.^2) + eps;
Z = 2 * sin(R)./R;
surf(X,Y,Z); % 绘制阴影曲线图
```

程序运行后,输出结果如图 1.7.15 所示。

1.7.6 MATLAB 图像处理工具箱

MATLAB 提供的工具箱种类非常多,涉及的应用领域也非常广泛,例如,Control System Toolbox(系统控制工具箱)、Database Toolbox(数据库工具箱)、Filter Design Toolbox(滤波器设计工具箱)和 Signal Processing Toolbox(信号处理工具箱)等,利用这些工具箱可以非

常方便地实现所需要的计算、分析和处理等功能。下面介绍 MATLAB 中提供的图像处理相关的工具箱——Image Processing Toolbox(图像处理工具箱)。

Image Processing Toolbox 是利用 MATLAB 强大的数学计算能力,为广大用户提供一套全方位的参照标准算法和图形工具,用于进行图像处理、分析、可视化和算法开发。该工具箱提供的图像处理操作非常广泛,包括以下方面。

(1) 图像数据的读取和保存:将图像数据读取到工作空间,处理图像后进行保存。

(2) 图像的显示:将图像文件在窗口中显示出来。

(3) 创建 GUI:创建图像用户接口,实现交互操作。

(4) 图像的几何变换:又称为图像的空间变换,例如,图像的缩放、图像的旋转、图像的平移、图像的镜像和图像的裁剪等操作。

(5) 图像滤波器设计及线性滤波:可以进行线性滤波和设计 FIR 等滤波器。

(6) 形态学图像处理:可以进行膨胀和腐蚀,以及基于膨胀和腐蚀的处理,并且可以进行数学形态学重建等操作。

(7) 图像域变换:可以进行傅里叶变换、离散正弦或余弦变换和 Radon 变换等。

(8) 图像增强:可以进行灰度拉伸、对比度增强和去噪处理等。

(9) 图像分析:可以进行图像的直方图统计、边缘检测、边界跟踪和四叉树分解等操作。

(10) 图像合成:将两幅或多幅部分图像拼接成一幅完整图像。

(11) 图像配准:可以基于控制点配准图像。

(12) 图像分割:将一幅图像按照一定规则分成多个部分、区域生长和阈值分割等。

(13) 图像 ROI 处理:针对图像中感兴趣的区域进行处理、ROI 选取等。

(14) 图像恢复:图像中含有噪声或者图像发生退化,利用某些算法将图像进行还原和恢复。

(15) 彩色图像处理:图像的彩色空间类型及彩色空间变换,如 RGB 彩色空间。

(16) 邻域和块处理:可以进行块操作、滤波、填充、滑动邻域操作、分离块操作和列出来。

1. 打开图像处理工具箱

在 MATLAB 中,打开图像处理工具箱有以下几种方式。

(1) 在 MATLAB 界面的窗口菜单栏中选中 Help 选项,选择 Product Help 或者 Demos 选项,如图 1.7.16 和图 1.7.17 所示。然后会弹出 Help 窗口,在左侧边栏中找到 Image Processing Toolbox,即为图像处理工具箱,如图 1.7.18 所示。

(2) 在 MATLAB 界面的工具栏中有一个图标 ,该图标为 Help 功能,即可以单击该图标来寻求帮助。单击该图标同样会弹出如图 1.7.18 所示的 Help 窗口,在左侧边栏中即可找到 Image Processing Toolbox。

(3) 在 MATLAB 界面中的左下角有一个开始菜单 Start ,单击该图标,依次选择 Toolboxes|More…|Image Processing|Help 命令,同样会弹出如图 1.7.18 所示的 Help 窗口,在左侧边栏中即可找到 Image Processing Toolbox。具体操作过程如图 1.7.19 所示。

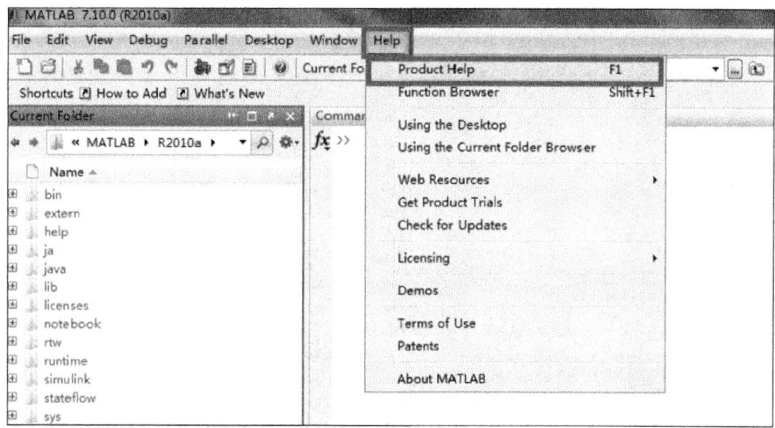

图 1.7.16 Product Help 选项

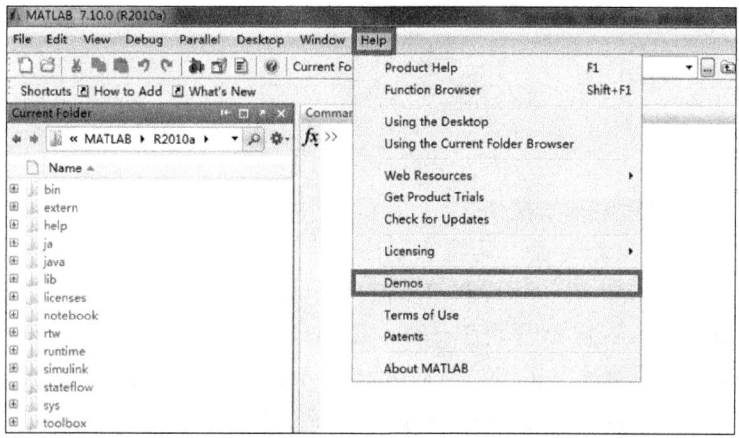

图 1.7.17 Demos 选项

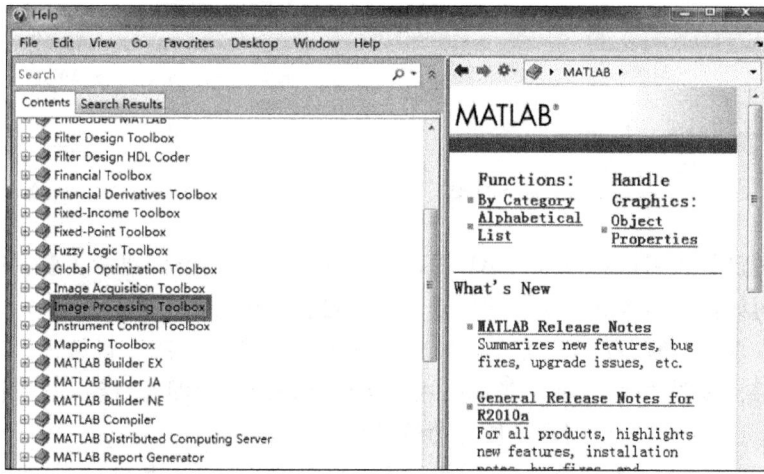

图 1.7.18 Help 窗口

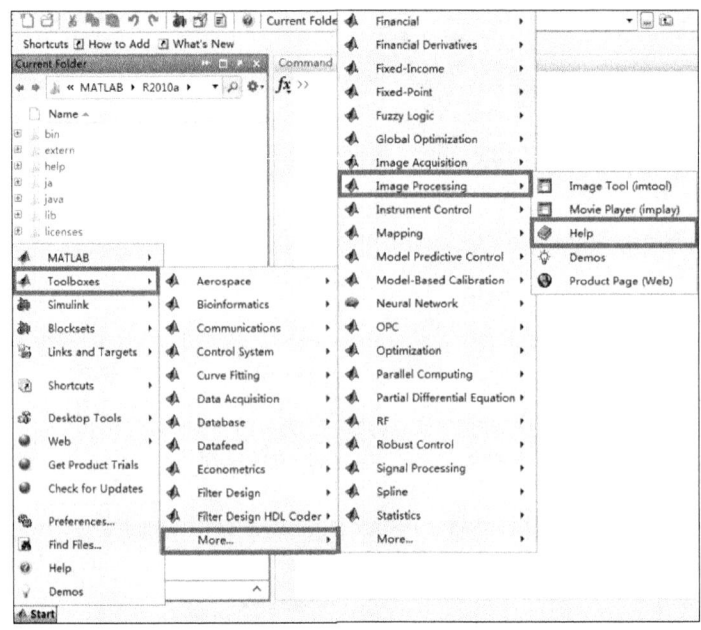

图 1.7.19　Start 菜单栏

2. 图像处理工具箱的基本框架

在 MATLAB 中,图像处理工具箱主要由以下 6 个部分组成:Getting Started、User's Guide、Functions、Examples、Demos 和 Release Notes,如图 1.7.20 所示。

(1) Getting Started:该部分由 Product Overview(工具箱概述)、Example 1-Reading and Writing Images(图像读写实例)、Example 2-Analyzing Images(图像分析实例)、Getting Help(寻求帮助)和 Image Credits(图像来源)5 个部分组成,如图 1.7.21 所示。

图 1.7.20　图像处理工具箱基本框架　　　图 1.7.21　Getting Started 的内容

这部分主要是让用户对 MATLAB 图像处理工具箱有一个大致的了解,并以两个简单的例子来说明如何利用 MATLAB 图像处理工具箱实现想要的图像处理操作。当用户遇到疑问或者想寻求帮助时,可以利用 Getting Help 中所提供的方法进行解决。MATLAB 图像处理工具箱自带图像库,这些图像都是用来图像处理的原始图像材料,每一个图像都有其来源,在 Image Credits 中就列举了所有图像的出处。

(2) User's Guide:该部分其实大致可以分为两块:一是用户向导简介,二是利用 MATLAB 和图像处理工具箱软件进行基本图像处理。这部分实际上是整个图像处理工具箱最为核心的部分,该部分包含了 MATLAB 图像基础和 13 个类别的图像处理应用。这

13类图像处理应用分别是图像数据的读写、图像的显示、创建 GUI、图像空间变换、图像配准、图像滤波器设计与二维线性滤波、图像域变换、形态学图像处理、图像分析和增强、基于 ROI 处理、图像恢复、彩色图像处理、邻域和块处理,如图 1.7.22 所示。

(3) Functions:该部分是将所有图像处理工具箱中用到的 MATLAB 函数进行汇总,即 MATLAB 图像处理工具箱的函数库。这些函数按照图像处理应用的类别进行分类,大致分为 11 个部分,如图 1.7.23 所示。

在每一个分类中,都包含了对应图像处理所用的 MATLAB 函数以及函数功能简介。在每一个函数名上都设置有超链接,单击某函数的超链接就会弹出该函数的具体介绍,包括该函数的语法结构、格式描述、支持数据类型及使用举例等。

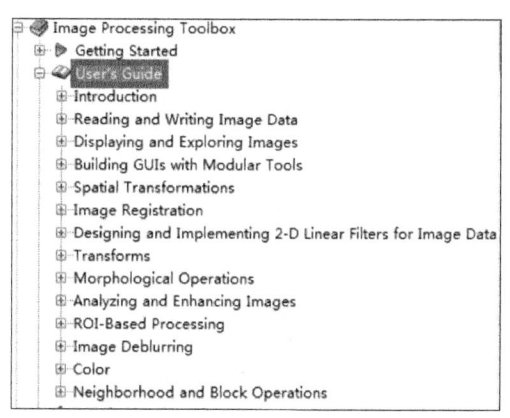
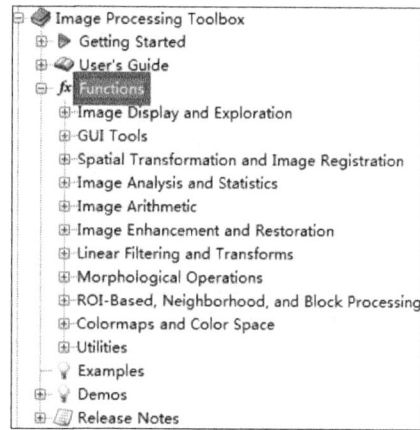

图 1.7.22　User's Guide 的框架内容　　　　图 1.7.23　Functions 的框架内容

以 Image Display and Exploration 为例,该部分又分为 3 个分支,分别是 Image Display and Exploration、Image File I/O 和 Image Types and Type Conversions,单击 Image Display and Exploration 前面的加号,打开该分支下的函数列表,只要单击函数名即可具体了解该函数的具体使用方法。

例如,单击函数 subimage,则会出现如图 1.7.24 所示结果。

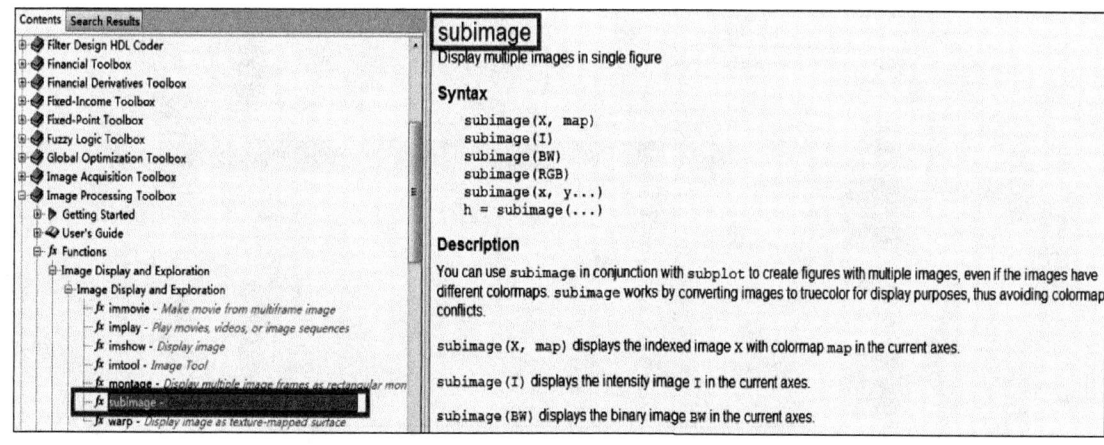

图 1.7.24　Functions 中函数 subimage 的使用说明

（4）Examples：该部分是将图像处理工具箱中所有图像处理的实例进行了分类汇总，并建立超链接，其链接的内容就是 Getting Started 或者 User's Guide 中所举出的例子。

如图 1.7.25 所示，Introductory Examples 中的两个实例 Example 1-Reading and Writing Images（图像读写实例）和 Example 2-Analyzing Images（图像分析实例）显然是 Getting Started 中的内容，在这个部分建立超链接，目的是方便用户查询和使用。

（5）Demos：MATLAB 图像处理工具箱集成了一系列复杂标准参考算法和图像处理工具，这些标准算法是以开放的 MATLAB 语言编写并以 M-file 保存的，这就是 Demos。用户可以根据需要在这些标准算法中加入其他算法，或者修改源代码创造自己的函数。Demos 包括了 8 个例程，分别是图像恢复、图像增强、图像配准、图像分割、图像几何变换、图像特征提取、图像域变换和大图像数据处理，如图 1.7.26 所示。

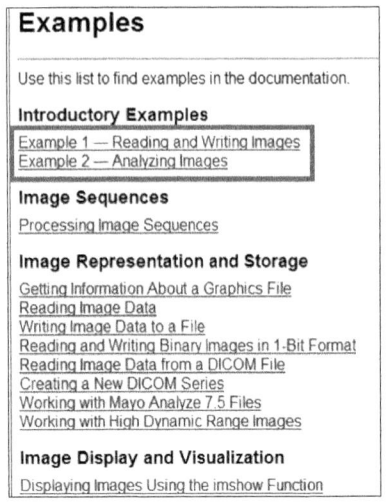
图 1.7.25　Examples 的内容

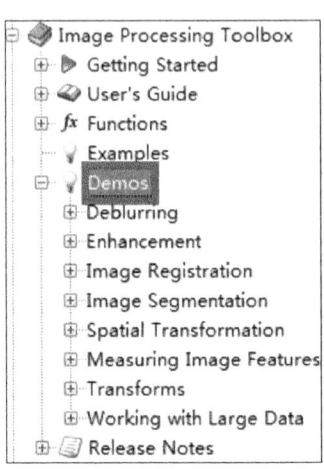
图 1.7.26　Demos 的框架内容

以图像增强为例，该部分包括 3 个例程，如图 1.7.27 所示。用户想要进一步了解例程的具体内容，直接单击例程名称即可。

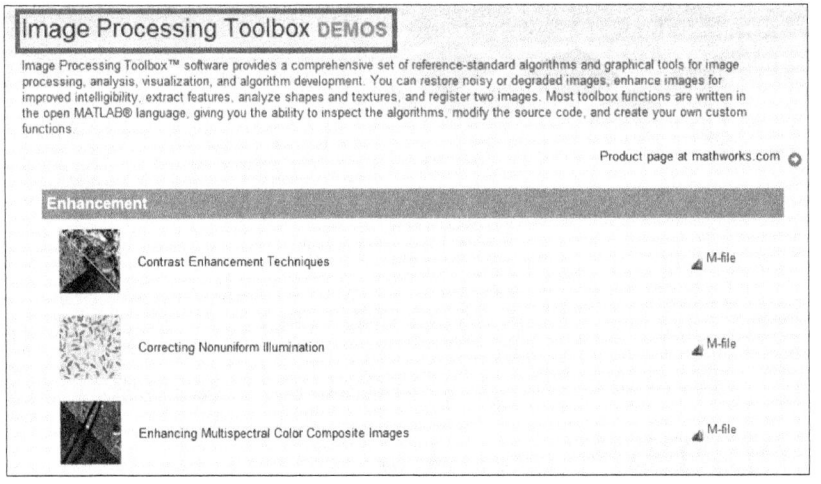
图 1.7.27　Demos 中的图像增强例程

（6）Release Notes：该部分是关于 MATLAB 图像处理工具箱版本的说明,其中包括版本 R12 到 R2010a。

1.8 本章小结

本章主要对数字图像处理的一些概念进行概括性的介绍,通过本章的学习,读者可以大致了解什么是数字图像,什么是数字图像处理,数字图像处理的目的、特点、主要研究内容、应用和发展趋势以及数字图像处理系统的组成等。同时,本章对 MATLAB 作了简单介绍,包括 MATLAB 软件介绍、常用命令、帮助系统、m 文件、图形绘制以及图像处理工具箱等,这些都是学习后续章节知识的基础。

习 题 1

1.1 什么是数字图像？什么是数字图像处理？
1.2 数字图像处理有哪些特点？
1.3 数字图像处理主要包括哪些研究内容？
1.4 数字图像处理系统由哪些部分组成？
1.5 讨论数字图像处理的主要应用。进一步查找资料,写一篇你感兴趣的关于应用方面的短文。

第 2 章 数字图像基础

本章的主要目的是介绍本书所用到的数字图像处理的基础知识。

2.1 人类视觉系统

在图像处理中所采用的许多处理技术,其主要目的是帮助观察者理解和分析图像中的某些内容。在图像处理中不但要考虑图像的客观性,而且也要考虑视觉系统的主观性。视觉是一种人类的基本功能,它不仅帮助人类获取信息,而且还帮助人类处理分析信息。视觉进一步分为视感觉和视知觉。其中,感觉是较低层次的,它主要接收外部刺激,所考虑的主要是刺激的物理特性和对视觉感受器官的刺激程度;知觉则处于较高层次,它要将外部刺激转化为有意义的内容。人类的视觉系统对不同的刺激会产生不同形式的反应,所以视知觉又分为亮度知觉、颜色知觉、形状知觉、空间知觉等。在很多情况下,视觉主要指感觉。

2.1.1 人类视觉系统的构造

人类视觉系统是由眼球、视神经系统及大脑视觉中枢构成的。

(1) 眼球

眼睛的形状近似为一个球体,通常称为眼球,其平均直径约为 20 mm,主要由三层膜包围着。最外层前部是角膜,后部为巩膜;中间层由前向后分为 3 部分:虹膜、睫状体和脉络膜;内层为视网膜。眼球的横断面结构如图 2.1.1 所示。

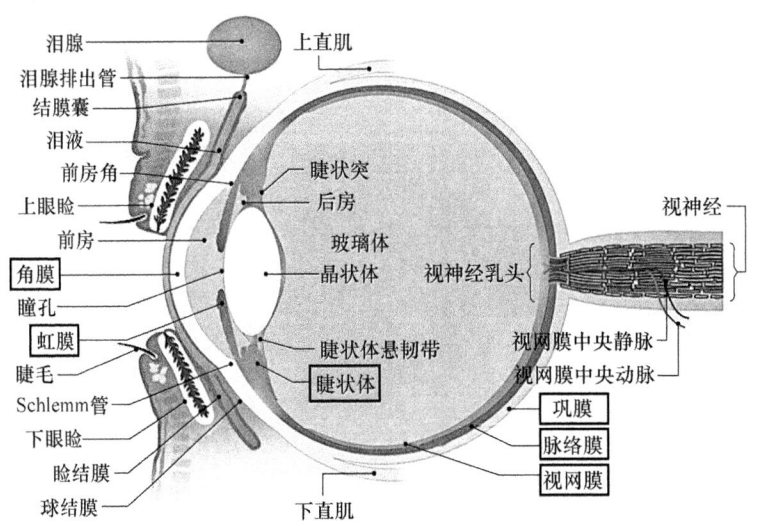

图 2.1.1 眼球横断面结构图

角膜是一种硬而透明的组织,覆盖着眼睛的前表面,具有屈光作用,光由这里折射进入眼球而成像;与角膜相连的巩膜是一层包围着眼球其余部分的不透明的膜,主要起到巩固及保护眼球的作用。

虹膜在角膜的后面,位于晶状体的前面,虹膜中央的圆孔叫瞳孔。虹膜内有两种肌肉可以控制瞳孔扩大和缩小,其作用如同照相机的自动光圈装置,而瞳孔的作用好似光圈。睫状体位于虹膜后面,其内部有睫状肌,起调节晶状体的作用。睫状体的收缩可改变晶状体的屈光力,使外界的物体能在视网膜上形成清楚的影像。脉络膜位于巩膜的正下方,脉络膜包含有血管网,是眼睛的重要滋养源。脉络膜外壳着色很重,因此有助于减少进入眼内的外来光和眼球内反向散射光的数量。

晶状体由同心的纤维细胞层组成,并由附在睫状体上的纤维悬挂着。晶状体包含60%~70%的水、6%的脂肪和比眼睛中任何其他组织都多的蛋白质。晶状体由稍黄的色素着色,其颜色随着人的年龄的增大而加深。晶状体吸收大约8%的可见光谱,对短波长的光有较高的吸收率。在晶状体结构中,蛋白质吸收红外光和紫外光,吸收过量会伤害眼睛。

眼睛最里面是视网膜,它布满了整个后部的内壁。当眼睛适当地聚焦时,来自眼睛外部物体的光在视网膜上成像。视网膜具有高度的信息处理机能,有两种光感受器:锥状体和杆状体。锥状体只有在光线明亮的情况下才起作用,它具有辨别光波波长的能力,对颜色十分敏感,也被称为白昼视觉。杆状体比锥状体的灵敏度高,在较暗的光线下也能起作用,但它没有辨别颜色的能力,也被称为夜视觉。正因为这两种视觉细胞的不同特点,所以人们看到的物体在白天有鲜明的色彩,而在夜里却分辨不清颜色。

(2) 视神经系统

视神经系统由视网膜中的神经节细胞和视神经组成。神经节细胞是视觉神经传导的起点,80万~100万个,与视网膜一起完成低层次的视觉感知。视神经为视觉信息传导通路,将视网膜上的低层次视觉感知传递给大脑视觉中枢。

(3) 大脑视觉中枢

大脑视觉中枢的主要作用是加工处理并综合由视神经传导过来的视觉感知信息。

2.1.2 光学成像过程

人眼前端有一个晶状体,后部内壁有一层视网膜,从光学成像的角度,可将眼睛和照相机比较一下,其中晶状体相当于镜头而视网膜相当于胶片。当眼睛聚焦在前方物体上时,从外部射入眼睛内的光在视网膜上成像,如图2.1.2所示。

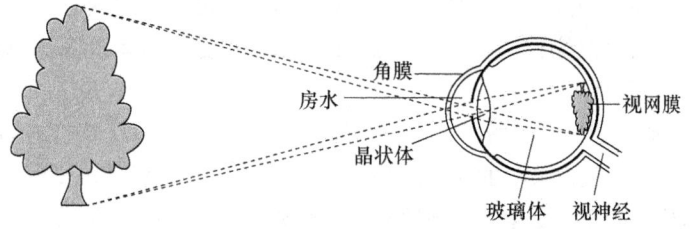

图 2.1.2 外界物体在视网膜上成像示意图

入射光到达视网膜之前,是主要折射在角膜和晶状体的两个面上的。眼睛内部各处的距离都固定不变,只有晶状体可以凸出外张,所以有聚像于视网膜上的功能,这完全靠晶状体曲率的调整。如果起调节作用的睫状肌处于松弛状态,从远处射来的光线经折射后,恰好自动聚焦在视网膜的感光细胞上。假如眼睛有病,聚焦就落在较前方或较后方,落在视网膜前面叫作近视眼,落在视网膜后面叫作远视眼。正常人眼在观察近处物体时,可调节收缩睫状肌,使晶状体凸出一些,这样由近处物体射来的光线,经晶状体凸出面的折射后,仍然可以汇聚在视网膜上成像。但由于凸出的曲率受限,因而过于靠近眼睛的物体所成的像是不能落在视网膜上的。

视网膜上的每个视觉细胞可感受光的刺激并形成视感觉,锥体细胞提供明视觉,杆体细胞提供暗视觉。

整体视觉过程从光源发光开始,光的模式通过场景中的物体反射进入左右眼睛,并同时作用在视网膜上引起视感觉。视网膜是含有光感受器和神经组织网络的薄膜。光刺激在视网膜上,经神经处理产生的神经冲动沿视神经纤维传出眼睛,通过视觉通道传到大脑皮层进行处理并最终引起视知觉,或者说在大脑中对光刺激产生响应——形成关于场景的表象。大脑皮层的处理要完成一系列的工作,从图像存储直到根据图像作出响应,具体如图2.1.3所示。

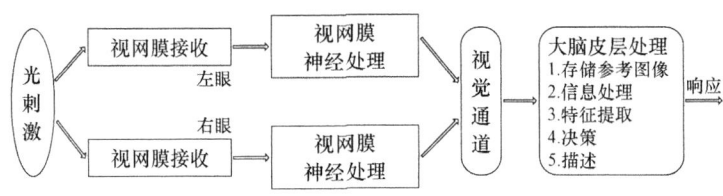

图 2.1.3　视觉过程流图

2.2　人眼视觉特性

2.2.1　亮度适应性

因为数字图像作为离散的灰度集来显示,所以眼睛对不同亮度级别之间的辨别能力在显示图像处理结果中是一个重要的考虑因素。人的视觉系统有很大的亮度适应范围,从暗视觉极限到强光极限之间的范围有 10^6 量级,即刚能感觉到亮度到刚能忍受的亮度相差很大。但是,人的视觉系统并不能同时在这么大范围工作,它是靠改变它的总体敏感度来实现亮度适应的。人的视觉系统在同一时刻所能够区分的亮度的具体范围比总的适应范围要小得多,一般仅在几十级亮度左右。

人眼从较亮的场所到较暗的场所时,很难马上看清东西;同样,从较暗的场所到较亮的场所时,也很难看清东西。一般把眼睛的状态适应明暗条件的变化过程叫作亮度适应。从亮到暗的变化叫作暗适应;从暗到亮的变化叫作亮适应。一般亮适应时间较短,而暗适应时间较长。

人的视觉系统所感知的亮度称为主观亮度,其与光源亮度是不同的,但在一定范围内与人眼所得到的照度基本成对数关系,即随着照度的线性增加所感知的亮度以对数关系缓慢增加(对暗光时亮度的增加比对亮光时亮度的增加更敏感)。可由以下两种现象来解释。

第一种现象是马赫带效应,即视觉系统有趋向于过高或过低估计不同高度区域边界值的现象。图 2.2.1 给出这种现象的例子,图中 7 个不同灰度的条带给出实际的亮度分布情况。尽管各条带内部的亮度是恒定的,但人们实际中总会观察到带有强烈边缘效应的灰度模式,即在条带的边界区域,靠更亮的一侧显得比较黑,而靠更暗的一侧显得比较白。

图 2.2.1 马赫带效应

第二种现象是同时对比度。此现象基于人眼对某个区域感觉到的亮度并不仅仅依赖于区域本身的亮度,也同时受到图像背景的影响。图 2.2.2 给出的例子中,所有的中心方块都有完全相同的亮度。然而,当背景暗时,它们看起来要亮些;当背景亮时,它们看起来要暗些。一个更熟悉的例子就是一张纸,放在桌子上时,看上去似乎比较白,而当我们使用它遮住眼睛来直视明亮的天空时,它看起来总是呈现黑色。

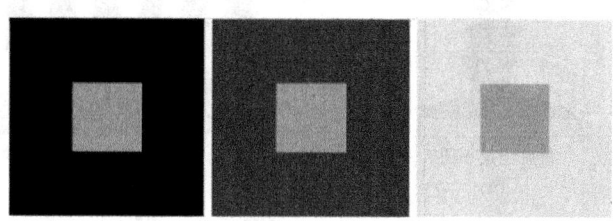

图 2.2.2 同时对比度

2.2.2 视错觉

视觉系统所感觉到的物体的形状并不是简单的投影到视网膜上的原封不动的形状。对形状的感觉会受到物体自身形状及周围背景的影响。视错觉是指人们对外界事物的不正确的视觉感觉或知觉。

产生错觉的原因除来自客观刺激本身特点的影响外,还有观察者生理上和心理上的原因。在视错觉中,眼睛填充了不存在的信息或者错误地感知了物体的几何特点。

常见的视错觉有以下几大类型。

(1) 形状和尺寸错觉

图 2.2.3 给出了形状和尺寸错觉的一些例子。在图 2.2.3(a)中,正方形的轮廓看起来很清楚,尽管图像中并没有定义这样一个图形的直线。图 2.2.3(b)中可以看到相同的效果,只是这次是一个圆,仅有几条直线就足以导致一个完整的圆的错觉。图 2.2.3(c)中的两条水平线段的长度相同,但看起来上面一条显得比下面一条短。图 2.2.3(d)中 45°方向的所有直线都是等间距的平行线,然而画有交叉影线就产生了错觉,觉得这些线不再平行了。

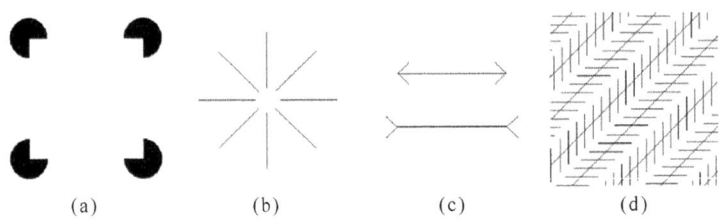

图 2.2.3　形状和尺寸错觉图像

(2) 前景和背景错觉

图 2.2.4(a)所示,花瓶和人脸是一个主体和背景可互换的两个图形,既可以看成是白色背景上的一个花瓶,也可以看成是黑色背景上的互相对视的人脸。又如图 2.2.4(b)所示,既可以看成是白色背景上的男人的腿,也可以看成是黑色背景上的女人的腿。图形在视网膜上是固定不动的,但你对它的感觉却是在两种可能图形中动摇,同时感觉到两种有意义的图形是很困难的。

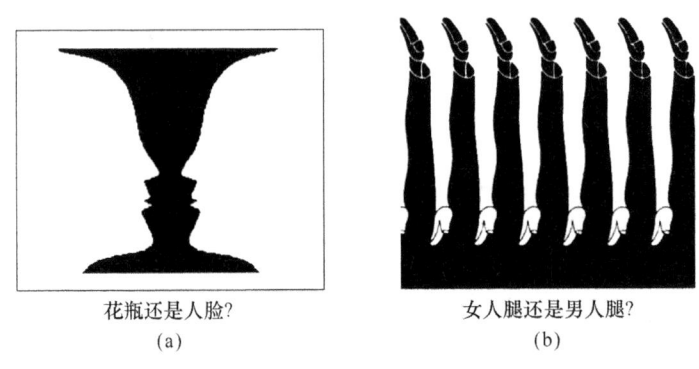

花瓶还是人脸?　　　　　女人腿还是男人腿?
(a)　　　　　　　　　　(b)

图 2.2.4　前景和背景错觉图像

(3) 凹凸错觉

在图像上由于明暗和阴影的影响,我们会得到凸出或凹入的知觉。同一张图像中的物体明亮部分在上方,阴影部分在下方,看上去这个物体是凸出的,把这张图像上下倒置过来,便会得到凹入的知觉,如图 2.2.5(a)和图 2.2.5(b)所示。

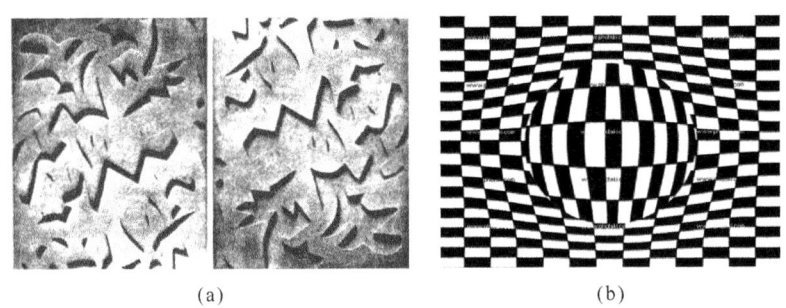

(a)　　　　　　　　　　(b)

图 2.2.5　凹凸错觉图像

(4) 动静错觉

图 2.2.6 给出了动静错觉的图像例子。当你仔细凝视图 2.2.6(a)和图 2.2.6(b)两幅图像的时候就会感觉图纹在转动,其实这只是两张静态图像,是视错觉而已。

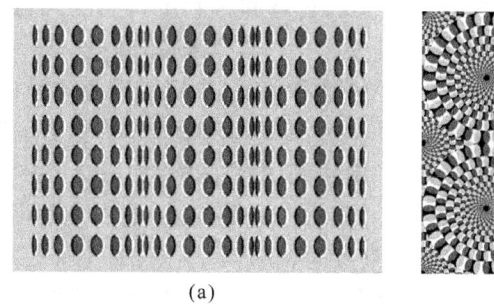

图 2.2.6　动静错觉图像

2.2.3　视觉惰性

视觉惰性是人眼的重要特性之一，它描述了主观亮度与光作用时间的关系。人眼主观亮度感觉的变化滞后于实际亮度变化，并且当光线消失后，人眼的亮度感觉不会随着物体亮度的消失而立即消失，而有一个过渡时间，这就是视觉惰性。

当有光脉冲刺激人眼时，视觉的建立和消失都需要一定的过程，光源消失以后，景物影像会在视觉中保留一段时间，视觉暂留时间在 0.05～0.2 s。实验表明，视觉暂留过渡时间内，亮度感觉按指数规律逐渐减小。

当人眼受周期性的光脉冲照射时，如果光脉冲频率不高，则会产生一明一暗的闪烁感觉。如果将光脉冲频率提高到某一定值以上，由于视觉惰性，眼睛便感觉不到闪烁，感到的是一种均匀的连续的光刺激。刚好不引起闪烁感觉的最低频率，称为临界闪烁频率，它主要与光脉冲的亮度有关。利用这一特性，每秒 25 帧的画面可形成连续活动图像的感觉，如电影、电视画面那样。在帧频率高于临界闪烁频率时，主观感觉亮度为显示亮度的平均值。隔行扫描就是利用这一特性克服闪烁现象的，同时还可以降低行扫描的频率，使得传输频带得以压缩。

2.3　色度学基础

2.3.1　三基色原理

随着科学技术的发展，建立了现代色度学。它是一门以光学、视觉生理、视觉心理、物理等学科为基础的综合性学科，也是一门以大量实验为基础的实验性学科。它的任务在于研究和解决颜色的度量和评价方法，以及测量和应用等问题。

颜色是外界光刺激作用于人的视觉器官而产生的主观感觉。除了光源对眼睛的刺激，还需要人脑对刺激的理解。人感受到的物体颜色主要取决于反射光的特性，如果物体比较均衡地反射各种光谱，则看起来物体是白色的；而如果物体对某些光谱反射得较多，则看起来物体就会呈现相对应的颜色。

颜色分为两大类：非彩色和彩色。非彩色是指黑色、白色和介于这两者之间深浅不同的灰色；彩色是指除了非彩色以外的各种颜色。

人们区分颜色常用三种基本特性量:亮度、色调和饱和度。亮度与物体的反射率成正比,如果没有彩色就只有亮度1个自由度的变化。对彩色来说,颜色中掺入白色越多越明亮,掺入黑色越多亮度就越小。色调是颜色的重要特征,决定了颜色本质的根本特征,是与混合光谱中主要光波长相联系的,不同波长产生不同颜色的感觉,如红、橙、黄、绿、青、蓝、紫。饱和度是指一个颜色的鲜明程度,饱和度越高,颜色越深,如深红、深绿等。饱和度与一定色调的纯度有关,纯光谱色是完全饱和的,随着白光的加入,饱和度逐渐减小。色调和饱和度合起来称为色度。颜色可用亮度和色度共同表示。

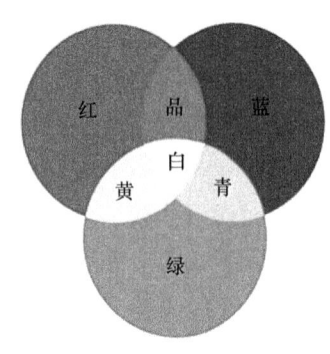

图 2.3.1 相加混色的三基色及其补色

自然界中常见的各种颜色的光都可由红(R)、绿(G)、蓝(B)三种颜色的光按照不同比例相配而成,并且它们之间是相互独立的,即任何一种颜色都不能由其他两种颜色合成。同样,绝大多数颜色也可以分解成红、绿、蓝三种色光,这就是色度学中的最基本原理——三基色原理。三种颜色的光强越强,到达我们眼睛的光就越多,它们的比例不同,我们看到的颜色也就不同。没有光到达眼睛,就是一片漆黑。三基色的选择不是唯一的,也可以选择其他三种颜色为三基色,但三种颜色必须是相互独立的。把三种基色光按照不同比例相加称为相加混色。相加混色的红、绿、蓝三基色及其补色如图 2.3.1 所示。

当把红、绿、蓝色光混合时,通过改变三者各自的强度比例可以得到白色以及各种彩色,如式(2.3.1)所示。

$$C \equiv rR + gG + bB \tag{2.3.1}$$

其中,C 代表某一特定颜色,符号"≡"表示匹配,R、G、B 表示三基色,r、g、b 代表比例系数,且有

$$r + g + b = 1 \tag{2.3.2}$$

2.3.2 颜色模型

1. 颜色模型

为了科学定量地描述和使用颜色,需要建立颜色模型。颜色模型是表示颜色的一种数学方法,人们用它来指定和产生颜色,使颜色更加形象化。一种颜色可以用3个基本参量来描述,所以建立颜色模型就是建立1个三维坐标系统,形成不同的颜色坐标系,其中每个空间点都代表一种颜色。

目前常用的颜色模型按用途可分为两类,一类面向视频监控器、彩色摄像机或打印机等设备,常用的颜色模型是 RGB 模型;另一类面向以彩色处理为目的的应用,如动画中的彩色图形,常用的颜色模型是 HSI 模型。这两种颜色模型也是图像处理中最常见的模型。另外,在印刷工业和电视信号传输中,还经常使用 CMYK 和 YUV 色彩系统。下面分别列出几种颜色模型。

(1) RGB 颜色模型

RGB 颜色模型可以表示在笛卡尔坐标系中,如图 2.3.2 所示。在 RGB 模型立方体中,3 个轴分别代表 R、G、B 分量,原点所对应的颜色为黑色,它的3个分量值都为0。距离原点

最远的顶点对应的颜色为白色,它的 3 个分量值都为 1。从黑到白的灰度值分布在这两个点的连接线上,该线称为灰色线。立方体的 3 个角对应三基色——红(1,0,0)、绿(0,1,0)、蓝(0,0,1),其余 3 个角对应于三基色的补色——青(0,1,1)、品红(1,0,1)、黄(1,1,0)。立方体内的每个点对应不同的颜色,有 3 个分量,分别代表该点颜色的红、绿、蓝亮度值,可用从原点到该点的矢量表示,其亮度值范围限定在[0,1]。

(2) HSI 颜色模型

HSI 颜色模型以人眼的视觉特性为基础,利用 3 个相对独立、容易预测的颜色心理属性:色调(Hue)、饱和度(Saturation)和强度(Intensity,对应成像亮度或图像灰度)来表示颜色,反映了人的视觉系统观察彩色的格式。

HSI 颜色模型定义在圆柱坐标系的双圆锥子集上,如图 2.3.3 所示。

色调 H 由水平面的圆周表示,圆周上各点(0°~360°)代表光谱上各种不同的色调。一般假定 0°表示的颜色为红色,120°表示的颜色为绿色,240°表示的颜色为蓝色。饱和度 S 是颜色点与中心轴的距离,在中心轴上各点,饱和度为 0,在锥面上各点,饱和度为 1。光强度 I 的变化是从下锥顶点的黑色(0)逐渐变到上锥顶点的白色(1)。

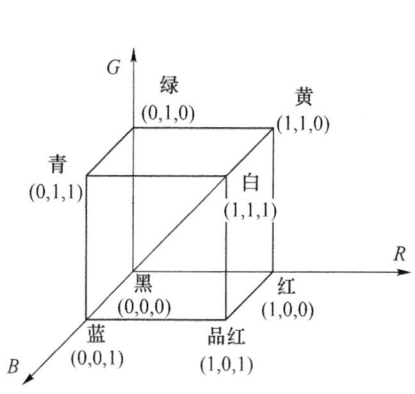

图 2.3.2 RGB 颜色模型坐标

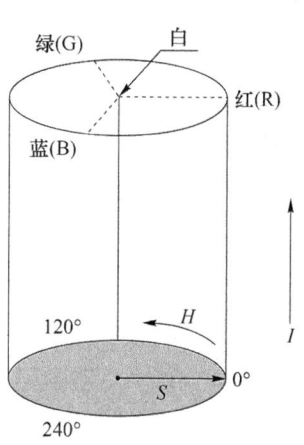

图 2.3.3 HSI 颜色模型

(3) CMYK 颜色模型

CMYK 颜色模型也是一种常用的表示颜色的方式,如图 2.3.4 所示。它是通过颜色相减来产生其他颜色的,也被称为减色模型。CMYK 的原色为青色(Cyan)、品红色(Magenta)、黄色(Yellow)和黑色(Black)。在处理图像时,一般不用这种模型,主要是这种模式的文件大,占用磁盘空间和内存大,其一般用在印刷工业中。

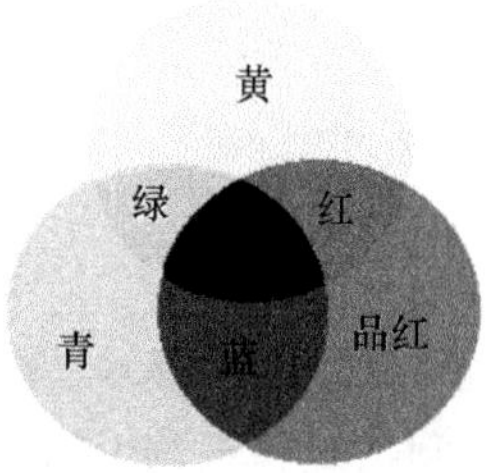

图 2.3.4 相减混色的三基色及其补色

(4) YUV 电视信号彩色系统

YUV 主要用于优化彩色视频信号的传输。YUV 彩色电视信号传输时,将 R、G、B 转换成亮度信号和色度信号,其中 Y 表示亮度信号,U 和 V 表示色差信号。采用 YUV 色彩空间的重要性是它的亮度信号 Y 和色度信号 U、V 是分离的。如果只有 Y 信号分量而没有 U、V 分量,那么这样表示的图像就是黑白灰度图像。彩色电视采用 YUV 空间正是为了用亮度信号 Y 解决彩色电视机与黑白电视机的兼容问题,使黑白电视机也能接收彩色电视信号。与 RGB 视频信号传输相比,YUV 最大的优点在于占用的频带宽度较少。

2. 颜色模型的转换

(1) RGB 与 HSI 模型之间的转换

RGB 转换为 HSI 的公式如式(2.3.3)～式(2.3.6)所示。

$$H = \begin{cases} \theta, & \text{if } B \leq G \\ 360 - \theta, & \text{if } B > G \end{cases} \quad (2.3.3)$$

$$\theta = \arccos\left\{\frac{[(R-G)+(R-B)]/2}{[(R-G)^2+(R-B)(G-B)]^{1/2}}\right\} \quad (2.3.4)$$

$$S = 1 - \frac{3}{(R+G+B)}[\min(R,G,B)] \quad (2.3.5)$$

$$I = \frac{1}{3}(R+G+B) \quad (2.3.6)$$

HSI 到 RGB 的转换更复杂一些,根据两个坐标间的关系,需要在 3 个区间展开,即将 H 分为 3 个区间:0°～120°、120°～240°、240°～360°,变换公式略有不同,如式(2.3.7)～式(2.3.15)所示。

① 当 H 在[0°,120°]时:

$$B = I(1-S) \quad (2.3.7)$$

$$R = I\left[1 + \frac{S\cos H}{\cos(60°-H)}\right] \quad (2.3.8)$$

$$G = 3I - (R+B) \quad (2.3.9)$$

② 当 H 在[120°,240°]时:

$$R = I(1-S) \quad (2.3.10)$$

$$G = I\left[1 + \frac{S\cos(H-120°)}{\cos(180°-H)}\right] \quad (2.3.11)$$

$$B = 3I - (R+G) \quad (2.3.12)$$

③ 当 H 在[240°,360°]时:

$$G = I(1-S) \quad (2.3.13)$$

$$B = I\left[1 + \frac{S\cos(H-120°)}{\cos(300°-H)}\right] \quad (2.3.14)$$

$$R = 3I - (G+B) \quad (2.3.15)$$

(2) RGB 与 CMYK 模型之间的转换

RGB 转换为 CMYK 的公式如式(2.3.16)～式(2.3.19)所示。

$$K = \min(1-R, 1-G, 1-B) \quad (2.3.16)$$

$$C = (1-R-K)/(1-K) \quad (2.3.17)$$

$$M = (1-G-K)/(1-K) \quad (2.3.18)$$

$$Y = (1-B-K)/(1-K) \quad (2.3.19)$$

CMYK 转换为 RGB 的公式,如式(2.3.20)～式(2.3.22)所示。

$$R = 1 - \min(1, C \times (1-K) + K) \quad (2.3.20)$$

$$G = 1 - \min(1, M \times (1-K) + K) \quad (2.3.21)$$
$$B = 1 - \min(1, Y \times (1-K) + K) \quad (2.3.22)$$

(3) RGB 与 YUV 模型之间的转换

RGB 转换为 YUV 的公式如式(2.3.23)所示。

$$\begin{pmatrix} Y \\ U \\ V \end{pmatrix} = \begin{pmatrix} 0.299 & 0.587 & 0.114 \\ -0.148 & -0.289 & -0.437 \\ 0.615 & 0.515 & -0.100 \end{pmatrix} \cdot \begin{pmatrix} R \\ G \\ B \end{pmatrix} \quad (2.3.23)$$

YUV 转换为 RGB 的公式如式(2.3.24)所示。

$$\begin{pmatrix} R \\ G \\ B \end{pmatrix} = \begin{pmatrix} 1 & 0 & 1.140 \\ 1 & -0.395 & -0.581 \\ 1 & 2.032 & 0 \end{pmatrix} \cdot \begin{pmatrix} Y \\ U \\ V \end{pmatrix} \quad (2.3.24)$$

2.4 图像数字化

2.4.1 图像的采样和量化

图像信号是二维空间的信号,例如,黑白与灰度图像是用二维平面下的浓淡变化函数来表示的,通常记为 $f(x,y)$,它表示一幅图像在水平和垂直两个方向上光照强度的变化。一幅连续图像 $f(x,y)$,其 x 和 y 坐标及幅度都是连续的。为了能够用计算机对图像进行处理,需要对连续图像进行数字化,主要包括采样和量化两个过程,即要把连续图像函数 $f(x,y)$ 进行空间和幅值的离散化处理。经过数字化,一幅画面就转化成计算机能够处理的数字图像。

1. 采样

图像在空间上的离散化称为采样,也就是用空间上部分点的灰度值代表图像,这些点称为采样点。图像 $f(x,y)$ 在二维空域里进行空间采样时,需要先把二维信号变为一维信号,再对一维信号进行采样。具体做法是:先沿垂直方向按一定间隔从上到下顺序地沿水平方向直线扫描,取出各水平线上灰度值的一维扫描,再对一维扫描线信号按一定间隔采样得到离散信号,即先沿垂直方向采样,再沿水平方向采样。采样后得到的二维离散信号的最小单位就是像素。一般情况下,水平方向的采样间隔和垂直方向的采样间隔相同。采样示意如图 2.4.1 所示。

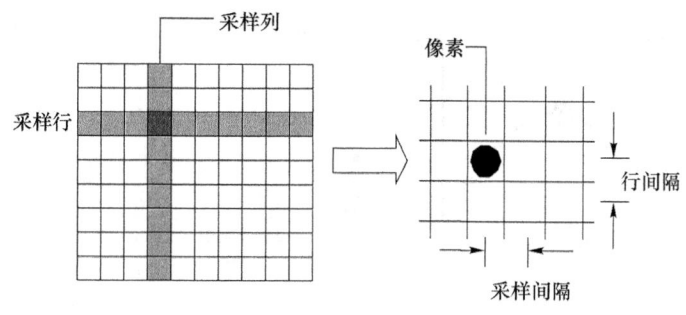

图 2.4.1 采样示意图

2. 量化

模拟图像经过采样后,在时间和空间上离散化为像素。但采样所得的像素值(即灰度值)仍是连续量。把采样后所得的各像素的灰度值从模拟量到离散量的转换称为图像灰度的量化。图 2.4.2(a) 说明了量化过程。若连续灰度值用 z 来表示,对于满足 $z_i \leqslant z \leqslant z_{i+1}$ 的 z 值,都量化为整数 q_i,q_i 称为像素的灰度值,z 与 q_i 的差值称为量化误差。一般地,像素值量化后用一个字节 8 bit 来表示,如图 2.4.2(b) 所示,把由黑—灰—白连续变化的灰度值量化为 0~255 共 256 级灰度值,灰度值的范围为 0~255,表示亮度从深到浅,对应图像中的颜色为从黑到白。

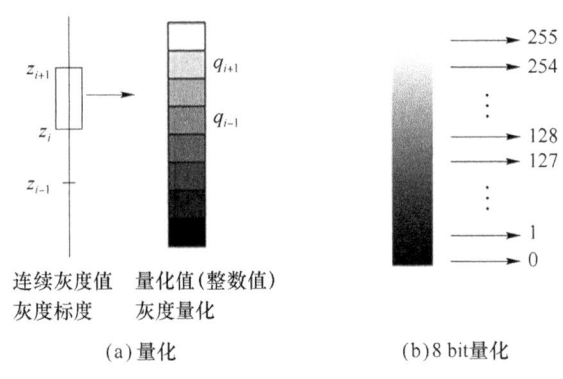

图 2.4.2 量化示意图

图 2.4.3 说明了采样和量化的基本过程。图 2.4.3(a) 显示了一幅连续图像,图 2.4.3(b) 中的一维函数是图 2.4.3(a) 中沿线段 AB 的连续图像幅度值(灰度值)的曲线。随机变化是由图像噪声引起的。为了对该图像采样,我们沿线段 AB 等间隔地对该函数采样,如

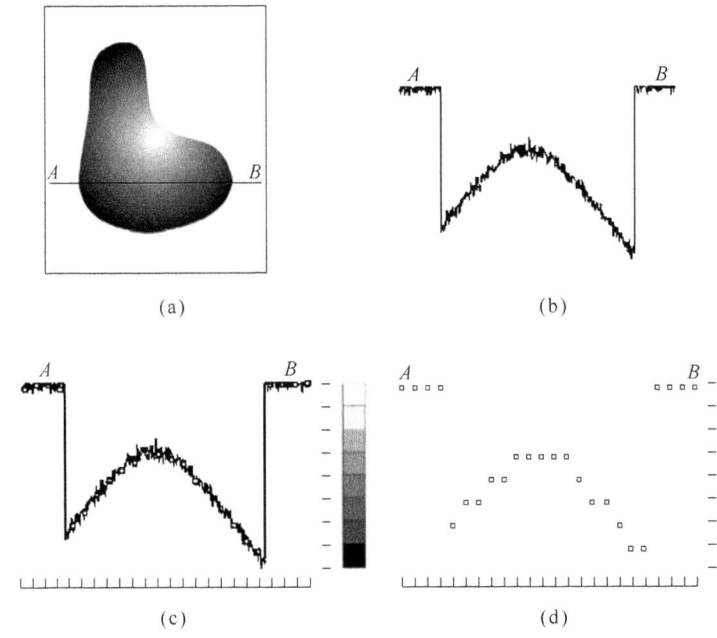

图 2.4.3 采样和量化过程示意图

图 2.4.3(c)所示。每个样本的空间位置由图形底部的垂直刻度指出。样本用放在函数曲线上的白色小方块表示,这样的一组离散位置就给出了采样函数。然而,样本值仍跨越了灰度值的连续范围。为了形成数字函数,灰度值也必须量化为离散量。图 2.4.3(c)的右侧显示了已分为 8 个离散区间的灰度标尺,范围从黑到白。垂直刻度标记指出了赋予 8 个灰度的每一个特定值。通过对每一样本赋予 8 个离散灰度级中的一个来量化连续灰度级,赋值取决于该样本与一个垂直刻度标记的垂直接近程度。取样和量化操作生成的数字样本如图 2.4.3(d)所示。从该图像的顶部开始逐行执行这一过程,则会产生一幅二维数字图像,如图 2.4.4 所示。

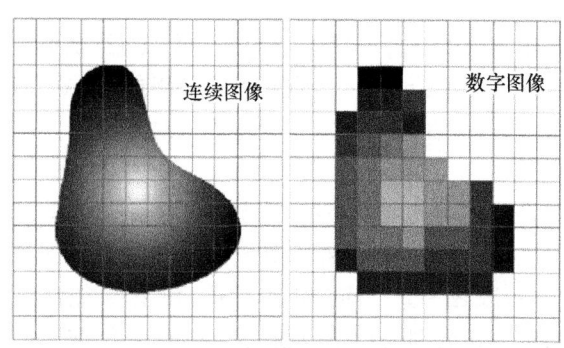

图 2.4.4 连续图像转为数字图像

2.4.2 图像的数学模型

在计算机中,图像被分割成一个一个的像素,各像素的灰度值用整数表示。一幅 $M \times N$ 个像素的数字图像,其像素灰度值可以用 M 行 N 列的矩阵 $f(i,j)$ 表示:

$$f(i,j) = \begin{pmatrix} f_{11} & f_{12} & \cdots & f_{1N} \\ f_{21} & f_{22} & \cdots & f_{2N} \\ \vdots & \vdots & & \vdots \\ f_{M1} & f_{M2} & \cdots & f_{MN} \end{pmatrix} \qquad (2.4.1)$$

习惯上把数字图像左上角的像素定为 $(1,1)$ 个像素,右下角的像素定为 (M,N) 个像素。若用 i 表示垂直方向,j 表示水平方向,这样从左上角开始,纵向第 i 行横向第 j 列的第 (i,j) 个像素就存储到矩阵的元素 f_{ij} 中,数字图像中的像素与二维矩阵中的每个元素便一一对应起来。

在计算机中把数字图像表示为矩阵后,就可以用矩阵理论和其他一些数学方法来对数字图像进行分析和处理了。图 2.4.5 给出了 3×3 的图像块及其数学矩阵。

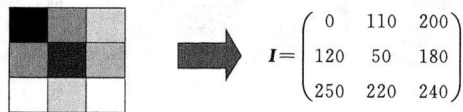

图 2.4.5 3×3 的图像块及其数学矩阵

2.4.3 数字图像的数据量

一幅图像在采样时,行、列的采样点与量化时每个像素量化的级数,既影响数字图像的质量,也影响数字图像数据量的大小。假定图像取 $M\times N$ 个采样点,每个像素量化后的灰度二进制位数为 Q,一般 Q 总是取为 2 的整数幂,即 $Q=2^k$,则存储一幅数字图像所需的二进制位数 b 为:

$$b=M\times N\times Q \tag{2.4.2}$$

字节数 B 为:

$$B=M\times N\times \frac{Q}{8} \tag{2.4.3}$$

2.4.4 图像分辨率

数字图像采样和量化参数的选择直接影响图像的数据量,实际上也会影响人们的视觉效果和对图像的进一步处理。理论上,采样点和量化等级越多,图像质量越高。但在超出视觉辨别和机器辨别的需求时,过多的采样点和量化等级对提高图像质量没有实际意义。

1. 空间分辨率

空间分辨率是指图像中可辨别的最小细节,也指每单位长度上的像素,即直观看到的图像的清晰与模糊程度,单位为 ppi。它是描述图像数字化过程中对空间坐标离散化处理的精度,是数字图像的重要参数之一。空间分辨率越高,数字图像所表达的景物细节越丰富,但图像的数字化、存储、传输和处理的代价也越大。工程上,常需要折中处理。

采样点数的多少是决定图像空间分辨率的主要参数。对一幅图像,当量化级数 Q 一定时,采样点数 $M\times N$ 对图像的空间分辨率有着显著的影响。如图 2.4.6 所示,当采样点数减少时,图上的块状效应(马赛克效应)就逐渐明显。

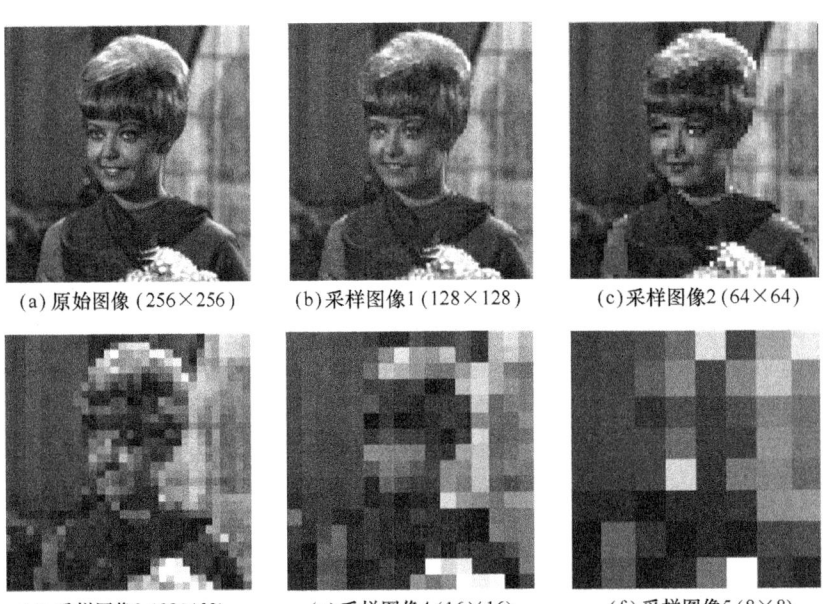

图 2.4.6 空间分辨率变化(不同采样点数)对图像质量的影响

2. 灰度分辨率

灰度分辨率是指图像在灰度级别中可分辨的最小变化,是表示图像亮度强弱的指数标准。灰度级数通常是 2 的整数次幂,不同灰度级数的图像显示如图 2.4.7 所示。

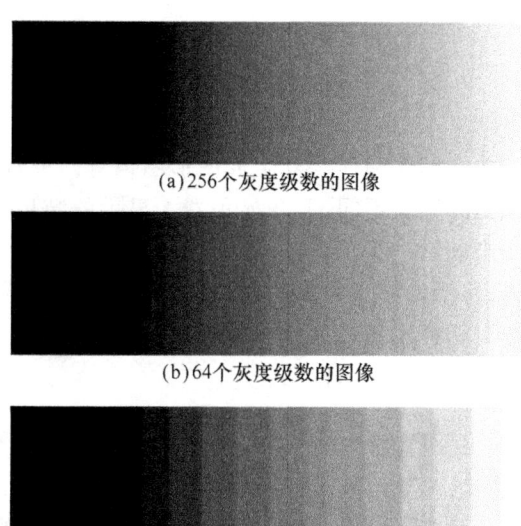

图 2.4.7　不同灰度级数的图像

图 2.4.8 给出了灰度分辨率变化(不同灰度级数)对图像质量影响的例子。当图像的采样点一定时,灰度级数越多,图像质量越好,灰度级数越少,图像质量越差。只有两个灰度等级的二值图像是量化级数最小的极端情况,如图 2.4.8(f)所示。

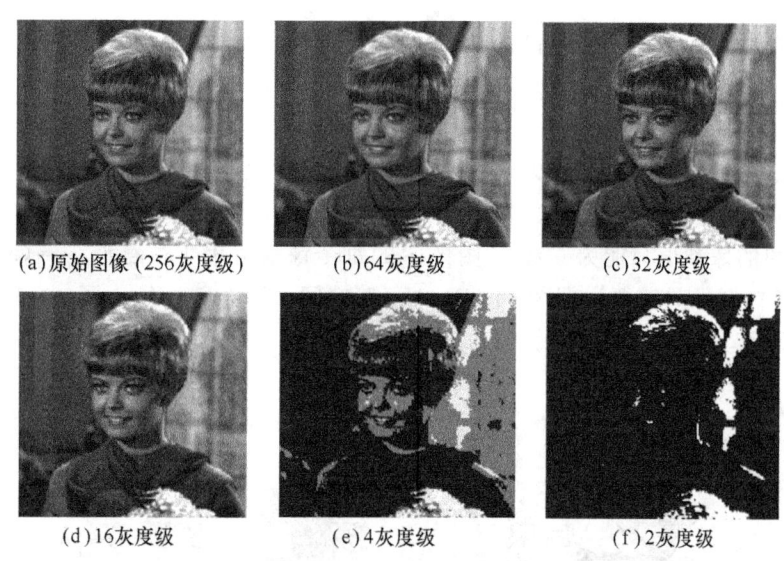

图 2.4.8　灰度分辨率变化(不同灰度级数)对图像质量的影响

当没有必要对涉及像素的物理分辨率进行实际度量和在原始场景中分析细节等级时,通常把大小为 $M \times N$、灰度为 L 级的数字图像称为空间分辨率为 $M \times N$ 像素、灰度级分辨率为 L 级的数字图像。

一般来说,当限定数字图像的大小时,为了得到质量较好的图像,可采用如下原则:
(1) 对缓变的图像,应细量化,粗采样,以避免出现假轮廓。
(2) 对细节丰富的图像,应细采样,粗量化,以避免模糊。

2.5 数字图像的类型

计算机中描述和表示数字图像和计算机生成图形图像有两种常用的方法:矢量图法和位图法。尽管这两种生成图的方法不同,但在显示器上显示的结果几乎没有什么差别。矢量图是用一系列绘图指令来表示一幅图,本质是用数学公式来描述一幅图像。位图是通过许多像素点表示一幅图像,每个像素具有颜色属性和位置属性。位图可以从传统的相片、幻灯片上制作出来或使用数码相机得到,也可以利用 Windows 的画笔用颜色点填充网格单元来创建位图。图 2.5.1 所示为矢量图和位图。

(a)矢量图　　　　　　　　　　　(b)位图

图 2.5.1　矢量图和位图

位图有多种表示和描述的模式,但从大的方面来说,主要分为黑白图像、灰度图像和彩色图像。

1. 黑白(二值)图像

只有黑白两种颜色的图像称为黑白图像或单色图像,图像的每个像素只能是黑或白,没有中间的过渡,故又称为二值图像,如图 2.5.2 所示为黑白(二值)图像。

二值图像的像素值只能为 0 或 1,图像中的每个像素值用 1 位存储。一幅 640 像素×480 像素的黑白图像只需要占据 38.4 KB 的存储空间。图 2.5.3 给出了 3×3 的二值图像块及其数学矩阵,矩阵中用 1 表示白色,0 表示黑色。

图 2.5.2　黑白(二值)图像　　　　　图 2.5.3　3×3 的二值图像块及其数学矩阵

2. 灰度图像

在灰度图像中,像素灰度级用 8 位表示,所以每个像素都是介于黑色和白色之间的 256($2^8=256$)种灰度中的一种,如图 2.5.4 所示为灰度图像。

灰度图像只有从黑到白的 256 种灰度色域而没有彩色。灰度取值范围为 0~255,"0"

表示纯黑色,"255"表示纯白色,中间的数字表示黑白之间的过渡色。图 2.5.5 给出了 8×8 的灰度图像块及其灰度值,灰度值越小,图像颜色越黑,灰度值越大,图像颜色越白。

 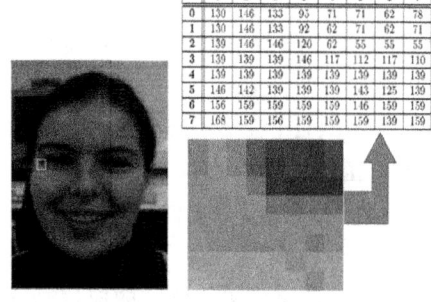

图 2.5.4 灰度图像　　　　　图 2.5.5 8×8 的灰度图像块及其灰度值

3. 彩色图像

彩色图像除有亮度信息外,还包含有颜色信息。彩色图像的表示与所采用的彩色空间,即彩色模型有关,同一幅彩色图像如果采用不同的彩色空间表示,则对其的描述可能会有很大的不同。常用的表示方法主要有真彩色图像和索引图像。

真彩色图像又称为 24 位彩色图像。在真彩色图像中,每个像素由红、绿、蓝 3 个字节组成,每个字节为 8 位,表示 0~255 不同的亮度值。这 3 个字节的组合,可以产生 1 670 万种不同的颜色。由于它所表达的颜色远远超出了人眼所能辨别的范围,故将其称为"真彩色"。图 2.5.6 给出了 3×3 的彩色图像块及其 RGB 颜色矩阵。

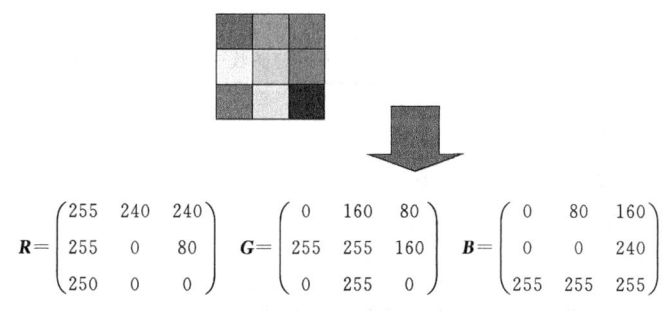

图 2.5.6 3×3 的彩色图像块及其 RGB 颜色矩阵

在真彩色出现之前,由于技术上的原因,计算机在处理时并没有达到每个像素 24 位的真彩色水平,为此人们创造了索引颜色。索引图像既包括存放图像数据的二维矩阵,还包括一个颜色索引矩阵(称为 MAP),又称为映射图像。MAP 矩阵也可以由二维数组表示,矩阵大小由存放图像的矩阵元素的灰度值范围决定。

若矩阵元素灰度值范围为 0~255,则 MAP 矩阵的大小为 256×3,矩阵的三列分别为 R、G、B 值。图像矩阵的每一个灰度值对应于 MAP 中的一行,例如,某一像素的灰度值为 64,则表示该像素与 MAP 矩阵的第 64 行建立了映射关系,该像素在屏幕上的显示颜色由 MAP 矩阵第 64 行的 R、G、B 叠加而成。

2.6 常用的图像文件格式

数字图像有多种存储格式,在计算机中是以图像文件的形式存放的,每种格式一般由不同的开发商支持。随着信息技术的发展和图像应用领域的不断拓展,还会出现新的图像格式。因此,要进行图像处理,必须了解图像文件的格式。目前常用的静态图像文件格式有 BMP、GIF、TIFF、JPEG 等类型。

1. BMP 图像文件格式

BMP 文件又称为位图文件(Bitmap,BMP),是一种与设备无关的图像文件格式。BMP 文件格式是一种位映射的存储形式。它是 Windows 软件推荐使用的一种格式,随着 Windows 的普及,BMP 文件格式的应用越来越广泛。

BMP 文件被分为位图文件参数头域、位图参数头域、调色板域和位图数据域等几个域。

(1) 位图文件参数头域

位图文件参数头域包含关于这个文件的信息,例如,从哪里开始是位图数据的定位信息,其结构如表 2.6.1 所示。

表 2.6.1 位图文件参数头域

字节数	参数	说明
2	bftype	文件类型,一般以 BM 标识
4	bfsize	实际图像数据长度
2	reserved1	保留
2	reserved2	保留
4	offset	文件开始到位图数据开始处的偏移量

(2) 位图参数头域

位图参数头域含有关于这幅图像的信息,如以像素为单位的宽度和高度,以及位图的彩色、压缩方法等,其结构如表 2.6.2 所示。

表 2.6.2 位图参数头域

字节数	参数	说明	字节数	参数	说明
4	bisize	本结构长度为40	4	bisizeimage	位图数据块的大小
4	biwidth	图像宽度	4	bixpelspermeter	水平分辨率
4	biheight	图像高度	4	biypelspermeter	垂直分辨率
2	biplanes	位图的位面积	4	bicrused	位图使用的彩色数
2	bibitcount	每个像素所占位数	4	biclrimporant	主要彩色数
4	bicompression	压缩方法			

(3) 调色板域

调色板域中有图像颜色的 RGB 值定义。对显示卡来说,如果它不能一次显示超过 256

种颜色,那么读取和显示 BMP 文件的程序能够把这些 RGB 值转换到显示卡的调色板来产生准确的颜色。每一种调色板颜色用 4 字节描述,其中第 1 个字节表示蓝色成分,第 2 个字节表示绿色成分,第 3 个字节表示红色成分,第 4 个字节为填充位,被设置为 0,调色板域大小为 $4 \times N$,N 为颜色数。如果图像为真彩色,则调色板没有任何内容。

(4) 位图数据域

图像为真彩色时,图像数据直接表示红、绿、蓝的相对亮度,图像的每一扫描行由表示图像的连续的像素字节组成,每一行的字节数取决于图像的颜色数和用像素表示的图像宽度。扫描行是由下向上存储的,也就是说,此域的第一个字节表示位图左下角的像素,而最后一个字节表示位图右上角的像素。

2. GIF 图像文件格式

图形交换格式(Graphics Interchange Format,GIF)是 CompuServe 公司开发的文件存储格式。它支持单个文件的多重图像、按行扫描的快速解码、有效的压缩以及硬件无关性。

GIF 图像文件以数据块(Block)为单位来存储图像的相关信息。一个 GIF 文件由表示图形/图像的数据块、数据子块以及显示图形/图像的控制信息块组成,称为 GIF 数据流。GIF 文件格式采用 LZW 压缩算法来存储图像数据,并定义了允许用户为图像设置背景的透明属性。GIF 文件格式可在一个文件中存放多幅彩色图形/图像,使它们可以像幻灯片那样显示或者像动画那样演示。

3. TIFF 图像文件格式

标记图像文件格式(Tag Image File Format,TIFF)是基于标志域的图像文件格式。有关图像的所有信息都存储在标志域中,如图像大小、所用计算机型号、制造商、图像的作者、说明、软件及数据。TIFF 文件是一种极其灵活易变的格式,它可以支持多种压缩方法、特殊的图像控制函数以及许多其他特性。TIFF 文件一般比较大。TIFF 文件定义了 4 类不同的 TIFF 文件格式:适用于二值图像的 TIFF-B、适用于灰度图像的 TIFF-R、适用于带调色板的彩色图像的 TIFF-P、适用于 RGB 彩色图像的 TIFF-X。其中,TIFF-X 是一种通用型,通过编程可以适用于上述所有 4 种类型。为了保证它们的兼容性,每类都会有一个最小的域,编程时不需要使用其他的域。

4. JPEG 图像文件格式

JPEG(Joint Photographic Experts Group)即联合图像专家组,是用于连续色调静态图像压缩的一种标准,文件后缀名为.jpg 或.jpeg,是最常用的图像文件格式。其主要是采用预测编码(DPCM)、离散余弦变换(DCT)以及熵编码的联合编码方式,以去除冗余的图像和彩色数据,属于有损压缩格式,它能够将图像压缩在很小的储存空间,一定程度上会造成图像数据的损伤。尤其是使用过高的压缩比例,将使最终解压缩后恢复的图像质量降低,如果追求高品质图像,则不宜采用过高的压缩比例。

然而,JPEG 压缩技术十分先进,它可以用有损压缩方式去除冗余的图像数据,换句话说,就是可以用较少的磁盘空间得到较好的图像品质。而且 JPEG 是一种很灵活的格式,具有调节图像质量的功能,它允许用不同的压缩比例对文件进行压缩,支持多种压缩级别,压缩比率通常在 10∶1 到 40∶1,压缩比越大,图像品质就越低;相反地,压缩比越小,图像品质就越高。同一幅图像,用 JPEG 格式存储的文件是其他类型文件的 1/10~1/20,通常只有几十 KB,质量损失较小,基本无法看出。JPEG 格式压缩的主要是高频信息,对色彩的信息保留较好,适合应用于互联网;它可减少图像的传输时间,支持 24 位真彩色;也普遍应用于需要连续色调的图像中。

JPEG 格式可分为标准 JPEG、渐进式 JPEG 及 JPEG2000 三种格式。

(1) 标准 JPEG 格式:此类型在网页下载时只能由上而下依序显示图像,直到图像资料全部下载完毕,才能看到图像全貌。

(2) 渐进式 JPEG:此类型在网页下载时,先呈现出图像的粗略外观后,再慢慢地呈现出完整的内容,而且存成渐进式 JPG 格式的文档比存成标准 JPG 格式的文档要来得小,所以如果要在网页上使用图像,可以多用这种格式。

(3) JPEG2000:它是新一代的影像压缩法,压缩品质更高,并可改善在无线传输时,常因信号不稳造成马赛克现象及位置错乱的情况,改善传输的品质。

2.7 图像的统计特性

图像反映了自然界中某一物体或对象的电磁波辐射能量分布情况,由于成像系统具有一定的复杂性以及成像过程的随机性,图像信号 $f(x,y)$ 表现出随机变量的特性,图像信息具有随机信号的性质并且具有统计性质,因此统计分析是数字图像处理分析的基本方法之一。

2.7.1 图像的基本统计分析量

设 $f(i,j)$ 表示大小为 $M\times N$ 的数字图像,则该图像的基本统计量如下。

1. 图像的熵

一幅图像如果共有 k 个灰度值,并且各灰度值出现的概率分别为 $p_1,p_2,\cdots,p_k$,根据香农定理,图像的平均信息量可采用式(2.7.1)计算。

$$H = -\sum_{i=1}^{k} p_i \log_2 p_i \qquad (2.7.1)$$

H 称为熵,当图像中各灰度值出现的概率彼此相等时,则图像的熵最大。对于一幅采用 8 比特表示的数字图像,其信息熵用式(2.7.2)计算。

$$H = -\sum_{i=0}^{255} p_i \log_2 p_i \qquad (2.7.2)$$

2. 图像灰度平均值

灰度平均值是指一幅图像中所有像素灰度值的算术平均值,根据算术平均值的定义,计算公式如式(2.7.3)所示。

$$\bar{f} = \frac{\sum_{i=0}^{M-1}\sum_{j=0}^{N-1} f(i,j)}{MN} \qquad (2.7.3)$$

图像灰度平均值反映了图像中物体不同部分的平均反射强度。

3. 图像灰度众数

图像灰度众数是指图像中出现次数最大的灰度值,其物理意义是指一幅图像中面积占优的物体的灰度值信息。

4. 图像灰度中值

图像灰度中值是指数字图像全部灰度级中处于中间的值,当灰度级数为偶数时,则取中间的两个灰度值的平均值。例如,若某一图像全部灰度级如下:

$$188,176,171,166,160$$

则灰度中值为171。

5. 图像灰度方差

灰度方差反映各像素灰度值与图像平均灰度值的离散程度,计算公式如式(2.7.4)所示。

$$S = \frac{\sum_{i=0}^{M-1}\sum_{j=0}^{N-1}[f(i,j)-\bar{f}]^2}{MN} \quad (2.7.4)$$

与熵类似,图像灰度方差同样是衡量图像信息量大小的主要度量指标,是图像统计特性中最重要的统计量之一,方差越大,图像的信息量越大。

6. 图像灰度值域

图像的灰度值域是指图像最大灰度值 $f_{max}(i,j)$ 和最小灰度值 $f_{min}(i,j)$ 之差,计算公式如式(2.7.5)所示。

$$f_{range}(i,j) = f_{max}(i,j) - f_{min}(i,j) \quad (2.7.5)$$

2.7.2 数字图像的直方图

直方图是统计应用中经常使用的一种工具,其主要特点是直观、方便、可视性能好。因此,数字图像处理中也常常应用灰度直方图表示图像的有关特征信息。灰度直方图是指图像中所有灰度值出现的次数或频率的统计。对于数字图像来说,实际上就是图像灰度值的概率密度函数的离散化图形。图2.7.1给出了一幅灰度图像及其直方图。详细内容将在后续章节进行介绍。

 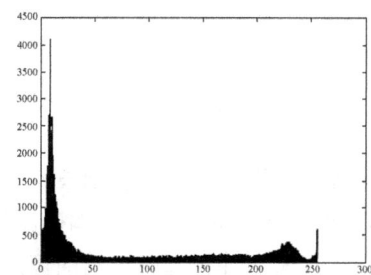

图 2.7.1　灰度图像及其直方图

2.7.3 多维图像的统计特性

数字图像处理中,一幅 RGB 图像包含了三个波段的灰度图像,而一幅遥感图像则可包含多达七个波段的灰度图像。对于多波段图像处理,不仅要考虑单个波段图像的统计特性,还应考虑波段间存在的关联特性。图像波段之间的关联特性不仅是图像分析的重要参数,而且也是图像彩色合成方案的主要依据之一。

1. 协方差

设 $f(i,j)$ 和 $g(i,j)$ 表示大小为 $M \times N$ 的两幅图像,则两者之间的协方差计算公式如式(2.7.6)所示。

$$S_{gf}^2 = S_{fg}^2 = \frac{1}{MN} \sum_{i=0}^{M-1} \sum_{j=0}^{N-1} [f(i,j) - \bar{f}][g(i,j) - \bar{g}] \qquad (2.7.6)$$

式中,$\bar{f}$ 和 $\bar{g}$ 分别表示 $f(i,j)$ 和 $g(i,j)$ 的均值。N 个波段相互间的协方差矩阵用 Σ 表示,其定义形式如式(2.7.7)所示。

$$\Sigma = \begin{pmatrix} S_{11}^2 & S_{12}^2 & \cdots & S_{1N}^2 \\ S_{21}^2 & S_{22}^2 & \cdots & S_{2N}^2 \\ \vdots & \vdots & & \vdots \\ S_{N1}^2 & S_{N2}^2 & \cdots & S_{NN}^2 \end{pmatrix} \qquad (2.7.7)$$

2. 相关系数

根据概率论与数理统计学知识,数字图像处理技术中的相关系数反映了两个不同波段图像所含信息的重叠程度,它是表示图像不同波段间相关程度的统计量。如果两个波段间的相关系数较大,则表示两个波段具有较高的相关性,一个波段与其本身的相关系数为1,表明相关程度达到最大值。当相关系数非常大时,仅选择其中的一个波段就可以表示两个波段的信息。相关系数的计算公式如式(2.7.8)所示。

$$r_{fg} = \frac{S_{fg}^2}{S_{ff} S_{gg}} \qquad (2.7.8)$$

式中,S_{ff}、S_{gg} 分别表示图像 $f(i,j)$ 和 $g(i,j)$ 的标准差,S_{fg}^2 为图像 $f(i,j)$ 和 $g(i,j)$ 的协方差。N 个波段的相关系数矩阵(简称为相关矩阵)$\boldsymbol{R}$ 定义如式(2.7.9)所示。

$$\boldsymbol{R} = \begin{pmatrix} 1 & r_{12} & r_{13} & \cdots & r_{1N} \\ r_{21} & 1 & r_{23} & \cdots & r_{2N} \\ \vdots & \vdots & \vdots & & \vdots \\ r_{N1} & r_{N2} & r_{N3} & \cdots & 1 \end{pmatrix} \qquad (2.7.9)$$

2.8 图像质量的评价

图像质量评价是图像工程的基础技术之一。在图像通信工程中,图像被光学系统成像到接收器上,并经过光电转换、记录、编码压缩、传输、增强和复原处理及其他变换等过程,对这些过程的技术优劣的评价都归结到图像质量评价中。

1. 图像质量的主观评价

对图像质量最普遍和最可靠的评价是观察者的主观评价。主观评价的任务是要把人对图像质量的主观感觉与客观参数和性能联系起来。只要主观评价准确,就可以用相应的客观参数作为评价图像质量的依据。

主观测试可分为3种:第一种是质量测试,观察者应评定图像的质量等级;第二种是损伤测试,观察者要评审出图像的损伤程度;第三种是比较测试,观察者对一幅给定图像和另一幅或几幅图像作出质量比较。主观测试的三种方法都有各自的分级标准和测试规程。

表 2.8.1 列出 CCIR 在 20 世纪 60 年代中期推荐的主观测试方式所用的典型分级标准。表 2.8.2 是目前国际上通用的由 CCIR 推荐的主观测试规程。

表 2.8.1 主观测试分级标准

损伤			质量			比较		
	每级的主观质量	国别		每级的主观质量	国别		比较的衡量	国别
五级标准	1 不能察觉 2 刚察觉不讨厌 3 有点讨厌 4 很讨厌 5 不能用	原联邦德国、日本等	五级标准	5 优 4 良 3 中 2 次 1 劣	原联邦德国、日本、英国	五级标准	+2 好得多 +1 好 0 相同 -1 坏 -2 坏得多	原联邦德国、英国等
六级标准	1 不能察觉 2 刚察觉到 3 明显但不妨碍 4 稍有妨碍 5 明显妨碍 6 极妨碍(不能用)	英国、EBU等	六级标准	6 优 5 良 4 中 3 稍次 2 次 1 极次	英国、EBU等	七级标准	+3 好得多 +2 好 +1 稍好 0 相同 -1 稍坏 -2 坏 -3 坏得多	EBU 等

表 2.8.2 CCIR 推荐的主观测试规程

观察项目	观察结果	
	50 场/s	60 场/s
观察距离/图像高度	6 H	4～6 H
屏幕最大亮度(cd/m²)	70±10	70±10
显像管不工作时的屏幕亮度/最大亮度	<0.02	<0.02
暗室内显示黑电平时的屏幕亮度/显示峰值时的亮度	约 0.01	约 0.01
图像监视器的背景亮度/图像峰值亮度	9～1	0～15
室内环境亮度	低	低
背景色度	白	D65

2. 图像质量的客观评价

客观的图像质量评价方法可分为无参考评价方法和有参考评价方法两类。有参考图像质量评价即计算过程需要观测图像与标准图像作对比,从而得出观测图像与标准图像之间的差异;该差异越大,说明观测图像的降质程度越大,图像质量也越差。但在实际应用中,往往找不到标准图像,比如,一些在运动中拍摄的图像,往往带有各种噪声和运动模糊,在评价这些图像的质量时,不存在与之作对比的标准图像,因此在这种情况下需要开发无参考图像质量评价指标去衡量其图像质量。

目前,常规客观评价方法已有数十种。这些方法中大部分都是着眼于处理后的图像与标准图像之间的像素值的变化,对于图像在经过处理后出现的降质,最直接的衡量方法是计算其像素值与标准图像之间的差异,这种思想在有参考图像质量评价方法中得到了较广泛的应用。比如,目前为止应用最广泛的指标是峰值信噪比(PSNR)和均方误差(MSE),即计算两幅图像之间的像素差异。

设 $f(i,j)$ 表示大小为 $M\times N$ 的标准图像,$f'(i,j)$ 表示处理后的图像,则峰值信噪比(PSNR)的数学公式如式(2.8.1)所示。

$$\text{PSNR}=10\times\log_{10}\left(\frac{(f_{\max}-f_{\min})^2}{\text{MSE}}\right) \quad (2.8.1)$$

式中,$f_{\max}$ 和 $f_{\min}$ 分别为图像的最大灰度值和最小灰度值,例如,常用的 8 bit 灰度图像中,通常取 255 和 0。MSE 为均方误差,其公式如式(2.8.2)所示。

$$\text{MSE}=\frac{1}{M\times N}\sum_{x=0}^{M-1}\sum_{y=0}^{N-1}[f'(i,j)-f(i,j)]^2 \quad (2.8.2)$$

在无参考的图像质量评价方法中,评价的过程仅依赖观测图像,在这种情况下考核图像质量的难度要远远超过有参考的评价方法。目前,无参考评价方法的评价指标比较少。

2.9 MATLAB 图像处理基础实验

2.9.1 图像文件的读写

在 MATLAB 中,用户想要对一幅图像或者图像文件进行操作和处理,最首要的一个步骤就是对需要处理的图像或者文件进行读取,然后再进行具体的操作和处理,最后可以将处理后的图像进行保存。MATLAB 为广大用户提供了专门的函数,可以方便地进行图像信息的读取和图像文件的保存。下面具体介绍图像文件读写的相关内容。

1. 文件信息读取

在 MATLAB 中,对图像进行操作和处理时,经常需要知道图像文件的文件名、文件格式、图像大小、图像类型和数据类型等信息,可以直接调用 MATLAB 函数 imfinfo()来读取图像文件的信息。其调用格式如下。

INFO=imfinfo('filename','fmt')或者 INFO=imfinfo('filename.fmt'):该函数是读取文件 filename.fmt 的信息。其中,filename 指的是图像文件的"文件名",fmt 指的是该文件的"扩展名",INFO 是一个结构数组。不同格式的文件最终得到的 INFO 所包含的结构成员不同,但基本都包含前 9 个结构成员,具体如表 2.9.1 所示。

表 2.9.1 imfinfo()返回的结构数组基本内容

结构数组成员名	所代表含义
Filename	文件名称
FileModDate	文件最后修改日期和时间(日-月-年 时:分:秒)
FileSize	文件大小(单位是字节)
Format	文件格式或扩展名(tif、jpg 和 png 等)
FormatVersion	文件格式版本号
Width	图像文件的宽度,单位为像素
Height	图像文件的高度,单位为像素
BitDepth	图像文件中每一个像素所占位宽(真彩色图像每个像素占 24 位)
ColorType	图像类型(grayscale 为灰度图像,truecolor 为 RGB 图像,indexed 为索引图像)

在 MATLAB 命令窗口中，输入如下命令：

>>info = imfinfo('cameraman.tif')

返回结果如下所示：

```
info =
    Filename:'D:\Program Files\MATLAB\R2010a\toolbox\images\imdemos\cameraman.tif'
    FileModDate: '04 - 十二月 - 2000 13:57:54'
    FileSize: 65240
    Format: 'tif'
    FormatVersion: [ ]
    Width: 256
    Height: 256
    BitDepth: 8
    ColorType: 'grayscale'
    FormatSignature: [77 77 42 0]
    ByteOrder: 'big - endian'
    NewSubFileType: 0
    BitsPerSample: 8
    Compression: 'PackBits'
    PhotometricInterpretation: 'BlackIsZero'
    StripOffsets: [8x1 double]
    SamplesPerPixel: 1
    RowsPerStrip: 32
    StripByteCounts: [8x1 double]
    XResolution: 72
    YResolution: 72
    ResolutionUnit: 'None'
    Colormap: [ ]
    PlanarConfiguration: 'Chunky'
    TileWidth: [ ]
    TileLength: [ ]
    TileOffsets: [ ]
    TileByteCounts: [ ]
    Orientation: 1
    FillOrder: 1
    GrayResponseUnit: 0.0100
    MaxSampleValue: 255
    MinSampleValue: 0
    Thresholding: 1
    Offset: 64872
    ImageDescription: [1x112 char]
```

2. 图像文件的读取

在 MATLAB 中，图像文件的读取最主要的是利用函数 imread()，该函数几乎支持 MATLAB 中所有的图像文件格式。根据所读取的图像格式及图像类型的不同，该函数的调用格式也各不相同，主要有以下几种方式。

① I＝imread('filename','fmt') 或者 ('filename. fmt')：该函数是用于读取字符串 filename 指定的灰度图像和真彩色图像文件。其中 filename 是文件名，fmt 是文件扩展名或文件格式。如果该文件不在当前路径下或 MATLAB 路径下，那么需要写出完整的路径。如果读取的是灰度图像，则 I 是一个 $M \times N$ 的二维数组；如果读取的是彩色图像，则 I 是一

个 $M \times N \times 3$ 的三维数组。数组 I 的数据类型由图像文件的数据类型决定。一般而言，彩色图像数据使用 RGB 的颜色空间类型。

② [X,map]=imread('filename','fmt') 或者 ('filename.fmt')：该函数是用于读取字符串 filename 指定的索引图像文件。其中 X 用于存储索引图像数据，即对应颜色映射表的"映射序号值"，map 用于存储与该索引图像相关的颜色映射表。

③ [...]=imread('filename')：该函数是在执行图像读取操作时，首先需要从图像文件 filename 的内容推断其图像类型，即 imread() 参数中没有给出图像文件的类型 fmt，而是需要推断得到。该语句左边"[...]"表示根据待读取的图像数据是真实像素值还是索引图像的相应颜色映射表的序号值，而分别采用格式 1 和格式 2 中的不同形式。

④ [...]=imread(URL,...)：该函数是读取 Internet URL 的图像文件，URL 要求其必须包含协议类型，如 http://。该语句中 imread() 函数的第二个参数即是所要读取的 Internet URL。语句左边的形式同格式③。

【例 2.9.1】 利用函数 imread() 读取灰度或 RGB 图像。

具体实现的 MATLAB 代码如下：

```
close all;clear all;clc;%关闭当前所有图形窗口,清空工作空间变量,清空命令行
I1 = imread('football.jpg');%读取一幅 RGB 图像
I2 = imread('cameraman','tif');%读取一幅灰度图像
I3 = imread('C:\Users\Administrator\Desktop\Giraffe.png');%读取非当前路径下的一幅 RGB 图像
figure,
subplot(1,3,1),imshow(I1);%显示第一幅图像
subplot(1,3,2),imshow(I2);%显示第二幅图像
subplot(1,3,3),imshow(I3);%显示第三幅图像
```

程序执行结果如图 2.9.1 所示。程序中读取了三幅不同格式的图像，分别是.jpg、.tif 和.png，前两个图像是在当前目录下，而第三幅图像并不在当前目录下，因此，输入的文件名是其完整的路径。最后将读取的三幅图像在一个窗口中都显示出来。

(a) 图像football.jpg　　　　(b) 图像cameraman.tif　　　　(c) 图像Giraffe.png

图 2.9.1　读取并显示图像

3. 图像文件的保存

MATLAB 中利用函数 imwrite() 来实现图像文件的写入操作，即保存，与函数 imread() 的作用相对。其调用格式通常有以下几种。

① imwrite(I,'filename','fmt')：该函数是把图像数据 I 保存到由字符串 filename 指定的文件中，存储的文件格式由 fmt 指定。与函数 imread() 使用类似，如果所指定的保存文件 filename 不在当前目录下或 MATLAB 的目录下，则必须指明其完整路径。fmt 的取值必须是 MATLAB 所支持的图像文件格式。图像数据 I 不能为空，如果 I 为灰度图像，那么 I 应该是一个 $M \times N$ 的二维数组；如果 I 为彩色图像，那么 I 应该是一个 $M \times N \times 3$ 的三维数组。

② imwrite(X,map,'filename','fmt'):该函数是用于保存索引图像,其中 X 表示索引图像数据矩阵,map 表示与其关联的颜色映射表,filename 为保存的文件名,fmt 为文件的保存格式。如果 X 是 uint8 或 uint16 类型的数组,函数 imwrite()将数组中的实际数据按相同的类型保存在文件 filename 中,前提是所保存的文件格式必须支持 uint8 或 uint16 的数据类型,否则会出错。在 MATLAB 中支持 16 位图像存储的文件格式有 PNG 和 TIFF。如果 X 是 double 类型的数组,函数 imwrite()采用 uint8(X-1)表示数组中的值并写入文件 filename 中。颜色映射表 map 必须是 MATLAB 所支持的颜色映射表类型。

③ imwrite(…,'filename'):该函数是将图像保存到文件中时,从 filename 的扩展名中推断图像的文件格式,该扩展名要求必须是 MATLAB 所支持的类型。函数 imwrite()中在 filename 之前的参数"…"与前面提到的格式是相同的调用方式。

下面利用函数 imwrite()保存一幅索引图像,文件格式保存为 BMP,在 MATLAB 命令窗口输入如下命令:

```
>>clear all % 清除工作空间的所有变量
>>load trees % 将文件 trees.mat 中的数据载入工作空间
>>whos % 显示工作空间的所有变量的属性 Name、Size、Bytes、Class
```

返回结果如下所示:

```
Name        Size         Bytes      Class        Attributes
X           258×350      722 400    double
caption     1×66         132        char
map         128×3        3 072      double
```

从上面的结果中知道:工作空间中出现了如图 2.9.2 中的 3 个变量 X、caption 和 map。其中,变量 X 是一个二维 double 型数组,大小为 258×350,总字节数为 722 400;变量 caption 是一个字符型的向量,大小为 1×66,总字节数为 132;变量 map 是一个二维

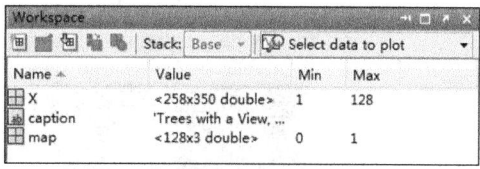

图 2.9.2 工作空间中的变量

double 型的数组,大小为 128×3,总字节数为 3 072。从这 3 个变量中可以看出,该图像是一个索引图像,X 对应数组矩阵,map 对应颜色映射表。将这个图像重新进行保存,保存的路径是当前目录,保存的文件名还是 trees,但文件格式是 bmp。

```
>>imwrite(X,map,'trees.bmp') % 将索引图像保存在文件名为 trees,文件格式为 bmp 的位图文件中
```

该语句是写入文件操作,函数 imwrite()将图像写入文件 trees.bmp 中保存。在当前文件目录下,可以看到生成的位图文件 trees.bmp,并在 Windows 窗口显示,如图 2.9.3 所示。

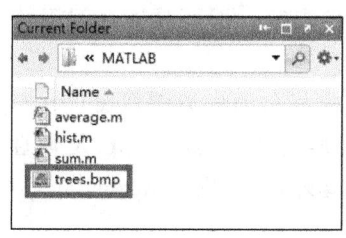

(a) 生成位图文件trees.bmp　　　　　(b) 显示图像trees.bmp

图 2.9.3　生成并显示文件 trees.bmp

2.9.2 图像文件的显示

在数字图像处理中,对一幅图像进行处理和操作,第一步是将该图像读取出来,然后完成后续的处理操作。但用户如何知道处理的结果怎样呢?它与原图像之间有什么差别呢?这就要求可以将图像在屏幕上显示出来,然后人眼就能最直接地对图像进行观察和分辨。在 MATLAB 中提供了丰富的函数,可以实现对图像的显示,例如,显示灰度图像、显示彩色图像、显示多帧图像和显示图像像素信息等。下面将介绍 MATLAB 中的图像显示函数及其各自的功能。

1. 图像显示函数

在 MATLAB 中用于显示图像的窗口有以下两种:

① 使用 MATLAB 图像工具浏览器(Image Tool Viewer),通过调用函数 imtool() 来实现。

② 使用 MATLAB 通用图形图像视窗,通过调用函数 imshow() 来实现。

在 MATLAB Command Window 中,输入以下命令:

```
>>I = imread('Giraffe.png');  % 读取图像信息
>>imtool(I);  % 用函数 imtool()显示,使用的是图像工具浏览器
>>imshow(I);  % 用函数 imshow()显示,使用的是通用图形图像视窗
```

将得到图 2.9.4 所示的结果,图 2.9.4(a)和图 2.9.4(b)分别是两种图像显示窗口界面,即图像工具浏览器界面和通用图形图像视窗界面。

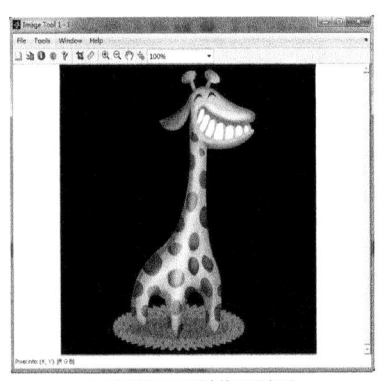 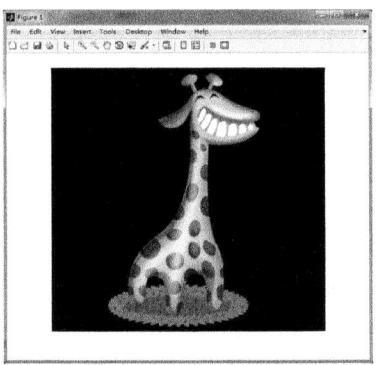

(a) 图像工具浏览器界面　　　　　　(b) 通用图形图像视窗界面

图 2.9.4　两种图像显示界面

通过函数 imtool() 和函数 imshow() 可以实现两种不同的窗口显示模式,但在 MATLAB 中常用的图像显示窗口是通用图形图像视窗。下面具体介绍函数 imshow() 及其功能。

使用函数 imshow() 来显示一幅图像时,该函数将自动设置图像窗口、坐标轴和图像属性。这些自动设置的属性包括图像对象的 CData 属性和 CDataMapping 属性、坐标轴对象的 CLim 属性、图像窗口对象的 Colormap 属性。此外,在调用函数 imshow() 时除了完成以上提到的属性设置外,还可以完成下面的操作:

① 设置其他的图像窗口对象的属性和坐标轴对象的属性以优化显示效果,如可以设置隐藏坐标轴及其标示等。

② 包含和隐藏图像边框。
③ 调用 truesize 函数来设定图像到屏幕像素点的映射关系。

函数 imshow()的调用格式如下：

① imshow(I)：该函数是显示灰度图像，其中 I 代表灰度图像矩阵。

② imshow('filename.fmt')或者 imshow filename：该函数是直接显示图像文件 filename 中的图像。该调用格式要求被显示的图像必须在当前目录下或在 MATLAB 的目录下，如果不在，则'filename.fmt'必须指定该图像的完整路径。

③ imshow(I,n)：该函数是用 n 个离散的灰度级来显示图像 I。如果省略了 n，函数 imshow()将使用 24 位表示的 256 个灰度级来显示该图像。

④ imshow(I,[low,high])：该函数是把图像 I 作为一幅灰度图像来显示，[low,high]指定了图像 I 的灰度值范围。图像中所有灰度值低于 low 的像素显示为黑色，灰度值高于 high 的像素显示为白色，灰度值在限定范围内的像素按照其原来的灰度级显示。如果限定范围为空，函数 imshow()默认的获取 low 和 high 的值分别为 min(I(:))和 max(I(:))，显示的规则同上。

⑤ imshow(BW)：该函数是用于显示二值图像 BW，即显示 0 为黑色，1 为白色。

⑥ imshow(X,map)：该函数是用于显示索引色图像 X，map 是与其相关的颜色映射表。

⑦ imshow(RGB)：该函数是用于显示真彩色图像 RGB。

【例 2.9.2】 设置灰度级或者设置灰度值上下限显示图像。

具体实现的 MATLAB 代码如下：

```
close all;clear all;clc;%关闭当前所有的图形窗口,清空工作空间变量,清除命令行
I = imread('lena.jpg'); %读取图像信息
subplot(121),imshow(I,128); %以 128 灰度级显示该灰度图像
subplot(122),imshow(I,[60,120]); %设置灰度上下为[60,120]显示该灰度图像
```

执行程序，运行结果如图 2.9.5 所示。程序先将灰度图像 lena.jpg 读取出来，然后利用函数 imshow()对其进行两种不同方式的显示。图 2.9.5(a)中是将灰度级设置为 128 后显示的图像，图 2.9.5(b)是改变灰度值范围后显示的图像，灰度值较大的部分比较亮(白色)，灰度值较小的部分比较暗(黑色)。

(a)以128级灰度显示lena图像　　(b)改变灰度范围后的lena图像

图 2.9.5　不同灰度级图像

2. 颜色条函数 colorbar( )

在 MATLAB 的图像显示中，可以利用函数 colorbar()给图像添加一个颜色条，该颜色

条用来指示图像中不同颜色所对应的具体数值。该函数的调用格式如下。

① colorbar:该函数是在图像上形成一个颜色条,默认位置是在图像的右侧。

② colorbar('peer',AX):该函数是在图像的坐标轴上形成一个颜色条,并代替 AX 指定的坐标轴。

③ colorbar(…,location):该函数是指定颜色条的位置,其中 location 的取值及表示含义如表 2.9.2 所示。

④ colorbar(…,P/V Pairs):该函数是给颜色条添加额外的属性/值对。

⑤ colorbar('off'),colorbar('hide'),colorbar('delete'):该函数是删除所有与当前轴相关的颜色条。

表 2.9.2　location 包含字段及其含义

字段名	表示含义	字段名	表示含义
'North'	在图像内顶部	'NorthOutside'	在图像外顶部
'South'	在图像内底部	'SouthOutside'	在图像外底部
'East'	在图像内右侧	'EastOutside'	在图像外右侧
'West'	在图像内左侧	'WestOutside'	在图像外左侧

【例 2.9.3】　用 imshow()函数显示图像并添加颜色条。

具体实现的 MATLAB 代码如下:

```
close all;clear all;clc;%关闭当前所有的图形窗口,清空工作空间变量,清除命令行
I = imread('lena.jpg');%读取图像信息
figure,
subplot(131),imshow(I);
subplot(132),imshow(I,[]),colorbar();%显示图像,并添加颜色条
subplot(133),imshow(I,[]),colorbar('east');
```

执行程序,运行结果如图 2.9.6 所示。程序先读取一幅图像,然后显示图像并添加颜色条,颜色条的位置可以通过参数来设置,默认是在图像外右侧,如图 2.9.6(b)所示。图 2.9.6(c)是将彩色条设置在图像内右侧。

(a)原图像

(b)默认在图像外右侧添加颜色条

(c)图像内右侧添加颜色条

图 2.9.6　显示图像及颜色条

2.9.3　图像类型的转换

在许多图像处理过程中,常常需要进行图像类型的转换,否则对应的操作就没有意义甚

至出错。在 MATLAB 中,进行图像类型转换可以直接调用 MATLAB 函数,表 2.9.3 列举出了常用的图像类型转换函数。

表 2.9.3　图像类型转换函数表

函数名	函数功能
gray2ind	将灰度图像转换成索引图像
grayslice	通过设定阈值将灰度图像转换成索引图像
im2bw	通过设定亮度阈值将真彩色、索引色、灰度图像转换成二值图像
ind2gray	将索引图像转换成灰度图像
ind2rgb	将索引图像转换成真彩色图像
mat2gray	将数值矩阵转换成灰度图像
rgb2gray	将真彩色图像转换成灰度图像
rgb2ind	将真彩色图像转换成索引图像

1. RGB 图像转换为灰度图像

在 MATLAB 中,将 RGB 图像转换为灰度图像,需要调用函数 rgb2gray(),其调用格式如下。

① X=rgb2gray(I):该函数是将 RGB 图像 I 转换为灰度图像 X,其中 I 表示 RGB 图像,X 表示转换后的灰度图像。

【例 2.9.4】　将一幅真彩色图像转换为灰度图像。

具体实现的 MATLAB 代码如下:

```
close all;clear all;clc;%关闭当前所有的图形窗口,清空工作空间变量,清除命令行
X = imread('football.jpg');%读取文件格式为.jpg、文件名为 football 的 RGB 图像的信息
I = rgb2gray(X);%将 RGB 图像转换为灰度图像
subplot(121),imshow(X);%显示原 RGB 图像
subplot(122),imshow(I);%显示转换后的灰度图像
```

执行程序,运行结果如图 2.9.7 所示。程序先读取 RGB 图像 football.jpg,利用函数 rgb2gray() 将该 RGB 图像转换为灰度图像,最后将原图像和转换后的图像显示出来。图 2.9.7(a)显示的是原 RGB 图像,图 2.9.7(b)显示的是转换后的灰度图像。

(a)原RGB图像　　　　　　　　(b)转换后的灰度图像

图 2.9.7　将彩色图像转换为灰度图像

② newmap=rgb2gray(map):该函数是将彩色颜色映射表 map 转换为灰度颜色映射表。其中,map 代表原图像的颜色映射表,newmap 代表转换后的图像颜色映射表。如果输入的是真彩色图像,则可以是 uint8 或者 double 类型,输出图像与输入图像类型相同。如果输入的是颜色映射表,则输入和输出都是 double 类型。

【例 2.9.5】 输入为颜色映射表,利用函数 rgb2gray()生成灰度图像。

具体实现的 MATLAB 代码如下:

```
close all;clear all;clc;% 关闭当前所有的图形窗口,清空工作空间变量,清除命令行
[X,map] = imread('trees.tif'); % 读取原图像信息
newmap = rgb2gray(map); % 将彩色颜色映射表转换为灰度颜色映射表
figure,imshow(X,map); % 显示原图像
figure,imshow(X,newmap); % 显示转换后的灰度图像
```

(a)原彩色图像

(b)转换后的灰度图像

图 2.9.8 通过颜色映射表转换为灰度图像

执行完上面程序后,在命令窗口输入 whos map 和 whos newmap 指令,将返回以下结果:

```
>> whos map
    Name        Size        Bytes       Class       Attributes
    map         256×3       6 144       double
>> whos newmap
    Name        Size        Bytes       Class       Attributes
    newmap      256×3       6 144       double
```

从结果中可以看到 map 的各属性及属性值,分别为颜色表名为 map,颜色映射表大小为 256×3,总字节数为 6 144 字节,数据类型为 double 型;newmap 的各属性及属性值,分别为颜色表名为 newmap,颜色映射表大小为 256×3,总字节数为 6 144 字节,数据类型为 double 型。其中输入 map 和输出 newmap 的数据类型都是 double 型的。

2. 灰度图像转换为索引图像

在 MATLAB 中,灰度图像是一个二维数组矩阵,而索引图像不仅包括一个二维的数组矩阵,还包括一个 M×3 的颜色映射表。所以要想将灰度图像转换为索引图像,必须生成对应的颜色映射表。在 MATLAB 中可以直接调用函数 gray2ind()来实现图像转换,其调用格式如下。

① [X,map]=gray2ind(I,n):该函数是将灰度图像 I 转换为索引图像,其中 I 指的是原灰度图像,n 是灰度级数,默认值为 64,[X,map]对应转换后的索引图像,map 中对应的颜色值为颜色图 gray(n)中的颜色值。

② [X,map]=gray2ind(BW,n):该函数是将二值图像 BW 转换为索引图像,其中 BW 指的是二值图像,n 是灰度级,默认值为 2,[X,map]对应转换后的索引图像,map 中对应的颜色值为颜色图 gray(n)中的颜色值。二值图像实际上也是灰度图像,只是其灰度级为 2 而已。

【例 2.9.6】 将灰度图像转换为索引图像。

具体实现的 MATLAB 代码如下:

```
close all;clear all;clc; % 关闭当前所有的图形窗口,清空工作空间变量,清除命令行
I = imread('cameraman.tif') % 读取灰度图像信息
[X,map] = gray2ind(I,8); % 实现灰度图像向索引图像的转换,n 取 8
figure,imshow(I); % 显示原灰度图像
figure,imshow(X,map); % 显示 n=8 转换后的索引图像
```

执行程序,运行结果如图 2.9.9 所示。程序中先读取灰度图像 cameraman.tif 信息,存放在 I 中,然后对 I 进行图像转换,n 取值为 8,最后将原图像和转换后的图像都显示出来。

(a)原彩色图像　　　　　　(b)n=8 转换后的索引图像

图 2.9.9　将灰度图像转换为索引图像

3. 索引图像转换为灰度图像

利用函数 gray2ind()可以将灰度图像转换为索引图像,同样,索引图像也是可以转换成灰度图像的,在 MATLAB 中直接调用函数 ind2gray()即可实现,其调用格式如下。

I=ind2gray(X,map):该函数是将具有颜色映射表 map 的索引图像转换为灰度图像,去除了索引图像中的颜色、饱和度信息,保留了图像的亮度信息。其中,[X,map]对应索引图像,I 表示转换后的灰度图像。输入图像的数据类型可以是 double 型或 uint8 型,但输出为 double 型。

【例 2.9.7】 将索引图像转换为灰度图像。

具体实现的 MATLAB 代码如下:

```
close all;clear all;clc; % 关闭当前所有的图形窗口,清空工作空间变量,清除命令行
[X,map] = imread('forest.tif'); % 读取图像信息
I = ind2gray(X,map); % 再将索引图像转换为灰度图像
figure,imshow(X,map); % 显示索引图像
figure,imshow(I); % 显示灰度图像
```

执行程序,运行结果如图 2.9.10 所示。程序中先读取索引图像 forest.tif,然后利用函数 ind2gray 将索引图像转换为灰度图像,最后将原图像和转换后的图像显示出来。

(a)索引图像　　　　　　　　(b)转换后的灰度图像

图 2.9.10　将索引图像转换为灰度图像

4. 索引图像转换为 RGB 图像

在 MATLAB 中,利用函数 ind2rgb()可以实现索引图像转换为 RGB 图像,其调用格式如下。

RGB=ind2rgb(X,map):该函数是将索引图像[X,map]转换为 RGB 图像,其中,[X,map]指向索引图像,RGB 指向转换后的真彩色图像。转换过程中形成一个三维数组,然后将索引图像的颜色映射表中的颜色值赋值给三维数组。输入图像的数据类型可以是 double 型、uint8 型或 uint16 型,输出为 double 型。

【例 2.9.8】　将索引图像转换为真彩色图像。

具体实现的 MATLAB 代码如下:

```
close all;clear all;clc; % 关闭当前所有的图形窗口,清空工作空间变量,清除命令行
[X,map] = imread('kids.tif'); % 读取图像信息
RGB = ind2rgb(X,map); % 将索引图像转换为真彩色图像
figure,imshow(X,map); % 显示原图像
figure,imshow(RGB); % 显示真彩色图像
```

执行程序,运行结果如图 2.9.11 所示。程序中直接调用函数 ind2rgb()实现索引图像到真彩色图像的转换,转换后的结果如图 2.9.11(b)所示。将图 2.9.11(a)和图 2.9.11(b)进行比较,两者几乎完全一致,但实际上,两种图像的数据组成形式是不同的。图 2.9.12 给出了 Workspace 中的 RGB 和 X 变量,可以看出 RGB 为三维数组矩阵,X 为二维数组矩阵。

(a)原索引图像　　(b)转换后的RGB图像

图 2.9.11　将索引图像转换为真彩色图像

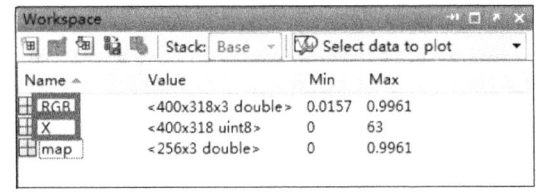

图 2.9.12　Workspace 中的 RGB 和 X 变量

5. 二值图像的转换

在 MATLAB 中,二值图像中的数据类型实际上是 logical 型,0 代表黑色,1 代表白色,所以二值图像实际上是一幅黑白图像。那么,将其他图像转换为二值图像,首先必须规定一

个规则,即将其他数组中哪些数据变为1,哪些数据变为0。常用的方法是"阈值法",确定一个阈值,小于阈值就取为0,其他的全部取为1。在 MATLAB 中,实现这一功能的函数为 im2bw(),其调用格式根据转换的原图像不同而各有差异。如果输入的不是灰度图像,即先将其转换为灰度图像,然后通过阈值法转换为二值图像。

(1) 将灰度图像转换为二值图像

BW=im2bw(I,level):该函数是通过设置阈值参数 level,将灰度图像转换为二值图像。其中,I 为灰度图像,level 为设置的阈值参数,取值范围为[0,1],BW 是转换后的二值图像。

【例 2.9.9】 将灰度图像转换为二值图像。

具体实现的 MATLAB 代码如下:

```
close all;clear all;clc;%关闭当前所有的图形窗口,清空工作空间变量,清除命令行
I = imread('rice.png');%读取图像信息
BW1 = im2bw(I,0.4);%将灰度图像转换为二值图像,level 值为 0.4
BW2 = im2bw(I,0.6);%将灰度图像转换为二值图像,level 值为 0.6
figure;
subplot(131),imshow(I);%显示原始灰度图像
subplot(132),imshow(BW1);%显示 level=0.4 转换后的二值图像
subplot(133),imshow(BW2);%显示 level=0.6 转换后的二值图像
```

程序执行,运行结果如图 2.9.13 所示。程序中先读取灰度图像 rice.png,设置两个阈值水平,level=0.4 和 0.6,然后将灰度图像转换为二值图像,最后分别显示出来。通过比较这三幅图像会发现:

① 二值图像中只有黑白两种灰度值。

② level 值较小,则会出现背景区域与目标区域混淆。

③ level 值较大,则会丢失部分目标信息。

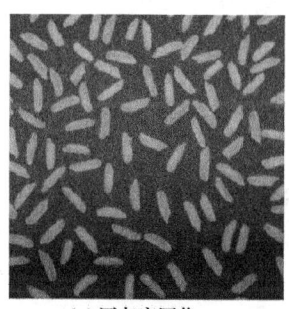
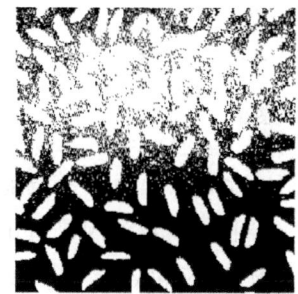

(a)原灰度图像　　　(b)level=0.4转换后的二值图像　　　(c)level=0.6转换后的二值图像

图 2.9.13　将灰度图像转换为二值图像

(2) 将索引图像转换为二值图像

BW=im2bw(X,map,level):该函数是通过设置阈值参数 level,将索引图像转换为二值图像。其中,[X,map]代表索引图像,参数 level 设置阈值水平,取值范围[0,1],BW 代表二值图像。

【例 2.9.10】 将索引图像转换为二值图像。

具体实现的 MATLAB 代码如下:

```
close all;clear all;clc;%关闭当前所有的图形窗口,清空工作空间变量,清除命令行
load trees;%从文件 trees.mat 中载入数据到 Workspace
```

```
BW = im2bw(X,map,0.4);%将索引图像转换为二值图像
figure,imshow(X,map);%显示原索引图像
figure,imshow(BW);%显示转换后二值图像
```

程序执行,运行结果如图 2.9.14 所示。程序中将文件 trees.mat 中的数据载入 Workspace,矩阵 X 和颜色映射表 map 都载入 Workspace 中,就可以直接使用变量 X 和 map,然后将索引图像转换为二值图像,level 值取 0.4,最后将原图像和转换后的图像显示出来。

(a)原索引图像　　　　　　　　(b)转换后的二值图像

图 2.9.14　将索引图像转换为二值图像

(3) 将 RGB 图像转换为二值图像

BW=im2bw(I,level):该函数是通过设置阈值参数 level,将 RGB 图像转换为二值图像。其中,I 代表 RGB 图像,参数 level 设置阈值水平,取值范围[0,1],BW 代表二值图像。

【例 2.9.11】　将 RGB 图像转换为二值图像。

具体实现的 MATLAB 代码如下:

```
close all;clear all;clc;%关闭当前所有的图形窗口,清空工作空间变量,清除命令行
I = imread('pears.png');%读取图像信息
BW = im2bw(I,0.5);%将RGB图像转换为二值图像
figure,
subplot(121),imshow(I);%显示原图像
subplot(122),imshow(BW);%显示转换后的二值图像
```

执行程序,运行结果如图 2.9.15 所示。程序先读取 RGB 图像 pears.png,然后利用函数 im2bw()将 RGB 图像转换为二值图像,设置的阈值为 0.5。从图 2.9.15(b)中可以看到,RGB 图像中的亮色部分在二值图像中基本都转换成了白色,颜色较暗的部分基本都转换成了黑色。

 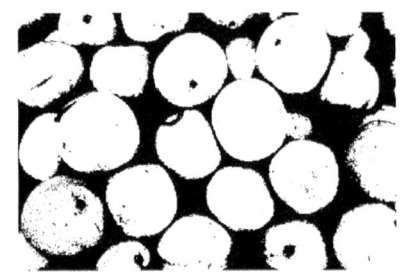

(a)原RGB图像　　　　　　　　(b)转换后的二值图像

图 2.9.15　将 RGB 图像转换为二值图像

6. 数值矩阵转换为灰度图像

在 MATLAB 中,一个数据矩阵就相当于一幅数字图像,只是在数字图像中对应的数组元素必须在一定的取值范围。因此,只要将对应数值矩阵中的元素按一定规律进行转换,就可以将矩阵转换为图像了。在 MATLAB 中可以利用函数 mat2gray(),将一个数值矩阵转换为一幅灰度图像,其调用格式如下。

I=mat2gray(X,[xmin,xmax]):该函数是按照指定的取值区间[xmin,xmax]将数值矩阵 X 转换为灰度图像 I。xmin 对应灰度值 0,即黑色,xmax 对应灰度值 1,即白色。数值矩阵中小于 xmin 的值取为 0,大于 xmax 的值取为 1。如果不指定取值区间[xmin,xmax],即默认情况下,将数值矩阵 X 中的最小值设为 xmin,最大值设为 xmax。

【例 2.9.12】 将矩阵转换为灰度图像。

具体实现的 MATLAB 代码如下:

```
close all;clear all;clc;% 关闭当前所有图形窗口,清空工作
空间变量,清除命令行
X = magic(256);
I = mat2gray(X);% 将矩阵 X 转换为灰度图像
imshow(I);% 显示转换后的灰度图像
```

执行程序,运行结果如图 2.9.16 所示。程序先利用函数 magic()产生一个 256×256 的方阵 X。该数值矩阵中的元素按一定规律排列,矩阵中每一行元素之和、每一列元素之和与对角线元素之和三者相等,即 sum(X(n,:))=sum(X(:,n))=sum(diag(X))(n 为[1,256],函数 diag()的功能是求方阵对角,函数 sum()的功能是求和)。然后利用函数 mat2gray()将数值矩阵 X 转换为灰度图像 I,最后将转换后的灰度图像显示出来。

图 2.9.16 将矩阵转换为灰度图像

2.9.4 视频文件的读写

MATLAB 除了支持各种图像文件的读写等操作,还支持视频文件的相应处理。实际上,视频文件本质上是由多帧具有一定大小、顺序、格式的图像组成的,只是一般的图像是静止的,而视频是可以将多帧静止的图像进行连续显示,从而达到动态效果。

在 MATLAB 中专门针对视频文件而集成了一些函数,以方便用户使用,如视频读取函数 aviread()、视频信息读取函数 aviinfo()和视频播放函数 movie()等,下面具体介绍 MATLAB 视频文件的处理。

1. 视频文件的读取

在 MATLAB 中,读取视频文件有几种方法,所支持的函数也非常多。在 MATLAB 早期版本中,主要是利用函数 aviinfo()和函数 aviread()来读取视频文件信息及视频流。在比较新的版本中,主要是利用函数 mmfileinfo()、函数 mmreader()和函数 read()对视频文件进行读取。下面具体介绍各自的调用形式。

(1) AVI 格式视频的读取

在 MATLAB 早期版本中,利用函数 aviinfo()和函数 aviread()来进行读取视频文件,所支持的视频文件格式只有一种——AVI 格式。而且这里说的 AVI 格式只是一个统称,并

不是所有的 AVI 格式的视频都可以用这两个函数进行读取,对于一些采用了压缩方式生成的 AVI 格式视频就无法读取。具体调用格式如下。

① Info=aviinfo('filename.avi')或 aviinfo('filename','avi'):该函数是读取视频文件 filename 的信息,其中视频文件必须是 AVI 格式,应存放在当前目录下或在 MATLAB 目录下。Info 是一个结构数组,其中存放的是该视频的信息字段及取值。一般视频文件信息所包含的字段有 14 个,如表 2.9.4 所示。

表 2.9.4 视频(包含音频流)文件所包含的信息

字段名	表示含义
Filename	一个字符串,其中包含的文件名
FileSize	一个整数,指该文件的大小(单位是字节)
FileModDate	一个字符串,其中包含的文件的修改日期
NumFrames	一个整数,指帧的总数
FramesPerSecond	一个整数,指播放过程中每秒的帧数
Width	一个整数,指 AVI 的宽度(单位是像素)
Height	一个整数,指 AVI 的高度(单位是像素)
Imagetype	一个字符串,显示的图像类型,truecolor 指彩色图像,index 指索引图像
VideoCompression	一个字符串,其中包含用于压缩 AVI 文件的压缩方式
Quality	0~100 的一个数字,表示视频 AVI 文件的质量。高数字表明较高的视频质量,低数字表明较低的视频质量
NumColormapEntries	在 Colormap 中的颜色,对于真彩色图像,这个值是 0
AudioFormat	一个字符串,其中包含的格式名称,使用存储的音频数据
AudioRate	一个整数,指音频流的采样率(单位赫兹)
NumAudioChannels	一个整数,指音频流的音频信道的数目

② mov=aviread(filename):该函数是读取视频文件 filename,该视频文件必须是 AVI 格式的,返回值 mov 包含 CData 和 Colormap 两部分。这两个部分根据所读取视频每帧图像的类型不同,内容也不相同,如表 2.9.5 所示。

表 2.9.5 aviread( )返回值

图像类型	CData 域	Colormap 域
RGB 图像	高度×宽度×3 的 UINT8 值的数组	空的
索引图像	高度×宽度的 UINT8 值的数组	M×3 的 double 型的阵列

③ mov=aviread(filename,index):该函数是读取视频文件中指定索引值的图像帧,其中 index 是索引号,filename 指视频文件,mov 存储返回的图像帧。参数 index 可以是单一索引,也可以是一个数组索引。AVI 文件中,在第一帧具有索引值为 1,在第二帧具有索引值为 2,依此类推。根据 index 取值不同,该格式有多种变化形式:mov=aviread(filename,1),

读取第一帧图像,mov=aviread(filename,[m,n]),表示读取第 m 帧到第 n 帧的图像,其中,m 和 n 的取值在[1,size(mov,2)]范围内。

(2) 多媒体文件的读取

在 MATLAB 中,利用函数 aviread()读取视频文件,会受到文件格式的限制,为了消除这种限制,在较新的 MATLAB 版本中,将函数 aviread()基本上用函数 mmreader()来代替了。新的视频读取函数不仅能支持多种视频格式的文件,而且还能克服函数 aviread()读取较大视频时内存出错及读取速度慢的缺陷。同时,函数 mmreader()还可以与其他函数一起使用实现更多的功能。此外,读取视频信息,也有新的函数 mmfileinfo(),它可以读取各种多媒体文件的信息。下面具体介绍函数 mmfileinfo()的使用方法。

info=mmfileinfo('filename'):该函数返回一个包含 filename 的音频或视频信息的结构字段。filename 是一个字符串,指定多媒体文件的名称。Info 中包含字段具体如表 2.9.6 和表 2.9.7 所示。

表 2.9.6　函数 mmfileinfo()返回值的结构字段及具体含义

字段名	表示含义
Filename	一个字符串,表示文件的文件名
Path	一个字符串,表示该文件的绝对路径
Duration	以秒为单位的文件长度
Audio	该文件包含的有关音频组件的结构字段
Video	该文件包含的有关视频分量的结构字段

表 2.9.7　函数 mmfileinfo()返回值中的 Audio 字段和 Video 字段具体内容

Audio 结构字段		Video 结构字段	
字段名	表示含义	字段名	表示含义
Format	一个字符串,表示音频格式	Format	一个字符串,表示视频格式
NumberOfChannels	音频信道的数目	Height	视频帧的高度
		Width	视频帧的宽度

利用函数 mmfileinfo()读取视频文件信息,在 MATLAB 命令窗口中输入如下命令:

```
>> info = mmfileinfo('xylophone.mpg')    %读取视频文件信息
```

返回结果如下所示:

```
info =
    Filename: 'xylophone.mpg'
        Path: 'D:\Program Files\MATLAB\R2010a\toolbox\matlab\audiovideo'
    Duration: 4.7020
       Audio: [1x1 struct]
       Video: [1x1 struct]
```

为进一步了解结构体数组 Audio 和 Video 中的具体内容,可以在命令窗口中输入如下命令:

```
>> audio = info.Audio              %将刚读取的视频文件中的音频信息读取出来
```

返回结果如下：
```
audio =                              % 结构变量 info 中成员 Audio 的内容
          Format:'MPEG'              % 音频格式为 MPEG
   NumberOfChannels: 2               % 音频有两个频道
>> video = info.Video                % 将刚读取的视频文件中的视频信息读取出来
```
返回结果如下：
```
video =                              % 结构变量 info 中成员 Video 的内容
          Format: 'MPEG1'            % 视频格式为 MPEG1
          Height: 240                % 视频的高度是 240 个像素
          Width: 320                 % 视频的宽度是 320 个像素
```

在 Windows 平台所支持的视频和音频格式包括.avi 格式、.mpg 格式、.wmv 格式、.asf 格式和.asx 格式等。下面具体介绍函数 mmreader()的调用格式。

① obj=mmreader('filename')：该函数生成一个多媒体读取对象句柄 obj，可以用来读取多媒体文件中的视频数据。其中，'filename'是一个字符串，指定多媒体文件名；obj 是指向该多媒体文件的句柄，默认情况下，MATLAB 会在当前目录下寻找文件名为 filename 的多媒体文件。

② obj=mmreader('filename','PropertyName',PropertyValue)：该函数是生成多媒体文件句柄，并给指定的属性 PropertyName 赋值为 PropertyValue。如果属性名和属性值是无效的，那么 MATLAB 就会报错，并且不会生成句柄 obj。合法的属性值可以参考函数 Set()，该函数中支持的属性值格式都是有效的。句柄 obj 实际是一个结构体数组，其结构体成员如表 2.9.8 所示。

表 2.9.8 mmreader 返回结构体成员名及其含义

结构体成员名	表示含义
BitsPerPixel	视频数据中单位像素所占位数
Duration	多媒体文件总时间长度,单位为秒
FrameRate	视频的帧速度,单位为帧/秒
Height	视频帧的高度,单位为像素
Name	与对象相关的文件名
NumberOfFrames	视频流中的帧总数
Path	一个字符串,是有关文件的完整路径
Tag	标签,用户定义的字符串来标识对象
Type	mmreader 对象的类型
UserData	用户自定义的通用数据区域,默认为[ ]
VideoFormat	视频格式
Width	视频帧的宽度,单位为像素

在 MATLAB 中，函数 mmreader()创建一个多媒体文件对象句柄，它是一个结构体，要获取该视频流的具体信息，可以调用函数 get()，具体格式如下。

① get(obj):该函数将句柄 obj 所指定的多媒体文件中的所有属性信息都显示出来。

② Val=get(obj,'Property'):该函数将句柄 obj 所指的多媒体对象中的视频流中 Property 指定的属性值读取出来,存在 Val 中。

利用函数 get()显示视频流的属性信息,在 MATLAB 命令窗口中输入如下命令:

```
>> xyloObj = mmreader('xylophone.mpg','Tag','My reader object');
>> get(xyloObj)
```

返回结果如下:

```
General Settings:
    Duration = 4.7020
    Name = xylophone.mpg
    Path = D:\Program Files\MATLAB\R2010a\toolbox\matlab\audiovideo
    Tag = My reader object
    Type = mmreader
    UserData = [ ]
Video Settings:
    BitsPerPixel = 24
    FrameRate = 29.9700
    Height = 240
    NumberOfFrames = 141
    VideoFormat = RGB24
    Width = 320
```

从上面的结果中可以看到:函数 get()的功能是将视频流的属性名及取值都一一显示出来。但是从这些属性中,会发现没有视频流的数据 CData 及颜色映射表 Colormap。要想得到这两部分数据,就要用到函数 read(),其调用格式如下。

VidFrame=read(obj):该函数是将句柄 obj 所指的多媒体对象中的视频帧读取出来,存放在数组 VidFrame 中。

【例 2.9.13】 利用函数 mmreader()和函数 read()读取视频流。

具体实现的 MATLAB 代码如下:

```
close all;clear all;clc;% 关闭当前所有图形窗口,清空工作空间变量,清除命令行
obj = mmreader('xylophone.mpg','tag','myreader1');% 创建多媒体文件对象句柄,并设置标签
Frames = read(obj);% 读取视频流,将每一帧图像存在数组 Frames 中
numFrames = get(obj,'numberOfFrames');% 获取视频流中总帧数
for k = 1 : numFrames
    mov(k).cdata = Frames(:,:,:,k);% 将每一图像帧中的数据矩阵读取出来存在 mov(k).cdata 中
    mov(k).colormap = [ ];% 将颜色表赋值为空
end
hf = figure;% 创建一个图像窗口
set(hf,'position',[150 150 obj.Width obj.Height]);% 根据视频帧的宽度和高度,重新设置图像窗口大小
movie(hf,mov,1,obj.FrameRate);% 按照视频流原来的帧速率来播放该视频
```

执行程序,运行结果为图 2.9.17 所示的视频播放窗口。程序先利用函数 mmreader()将多媒体文件 xylophone.mpg 读取到工作空间,并创建句柄 obj,然后利用函数 read()读取视频帧到数组 Frames 中,利用函数 get()获得该视频流的帧数存放在 numFrames 中,再用一个循环语句 for 将每一帧图像数组赋给 mov(k).cdata,最后创建一个图像显示窗口 figure,

图 2.9.17　读取视频流

利用函数 set()设置窗口的位置、高度和宽度,用函数 movie()将视频帧按照原视频的帧速率进行播放,播放次数为一次。

2. 视频文件的播放

对于视频文件的播放,在 MATLAB 中直接调用函数 movie()即可,其调用格式如下。

① movie(M):该函数是播放视频流 M 一次,其中 M 是一个结构体,它包含两个属性 CData 和 Colormap。

② movie(M,N):该函数是播放 N 次视频流 M,其中 M 同上,N 是一个整数。

③ movie(M,N,FPS):该函数是播放 N 次视频流 M,播放时的帧速率为 FPS,默认情况下,帧速率为 12 帧/秒。

④ movie(H,…):该函数是播放句柄 H 指定的多媒体文件。

⑤ movie(H,M,N,FPS,LOC):该函数是设置视频播放时的位置,是相对于句柄对象 H 左下角而言,播放 N 次视频流 M,视频播放速率为 FPS,LOC=[X Y unused unused],4个参数都表示定位,但只有 X、Y 使用,剩余两个不用,但在格式上必须有 4 个参数存在。

另外,在 MATLAB 中,可以利用 immovie()函数,从多帧图像序列中创建 MATLAB 电影动画,播放动画用函数 implay(),其调用格式如下。

① mov=immovie(X,map):该函数是将多帧图像序列 X 生成电影动画,并且该格式只针对索引图像。X 为一个 M×N×1×K 的 4 维数组,K 代表图像序列中所包含的帧的数目。

② mov=immovie(RGB):该调用格式是将多帧图像序列 RGB 生成电影动画,并且该格式只针对 RGB 图像。RGB 为一个 M×N×3×K 的 4 维数组,K 代表图像序列中所包含的帧的数目。

③ implay(mov):该函数是播放由 mov 指定的视频动画。该调用格式执行后,会生成一个专门的播放窗口,标题为 Movie Player[n],n 代表第 n 个这样的窗口。该窗口比一般图像显示窗口多了一行按钮组,这些按钮组分别实现以下操作:跳至第 1 帧、向前跳 10 帧、向前跳 1 帧、暂停、播放、向后跳 1 帧、向后跳 10 帧、跳至最后 1 帧、跳至任意帧、是否采取循环播放、顺序播放或者反向播放。通过这些按钮可以非常方便地进行各种操作,而且还可以重复操作。

【例 2.9.14】 利用函数 implay()播放视频动画。

具体实现的 MATLAB 代码如下:

```
close all;clear all;clc; % 关闭当前所有图形窗口,清空工作空间变量,清除命令行
load mri; % 载入文件 mri.mat 中的数据到工作空间
mov = immovie(D,map); % 将多帧图像序列生成视频动画
implay(mov); % 将视频动画进行播放
```

执行程序,运行结果如图 2.9.18 所示。图 2.9.18(a)为初始界面显示的第 1 帧图像,图 2.9.18(b)为中间暂停界面显示第 9 帧图像,图 2.9.18(c)为播放结束界面显示的最后 1 帧图像。

 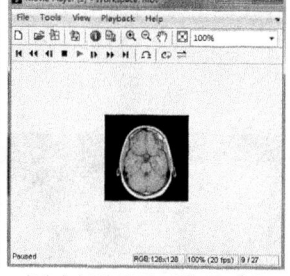 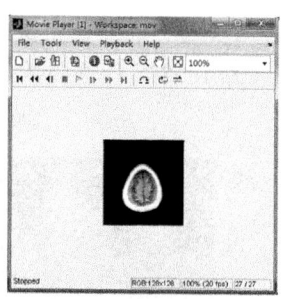

(a)初始界面第1帧图像　　(b)中间暂停界面第9帧图像　　(c)播放结束最后1帧图像

图 2.9.18　播放视频动画

2.9.5　图像的统计特性

在 MATLAB 中,灰度图像是一个二维矩阵,RGB 彩色图像是三维矩阵。图像作为矩阵,可以计算其平均值、方差和相关系数等统计特性。

1. 图像平均值

在 MATLAB 中,采用函数 mean2()计算矩阵的均值。对于灰度图像,图像数据是二维矩阵,可以通过函数 mean2()计算图像的平均灰度值。对于 RGB 彩色图像数据 I,mean2(I)得到所有颜色值的平均值。如果要计算 RGB 彩色图像每种颜色的平均值,例如,红色的平均值,可以采用 mean2(I(:,:,1))。

【例 2.9.15】 通过函数 mean2()计算灰度和彩色图像的平均值。

具体实现的 MATLAB 代码如下:

```
close all;clear all;clc; % 关闭当前所有图形窗口,清空工作空间变量,清除命令行
I = imread('onion.png'); % 读取 RGB 图像
J = rgb2gray(I); % RGB 转换为灰度图像
gray = mean2(J)  % 灰度图像的均值
rgb = mean2(I)   % RGB 图像的均值
r = mean2(I(:,:,1)) % 红色
g = mean2(I(:,:,2)) % 绿色
b = mean2(I(:,:,3)) % 蓝色
figure;
subplot(121);imshow(uint8(I)); % 显示原彩色图像
subplot(122);imshow(uint8(J)); % 显示灰度图像
```

在程序中,通过函数 rgb2gray()将 RGB 彩色图像转换为灰度图像。然后通过函数 mean2()计算灰度图像和彩色图像的平均值。程序运行后,命令行窗口的输出结果如下:

```
gray =
     100.6817
rgb =
     91.7928
r =
     137.3282
g =
     92.7850
b =
     45.265 1
```

程序运行后,输出结果如图 2.9.19 所示。图 2.9.19(a)为 RGB 彩色图像,图 2.9.19(b)为转换成的灰度图像。在彩色图像中,红色的平均值为 137.328 2,绿色的平均值为 92.785 0,蓝色的平均值为 45.265 1,这些数据和实际的图像完全相符,红色和绿色成分比较多,蓝色成分比较少。

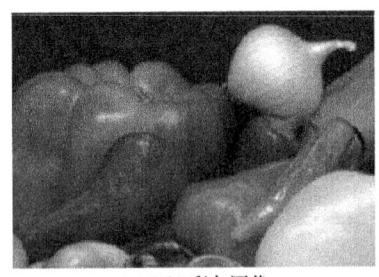 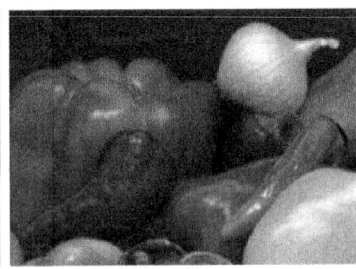

(a) RGB 彩色图像　　　　　　　(b) 灰度图像

图 2.9.19　彩色图像及灰度图像

2. 图像的标准差

对于向量 x_i,其中 $i=1,2,\cdots,n$,其标准差如式(2.9.1)所示。

$$s = \sqrt{\frac{1}{n-1}\sum_{i=1}^{n}(x_i - x)^2} \tag{2.9.1}$$

其中,$x = \frac{1}{n}\sum_{i=1}^{n}x_i$,该向量的长度为 n。

在 MATLAB 软件中,采用函数 std() 计算向量的标准差,通过函数 std2() 计算矩阵的标准差。灰度图像的像素为二维矩阵 A,则该图像的标准差为 std2(A)。关于 std() 和 std2(A) 的详细使用情况,读者可以查阅 MATLAB 的帮助系统。

【例 2.9.16】　计算灰度图像的标准差。

具体实现的 MATLAB 代码如下:

```
close all;clear all;clc;%关闭当前所有图形窗口,清空工作空间变量,清除命令行
I = imread('pout.tif'); %读取图像
s1 = std2(I)  %计算标准差
J = histeq(I);%直方图均衡化
s2 = std2(J)  %计算标准差
```

程序运行后,输出结果如下所示。

```
s1 =
    23.1811
s2 =
    74.7572
```

在程序中,读入灰度图像 pout.tif,通过函数 std2() 计算该灰度图像的标准差,然后对该灰度图像进行直方图均衡化处理,再计算处理后图像的标准差。该灰度图像经过直方图均衡化处理后,明暗对比度增加,图像变得更加清晰,其标准差也变大了。

3. 图像的相关系数

灰度图像的像素为二维矩阵。两个大小相等的二维矩阵,可以计算其相关系数,公式如下所示。

$$r = \frac{\sum_m \sum_n (A_{mn} - \overline{A})(B_{mn} - \overline{B})}{\sqrt{\left(\sum_m \sum_n (A_{mn} - \overline{A})^2\right)\left(\sum_m \sum_n (B_{mn} - \overline{B})^2\right)}} \quad (2.9.2)$$

其中,A_{mn} 和 B_{mn} 为大小为 m 行 n 列的灰度图像,$\overline{A}$ 为 mean2(A),$\overline{B}$ 为 mean2(B)。

在 MATLAB 软件中,采用函数 corr2() 计算两个灰度图像的相关系数,该函数的调用格式如下。

r＝corr2(A,B);其中 A 和 B 为大小相等的二维矩阵,r 为两个矩阵的相关系数。

【例 2.9.17】 计算灰度图像的标准差。

具体实现的 MATLAB 代码如下:

```
close all;clear all;clc; % 关闭当前所有图形窗口,清空工作空间变量,清除命令行
I = imread('pout.tif'); % 读入图像
J = medfilt2(I); % 中值滤波
r = corr2(I,J) % 计算相关系数
figure;
subplot(121);imshow(I); % 显示原图像
subplot(122);imshow(J); % 显示滤波后图像
```

程序运行后,在命令行窗口的输出结果为:

r =

　0.9959

在程序中,读入灰度图像 pout.tif,然后通过函数 medfilt2() 对灰度图像进行二维中值滤波,通过函数 corr2() 计算滤波前和滤波后两幅图像的相关系数。程序运行后,输出结果如图 2.9.20 所示。图 2.9.20(a)为原始图像,图 2.9.20(b)为二维中值滤波后得到的图像。这两幅图像的相关系数为 0.995 9,相似度非常高。

(a)原始图像　　　　　　　(b)图像的中值滤波

图 2.9.20　中值滤波结果

2.10　本章小结

本章从人类视觉系统的基本构造出发,介绍了光学成像过程以及人眼的视觉特性;从三

基色原理出发,介绍了常用的颜色模型及相互之间的转换。重点详细介绍了图像数字化中的采样和量化过程,分析了采样和量化参数的选择对图像数据量及质量的影响。同时,简单介绍了数字图像的类型、常见的图像文件格式、图像的统计特性及图像的评价等。

在 MATLAB 图像处理基础实验中,介绍了图像读取、显示、保存、类型转换,以及视频读取和播放的实现,通过实例演示和结果分析,帮助用户更直接、更快地了解 MATLAB 与数字图像处理基础,掌握重要的 MATLAB 函数的使用方法,这部分属于 MATLAB 与数字图像处理结合的基础应用部分,在后续的章节中将讲述 MATLAB 与数字图像处理的高级应用部分。

习 题 2

2.1 简要描述人类视觉系统的组成和光学成像过程。

2.2 写出几个生活中视觉错觉的例子。

2.3 马赫带效应和同时对比度反映了什么共同问题?

2.4 当我们在白天进入一家黑暗的剧场时,在能看清并找到空座时需要用一段时间。请说明原因。

2.5 什么是三基色原理?

2.6 常见的颜色模型有哪些?它们之间是如何进行转换的?分别写出它们之间转换的公式。

2.7 在理想情况下,获得一幅数字图像时,采样和量化参数对图像画面质量会产生什么影响?当一幅图像的数据量被限定在一个范围内时,如何考虑图像的采样和量化,使得图像的质量尽可能好?

2.8 常见的图像文件格式有哪些?同一图像文件,哪种格式所占的存储空间最小?

2.9 数字数据传输通常用波特率度量,其定义为每秒钟传输的比特数。通常,传输是以一个开始比特、一个字节(8 比特)的信息和一个停止比特组成的包完成的。利用这些事实,回答下列问题:

(1) 使用 33.6K 波特的调制解调器传输一幅大小为 2 048 像素×2 048 像素的 256 灰度级的图像,需要几分钟时间?

(2) 波特率为 3 000K,这是典型的电话 DSL(数字用户线)的媒体速度,传输要用多长时间?

2.10 在 MATLAB 中怎样读取一幅数字图像并显示?

2.11 在 MATLAB 中读入一幅 RGB 图像,并将其转换成灰度图像和二值图像。

2.12 在 MATLAB 中读入一幅灰度图像,查看图像存储的数据类型和像素范围。

2.13 在 MATLAB 中创建一个 256×256 的矩阵 A,将其转换成灰度图像 I,再将灰度图像 I 转换成索引图像 X,查看 A、I 和 X 的数据类型。

2.14 在 MATLAB 中读取一个 AVI 视频文件,并显示其信息。

2.15 在 MATLAB 中播放一幅多帧图像序列。

2.16 任意选择一幅灰度图像,试编程计算该图像的像素均值和标准差。

第 3 章　图像的基本运算

图像的基本运算是图像处理中较简单的操作。图像的代数运算是图像像素间的操作，几何变换是指用数学建模的方法来描述图像的位置、大小、形状等变换的方法。代数运算与几何变换的根本差别在于，代数运算不存在空间位置的变换，可以把其简单地理解为数组的运算。

本章主要阐述图像的代数运算和几何变换等常见的基本运算，并在 MATLAB 上对图像的基本运算进行实现。

3.1　图像的代数运算

图像的代数运算指两幅或多幅图像的加减乘除运算和一般的线性运算。图像的代数运算不但可以作为复杂图像处理的预处理步骤，其本身也有很多用途，如在运动物体检测中，相邻两帧相减可以用来检测有没有运动物体出现。

1. 图像加运算

设有两幅图像 $A(x,y)$ 和 $B(x,y)$，而 $C(x,y)$ 为返回的图像，则图像的加运算的表达式如下：

$$C(x,y)=A(x,y)+B(x,y) \qquad (3.1.1)$$

图像的加运算可生成图像叠加效果，得到各种图像合成的效果，也可以用于两张图像的衔接，如图 3.1.1 所示。图 3.1.1(a)为花瓶图像 $A(x,y)$，图 3.1.1(b)为蓝天图像 $B(x,y)$，图 3.1.1(c)为两者叠加效果图像 $C(x,y)$。

(a)图像1——花瓶　　　　　(b)图像2——蓝天　　　　　(c)叠加图像效果

图 3.1.1　图像叠加

2. 图像减运算

设有两幅图像 $A(x,y)$ 和 $B(x,y)$，而 $C(x,y)$ 为返回的图像，则图像的减运算的表达式如下：

$$C(x,y)=A(x,y)-B(x,y) \qquad (3.1.2)$$

图像的减运算可提供图像间的差异信息，能用于混合图像的分离、指导动态监测、运动目标检测和跟踪、图像背景消除及目标识别等，如图 3.1.2 所示。图 3.1.2(a)为混合图像 $A(x,y)$，图 3.1.2(b)为图像 $B(x,y)$，图 3.1.2(c)为图像 $C(x,y)$。

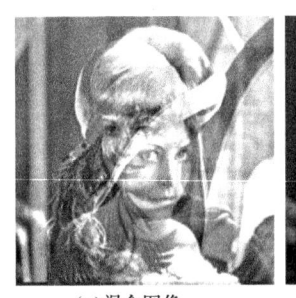  

(a)混合图像　　　　　(b)图像1——boy　　　　(c)图像2——lena

图 3.1.2　混合图像的分离

3. 图像乘运算

设有两幅图像 $A(x,y)$ 和 $B(x,y)$，而 $C(x,y)$ 为返回的图像，则图像的乘运算的表达式如下：

$$C(x,y)=A(x,y)\times B(x,y) \quad (3.1.3)$$

图像的乘运算可用于图像的局部显示，实现掩膜处理，即屏蔽图像的某些部分，如图 3.1.3 所示。图 3.1.3(a)为完整的一幅图像 $A(x,y)$，图 3.1.3(b)为一幅黑白模板图像 $B(x,y)$，图 3.1.3(c)为相乘后得到的局部图像 $C(x,y)$。

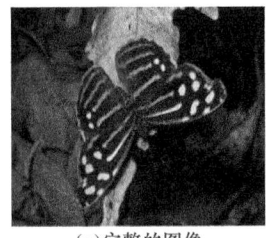  

(a)完整的图像　　　　(b)黑白图像　　　　(c)局部图像

图 3.1.3　图像的局部显示

4. 图像除运算

设有两幅图像 $A(x,y)$ 和 $B(x,y)$，而 $C(x,y)$ 为返回的图像，则图像的除运算的表达式如下：

$$C(x,y)=A(x,y)\div B(x,y) \quad (3.1.4)$$

图像的除运算可用于检测图像间的差别，主要是像素值的比率变化，因此也称为比率变换，如图 3.1.4 所示。图 3.1.4(a)和图 3.1.4(b)为两幅同一场景不同亮度下的图像 $A(x,y)$ 和 $B(x,y)$，图 3.1.4(c)为相除后改变像素值比率的图像 $C(x,y)$。

(a)图像1　　　　　　(b)图像2　　　　　(c)相除后的图像

图 3.1.4　图像的相除

3.2 图像的几何变换

在实际生活中拍摄到的图像,如果画面过大或过小,都需要进行缩小或放大的调整。如果发生几何畸变,则需要进行几何畸变的校正。在进行目标物的匹配时,则需要对图像进行旋转、平移等处理。

图像的几何变换是指图像处理中对图像进行平移、旋转、放大和缩小等简单变换以及变换中灰度内插处理等。几何变换可以改变图像中各物体之间的空间位置关系而不改变像素值。图像几何变换是图像处理和分析的基础。

3.2.1 齐次坐标

一幅数字图像可以用 $f(x,y)$ 表示,其中,(x,y) 表示二维空间 xy 中一个坐标点的位置,$f(x,y)$ 表示图像在点 (x,y) 处的像素值。常见的图像几何变换可以通过与之对应的矩阵的线性变换来实现。

设点 $A_0(x_0,y_0)$ 进行平移后移到 $A(x,y)$,其中 x 方向的平移量为 Δx,y 方向的平移量为 Δy,如图3.2.1所示,则点 $A(x,y)$ 的坐标可表示为:

$$\begin{cases} x = x_0 + \Delta x \\ y = y_0 + \Delta y \end{cases} \quad (3.2.1)$$

用矩阵的形式表示这种变换为:

$$\begin{pmatrix} x \\ y \end{pmatrix} = \begin{pmatrix} x_0 \\ y_0 \end{pmatrix} + \begin{pmatrix} \Delta x \\ \Delta y \end{pmatrix} \quad (3.2.2)$$

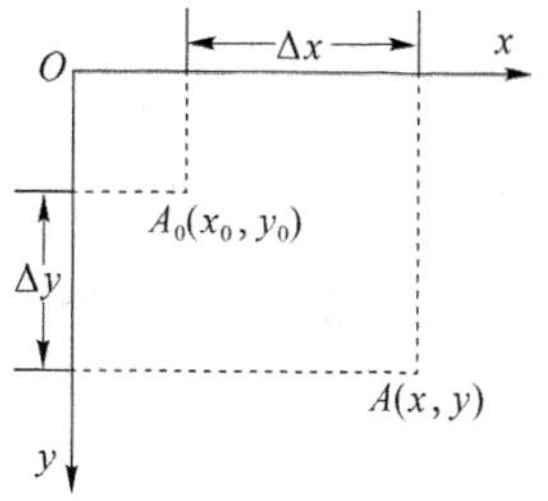

图 3.2.1 图像平移变换示意图

几何变换一般形式可表示为:

$$\begin{pmatrix} x \\ y \end{pmatrix} = \boldsymbol{T} \begin{pmatrix} x_0 \\ y_0 \end{pmatrix} = \begin{pmatrix} a & b \\ c & d \end{pmatrix} \begin{pmatrix} x_0 \\ y_0 \end{pmatrix} \quad (3.2.3)$$

$\boldsymbol{T}$ 表示几何变换矩阵,a、b、c、d 为矩阵中的常数。由于矩阵 $\boldsymbol{T}$ 中没有引入平移常量,无论 a、b、c、d 取什么值,都不能实现式(3.2.2)的平移功能。因此,需要进行改变,才能实现平移变换功能。

将式(3.2.2)进行简单变换得到:

$$\begin{pmatrix} x \\ y \end{pmatrix} = \begin{pmatrix} 1 & 0 \\ 0 & 1 \end{pmatrix} \begin{pmatrix} x_0 \\ y_0 \end{pmatrix} + \begin{pmatrix} \Delta x \\ \Delta y \end{pmatrix} \quad (3.2.4)$$

将矩阵 $\boldsymbol{T}$ 扩展为 2×3 变换矩阵,式(3.2.4)进一步变换得到:

$$\begin{pmatrix} x \\ y \end{pmatrix} = \begin{pmatrix} 1 & 0 & \Delta x \\ 0 & 1 & \Delta y \end{pmatrix} \begin{pmatrix} x_0 \\ y_0 \\ 1 \end{pmatrix} \quad (3.2.5)$$

式(3.2.5)等号右侧左面的矩阵的第1、2列构成单位矩阵,第3列元素为平移常量。该矩阵是点 $A_0(x_0,y_0)$ 平移到 $A(x,y)$ 的平移矩阵,即为变换矩阵,该矩阵是 2×3 阶的矩阵。

式(3.2.5)虽然可以实现图像各像素点的平移变换,但为变换运算时更方便,一般将 2×3 阶变换矩阵 $\boldsymbol{T}$ 进一步扩充为 3×3 方阵,即采用如下变换矩阵:

$$T = \begin{pmatrix} 1 & 0 & \Delta x \\ 0 & 1 & \Delta y \\ 0 & 0 & 1 \end{pmatrix} \quad (3.2.6)$$

根据矩阵相乘的规律,需要在坐标列矩阵$(x \quad y)^T$中引入第三个元素,扩展为3×1的列矩阵$(x \quad y \quad 1)^T$,就可以实现点的平移变换。这样,平移变换可以用如下形式表示:

$$\begin{pmatrix} x \\ y \\ 1 \end{pmatrix} = \begin{pmatrix} 1 & 0 & \Delta x \\ 0 & 1 & \Delta y \\ 0 & 0 & 1 \end{pmatrix} \begin{pmatrix} x_0 \\ y_0 \\ 1 \end{pmatrix} \quad (3.2.7)$$

对式(3.2.7)各个矩阵进行定义如下:

$T = \begin{pmatrix} 1 & 0 & \Delta x \\ 0 & 1 & \Delta y \\ 0 & 0 & 1 \end{pmatrix}$ 为变换矩阵,$A = \begin{pmatrix} x \\ y \\ 1 \end{pmatrix}$ 为变换后的坐标矩阵;$A_0 = \begin{pmatrix} x_0 \\ y_0 \\ 1 \end{pmatrix}$ 为变换前的坐标矩阵,则有:

$$A = T \cdot A_0 \quad (3.2.8)$$

从式(3.2.7)可以看出,引入附加坐标后,补充了矩阵的第3行,但并没有使变换结果受到影响。这种用$n+1$维向量表示n维向量的方法称为齐次坐标法。

3.2.2 图像的位置变换

图像的位置变换主要包括平移变换、镜像变换、旋转变换等。下面对这三种变换分别进行介绍。

1. 平移变换

平移变换是几何变换中最简单的一种变换,它是将一幅图像上的所有像素点都按照给定的偏移量在水平方向上沿x轴移动、在垂直方向上沿y轴移动,如图3.2.1所示。设点$A_0(x_0, y_0)$进行平移后移到$A(x, y)$,其中x方向的平移量为Δx,y方向的平移量为Δy,则点$A(x, y)$的坐标可表示为:

$$\begin{cases} x = x_0 + \Delta x \\ y = y_0 + \Delta y \end{cases} \quad (3.2.9)$$

变换前后图像上的点$A_0(x_0, y_0)$和$A(x, y)$之间的关系用齐次坐标的形式表示如下:

$$\begin{pmatrix} x \\ y \\ 1 \end{pmatrix} = \begin{pmatrix} 1 & 0 & \Delta x \\ 0 & 1 & \Delta y \\ 0 & 0 & 1 \end{pmatrix} \begin{pmatrix} x_0 \\ y_0 \\ 1 \end{pmatrix} \quad (3.2.10)$$

同样,可给出逆变换的形式如下:

$$\begin{cases} x_0 = x - \Delta x \\ y_0 = y - \Delta y \end{cases} \quad (3.2.11)$$

$$\begin{pmatrix} x_0 \\ y_0 \\ 1 \end{pmatrix} = \begin{pmatrix} 1 & 0 & -\Delta x \\ 0 & 1 & -\Delta y \\ 0 & 0 & 1 \end{pmatrix} \begin{pmatrix} x \\ y \\ 1 \end{pmatrix} \quad (3.2.12)$$

平移后图像上的每一点都可以在原图像中找到其对应的点。例如,对于新图像中的点$(0,0)$,代入式(3.2.11),可以求出对应原图像中的点$(-\Delta x,-\Delta y)$。如果Δx或Δy大于0,则点不在原图像中。对于不在原图像中的像素点,可以直接将它的像素值统一设置为0或者255,由此可对应灰度图像中的白色或者黑色。若图像平移后并没有被放大,说明移出的部分被截断,原图像中有像素点被移出显示区域,如图3.2.2所示。

2. 镜像变换

镜像变换主要有水平镜像、垂直镜像和对角镜像三种。

(1) 水平镜像

水平镜像是将图像左半部分和右半部分以图像垂直中轴线为中心进行镜像对换操作。

设点$A_0(x_0,y_0)$进行镜像后的对应点为$A(x,y)$,图像高度为f_h,宽度为f_w,原图像中点$A_0(x_0,y_0)$经过水平镜像后的坐标将变为(f_w-x_0,y_0),其代数表达式为:

$$\begin{cases} x=f_w-x_0 \\ y=y_0 \end{cases} \tag{3.2.13}$$

式(3.2.13)对应的齐次坐标的矩阵表达式为:

$$\begin{pmatrix} x \\ y \\ 1 \end{pmatrix} = \begin{pmatrix} -1 & 0 & f_w \\ 0 & 1 & 0 \\ 0 & 0 & 1 \end{pmatrix} \begin{pmatrix} x_0 \\ y_0 \\ 1 \end{pmatrix} \tag{3.2.14}$$

若3×3的图像的矩阵为:

$$\boldsymbol{F}=\begin{pmatrix} f_{11} & f_{12} & f_{13} \\ f_{21} & f_{22} & f_{23} \\ f_{31} & f_{32} & f_{33} \end{pmatrix} \tag{3.2.15}$$

经过水平镜像后的图像,行的排列顺序$i=1,2,3$保持不变,将原来的列的排列顺序由$j=1,2,3$转换为$j=3,2,1$,即

$$\boldsymbol{F}=\begin{pmatrix} f_{13} & f_{12} & f_{11} \\ f_{23} & f_{22} & f_{21} \\ f_{33} & f_{32} & f_{31} \end{pmatrix} \tag{3.2.16}$$

水平镜像变换的图像如图3.2.3所示。

(a) 原始图像　　(b) 不在图像中的部分填充黑色　　(a) 原图像　　(b) 水平镜像后的图像

图3.2.2　图像的平移　　　　　　　　　　图3.2.3　图像的水平镜像

(2) 垂直镜像

垂直镜像是将图像上半部分和下半部分以图像水平中轴线为中心进行镜像对换操作。

设点 $A_0(x_0,y_0)$ 进行镜像后的对应点为 $A(x,y)$，图像高度为 f_h，宽度为 f_w，原图像中点 $A_0(x_0,y_0)$ 经过垂直镜像后的坐标将变为 $(x_0, f_h - y_0)$，其代数表达式为：

$$\begin{cases} x = x_0 \\ y = f_h - y_0 \end{cases} \quad (3.2.17)$$

式(3.2.17)对应的齐次坐标的矩阵表达式为：

$$\begin{pmatrix} x \\ y \\ 1 \end{pmatrix} = \begin{pmatrix} 1 & 0 & 0 \\ 0 & -1 & f_h \\ 0 & 0 & 1 \end{pmatrix} \begin{pmatrix} x_0 \\ y_0 \\ 1 \end{pmatrix} \quad (3.2.18)$$

若 3×3 的图像的矩阵如式(3.2.15)所示，经过垂直镜像后的图像，列的排列顺序 $j=1,2,3$ 保持不变，将原来的行的排列顺序由 $i=1,2,3$ 转换为 $i=3,2,1$，即

$$\boldsymbol{F} = \begin{pmatrix} f_{31} & f_{32} & f_{33} \\ f_{21} & f_{22} & f_{23} \\ f_{11} & f_{12} & f_{13} \end{pmatrix} \quad (3.2.19)$$

垂直镜像变换的图像如图 3.2.4 所示。

(a) 原图像

(b) 垂直镜像后的图像

图 3.2.4　图像的垂直镜像

(3) 对角镜像

对角镜像是将图像以图像水平中轴线和垂直中轴线的交点为中心进行镜像对换操作，也相当于将图像先进行水平镜像再进行垂直镜像，或将图像先进行垂直镜像再进行水平镜像。

设点 $A_0(x_0,y_0)$ 进行镜像后的对应点为 $A(x,y)$，图像高度为 f_h，宽度为 f_w，原图像中点 $A_0(x_0,y_0)$ 经过对角镜像后的坐标将变为 $(f_w - x_0, f_h - y_0)$，其代数表达式为：

$$\begin{cases} x = f_w - x_0 \\ y = f_h - y_0 \end{cases} \quad (3.2.20)$$

式(3.2.20)对应的齐次坐标的矩阵表达式为：

$$\begin{pmatrix} x \\ y \\ 1 \end{pmatrix} = \begin{pmatrix} -1 & 0 & f_w \\ 0 & -1 & f_h \\ 0 & 0 & 1 \end{pmatrix} \begin{pmatrix} x_0 \\ y_0 \\ 1 \end{pmatrix} \tag{3.2.21}$$

若 3×3 的图像的矩阵如式(3.2.15)所示,经过对角镜像后的图像,将原来的行的排列顺序由 $i=1,2,3$ 转换为 $i=3,2,1$,列的排列顺序由 $j=1,2,3$ 转换为 $j=3,2,1$,即

$$\boldsymbol{F} = \begin{pmatrix} f_{33} & f_{32} & f_{31} \\ f_{23} & f_{22} & f_{21} \\ f_{13} & f_{12} & f_{11} \end{pmatrix} \tag{3.2.22}$$

对角镜像变换的图像如图 3.2.5 所示。

(a)原图像　　　　　　　　(b)对角镜像后的图像

图 3.2.5　图像的对角镜像

3. 旋转变换

图像的旋转变换定义为以图像中某一点为圆心以逆时针或顺时针方向旋转一定的角度。通常的做法是,以图像的中心为圆心,将图像上的所有像素都旋转一个相同的角度。

设图像上一点 (x_0, y_0),r 为该点到原点的距离,b 为 r 与 x 轴之间的夹角,如图 3.2.6 所示,则

$$\begin{cases} x_0 = r\cos b \\ y_0 = r\sin b \end{cases} \tag{3.2.23}$$

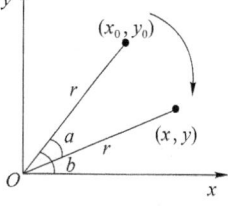

(x_0, y_0) 沿顺时针方向旋转 a 角,变为点 (x, y)。在旋转过程中,r 保持不变,则横坐标 x 可表示为:

$$x = r\cos(b-a) = r\cos b\cos a + r\sin b\sin a = x_0\cos a + y_0\sin a \tag{3.2.24}$$

图 3.2.6　图像旋转示意图

纵坐标 y 可表示为:

$$y = r\sin(b-a) = r\sin b\cos a - r\cos b\sin a = y_0\cos a - x_0\sin a \tag{3.2.25}$$

也就是说,

$$\begin{cases} x = x_0\cos a + y_0\sin a \\ y = -x_0\sin a + y_0\cos a \end{cases} \tag{3.2.26}$$

用矩阵的形式表示为:

$$(x \quad y \quad 1) = (x_0 \quad y_0 \quad 1) \begin{pmatrix} \cos a & -\sin a & 0 \\ \sin a & \cos a & 0 \\ 0 & 0 & 1 \end{pmatrix} \tag{3.2.27}$$

进一步对等式两边求转置,得到

$$\begin{pmatrix} x \\ y \\ 1 \end{pmatrix} = \begin{pmatrix} \cos a & \sin a & 0 \\ -\sin a & \cos a & 0 \\ 0 & 0 & 1 \end{pmatrix} \begin{pmatrix} x_0 \\ y_0 \\ 1 \end{pmatrix} \quad (3.2.28)$$

该变换矩阵是绕坐标轴原点进行的,如果是绕一个指定点(a,b)旋转,则先要将坐标系平移到该点,再进行旋转,然后平移回到坐标原点。

旋转变换的图像如图 3.2.7 所示。

(a)原始图像　　(b)逆时针旋转30°后的图像

图 3.2.7　图像旋转变换

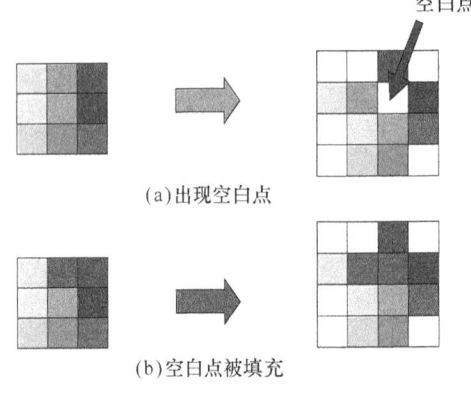

(a)出现空白点

(b)空白点被填充

图 3.2.8　3×3图像旋转示意图

图像的旋转需注意:图像旋转之后,会出现许多的空白点,对这些空白点必须进行填充处理,否则画面效果不好,称这种操作为插值处理。最简单的方法是行插值或列插值:

① 空白点的像素值等于前一点的像素值;
② 同样的操作重复到所有行。

以 3×3 图像为例,逆时针旋转 30°后,会出现空白点,如图 3.2.8(a)所示。采用列插值后,空白点被填充,如图 3.2.8(b)所示。

3.2.3　图像的形状变换

图像的形状变换是指用数学建模的方法对图像形状发生的变化进行描述。最基本的形状变换主要包括图像的缩小、放大以及错切等变换。

1. 图像比例缩小变换

图像的比例缩小是通过减少像素个数来实现的,因此,需要根据所期望的缩小尺寸,从原图像中选择合适的像素点,使图像缩小之后能够尽量保持原有图像的概貌特征。下面具体介绍常用的基于等间隔采样的图像缩小方法。

基于等间隔采样的图像缩小方法的设计思想是,通过对画面像素的均匀采样来保证所选择到的像素仍可以保持像素的概貌特征。该方法的具体实现步骤为:设原图像为$F(i,j)$,大小为$M\times N$,其中$i=1,2,\cdots,M,j=1,2,\cdots,N$。缩小后的图像为$G(i,j)$,大小为$k_1M\times k_2N$,当$k_1=k_2$时为按比例缩小,当$k_1\neq k_2$时为不按比例缩小,且$k_1<1,k_2<1,i=1,2,\cdots,k_1M,j=1,2,\cdots,k_2N$,如图3.2.9所示。则有

$$\Delta i=1/k_1,\Delta j=1/k_2 \qquad (3.2.29)$$
$$g(i,j)=f(\Delta i\cdot i,\Delta j\cdot j) \qquad (3.2.30)$$

下面通过举例来说明图像是如何缩小的。假设原图像大小为4×6,可表示为:

$$\boldsymbol{F}=\begin{pmatrix} f_{11} & f_{12} & f_{13} & f_{14} & f_{15} & f_{16} \\ f_{21} & f_{22} & f_{23} & f_{24} & f_{25} & f_{26} \\ f_{31} & f_{32} & f_{33} & f_{34} & f_{35} & f_{36} \\ f_{41} & f_{42} & f_{43} & f_{44} & f_{45} & f_{46} \end{pmatrix} \qquad (3.2.31)$$

将图像进行等间隔采样缩小,缩小的倍数为$k_1=0.7,k_2=0.6$,则缩小图像的大小为3×4,$\Delta i=1/k_1=1.4,\Delta j=1/k_2=1.7$,图像矩阵为:

$$\boldsymbol{G}=\begin{pmatrix} f_{12} & f_{13} & f_{15} & f_{16} \\ f_{32} & f_{33} & f_{35} & f_{36} \\ f_{42} & f_{43} & f_{45} & f_{46} \end{pmatrix} \qquad (3.2.32)$$

(a)原始图像　　(b)按比例缩小　(c)不按比例缩小

图3.2.9　图像比例缩小变换

2. 图像比例放大变换

图像的放大是信息的估计问题,需要对尺寸放大后所多出来的像素位置处填入适当的像素值,比图像的缩小要难一些。由于图像相邻像素之间的相关性很强,可以利用这个相关性来实现图像的放大。与图像缩小相同,按比例放大不会引起图像的畸变,而不按比例放大则会产生图像的畸变,如图3.2.10所示。

图像放大一般采用最近邻域法和线性插值法。

(1) 最近邻域法

根据最近邻域法,按比例将图像放大k倍,需要将一个像素值添加在新图像的$k\times k$的子块中。下面通过举例来说明图像是如何放大的。

假设原图像大小为3×3,可表示为:

$$F = \begin{pmatrix} f_{11} & f_{12} & f_{13} \\ f_{21} & f_{22} & f_{23} \\ f_{31} & f_{32} & f_{33} \end{pmatrix} \tag{3.2.33}$$

将该图像放大 3 倍得到图像 G 的矩阵可表示为:

$$G = \begin{pmatrix} f_{11} & f_{11} & f_{11} & f_{12} & f_{12} & f_{12} & f_{13} & f_{13} & f_{13} \\ f_{11} & f_{11} & f_{11} & f_{12} & f_{12} & f_{12} & f_{13} & f_{13} & f_{13} \\ f_{11} & f_{11} & f_{11} & f_{12} & f_{12} & f_{12} & f_{13} & f_{13} & f_{13} \\ f_{21} & f_{21} & f_{21} & f_{22} & f_{22} & f_{22} & f_{23} & f_{23} & f_{23} \\ f_{21} & f_{21} & f_{21} & f_{22} & f_{22} & f_{22} & f_{23} & f_{23} & f_{23} \\ f_{21} & f_{21} & f_{21} & f_{22} & f_{22} & f_{22} & f_{23} & f_{23} & f_{23} \\ f_{31} & f_{31} & f_{31} & f_{32} & f_{32} & f_{32} & f_{33} & f_{33} & f_{33} \\ f_{31} & f_{31} & f_{31} & f_{32} & f_{32} & f_{32} & f_{33} & f_{33} & f_{33} \\ f_{31} & f_{31} & f_{31} & f_{32} & f_{32} & f_{32} & f_{33} & f_{33} & f_{33} \end{pmatrix} \tag{3.2.34}$$

(a)原始图像　　　　(b)按比例放大　　　　(c)不按比例放大

图 3.2.10　图像比例放大变换

图 3.2.11 给出了按照最近邻域法将 2×2 的图像放大 5 倍的结果。可以看出,当采用最近邻域法时,如果放大倍数太大,则会出现马赛克现象。

(2) 线性插值法

线性插值法的原理是,当求出的分数地址与像素点不一致时,求出周围四个像素点的距离比,根据该比率,由 4 个邻域的像素灰度值进行线性插值,如图 3.2.12 所示。

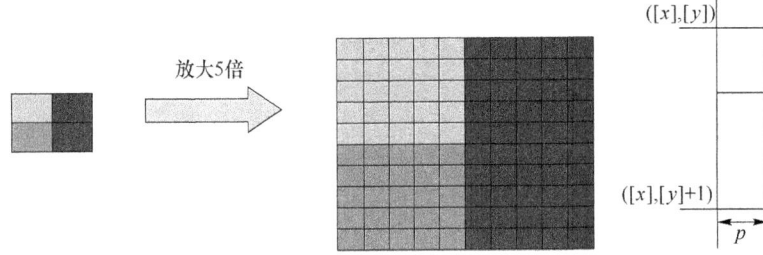

图 3.2.11　按最近邻域法将图像放大 5 倍　　　图 3.2.12　线性插值法示意图

灰度值的计算公式如下:

$$g(x,y) = (1-q)\{(1-p) \times g([x],[y]) + p \times g([x]+1,[y])\} + \\ q\{(1-p) \times g([x],[y]+1) + p \times g([x]+1,[y]+1)\} \quad (3.2.35)$$

式中,$g(x,y)$为坐标(x,y)处的灰度值;$[x]$和$[y]$分别为不大于x和y的整数。

3. 图像错切变换

图像的错切变换实际上是平面景物在投影平面上的非垂直投影。错切使图像中的图形产生扭变,这种扭变只在一个方向上产生,即分别称为水平方向错切或垂直方向错切。下面分别进行介绍。

(1) 水平方向错切

在水平方向上的错切是指图形在水平方向上发生了扭变,如图 3.2.13 所示。图形发生了水平方向的错切之后,矩形的水平边扭变成斜边,垂直边不变。

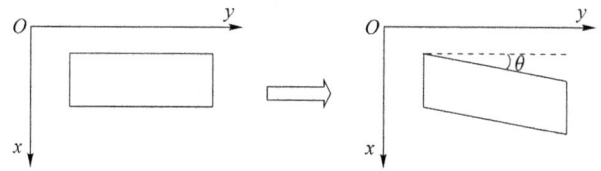

图 3.2.13 水平方向错切示意图

图像在水平方向上错切的表达式为:

$$\begin{cases} x' = x + by \\ y' = y \end{cases} \quad (3.2.36)$$

式中,(x,y)为原图像的坐标,(x',y')为错切后的图像坐标。错切后图形的列坐标不变,行坐标随原坐标(x,y)和系数b作线性变化,$b=\tan\theta$。若$b>0$时,图形沿x轴正方向作错切;若$b<0$时,图形沿x轴负方向作错切。

(2) 垂直方向错切

在垂直方向上的错切是指图形在垂直方向上发生了扭变,如图 3.2.14 所示。图形发生了垂直方向的错切之后,矩形的垂直边扭变成斜边,水平边不变。

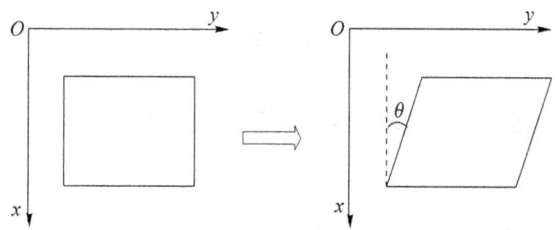

图 3.2.14 垂直方向错切示意图

图像在垂直方向上错切的表达式为:

$$\begin{cases} x' = x \\ y' = y + bx \end{cases} \quad (3.2.37)$$

式中,(x,y)为原图像的坐标,(x',y')为错切后的图像坐标。错切后图形的行坐标不变,列坐标随原坐标(x,y)和系数b作线性变化,$b=\tan\theta$。若$b>0$时,图形沿y轴正方向作错切;若$b<0$时,图形沿y轴负方向作错切。

3.2.4 图像的复合变换

图像的复合变换是指对给定的图像连续实施若干次平移、镜像、旋转、比例缩放等基本变换后所完成的变换,又称为级联变换。

利用齐次坐标,对给定的图像依次按一定顺序连续实施若干次基本变换,变换的矩阵仍可用 3×3 阶矩阵表示,复合变换的矩阵等于基本变换的矩阵依次相乘得到的组合矩阵。

假设对图像依次进行了基本变换 $F_1, F_2, \cdots, F_N$,对应的变换矩阵分别为 $T_1, T_2, \cdots, T_N$,则图像复合变换的矩阵 T 可以表示为:

$$T = T_1 \cdot T_2 \cdot \cdots \cdot T_N \tag{3.2.38}$$

1. 复合平移

设某个图像先沿 x 轴平移 x_1,沿 y 轴平移 y_1 后,再沿 x 轴平移 x_2,沿 y 轴平移 y_2,则复合平移矩阵为:

$$T = T_1 \cdot T_2 = \begin{pmatrix} 1 & 0 & x_1 \\ 0 & 1 & y_1 \\ 0 & 0 & 1 \end{pmatrix} \begin{pmatrix} 1 & 0 & x_2 \\ 0 & 1 & y_2 \\ 0 & 0 & 1 \end{pmatrix} = \begin{pmatrix} 1 & 0 & x_1+x_2 \\ 0 & 1 & y_1+y_2 \\ 0 & 0 & 1 \end{pmatrix} \tag{3.2.39}$$

2. 复合旋转

设某个图像先顺时针旋转 θ_1 角度后,再顺时针旋转 θ_2 角度,则复合旋转矩阵为:

$$T = T_1 \cdot T_2 = \begin{pmatrix} \cos\theta_1 & \sin\theta_1 & 0 \\ -\sin\theta_1 & \cos\theta_1 & 0 \\ 0 & 0 & 1 \end{pmatrix} \begin{pmatrix} \cos\theta_2 & \sin\theta_2 & 0 \\ -\sin\theta_2 & \cos\theta_2 & 0 \\ 0 & 0 & 1 \end{pmatrix} = \begin{pmatrix} \cos(\theta_1+\theta_2) & \sin(\theta_1+\theta_2) & 0 \\ -\sin(\theta_1+\theta_2) & \cos(\theta_1+\theta_2) & 0 \\ 0 & 0 & 1 \end{pmatrix}$$

$$\tag{3.2.40}$$

3. 复合缩放

设某个图像连续进行比例变换,复合缩放矩阵为:

$$T = T_1 \cdot T_2 = \begin{pmatrix} a_1 & 0 & 0 \\ 0 & d_1 & 0 \\ 0 & 0 & 1 \end{pmatrix} \begin{pmatrix} a_2 & 0 & 0 \\ 0 & d_2 & 0 \\ 0 & 0 & 1 \end{pmatrix} = \begin{pmatrix} a_1 a_2 & 0 & 0 \\ 0 & d_1 d_2 & 0 \\ 0 & 0 & 1 \end{pmatrix} \tag{3.2.41}$$

图像复合变换的矩阵由一系列图像基本几何变换矩阵依次相乘而得到。

3.3 图像基本运算的 MATLAB 实现

3.3.1 图像代数运算的 MATLAB 实现

在 MATLAB 中,提供了很多图像代数运算的函数,下面介绍几种图像代数运算的 MATLAB 实现。

1. 加运算的 MATLAB 实现

图像的加运算是指计算两幅图像矩阵对应像素值的和。图像加运算的前提是两幅图像矩阵的大小和类型相同,也就是说,两幅图像矩阵的维数要相同。

在 MATLAB 中,函数 imadd() 实现图像相加运算,其调用格式如下。

Z=imadd(X,Y):X 和 Y 是输入的两幅图像,Y 也可以是常数,对 X 和 Y 数组中对应元素相加,返回值 Z 和 X、Y 大小一致。

【例 3.3.1】 图像的相加操作。

具体实现的 MATLAB 代码如下:

```
close all;clear all;clc;%关闭当前所有图形窗口,清空工作空间变量,清除命令行
I = imread('pollenlow.jpg');%读取图像
J = imadd(I,50);%一幅图像加上一个常数
subplot(1,2,1),imshow(I);%显示原始图像
subplot(1,2,2),imshow(J);%显示与数据相加后的图像
M = imread('cameraman.tif');%读取图像
N = imadd(I,M,'uint16');%两幅图像相加
figure;
subplot(1,3,1),imshow(I);%显示原始图像
subplot(1,3,2),imshow(M);%显示原始图像
subplot(1,3,3),imshow(N,[]);%显示两幅图像叠加效果
```

程序运行后,输出图像如图 3.3.1 和图 3.3.2 所示。图 3.3.1(a)为原始灰度图像,图 3.3.1(b)为图像与数据相加操作效果。图 3.3.2(a)和图 3.3.2(b)为两幅原始灰度图像,图 3.3.2(c)为两幅图像叠加后的图像。

(a)原始pollenlow.jpg灰度图像　　(b)图像与数据相加操作效果

图 3.3.1　图像与数据相加显示效果

(a)pollenlow.jpg灰度图像　(b)cameraman.tif灰度图像　(c)两幅图像相加

图 3.3.2　两幅图像相加显示叠加效果

2. 减运算的 MATLAB 实现

图像的减运算是常用的图像处理方法,指计算两幅图像矩阵对应像素值的差。图像减运算的前提是两幅图像矩阵的大小和类型相同。也就是说,两幅图像矩阵的维数要相同。

在 MATLAB 中,函数 imsubtract()实现图像相减运算,其调用格式如下。

Z=imsubtract(X,Y):X 和 Y 是输入的两幅图像,Y 也可以是常数,对 X 和 Y 数组中

对应元素相减,返回值 Z 和 X、Y 大小一致。

【例 3.3.2】 图像的相减操作。

具体实现的 MATLAB 代码如下:

```
close all;clear all;clc; %关闭当前所有图形窗口,清空工作空间变量,清除命令行
I = imread('pollenlow.jpg'); %读取图像
J = imread('cameraman.tif'); %读取图像
K = imsubtract(I,J); %两幅图像相减
L = imsubtract(I,120); % 一幅图像减去一个常数
figure;
subplot(2,2,1);imshow(I); %显示原始图像
subplot(2,2,2);imshow(J); %显示原始图像
subplot(2,2,3);imshow(K,[]); %显示两幅图像相减效果
subplot(2,2,4);imshow(L,[]); %显示图像与数据相减效果
```

程序运行后,输出图像如图 3.3.3 所示。图 3.3.3(a)为 pollenlow.jpg 灰度图像,图 3.3.3(b)为 cameraman.tif 灰度图像,图 3.3.3(c)为相减运算后的图像,图 3.3.3(d)为图像与数据相减后的图像。

(a)pollenlow.jpg灰度图像

(b)cameraman.tif灰度图像

(c)两幅图像相减

(d)图像与数据相减操作效果

图 3.3.3　图像相减

3. 乘运算的 MATLAB 实现

图像的乘运算是指计算两幅图像矩阵对应元素的积。图像的乘运算需要两幅图像的大小和类型相同,也就是说,两幅图像矩阵的维数要相同。

在 MATLAB 中,用函数 immultiply()来实现图像的乘法运算,其调用格式如下。

Z=immultiply (X,Y):X 和 Y 是输入的两幅图像,Y 也可以是常数,对 X 和 Y 数组中对应元素相乘,返回值 Z 和 X、Y 大小一致。

【例 3.3.3】 图像的相乘操作。

具体实现的 MATLAB 代码如下：
```
close all;clear all;clc;%关闭当前所有图形窗口,清空工作空间变量,清除命令行
A = imread('hudie.png');%读取图像
B = imread('hudiemoban.png');%读取图像
A1 = im2double(A);%转为双精度型
B1 = im2double(B);
C1 = immultiply(A1,B1);%计算 A1 和 B1 的乘积,结果返回给 C1
subplot(131),imshow(A);%显示原始图像
subplot(132),imshow(B);%显示模板图像
subplot(133),imshow(C1);%显示图像相乘后的效果
```

程序运行后，输出图像如图 3.3.4 所示。图 3.3.4(a)为原始蝴蝶图像，图 3.3.4(b)为黑白模板图像，图 3.3.4(c)为相乘运算后的局部图像显示效果。

(a)蝴蝶图像　　　　　　(b)黑白模板图像　　　　　　(c)局部图像

图 3.3.4　两幅图像相乘运算

4. 除运算的 MATLAB 实现

图像的除运算是指计算两幅图像矩阵对应元素的商。图像的除运算的前提是两个图像矩阵的大小和类型相同，也就是说，两幅图像矩阵的维数要相同。

在 MATLAB 中，用函数 imdivide() 来实现图像的除法运算，其调用格式如下。

Z=imdivide(X,Y)：X 和 Y 是输入的两幅图像，Y 也可以是常数，对 X 和 Y 数组中对应元素相除，返回值 Z 和 X、Y 大小一致。

【例 3.3.4】 图像的相除操作。

具体实现的 MATLAB 代码如下：
```
close all;clear all;clc;%关闭当前所有图形窗口,清空工作空间变量,清除命令行
I = imread('desk1.jpg');%读入图像
J = imread('desk2.jpg');
M = imdivide(J,I);%两幅图像相除
N = imdivide(J,0.5);%图像跟一个常数相除
figure(1);%依次显示四幅图像
subplot(121);imshow(I);
subplot(122);imshow(J);
figure(2)
subplot(121);imshow(M);
subplot(122);imshow(N);
```

程序运行后，输出图像如图 3.3.5 所示。图 3.3.5(a)为 desk1.jpg 原始图像，图 3.3.5(b)为 desk2.jpg 原始图像，图 3.3.5(c)为两幅图像相除效果图像，图 3.3.5(d)为 desk2.jpg 原始图像与常数 0.5 相除效果图像。

(a)图像desk1.jpg   (b)图像desk2.jpg

(c)图像相除效果   (d)desk2.jpg与0.5相除效果

图 3.3.5 两幅图像相除运算

3.3.2 图像几何变换的 MATLAB 实现

1. 图像平移变换的 MATLAB 实现

【例 3.3.5】 图像平移变换实例。

具体实现的 MATLAB 代码如下：

```
close all;clear all;clc;% 关闭当前所有图形窗口,清空工作空间变量,清除命令行
A = imread('dog.jpg');% 读入图像
A1 = double(A);
A2 = zeros(size(A1));
H = size(A1);% 图像的大小
Move_x = 50;% 向右移动的距离
Move_y = 50;% 向下移动的距离
A2(Move_x + 1:H(1),Move_y + 1:H(2),1:H(3)) = A1(1:H(1) - Move_x,1:H(2) - Move_y,1:H(3));% 图像的平移
    subplot(1,2,1);imshow(A);% 显示原始图像
    subplot(1,2,2);imshow(uint8(A2));% 显示平移后的图像
```

程序运行后,输出图像如图 3.3.6 所示。图 3.3.6(a)为原始图像,图 3.3.6(b)为向右下方平移后的图像,空白地方用黑色填充。

(a)原始图像   (b)向右下方平移后的图像

图 3.3.6 图像的平移

2. 图像镜像变换的 MATLAB 实现

【例 3.3.6】 图像镜像变换实例。

具体实现的 MATLAB 代码如下：

```
close all;clear all;clc;%关闭当前所有图形窗口,清空工作空间变量,清除命令行
I = imread('cock.jpg');%读取图像
A = double(I);
H = size(A);%图像的大小
A1(1:H(1),1:H(2),1:H(3)) = A(H(1): - 1:1,1:H(2),1:H(3));%垂直镜像
A2(1:H(1),1:H(2),1:H(3)) = A(1:H(1),H(2): - 1:1,1:H(3));%水平镜像
A3(1:H(1),1:H(2),1:H(3)) = A(H(1): - 1:1,H(2): - 1:1,1:H(3));%对角镜像
figure;
subplot(2,2,1);imshow(I);%显示原始图像
subplot(2,2,2);imshow(uint8(A1));%显示垂直镜像图像
subplot(2,2,3);imshow(uint8(A2));%显示水平镜像图像
subplot(2,2,4);imshow(uint8(A3));%显示对角镜像图像
```

程序运行后，输出图像如图 3.3.7 所示。图 3.3.7(a)为原始图像，图 3.3.7(b)为垂直镜像后的图像，图 3.3.7(c)为水平镜像后的图像，图 3.3.7(d)为对角镜像后的图像。

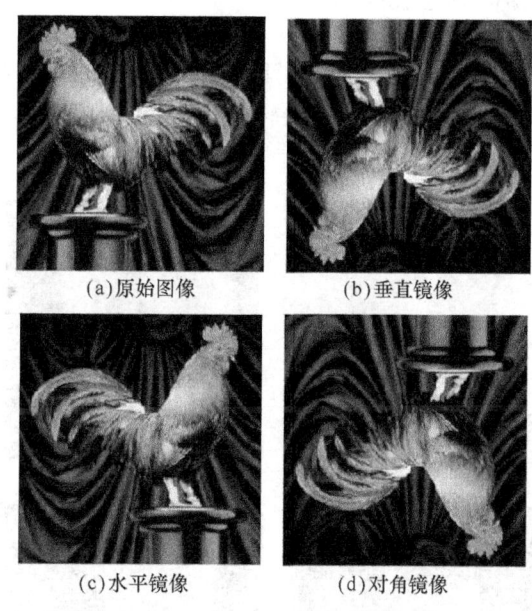

图 3.3.7 图像的镜像变换

3. 图像旋转变换的 MATLAB 实现

在 MATLAB 中，提供了函数 imrotate()进行图像的旋转操作，具体调用格式如下。

① B=imrotate(A,angle)：该函数是将图像 A 按照 angle 角度以其原点为中心旋转。angle 取值大于 0，按照逆时针方向旋转；angle 取值小于 0，按照顺时针方向旋转。该函数利用'nearest'方法进行邻域插值，返回旋转后的图像 B。

② B=imrotate(A,angle,method)：该函数是将图像 A 按照 angle 角度以其原点为中心旋转。旋转时采用 method 方法进行插值，method 取值为默认的最近邻插值'nearest'、双线性插值'bilinear'和双三次插值'bicubic'，返回旋转后的图像 B。

③ B=imrotate(A,angle,method,bbox):该函数是将图像 A 按照 angle 角度以其原点为中心旋转。旋转时采用 method 方法进行插值,method 取值为默认的最近邻插值'nearest'、双线性插值'bilinear'和双三次插值'bicubic';bbox 说明返回图像的大小,取值可以是'crop'或者'loose',其中'crop'表示输出图像大小和输入图像大小相等,对旋转后的图像进行裁剪;'loose'表示使输出图像为完整的图像。

【例 3.3.7】 图像旋转变换实例(1)。

具体实现的 MATLAB 代码如下:

```
close all;clear all;clc;% 关闭当前所有图形窗口,清空工作空间变量,清除命令行
I = imread('donna.png');% 读取图像
A = double(I);
A_rot30 = imrotate(A,30,'nearest');% 旋转 30°
A_rot45 = imrotate(A,45,'nearest');% 旋转 45°
A_rot60 = imrotate(A,60,'nearest');% 旋转 60°
figure;% 依次显示四幅图像
subplot(2,2,1);imshow(I);
subplot(2,2,2);imshow(uint8(A_rot30));
subplot(2,2,3);imshow(uint8(A_rot45));
subplot(2,2,4);imshow(uint8(A_rot60));
```

程序运行后,输出图像如图 3.3.8 所示。图 3.3.8(a)为原始图像,图 3.3.8(b)为逆时针旋转 30°后的图像,图 3.3.8(c)为逆时针旋转 45°后的图像,图 3.3.8(d)为逆时针旋转 60°后的图像。

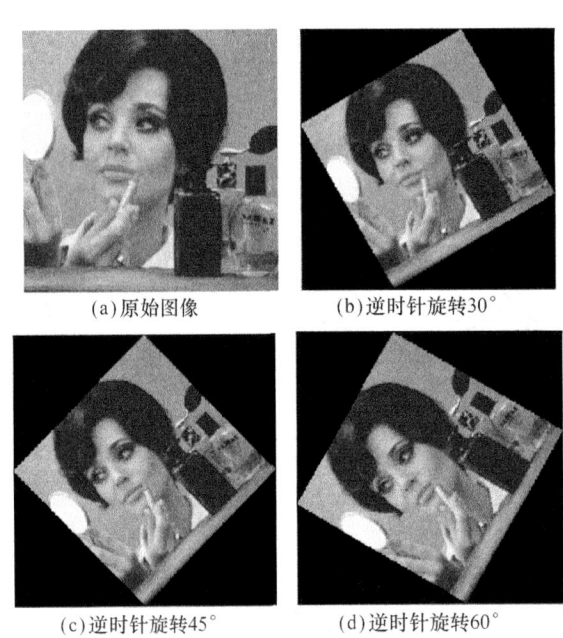

图 3.3.8 图像的旋转变换(1)

【例 3.3.8】 图像旋转变换实例(2)。

具体实现的 MATLAB 代码如下:

```
close all;clear all;clc;% 关闭当前所有图形窗口,清空工作空间变量,清除命令行
A = imread('donna.png');% 读入图像
```

```
A1 = imrotate(A,30);%逆时针旋转
A2 = imrotate(A, - 30);%顺时针旋转
A3 = imrotate(A,30,'bicubic','crop');%设置输出图像大小
A4 = imrotate(A,30,'bicubic','loose');
figure;%依次显示四幅图像
subplot(2,2,1),imshow(A1);
subplot(2,2,2),imshow(A2);
subplot(2,2,3),imshow(A3);
subplot(2,2,4),imshow(A4);
```

程序运行后,输出图像如图 3.3.9 所示。图 3.3.9(a)为逆时针旋转后的图像,图 3.3.9(b)为顺时针旋转后的图像,图 3.3.9(c)为裁剪的旋转图像,图 3.3.9(d)为不裁剪的旋转图像。

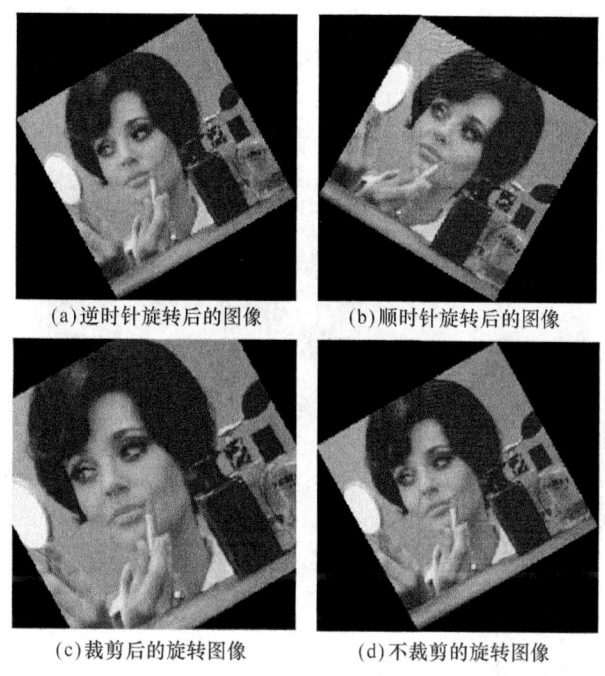

(a)逆时针旋转后的图像　　(b)顺时针旋转后的图像

(c)裁剪后的旋转图像　　(d)不裁剪的旋转图像

图 3.3.9　图像的旋转变换(2)

4. 图像缩放变换的 MATLAB 实现

在 MATLAB 中,提供了函数 imresize()进行图像的缩放操作,具体调用格式如下。

① B=imresize(A,m):A 为要进行缩放的原始图像,可以是灰度图像、彩色图像或二值图像;m 为缩放的尺寸,当 m 的取值大于 0 小于 1 时,A 图像被缩小,当 m 的取值大于 1 时,A 图像被放大,该函数返回缩放后的图像 B。

② B=imresize(A,[mrows ncols]):A 为要进行缩放的原始图像,可以是灰度图像、彩色图像或二值图像;数组[mrows ncols]表示缩放后的图像 B 的行和列,mrows 或者 ncols 取值为 NaN,则函数会按照输入图像 A 的纵横比生成 mrows 或者 ncols 的值。

③ [B newmap]=imresize(A,map,m):该函数对索引图像 A 进行缩放,m 是缩放比例,可以取一个数值,也可以取数组[mrows ncols];默认条件下,该函数返回一个新的、最优的、缩放后的图像 B 的颜色映射数组 newmap。

④ [...]=imresize(...,method):该函数返回采用 method 方法对索引图像进行缩放的结果。method 的取值为:最近邻插值'nearest'(默认值)、双线性插值'bilinear'、双三次插值'bicubic'。

【例 3.3.9】 图像缩放变换实例。

具体实现的 MATLAB 代码如下:

```
close all;clear all;clc;% 关闭当前所有图形窗口,清空工作空间变量,清除命令行
I = imread('cat.jpg');% 读取图像
A = double(I);
A_enlarge = imresize(A,4,'nearest');% 放大 4 倍
A_reduce = imresize(A,0.5,'nearest');% 缩小 2 倍
figure;imshow(I);
figure(2);imshow(uint8(A_enlarge));
figure(3);imshow(uint8(A_reduce));
```

程序运行后,输出图像如图 3.3.10 所示。图 3.3.10(a)为原始图像,图 3.3.10(b)为放大 4 倍后的图像,图 3.3.10(c)为缩小 2 倍后的图像。

(a)原始图像　　　　　(b)放大4倍　　　　　(c)缩小2倍

图 3.3.10　图像的缩放变换

5. 图像裁剪的 MATLAB 实现

在实际应用领域,有时用户只对采集的图像的某些区域感兴趣,很多时候要对图像进行裁剪操作。图像的裁剪就是在原图像或者大图像中裁剪出图像块来,是图像处理中的基本操作之一。

在 MATLAB 中提供了函数 imcrop()进行图像的裁剪操作,其具体的调用格式如下。

① B=imcrop(A,rect):该函数是按照四元素数组 rect 裁剪图像 A,rect 的具体形式为 [xmin ymin width height],表示裁剪矩形区域大小。

② [B,rect]=imcrop(...):该函数是程序执行后首先显示原图像,然后利用鼠标选择裁剪区域,并将裁剪区域图像返回给 B,将裁剪区域的范围大小返回给 rect。

③ B=imcrop(A,map):该函数是程序执行后首先按照 map 的颜色映射显示图像 A,并创建裁剪工具与 A 关联。

【例 3.3.10】 图像裁剪变换实例。

具体实现的 MATLAB 代码如下:

```
close all;clear all;clc;% 关闭当前所有图形窗口,清空工作空间变量,清除命令行
[A,map] = imread('flower.jpg');% 读入图像
rect = [75 68 130 112];% 定义裁剪区域
X1 = imcrop(A,rect);% 进行图像裁剪
figure;
subplot(1,2,1),imshow(A);% 显示原始图像
rectangle('Position',rect,'LineWidth',2,'EdgeColor','r');% 显示图像裁剪区域
subplot(1,2,2),imshow(X1);% 显示裁剪的图像
```

程序运行后,输出图像如图 3.3.11 所示。图 3.3.11(a)为原始图像,图 3.3.11(b)为裁剪后的图像。

 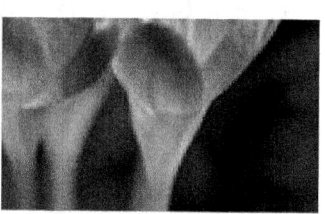

(a)原始图像　　　　　　　(b)裁剪后的图像

图 3.3.11　图像的裁剪

【例 3.3.11】　通过鼠标完成图像裁剪变换。

具体实现的 MATLAB 代码如下:

```
close all;clear all;clc;% 关闭当前所有图形窗口,清空工作空间变量,清除命令行
[A,map] = imread('flower.jpg');% 读取图像
[I2,rect] = imcrop(A);% 进行图像剪切
subplot(121),imshow(A);% 显示原图像
rectangle('Position',rect,'LineWidth',2,'EdgeColor','r');% 显示图像剪切区域
subplot(122),imshow(I2);% 显示剪切的图像
```

程序运行后,输出图像如图 3.3.12 所示。图 3.3.12(a)为原始图像,图 3.3.12(b)为利用鼠标进行裁剪后的图像。

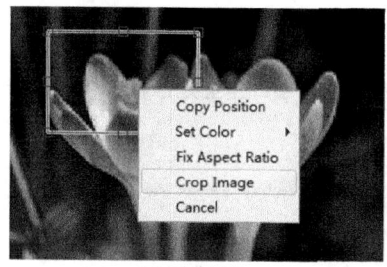 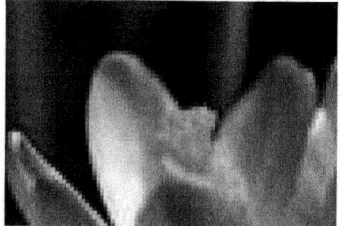

(a)原始图像　　　　　　　(b)鼠标选择区域裁剪后的图像

图 3.3.12　通过鼠标进行图像裁剪

6. 图像错切变换的 MATLAB 实现

【例 3.3.12】　图像错切变换实例。

具体实现的 MATLAB 代码如下:

```
close all;clear all;clc;% 关闭当前所有图形窗口,清空工作空间变量,清除命令行
```

```
I = imread('dog.jpg');
A = double(I);
H = size(A);
B = zeros(H(1) + round(H(2) * tan(pi/6)),H(2),H(3));
for a = 1:H(1)
    for b = 1:H(2)
        B(a + round(b * tan(pi/6)),b,1:H(3)) = A(a,b,1:H(3));
    end
end
figure;
subplot(1,2,1);imshow(I); % 显示原始图像
subplot(1,2,2);imshow(uint8(B)); % 显示错切变换图像
```

程序运行后,输出图像如图 3.3.13 所示。图 3.3.13(a)为原始图像,图 3.3.13(b)为错切变换后的图像。

(a)原始图像　　　　　　(b)错切后的图像

图 3.3.13　图像的错切变换

7. 图像复合变换的 MATLAB 实现

【例 3.3.13】 图像复合变换实例。

具体实现的 MATLAB 代码如下:

```
close all;clear all;clc; % 关闭当前所有图形窗口,清空工作空间变量,清除命令行
I = imread('donna.png'); % 读取图像
A = double(I);
B = zeros(size(A)) + 255;
H = size(A);
B(50 + 1:H(1),50 + 1:H(2),1:H(3)) = A(1:H(1) - 50,1:H(2) - 50,1:H(3)); % 平移变换
C(1:H(1),1:H(2),1:H(3)) = B(H(1): - 1:1,1:H(2),1:H(3)); % 镜像平移
D = imrotate(C,30,'nearest'); % 旋转变换
E = imresize(D,4,'nearest'); % 比例变换
figure;
subplot(1,2,1);imshow(I); % 显示原始图像
subplot(1,2,2);imshow(uint8(E))  % 显示复合变换图像
```

程序运行后,输出图像如图 3.3.14 所示。图 3.3.14(a)为原始图像,图 3.3.14(b)为复合变换后的图像。

 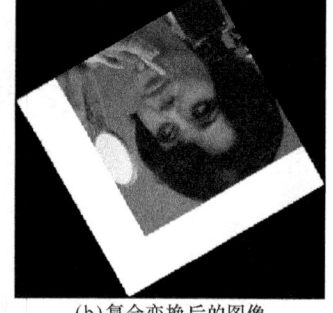

(a)原始图像　　　　　　　(b)复合变换后的图像

图 3.3.14　图像的复合变换

3.4　本 章 小 结

本章详细介绍了图像的加减乘除等代数运算和图像的平移、镜像、旋转、缩放、错切、复合变换等常见的几何变换,这些常见的图像基本运算是数字图像处理的简单操作,并详细介绍了上述图像的基本运算的 MATLAB 实现。

习　题　3

3.1　通过 MATLAB 编程实现两幅图像的叠加。
3.2　如何通过乘法运算实现图像的局部区域的显示,举例说明。
3.3　写出图像平移变换的代数表达式和矩阵表达式。
3.4　写出图像对角镜像的代数表达式和矩阵表达式,并将习题 3.4 图进行对角镜像。

A	B	C	R
D	E	F	T
G	H	K	L
Q	W	X	Y

习题 3.4 图

3.5　将图像逆时针旋转 35°和顺时针旋转 35°,用 MATLAB 如何编程实现?
3.6　自行将一幅图像进行平移、裁剪、镜像、旋转、缩放、错切等变换,比较各种变换的效果。

第 4 章 空间域图像增强

4.1 概 述

在图像的成像、传输或变换过程中,多种因素的影响总要造成图像质量的下降。如在成像过程中由于光学系统会导致图像失真,不同的光照条件会使图像的曝光度差异很大,运动状态下成像会使图像模糊;而在传输过程中,各种噪声和干扰将污染图像。因此,通常需要对降质的图像进行预处理,以满足后期处理或分析的需要。图像处理的基本目的之一是改善图像质量,而改善图像质量最常用的技术是图像增强。

图像增强是一类基本的图像处理技术,它是指对图像的某些特征如边缘、轮廓、对比度等进行强调,以便于显示、观察或进一步分析与处理。其目的主要有两个:一是改善图像的视觉效果,提高图像的清晰度;二是将图像转换成一种更适合于人类或机器进行分析处理的形式,以便从图像中获取更有用的信息。

图像增强技术是面向具体问题的,并不存在通用的增强算法。例如,一种很适合增强 X 射线图像的方法并不一定是增强卫星云图的最好方法。而且由于评价图像质量的优劣凭观察者的主观而定,没有衡量图像增强质量的通用标准和通用的定量判据。因此,图像增强方法目前尚无统一的权威评价,实际应用时,需要根据所处理的对象、待解决的问题以及最终要达到的效果等情况,选择合适的图像增强算法,并进行适当的优化。

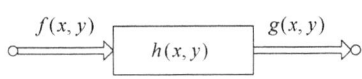

图 4.1.1 空间域图像增强模型

图像增强技术根据其处理的空间不同,可分为两大类:空间域增强法和频率域增强法。本章重点介绍空间域图像增强方法。空间域增强法是指直接在图像所在像素空间对像素灰度值进行运算处理,如图 4.1.1 所示。图中,$f(x,y)$ 是待增强的原始图像,$g(x,y)$ 是已增强的图像,$h(x,y)$ 是空间运算函数。

在空间域增强方法中,根据每次处理是针对单个像素还是小的子图像块(模板),又可分为两种。

(1) 空间域点处理:基于像素的图像增强,这种增强过程中对每个像素的处理与其他像素无关。对空间域图像进行点处理,可表示为:

$$g(x,y) = f(x,y) \cdot h(x,y) \qquad (4.1.1)$$

(2) 空间域区域处理:基于模板的图像增强,这种增强过程中的每次处理操作都是基于图像中的某个小的区域。对空间域图像进行区域操作,可表示为:

$$g(x,y) = f(x,y) * h(x,y) \qquad (4.1.2)$$

式中,* 表示卷积运算。

常用的空间域方法有灰度变换、直方图修正、空间域平滑和锐化滤波等。其中,灰度变换和直方图修正属于点运算范畴,空间域平滑和锐化滤波属于区域处理范畴。

图像增强技术的主要结构如图4.1.2所示。

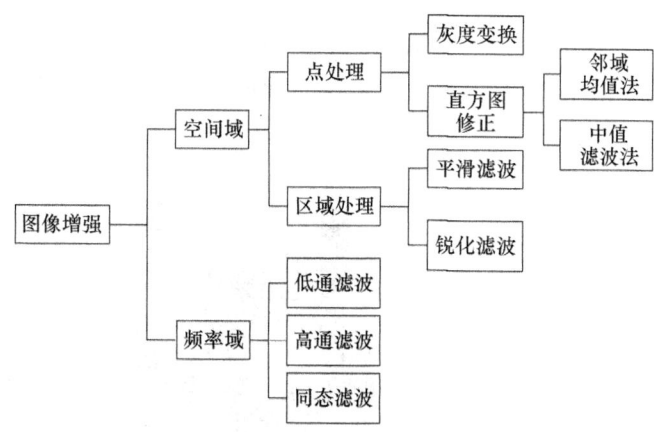

图4.1.2 图像增强技术的体系结构

4.2 灰度变换

灰度变换是图像增强的一种重要手段,用于改善图像显示效果,属于空间域处理方法,它可使图像动态范围加大,使图像对比度提高,图像更加清晰,特征更加明显。例如,在处理数码相片时,有时可能因为环境光源太暗,使灰度值偏小,就会使图像太暗而看不清楚。如果环境光源太亮,又会使图像泛白。通过灰度变换,可以将灰度值调整到合适的程度,使处理后的相片变得悦目。

灰度变换的实质就是按一定的规则修改图像每一个像素的灰度值,从而改变图像灰度的动态范围,属于点运算范畴。点运算的概念是,当算子 T 的作用域是以单个像素为单位时,图像的输出 $g(x,y)$ 只与位置 (x,y) 处的输入 $f(x,y)$ 有关,实现的是像素点到点的处理时,称这种运算为"点运算"。

点运算的表达式:

$$s = T(r) \tag{4.2.1}$$

$$g(x,y) = T[f(x,y)] \tag{4.2.2}$$

式中,r 和 s 分别为输入、输出像素的灰度级,T 为灰度变换函数的映射关系。通过式(4.2.1)和式(4.2.2)可将原图像 (x,y) 处的灰度 $f(x,y)$ 变为 $T[f(x,y)]$,T 算子描述了输入灰度级和输出灰度级之间的映射关系。

灰度变换按映射函数可分为线性变换和非线性变换两种形式。

4.2.1 灰度线性变换

1. 图像反转

图像反转简短地说就是使黑变白,使白变黑,将原始图像的灰度值进行反转,使输出图像的灰度随输入图像的灰度增加而减少。这种处理对增强嵌入在暗背景中的白色或灰色细节特别有效,尤其当图像中黑色为主要部分时效果明显,如图4.2.1所示。

根据图4.2.1(a)图像反转的变换关系,由直线方程斜截式可知,当 $k=-1, b=L-1$ 时,其表达式为:

$$g(x,y)=kf(x,y)+b=-f(x,y)+(L-1) \quad (4.2.3)$$

式中,$[0,L-1]$ 为图像灰度级范围。采用 8 bit 量化的灰度图像中,灰度级 L 为 256。

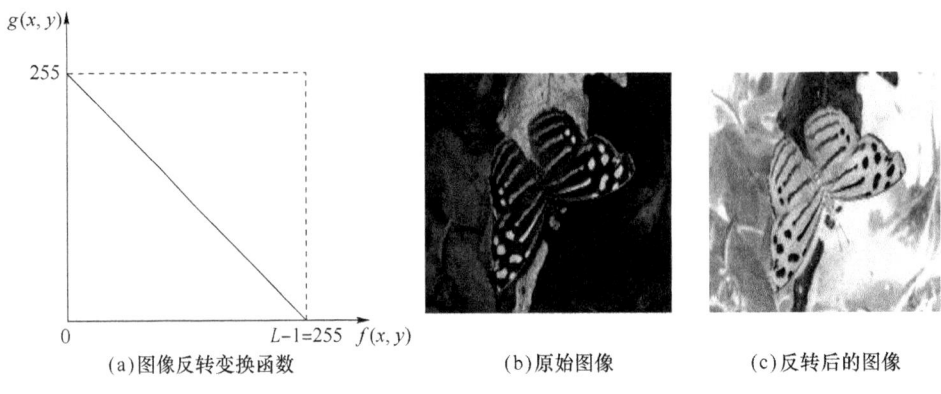

(a)图像反转变换函数　　(b)原始图像　　(c)反转后的图像

图 4.2.1　图像反转的效果

2. 线性变换

线性变换是对每个线性段逐个像素进行处理,可将原图像灰度值动态范围按线性关系式变换到指定范围。线性变换关系如图4.2.2所示。

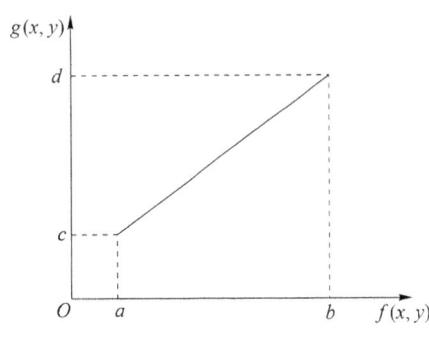

图 4.2.2　线性变换关系

原图像 $f(x,y)$ 的灰度范围为 $[a,b]$,希望变换后的图像 $g(x,y)$ 的灰度范围为 $[c,d]$,则采用下述线性变换来实现:

$$g(x,y)=\frac{d-c}{b-a}[f(x,y)-a]+c \quad (4.2.4)$$

即要把输入图像的某个灰度值区间 $[a,b]$ 转换为输出图像的灰度值区间 $[c,d]$。可见,如果区间 $[c,d]$ 大于区间 $[a,b]$,则线性变换使得图像的灰度范围增大,即对比度增大,图像会变得清晰;如果区间 $[c,d]$ 小于区间 $[a,b]$,则线性变换使得图像的灰度范围缩小,即对比度减小。在曝光不足的情况下,图像灰度可能局限在一个很小的范围内,这时在显示器上看到的将是一个模糊不清、没有灰度层次的图像。采用线性变换对图像的每一个像素灰度做线性拉伸,将有效地改善图像的视觉效果。以曝光不足为例,选取区间 $[c,d]$ 大于区间 $[a,b]$,则使曝光不充分的图像中黑的更黑,白的更白,从而有效地提高图像灰度的对比度,如图4.2.3所示。

若图像灰度在 $0\sim M$ 范围内,其中大部分像素的灰度级分布在区间 $[a,b]$ 内,很小部分像素的灰度级超出此区间。为改善增强效果,可使用截取式线性变换函数对图像进行处理,增强图像对比度,令截取式线性变换表示为:

(a)原图　　　　　　　　(b)灰度变换后的图像

图 4.2.3　提高图像对比度

$$g(x,y)=\begin{cases}c & 0\leqslant f(x,y)\leqslant a\\ \dfrac{d-c}{b-a}[f(x,y)-a]+c & a<f(x,y)<b\\ d & b\leqslant f(x,y)\leqslant M\end{cases}\quad(4.2.5)$$

该式的映射关系可用图 4.2.4 表示。这种方法扩展了 $[a,b]$ 区间的灰度级,将小于 a 和大于 b 范围内的灰度级分别压缩为 c 和 d,这样使图像灰度级在上述两个范围内的像素都各变成 c、d 灰度级分布,从而截取这两部分信息。

3. 分段线性变换

为了突出图像中感兴趣的目标或者灰度区间,将图像灰度区间分成两段乃至多段分别作线性变换,称为分段线性变换。图 4.2.5 是分为三段的分段线性灰度变换。

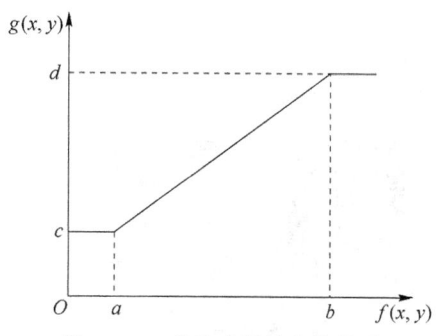 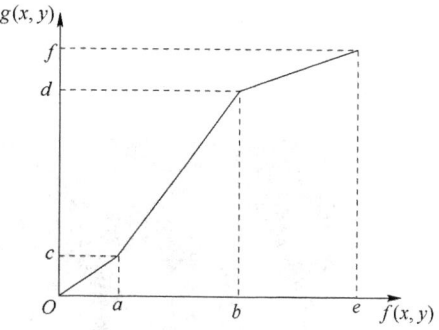

图 4.2.4　截取式线性变换关系　　　　图 4.2.5　分段线性变换关系

分段线性变换的优点是可以根据用户的需要,拉伸特征物体的灰度细节,相对抑制不感兴趣的灰度级。采用分段线性法,可将需要的图像细节灰度级拉伸,增强对比度,将不需要的细节灰度级压缩。其数学表达式如下:

$$g(x,y)=\begin{cases}\dfrac{c}{a}f(x,y) & 0\leqslant f(x,y)<a\\ \dfrac{d-c}{b-a}[f(x,y)-a]+c & a\leqslant f(x,y)\leqslant b\\ \dfrac{f-d}{e-b}[f(x,y)-b]+d & b<f(x,y)\leqslant e\end{cases}\quad(4.2.6)$$

4.2.2 灰度非线性变换

可以根据需要制定非线性函数对灰度进行变换,典型的有对数函数、指数函数等。非线性变换映射函数如图4.2.6所示。

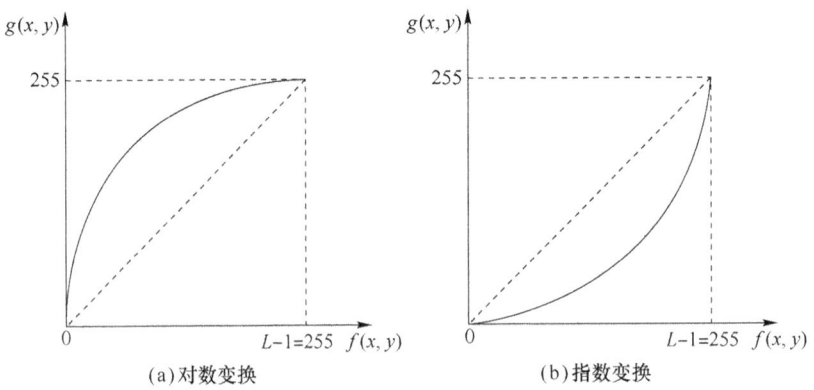

(a)对数变换　　(b)指数变换

图4.2.6　非线性变换映射函数

1. 对数变换

对数变换常用来增强低灰度值的像素,扩展低灰度区,压缩高值灰度。当希望对图像的低灰度区进行较大的拉伸而对高灰度区压缩时,可采用这种变换,它能使图像灰度分布与人的视觉特性相匹配。这样可以使低值灰度的图像细节更容易看清,从而达到增强的效果,如图4.2.7所示。

对数变换的表达式为:

$$g(x,y) = C * \lg[1+|f(x,y)|] \tag{4.2.7}$$

式中,C为尺度比例常数;$1+|f(x,y)|$是为了避免对零求对数。

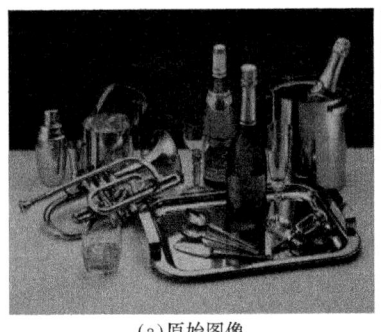

(a)原始图像　　(b)对数变换后的图像

图4.2.7　对数变换前、后图像效果图

2. 指数变换

指数变换与对数变换相反,常用来压缩低灰度值的像素,扩展高灰度区,压缩低值灰度。由于增强的效果要考虑人的主观感觉,这种变换与人的视觉特性不太相同,因此不常采用。

指数变换的表达式为:

$$g(x,y) = b^{c[f(x,y)-a]} - 1 \tag{4.2.8}$$

式中,a、b、c是为了调整曲线位置和形状的参数。

4.3 直方图修正

在图像处理中,点运算包括灰度变换和直方图修正。那么,什么是图像的直方图呢?简单地说,图像的直方图就是反映一幅图像中的灰度级与出现这种灰度级概率之间关系的图形。直方图修正的方法是增强图像实用而有效的处理方法之一。本节将对直方图修正中直方图的定义、性质、应用、计算、直方图均衡化处理等内容作详细的介绍。

4.3.1 灰度直方图的定义

1. 直方图的定义

图像的灰度直方图是表示一幅图像灰度分布情况的统计图表,是灰度级的函数,它表示图像中具有每种灰度级的像素的个数,反映图像中每种灰度级出现的频率,又简称为直方图。图像直方图的横坐标是灰度级 r,纵坐标表示图像中该灰度级的像素的个数 $P(r)$,是图像的最基本的统计特征,如图 4.3.1 所示。

按照直方图的定义,可表示为:

$$P(r_k) = \frac{n_k}{N} \quad (k=0,1,2,\cdots,L-1) \quad (4.3.1)$$

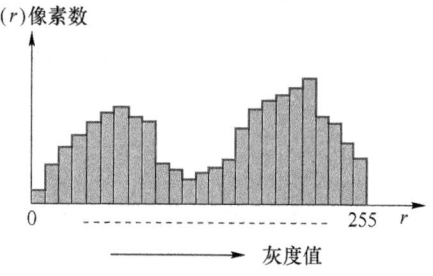

图 4.3.1 图像的直方图

式中,N 为一幅图像的总像素数;n_k 为第 k 级灰度的像素数;L 为灰度级数;r_k 为第 k 个灰度级;$P(r_k)$ 为该灰度级出现的相对频数。

在图像直方图中,r 代表图像中像素灰度级,若将其作归一化处理,r 的值将限定在下述范围之内:

$$0 \leqslant r \leqslant 1$$

在灰度级中,$r=0$ 代表黑,$r=1$ 代表白。对于一幅给定的图像来说,每一个像素取得 [0,1] 区间内灰度级是随机的。也就是说,r 是一个随机变量。假定对每一瞬间它们是连续的随机变量,那么就可以用概率密度函数 $p_r(r)$ 来表示原始图像的灰度分布。如果用直角坐标系的横轴代表灰度级 r,用纵轴代表灰度级的概率密度函数 $p_r(r)$,这样就可以针对一幅图像在这个坐标系中作一条曲线。这条曲线在概率论中就是分布密度曲线,如图 4.3.2 所示。

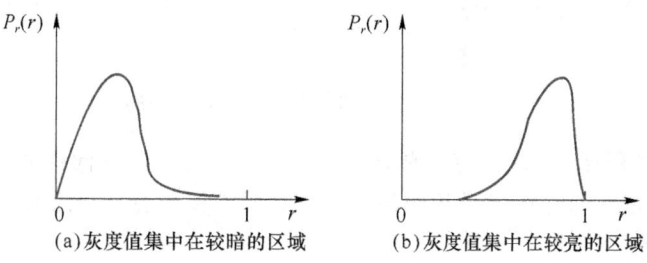

图 4.3.2 图像灰度分布概率密度函数

从图4.3.2(a)和图4.3.2(b)的两个灰度分布密度函数中可以看出,图4.3.2(a)的大多数像素灰度值集中在较暗的区域,所以这幅图像肯定较暗,一般在摄影过程中曝光过强就会造成这种结果;而图4.3.2(b)的图像像素灰度值集中在亮区域,因此,该图像将偏亮,一般在摄影中曝光太弱会导致这种结果。当然,从两幅图像的灰度分布来看图像的质量均不理想。

2. 直方图的性质

灰度直方图具有以下两个重要的性质。

(1) 直方图是图像的一维信息描述。

直方图不表示图像的空间信息,只能反映图像的灰度范围、灰度级的分布、整幅图像的平均亮度等信息,而不能反映图像某一灰度值像素所在的位置,因而失去了图像的二维空间信息。所以,仅从直方图中不能完整地描述一幅图像的全部信息。

(2) 任意一幅图像都有唯一的直方图,反之,并不成立。

任意一幅图像都可以唯一地确定出与其对应的直方图,但不同的图像可能有相同的直方图。也就是说,图像与直方图之间是多对一的关系,即一幅图像对应一个直方图,但是一个直方图不一定只对应一幅图像,几幅图像只要灰度分布密度相同,那么它们的直方图也是相同的。

例如,图4.3.3(a)和图4.3.3(b)两幅图像中都是由一个球体和一个圆柱体组成,但因两者位置不同,所以是不同的图像,但两幅图像所对应的如图4.3.3(c)和图4.3.3(d)所示的直方图却是相同的。这就说明不同的图像可能具有相同的直方图。

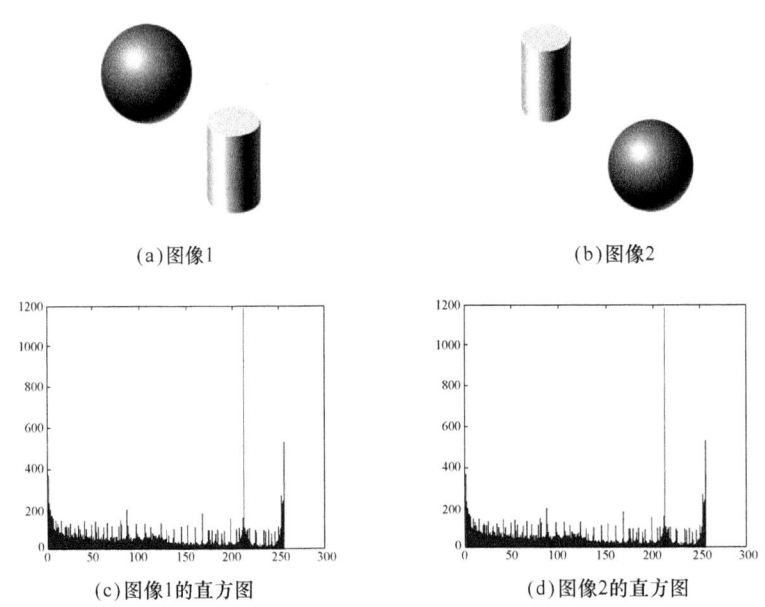

图4.3.3 不同图像其直方图是相同的

又如图4.3.4所示,图像中有4幅图,当有斜线的目标具有同样灰度且斜线面积相等时,完全不同的图像其直方图却是相同的。这也说明图像与直方图之间是多对一的关系。

3. 直方图的分析应用

图4.3.5为不同类型的直方图。其中,图4.3.5(a)的直方图表示图像中灰度低的像素较多,图像总体显得偏暗。图4.3.5(b)的直方图则表示图像中灰度高的像素较多,图像总

体就明亮些。图4.3.5(c)的直方图中,大多数像素的灰度集中在一个很窄的灰度范围,图像动态范围小,细节不够清楚。与此相反,图4.3.5(d)的直方图中,各种灰度的像素数目分布的范围较宽,也很均匀,就会显得清晰明亮。

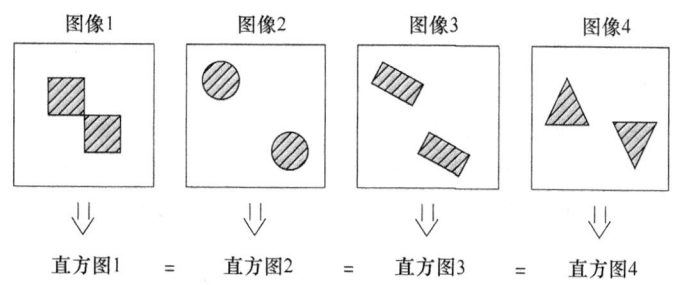

图 4.3.4 具有相同概率密度分布的不同图像其直方图是相同的

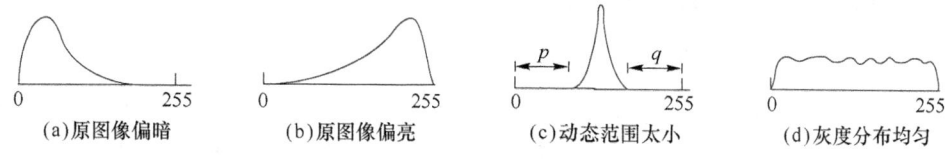

图 4.3.5 不同类型的直方图

4. 直方图的简单计算

前面介绍了直方图的定义和性质,以及直方图的分析应用,下面通过一个简单的例子进一步学习如何定量地计算直方图。

【例 4.3.1】 假设一个图像由一个 4×4 大小的二维数值矩阵构成,如图 4.3.6 所示,试根据条件写出图像的灰度分布并画出图像的直方图。

经过统计,图像中灰度值为 0 的像素只有 1 个,灰度值为 1 的像素有 1 个,灰度值为 2 的像素为 6 个,灰度值为 3 的像素为 3 个,灰度值为 4 的像素为 3 个,灰度值为 5 的像素为 1 个,灰度值为 6 的像素有 1 个。由此得到表 4.3.1 所列图像的灰度分布。

图 4.3.6 原图像的 4×4 数值矩阵

根据表 4.3.1 所列图像的灰度分布,画出图像的灰度直方图如图 4.3.7 所示。

表 4.3.1 图像的灰度分布

灰度值 r	0	1	2	3	4	5	6
像素个数 n	1	1	6	3	3	1	1
像素分布 $p(r)$	1/16	1/16	6/16	3/16	3/16	1/16	1/16

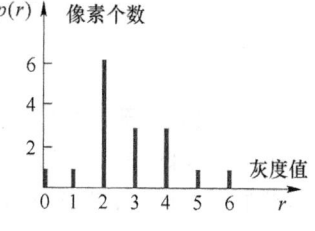

图 4.3.7 图像的灰度直方图

4.3.2 直方图修正的基础

一幅给定图像的灰度级经归一化处理后,分布在 $0 \leqslant r \leqslant 1$ 范围内,这时可以对[0,1]区

间内的任一个 r 值进行如下变换：

$$s = T(r) \tag{4.3.2}$$

也就是说，通过上述变换，每个原始图像的像素灰度值 r 都对应产生一个 s 值。变换函数 $T(r)$ 应满足下列条件：

(1) 在 $0 \leqslant r \leqslant 1$ 范围内，$T(r)$ 是单值单调增加；

(2) 对于 $0 \leqslant r \leqslant 1$，有 $0 \leqslant T(r) \leqslant 1$。

这里的第一个条件保证了图像的灰度级从白到黑的次序不变和逆变换函数 $T^{-1}(s)$ 的存在。第二个条件则保证了映射变换后的像素灰度值在允许的范围内。

从 s 到 r 的逆变换可用式(4.3.3)表示，同样也满足上述两个条件。

$$r = T^{-1}(s) \tag{4.3.3}$$

因为 $s = T(r)$ 是单调增加的，它的反函数 $r = T^{-1}(s)$ 也是单调函数。在这种情况下，对于连续情况，设 $P_r(r)$ 和 $P_s(s)$ 分别表示原图像和变换后图像的灰度级概率密度函数。根据概率论的知识，在已知 $P_r(r)$ 和变换函数 $s = T(r)$ 时，逆变换函数 $r = T^{-1}(s)$ 也是单调增长的，则 $P_s(s)$ 可由式(4.3.4)求出。

$$p_s(s) = p_r(r) \cdot \frac{dr}{ds} = p_r(r) \cdot \frac{d}{ds}[T^{-1}(s)] = \left[p_r(r) \cdot \frac{dr}{ds}\right]_{r=T^{-1}(s)} = T^{-1}(s) \tag{4.3.4}$$

综上所述，通过变换函数 $s = T(r)$ 可以改变图像灰度的概率密度分布，从而改变图像的灰度层次，这就是直方图修正的理论基础。

4.3.3 直方图均衡化

直方图均衡方法的基本思想是把原始图像不均衡的直方图变换为均匀分布的形式，以增加图像灰度值的动态范围，从而达到增强图像整体对比度的效果。

在前面的讨论中，我们已经知道，清晰柔和的图像的直方图灰度分布比较均匀。为使图像变得清晰，通常可以通过变换使图像的灰度动态范围变大，并且让灰度频率较小的灰度级经变换后，其频率变得大一些，使变换后的图像灰度直方图在较大的动态范围内趋于均衡化。直方图均衡化处理是一种直方图修正的方法，它通过对直方图进行均衡化修正，可使图像的灰度间距增加或灰度分布均匀、增大反差，使图像的细节变得清晰。

对于连续图像，设 r 和 s 分别表示被增强图像和变换后图像的灰度级。为了简化，在下面的讨论中，假定所有像素的灰度级已经被归一化了。就是说，当 $r = s = 0$ 时，表示黑色；当 $r = s = 1$ 时，表示白色；变换函数 $T(r)$ 与原图像概率密度函数 $P_r(r)$ 之间的关系为：

$$s = T(r) = \int_0^r p_r(r) dr \quad 0 \leqslant r \leqslant 1 \tag{4.3.5}$$

式中，r 为积分变量。式(4.3.5)的右边可以看作是 r 的累积分布函数(CDF)，因为 CDF 是 r 的函数，并单调地从 0 增加到 1，所以这一变换函数满足了前面所述的关于 $T(r)$ 在 $0 \leqslant r \leqslant 1$ 内单值单调增加，对于 $0 \leqslant r \leqslant 1$，有 $0 \leqslant T(r) \leqslant 1$ 的两个条件。

由于累积分布函数是 r 的函数，并且单调地从 0 增加到 1，所以这个变换函数满足对式(4.3.5)中的 r 求导，则

$$\frac{ds}{dr} = p_r(r) \tag{4.3.6}$$

再把结果代入式(4.3.4)，则

$$p_s(s) = \left[p_r(r) \cdot \frac{dr}{ds} \right]_{r=T^{-1}(s)} = \left[p_r(r) \cdot \frac{1}{p_r(r)} \right] = 1 \quad (4.3.7)$$

由以上推导可见,变换后的变量 s 的定义域内的概率密度是均匀分布的。由此可见,用 r 累积分布函数作为变换函数可产生一幅灰度级分布具有均匀概率密度的图像。其结果扩展了像素灰度取值的动态范围。

上面的修正方法是以连续随机变量为基础进行讨论的。为了对图像进行数字处理,必须引入离散形式的公式。当灰度级是离散值的时候,可用频数近似代替概率值,即

$$p_r(r_k) = \frac{n_k}{N} \quad (0 \leqslant r_k \leqslant 1, k=0,1,2,\cdots,L-1) \quad (4.3.8)$$

式中,L 是灰度级数;r_k 是归一化的第 k 级灰度值;$p_r(r_k)$ 是取第 k 级灰度值的概率;n_k 是在图像中出现第 k 级灰度值的次数;N 是图像中的总像素数。

通常把为得到均匀直方图的图像增强技术叫作直方图均衡化处理。式(4.3.5)的直方图均衡化累积分布函数的离散形式可表示如下:

$$s_k = T(r_k) = \sum_{j=0}^{k} \frac{n_j}{N} = \sum_{j=0}^{k} p_r(r_j) \quad (0 \leqslant r_j \leqslant 1 \quad k=0,1,2,\cdots,L-1) \quad (4.3.9)$$

其逆变换式为:

$$r_k = T^{-1}(s_k) \quad (4.3.10)$$

【例 4.3.2】 假设有一幅图像有 64×64 个像素,共 8 个灰度级,各灰度级概率分布如表 4.3.2 所列,试将其进行直方图均衡化处理。

表 4.3.2 64×64 大小的图像各灰度级对应的概率分布

灰度级 r_k	0	1/7	2/7	3/7	4/7	5/7	6/7	1
像素数 n_k	790	1 023	850	656	329	245	122	81
概率 $p_r(r_k)=n_k/N$	0.19	0.25	0.21	0.16	0.08	0.06	0.03	0.02

直方图均衡化处理过程如下。

① 由式 $r_k = T^{-1}(s_k)$ 可得到变换函数为:

$$s_0 = T(r_0) = \sum_{j=0}^{0} P_r(r_j) = P_r(r_0) = 0.19$$

$$s_1 = T(r_1) = \sum_{j=0}^{1} P_r(r_j) = P_r(r_0) + P_r(r_1) = 0.44$$

$$s_2 = T(r_2) = \sum_{j=0}^{2} P_r(r_j) = P_r(r_0) + P_r(r_1) + P_r(r_2) = 0.19 + 0.25 + 0.21 = 0.65$$

$$s_3 = T(r_3) = \sum_{j=0}^{3} P_r(r_j) = P_r(r_0) + P_r(r_1) + P_r(r_2) + P_r(r_3) = 0.81$$

依此类推,得

$$s_4 = 0.89, s_5 = 0.95, s_6 = 0.98, s_7 = 1.00$$

② 对 s_k 以 1/7 为量化单位进行舍入计算修正计算值。因为图像只取 8 个等间距的灰度级,变换后的 s_k 以 1/7 为量化单位进行舍入计算,选择最靠近的一个灰度级的计算值加以修正。

$$s_0 = 0.19 \to \approx \frac{1}{7} \quad s_1 = 0.44 \to \approx \frac{3}{7} \quad s_2 = 0.65 \to \approx \frac{5}{7} \quad s_3 = 0.81 \to \approx \frac{6}{7}$$

$$s_4 = 0.89 \to \approx \frac{6}{7} \quad s_5 = 0.95 \to \approx 1 \quad s_6 = 0.98 \to \approx 1 \quad s_7 = 1 \to 1$$

③ 确定新灰度级分布。由上述数值可见，新图像将只有 5 个不同的灰度级别，可以重新定义一个符号：

$$s_0' = \frac{1}{7}, s_1' = \frac{3}{7}, s_2' = \frac{5}{7}, s_3' = \frac{6}{7}, s_4' = 1$$

因为 $r_0 = 0$ 经变换得 $s_0' = 1/7$，所以有 790 个像素取 s_0' 这个灰度值，r_1 映射到 $s_1' = 3/7$，所以有 1 023 个像素取 $s_1' = 3/7$ 这一灰度值。依此类推，有 850 个像素取 $s_2' = 5/7$ 这一灰度值。但是，因为 r_3 和 r_4 均映射到 $s_3' = 6/7$ 这一灰度级，所以有 656+329=985 个像素取这个值。同样，有 245+122+81=448 个像素取 $s_4' = 1$ 这个新灰度值。用 $n = 4 096$ 来除上述这些 n_k 值，便可得到新的直方图。原始图像直方图和均衡化后图像的直方图如图 4.3.8 所示。

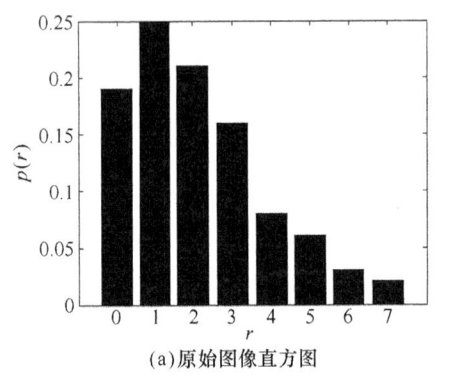
(a)原始图像直方图

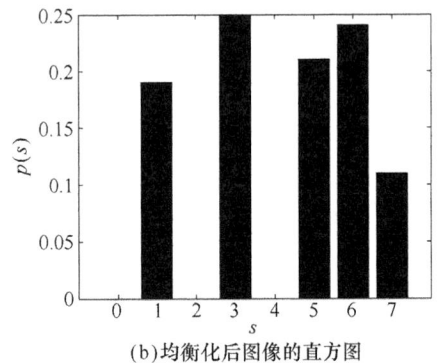
(b)均衡化后图像的直方图

图 4.3.8 图像直方图均衡化处理示例

将上述具体实现过程用表 4.3.3 进行描述。

表 4.3.3 直方图均衡化过程列表

步骤	运算	结果							
1	原图像归一化灰度级 r_k	0/7	1/7	2/7	3/7	4/7	5/7	6/7	7/7
2	计算累积直方图	0.19	0.44	0.65	0.81	0.89	0.95	0.98	1.00
3	量化级	0/7 =0.00	1/7 =0.14	2/7 =0.29	3/7 =0.43	4/7 =0.57	5/7 =0.71	6/7 =0.86	7/7 =1.00
4	$r_k \to s_k$ 映射	0→1	1→3	2→5	3,4→6		5,6,7→7		
5	新直方图 n_k		790		1 023		850	985	448
6	新直方图		0.19		0.25		0.21	0.24	0.11

由上面的例子可见，利用累积分布函数作为灰度变换函数，经变换后得到的新灰度级的直方图比原始图像的直方图平坦均匀很多，而且其动态范围也大大地扩展了。因此这种方法对于对比度较低的图像进行处理是很有效的。

但是由于直方图是近似的概率密度函数，所以直方图均衡化处理只是近似的，用离散灰度级作变换时很少能得到完全平坦的结果。直方图均衡化实质上是减少图像的灰度级以换取对比度的加大。在均衡化过程中,原来的直方图上频数较小的灰度级被归入很少几个或一个灰度级内,变换后的灰度级减少了,这种现象叫作"简并"现象。由于此现象的存在,处理后的灰度级总是要减少的,这是像素灰度有限的必然结果。

【例 4.3.3】 直方图均衡化处理实例。

图 4.3.9 给出了直方图均衡化处理的例子。从图中可以看出,原始图像较暗且其动态范围较小,反映在直方图上就是直方图所占据的灰度级范围较窄。经过直方图均衡化处理后,直方图占据了整个图像灰度级所允许的范围,增加了图像灰度动态范围,也提高了图像的对比度,反映在图像上就是图像有了较大的反差,许多细节看得比较清楚。

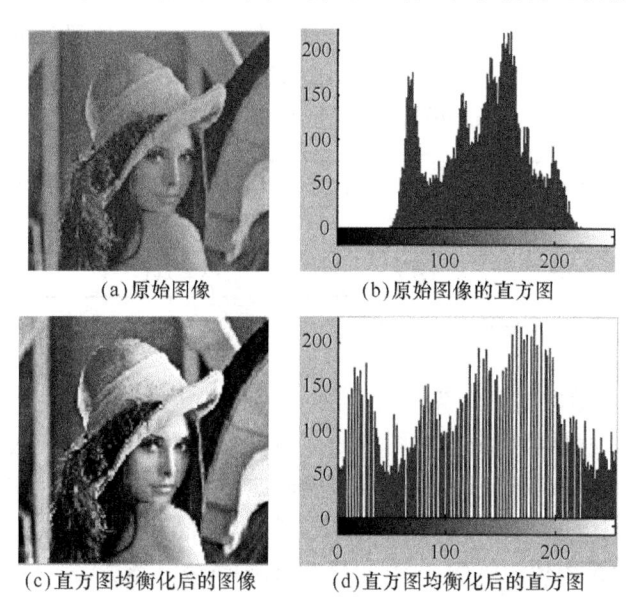

图 4.3.9　直方图均衡化处理实例

4.4　空域滤波基础

空域滤波是在图像空间中借助模板进行邻域操作完成的,是图像处理领域应用广泛的主要工具之一。

空域滤波按线性和非线性的特点有:基于傅里叶变换分析的线性滤波器和直接对邻域进行操作的非线性空间滤波器。

空域滤波根据功能主要分为平滑滤波和锐化滤波两种。平滑滤波的目的是消除噪声,去除太小的细节或将目标内的小间断连接起来实现模糊。锐化滤波的目的是为了增强被模糊的细节。

1. 空域的邻域操作

空域滤波的原理是利用模板进行卷积运算,即将图像模板下的像素与模板系数的乘积求和操作。主要步骤如下:

① 在待处理的图像中逐点移动模板,使模板在图中遍历漫游全部像素(除达不到的边

界之外),并将模板中心与图像中某个像素位置重合;

② 将模板上系数与模板下对应像素相乘;

③ 将所有乘积相加;

④ 将模板的输出响应乘积求和,值赋给图像中对应模板中心位置的像素。

图 4.4.1 给出了 1 幅图像的 3×3 像素块,图像内所标为每个像素位置处的灰度值。现设有 1 个 3×3 的模板如图 4.4.2 所示,模板内所标为模板系数。如将 $k(0,0)$ 所在位置与图中灰度值为 $f(x,y)$ 的像素重合,即将模板中心放在图中 (x,y) 位置处,则输出响应 R 为:

$$R=k(-1,-1)f(x-1,y-1)+k(-1,0)f(x-1,0)+\cdots+k(1,1)f(x+1,y+1)$$
(4.4.1)

将 R 赋值给经过滤波增强处理后的增强图,作为在 (x,y) 位置处的灰度值。如果对原图像每个像素都如此操作,就可得到空间域滤波增强图像所有位置处的新灰度值。如果在设计滤波器时给各个 k 赋予不同的值,就可得到不同的滤波效果。

$f(x-1,y-1)$	$f(x-1,y)$	$f(x-1,y+1)$
$f(x,y-1)$	$f(x,y)$	$f(x,y+1)$
$f(x+1,y-1)$	$f(x+1,y)$	$f(x+1,y+1)$

图 4.4.1 1 幅图像的 3×3 像素块

$k(-1,-1)$	$k(-1,0)$	$k(-1,1)$
$k(0,-1)$	$k(0,0)$	$k(0,1)$
$k(1,-1)$	$k(1,0)$	$k(1,1)$

图 4.4.2 3×3 模板

2. 空域中利用模板求卷积运算

卷积操作实际上就是利用模板对图像进行邻域操作。输出图像中每一个像素的取值都是通过模板对输入像素相应邻域内的像素灰度值进行加权和的操作。具体的权值可以通过卷积核(也称为滤波器)进行定义。

【例 4.4.1】 假设图像矩阵为 $\boldsymbol{A}$,卷积核为 $\boldsymbol{h}$,如图 4.4.3 所示,利用模板卷积和,计算输出像素 $A(2,4)$ 的卷积值。

$$\boldsymbol{A}=\begin{pmatrix}17&24&1&8&15\\23&5&7&14&16\\4&6&13&20&22\\10&12&19&21&3\\11&18&25&2&9\end{pmatrix} \qquad \boldsymbol{h}=\begin{pmatrix}8&1&6\\3&5&7\\4&9&2\end{pmatrix}$$

(a) 图像矩阵   (b) 卷积核

图 4.4.3 卷积运算

可以按照以下步骤计算输出像素 $A(2,4)$ 的取值。计算步骤为:

① 按照卷积核 $\boldsymbol{h}$ 的中心元素将其旋转 $180°$,得到 $\boldsymbol{h}'=\begin{pmatrix}2&9&4\\7&5&3\\6&1&8\end{pmatrix}$;

② 将卷积核的中心位置移动到图像矩阵 $\boldsymbol{A}$ 的元素 $A(2,4)$ 位置处;

③ 将旋转后卷积核 $\boldsymbol{h}'$ 的每一个权值都乘以下面图像矩阵 $\boldsymbol{A}$ 的像素值;

④ 计算步骤③所得的单个乘积之和。

通过以上计算得出输出像素 $A(2,4)$ 卷积值为:

$$A(2,4)=\begin{pmatrix} 1 & 8 & 15 \\ 7 & 14 & 16 \\ 13 & 20 & 22 \end{pmatrix}\begin{pmatrix} 2 & 9 & 4 \\ 7 & 5 & 3 \\ 6 & 1 & 8 \end{pmatrix}$$

$$=1\times2+8\times9+15\times4+7\times7+14\times5+16\times3+13\times6+20\times1+22\times8$$

$$=575$$

4.5 空域平滑滤波

图像平滑的主要目的是减少图像噪声。实际应用中获得的图像都因受到干扰而含有噪声,噪声产生的原因决定了噪声分布的特性及与图像信号的关系。一般图像处理技术中常见的噪声有:

(1) 加性噪声:如图像传输过程中引进的"信道噪声"、电视摄像机扫描图像的噪声等。

(2) 乘性噪声:与图像信号相关,噪声和信号成正比。

(3) 量化噪声:数字图像的主要噪声源,其大小显示出数字图像和原始图像的差异。减少这种噪声的最好方法就是采用按灰度级概率密度函数选择量化级的最优量化措施。

(4) 椒盐噪声:如图像切割引起的黑图像上的白点噪声、白图像上的黑点噪声,以及在变换域引入的误差,使图像逆变换后造成的变换噪声等。

图像中的噪声往往是和信号交织在一起的,尤其是乘性噪声,如果平滑不当,就会使图像本身的细节如边缘轮廓、线条等模糊不清,从而使图像降质。图像平滑总是要以一定的细节模糊为代价,因此如何尽量平滑掉图像的噪声,又尽量保持图像细节,是图像平滑研究的主要问题之一。

将空间域模板用于图像处理,通常称为空间滤波,空间域模板称为空间滤波器。空域平滑滤波包括邻域平均法(线性)和中值滤波法(非线性)。

4.5.1 邻域平均法

邻域平均法是一种局部空间域的简单处理算法,也称为均值滤波法。这种方法的基本思想是,在图像空间,假定有一幅 $N\times N$ 个像素的原始图像 $f(x,y)$,用邻域内几个像素的平均灰度值去代替图像中的每一个像素点值的操作,经过平滑处理后得到一幅图像 $g(x,y)$。

$g(x,y)$ 由下式决定:

$$g(x,y)=\frac{1}{M}\sum_{(m,n)\in S}f(m,n) \tag{4.5.1}$$

式中,$x,y=0,1,2,\cdots,N-1$;S 为 (x,y) 点邻域中点的坐标的集合,但其中不包括 (x,y) 点;M 为集合内坐标点的总数。例如,以 (x,y) 点为中心,有 4 个水平和垂直的相邻像素。如果取单位距离构成的这组像素区域称为 (x,y) 点的 4 邻域,其点的坐标集合为:

$$S(x,y)=\{(x,y+1),(x,y-1),(x+1,y),(x-1,y)\} \tag{4.5.2}$$

如果取 (x,y) 点的 4 个对角相邻像素构成的这组像素区域称为 (x,y) 点的对角 4 邻域,其点的坐标集合为:

$$S(x,y)=\{(x+1,y+1),(x+1,y-1),(x-1,y+1),(x-1,y-1)\} \tag{4.5.3}$$

(x,y) 点的 4 邻域和对角 4 邻域一起称为 (x,y) 点的 8 邻域。

对于邻域平均法也可以用空间域卷积运算来描述,把平均化处理看作一个作用于 $M\times$

N 图像 $f(x,y)$ 上的空间滤波器,该滤波器的脉冲响应是 $m \times n$ 阵列 $H(r,s)$。于是,滤波器输出的图像 $g(x,y)$ 可以用以下离散卷积表示:

$$g(x,y) = \sum_{r=-k}^{k} \sum_{s=-l}^{l} f(x-r,y-s) H(r,s) \qquad (4.5.4)$$

式中,$k=(m-1)/2, l=(n-1)/2$,根据所选邻域大小来决定模板的大小。一般来说,3×3 的小邻域效果就很好了。邻域取得过大,会使灰度突变的边缘图像变得模糊起来。公式中 $H(r,s)$ 为加权函数,习惯上称为模板、掩模或卷积阵列。在设计滤波器时,给 $H(r,s)$ 赋予不同的值,就可得到不同的平滑效果。

为了保证输出图像仍在原来的灰度值范围内,以 3×3 邻域为例,模板与像素邻域的乘积和要除以 9,如式(4.5.5)所示,这是一种最常用的均值滤波器。

$$\boldsymbol{H}_1 = \frac{1}{9} \begin{pmatrix} 1 & 1 & 1 \\ 1 & 1 & 1 \\ 1 & 1 & 1 \end{pmatrix} \qquad (4.5.5)$$

选取算子的原则是必须保证全部权系数之和为单位值,即无论如何构成模板,整个模板的平均数为 1,且模板系数都是正数。不同的算子,其中心点或邻域的重要程度也不同,如式(4.5.6)为其他加权平均滤波器模板。

$$\boldsymbol{H}_2 = \frac{1}{10} \begin{pmatrix} 1 & 1 & 1 \\ 1 & 2 & 1 \\ 1 & 1 & 1 \end{pmatrix} \quad \boldsymbol{H}_3 = \frac{1}{16} \begin{pmatrix} 1 & 2 & 1 \\ 2 & 4 & 2 \\ 1 & 2 & 1 \end{pmatrix} \quad \boldsymbol{H}_4 = \frac{1}{8} \begin{pmatrix} 1 & 1 & 1 \\ 1 & 0 & 1 \\ 1 & 1 & 1 \end{pmatrix} \qquad (4.5.6)$$

【例 4.5.1】 不同尺寸模板均值滤波效果。

图 4.5.1(a)为含随机噪声的图像,图 4.5.1(b)、图 4.5.1(c)和图 4.5.1(d)分别为 $3 \times 3、5 \times 5、7 \times 7$ 模板对含随机噪声的图像进行平滑滤波的结果。由此可见,当所用平滑模板尺寸增大时,对噪声的消除有所增强,但同时所得到的图像变得更加模糊。

(a)含随机噪声的图像

(b)3×3模板平滑滤波

(c)5×5模板平滑滤波

(d)7×7模板平滑滤波

图 4.5.1 平滑滤波效果

4.5.2 中值滤波法

邻域平均法在消除噪声的同时会使图像中的一些细节模糊,为了克服这个缺点,可使用中值滤波法。中值滤波器的输出像素是由邻域像素的中间值而不是平均值决定的。中值滤波器模数较少,更适合于消除图像的孤立噪声点。

中值滤波法的基本原理是,首先确定一个奇数像素的窗口 W,窗口内各像素按灰度大小排列后,用其中间位置的灰度值代替原 $f(x,y)$ 灰度值,成为窗口中心的灰度值 $g(x,y)$。

$$g(x,y) = \text{Med}\{f(x-k,y-l),(k,l \in W)\} \quad (4.5.7)$$

式中,W 为选定窗口大小;$f(m-k,n-l)$ 为窗口 W 的像素灰度值。通常窗口内像素为奇数,以便于有中间像素。若窗口内像素为偶数时,则中值取中间两像素灰度值的平均值。

中值滤波法的主要步骤为:
① 将模板在图中漫游,并将模板中心与图中的某个像素位置重合;
② 读取模板下各对应像素的灰度值;
③ 将模板对应的像素灰度值进行从小到大排序;
④ 选取灰度序列里排在中间的 1 个像素的灰度值;
⑤ 将这个中间值赋值给对应模板中心位置的像素作为像素的灰度值。

例如,有一个序列为$\{0,3,4,0,7\}$,窗口是 5,则中值滤波重新排序后的序列是$\{0,0,3,4,7\}$,中值滤波的中间值为 3。此例若用均值滤波,窗口也是 5,那么均值滤波输出为 $(0+3+4+0+7)/5=2.8$。

又如,对于一个 3×3 的图像窗口,如图 4.5.2(a)所示。读取窗口内的像素灰度值,并按从小到大的顺序排列:

$$\{198,200,201,202,205,206,207,208,212\}$$

取中间值 205 代替原来中心位置的像素灰度值 202,滤波后的图像如图 4.5.2(b)所示。

212	200	198		212	200	198
206	202	201		206	205	201
208	205	207		208	205	207

(a)原3×3的图像窗口　　　(b)中值滤波后的图像窗口

图 4.5.2 3×3 的图像窗口

【例 4.5.2】 均值滤波和中值滤波对椒盐噪声图像的滤波效果。

图 4.5.3(a)为原始图像,图 4.5.3(b)为加入椒盐噪声的图像,图 4.5.3(c)和图 4.5.3(d)分别为采用均值和中值滤波后的图像。通过比较,可以看出,当噪声为孤立点形式时,中值滤波的效果比均值滤波的效果好。

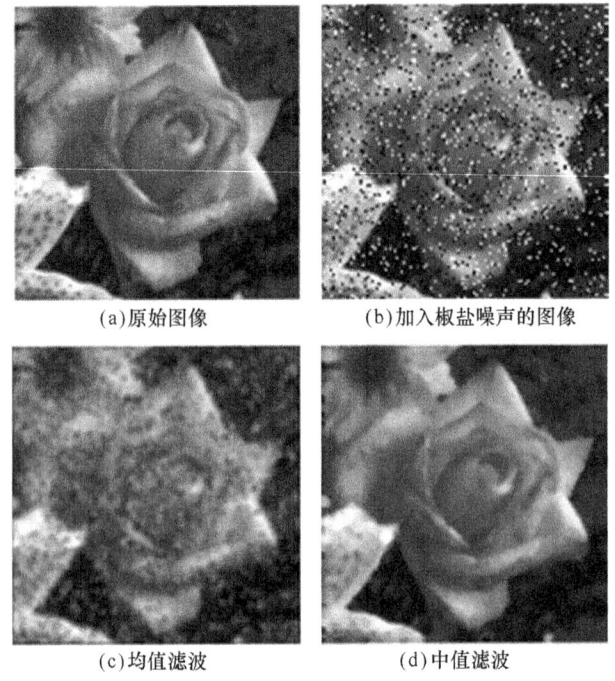

(a)原始图像　　　　　　(b)加入椒盐噪声的图像

(c)均值滤波　　　　　　(d)中值滤波

图 4.5.3　均值滤波和中值滤波对椒盐噪声图像的平滑滤波

4.6　空域锐化滤波

图像中常出现边缘模糊,由此造成的轮廓不清晰,线条不鲜明,使图像特征提取、识别和理解难以进行。图像锐化的目的是为了突出图像的边缘信息和线条,加强图像的轮廓特征,使图像的边缘、细节、轮廓变得清晰,以便于人眼的观察和机器的识别。从图像增强的目的看,图像锐化是与图像平滑相反的一类处理。图像模糊的实质是由于图像受到平均或积分运算,因此对其采用逆运算,如对连续图像微分或对离散图像差分运算,就可以使模糊图像的质量得到改善。

图像的边缘和轮廓一般位于图像灰度突变的地方,因而,可以用灰度的差分提取边缘和轮廓并进行增强。图 4.6.1 给出了图像锐化的实例。

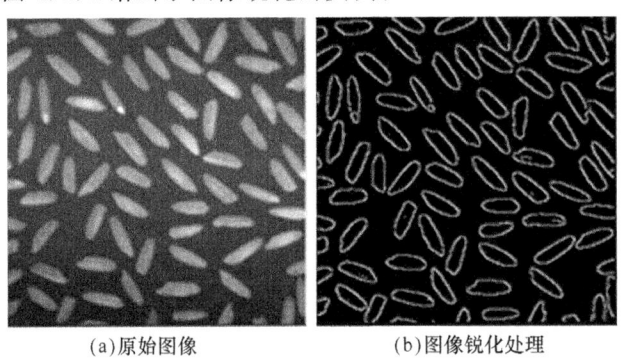

(a)原始图像　　　　　　(b)图像锐化处理

图 4.6.1　图像锐化的实例

下面介绍常用的图像锐化运算。

4.6.1 梯度运算

对于图像 $f(x,y)$，坐标点 (x,y) 处的梯度可以定义一个二维列向量。梯度定义为：

$$\nabla f = \begin{pmatrix} G_x \\ G_y \end{pmatrix} = \begin{pmatrix} \dfrac{\partial f}{\partial x} \\ \dfrac{\partial f}{\partial y} \end{pmatrix} \tag{4.6.1}$$

梯度的幅值 Mag 为：

$$\mathrm{Mag}(\nabla f) = |\nabla f| = [G_x^2 + G_y^2]^{\frac{1}{2}} = \left[\left(\dfrac{\partial f}{\partial x}\right)^2 + \left(\dfrac{\partial f}{\partial y}\right)^2\right]^{\frac{1}{2}} \tag{4.6.2}$$

由式(4.6.2)可知，梯度的幅值就是 $f(x,y)$ 在其最大变化率方向上的单位距离所增加的量。梯度的方向在函数 $f(x,y)$ 最大变化率方向上，相角 Ang 可表示为：

$$\mathrm{Ang}(\nabla f) = \arctan\left(\dfrac{\dfrac{\partial f}{\partial y}}{\dfrac{\partial f}{\partial x}}\right) \tag{4.6.3}$$

对一幅图像施加梯度模算子，可以增加灰度变化的幅度，因此，可以作为图像的锐化算子，而且该算子具有各向同性和位移不变性的特点。

对于图像 $f(x,y)$，式(4.6.2)的计算量很大，因此，为了降低运算量并且保持灰度的相对变化，在实际计算中常用绝对值代替平方和平方根运算来近似计算梯度的幅值：

$$|\nabla f| = |G_x| + |G_y| = \left|\dfrac{\partial f}{\partial x}\right| + \left|\dfrac{\partial f}{\partial y}\right| \tag{4.6.4}$$

对于数字图像，用差分运算代替微分运算，沿 x 和 y 方向（分别替换成离散坐标 i 和 j）的一阶差分分别表示为：

$$G_x = f(i, j+1) - f(i, j) \tag{4.6.5}$$
$$G_y = f(i+1, j) - f(i, j) \tag{4.6.6}$$

沿 x 和 y 方向的一阶差分的示意图如图 4.6.2 所示。

所以，数字图像的差分运算可表示为：

$$\begin{aligned}|\nabla f(i,j)| &= |G_x| + |G_y| \\ &= |f(i,j+1) - f(i,j)| + |f(i+1,j) - f(i,j)|\end{aligned} \tag{4.6.7}$$

这种梯度算法称为水平垂直差分法，也称为直接差分。

另一种梯度算法为罗伯茨(Roberts)交叉差分算法。如图 4.6.3 所示，用交叉差分代替微分，可表示为：

$$\begin{aligned}|\nabla f(i,j)| &= |G_x| + |G_y| \\ &= |f(i+1,j+1) - f(i,j)| + |f(i+1,j) - f(i,j+1)|\end{aligned} \tag{4.6.8}$$

所有梯度值都和相邻像素之间的灰度差值成比例，因而在灰度变化比较大的边缘轮廓点处有较大的梯度值，而在灰度变化比较平缓的区域，相应的梯度值也较小。因此，我们可以利用它来增强图像中物体的边界，达到锐化的目的。

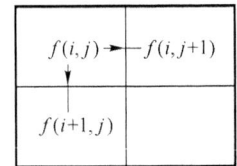

图 4.6.2 沿 x 和 y 方向的一阶差分

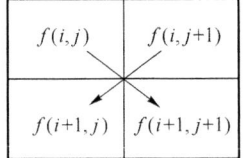

图 4.6.3 罗伯茨交叉差分

采用梯度进行图像锐化的方法有以下几种。

(1) 输出图像 $g(i,j)$ 的各点等于该点处的梯度,即

$$g(i,j) = |\nabla f(i,j)| \tag{4.6.9}$$

这种方法的缺点是,输出的图像在灰度变化比较小的区域,$g(i,j)$ 很小,显示的是一片黑色。

(2) 对梯度值超过某阈值 T 的像素选用梯度值,而小于该阈值时保持原图像的像素值,即

$$g(i,j) = \begin{cases} |\nabla f(i,j)| & |\nabla f(i,j)| \geqslant T \\ f(i,j) & 其他 \end{cases} \tag{4.6.10}$$

适当地选取 T,可以有效地增强边界而不影响比较平滑的背景。

(3) 对梯度值超过某阈值 T 的像素选用固定灰度 L_G 代替,而小于该阈值时仍选用原图像的像素点值,即

$$g(i,j) = \begin{cases} L_G & |\nabla f(i,j)| \geqslant T \\ f(i,j) & 其他 \end{cases} \tag{4.6.11}$$

这种方法可以使边界清晰,同时又不损害灰度变化比较平缓区域的图像特性。

(4) 将梯度值超过某阈值 T 的像素选用梯度值,而小于该阈值时选用固定的灰度 L_B,即

$$g(i,j) = \begin{cases} |\nabla f(i,j)| & |\nabla f(i,j)| \geqslant T \\ L_B & 其他 \end{cases} \tag{4.6.12}$$

这种方法将背景用一个固定的灰度级 L_B 来表示,便于研究边缘灰度的变化。

(5) 将梯度值超过某阈值 T 的像素选用固定灰度 L_G,而小于该阈值时选用固定灰度 L_B,即

$$g(i,j) = \begin{cases} L_G & |\nabla f(i,j)| \geqslant T \\ L_B & 其他 \end{cases} \tag{4.6.13}$$

这种方法生成的是二值图像,根据阈值将图像分成边缘和背景,便于研究边缘所在的位置。

在实际应用中,常常采用小型模板,然后利用卷积运算来近似梯度,G_x 和 G_y 各自使用一个模板。对模板有一些基本要求:模板中心的系数为正,其余相邻系数为负,且所有的系数之和为零。人们已经提出了许多不同大小、不同系数的模板,最简单的是上述的 Roberts 算子,其 G_x 和 G_y 的模板如式(4.6.14)所示。

$$\boldsymbol{G}_x = \begin{pmatrix} 1 & 0 \\ 0 & -1 \end{pmatrix} \quad \boldsymbol{G}_y = \begin{pmatrix} 0 & 1 \\ -1 & 0 \end{pmatrix} \tag{4.6.14}$$

除了上述的 Roberts 算子,还有几个常用的梯度算子,如表 4.6.1 所示。

表 4.6.1　常用的梯度算子

算子	G_x	G_y	特点
Roberts	$\begin{pmatrix} 1 & 0 \\ 0 & -1 \end{pmatrix}$	$\begin{pmatrix} 0 & 1 \\ -1 & 0 \end{pmatrix}$	定位准确,但对噪声敏感
Prewitt	$\begin{pmatrix} -1 & -1 & -1 \\ 0 & 0 & 0 \\ 1 & 1 & 1 \end{pmatrix}$	$\begin{pmatrix} -1 & 0 & 1 \\ -1 & 0 & 1 \\ -1 & 0 & 1 \end{pmatrix}$	用像素点上、下、左、右邻点的灰度差,在边缘处达到极大值检测边缘,去掉部分伪边缘,对噪声具有平滑作用。与 Roberts 相比,降低了对噪声的敏感程度
Sobel	$\begin{pmatrix} -1 & -2 & -1 \\ 0 & 0 & 0 \\ 1 & 2 & 1 \end{pmatrix}$	$\begin{pmatrix} -1 & 0 & 1 \\ -2 & 0 & 2 \\ -1 & 0 & 1 \end{pmatrix}$	与上述算子相比,对于像素的位置的影响作了加权,因此效果更好。提取的图像轮廓有时并不能令人满意
Isotropic Sobel	$\begin{pmatrix} -1 & -\sqrt{2} & -1 \\ 0 & 0 & 0 \\ 1 & \sqrt{2} & 1 \end{pmatrix}$	$\begin{pmatrix} -1 & 0 & 1 \\ -\sqrt{2} & 0 & \sqrt{2} \\ -1 & 0 & 1 \end{pmatrix}$	又称为各向同性 Sobel 算子。和 Sobel 算子相比,它的位置加权系数更为准确,在检测不同方向的边沿时梯度的幅度一致
Krisch	$\begin{pmatrix} -3 & -3 & 5 \\ -3 & 0 & 5 \\ -3 & -3 & 5 \end{pmatrix}$	$\begin{pmatrix} 5 & 5 & 5 \\ -3 & 0 & -3 \\ -3 & -3 & -3 \end{pmatrix}$	共有 8 个方向算子,这里列出的是水平和垂直两个方向的算子,有较好的抑制噪声的作用

4.6.2　拉普拉斯运算

拉普拉斯算子是具有各向同性的二阶微分算子,一个连续的二元函数 $f(x,y)$,它在位置 (x,y) 处的拉普拉斯运算定义为:

$$\nabla^2 f(x,y) = \frac{\partial^2 f}{\partial x^2} + \frac{\partial^2 f}{\partial y^2} \qquad (4.6.15)$$

式中,$\nabla^2 f(x,y)$ 称为拉普拉斯算子。

对于数字图像来说,图像 $f(i,j)$ 的拉普拉斯算子定义为:

$$\nabla^2 f(i,j) = \nabla_x^2 f(i,j) + \nabla_y^2 f(i,j) \qquad (4.6.16)$$

式中,$\nabla_x^2 f(i,j)$ 和 $\nabla_y^2 f(i,j)$ 是 $f(i,j)$ 在 x 方向和 y 方向的二阶差分,因此离散函数的拉普拉斯算子可表示为:

$$\begin{aligned} g(i,j) &= \nabla^2 f(i,j) = \nabla_x^2 f(i,j) + \nabla_y^2 f(i,j) \\ &= f(i+1,j) + f(i-1,j) + f(i,j+1) + f(i,j-1) - 4f(i,j) \end{aligned} \qquad (4.6.17)$$

对于式(4.6.17),也可由拉普拉斯算子模板来表示:

$$\boldsymbol{H}_1 = \begin{pmatrix} 0 & 1 & 0 \\ 1 & -4 & 1 \\ 0 & 1 & 0 \end{pmatrix} \qquad (4.6.18)$$

对角线上的像素也可以加入拉普拉斯模板中,式(4.6.17)可扩展成:

$$g(i,j) = \nabla^2 f(i,j) = \nabla_x^2 f(i,j) + \nabla_y^2 f(i,j)$$
$$= f(i+1,j-1) + f(i+1,j) + f(i+1,j+1)$$
$$+ f(i-1,j-1) + f(i-1,j) + f(i-1,j+1)$$
$$+ f(i,j-1) + f(i,j+1) - 8f(i,j)$$
(4.6.19)

对于式(4.6.19),由拉普拉斯算子模板表示为:

$$\boldsymbol{H}_2 = \begin{pmatrix} 1 & 1 & 1 \\ 1 & -8 & 1 \\ 1 & 1 & 1 \end{pmatrix} \qquad (4.6.20)$$

空间域锐化滤波可用卷积形式表示为:

$$g(i,j) = \nabla^2 f(i,j) = \sum_{r=-k}^{k} \sum_{s=-l}^{l} f(i-r, j-s) H(r,s) \qquad (4.6.21)$$

$H(r,s)$ 除了取式(4.6.18)和式(4.6.20)的拉普拉斯算子模板外,只要适当地选择滤波模板,就可以组成不同性能的滤波器,从而使图像的边缘、轮廓等锐化,更突出细节。几种常用的归一化滤波器的模板如下:

$$\boldsymbol{H}_1 = \begin{pmatrix} 0 & -1 & 0 \\ -1 & 4 & -1 \\ 0 & -1 & 0 \end{pmatrix} \quad \boldsymbol{H}_2 = \begin{pmatrix} -1 & -1 & -1 \\ -1 & 8 & -1 \\ -1 & -1 & -1 \end{pmatrix} \quad \boldsymbol{H}_3 = \begin{pmatrix} 1 & -2 & 1 \\ -2 & 4 & -2 \\ 1 & -2 & 1 \end{pmatrix} \qquad (4.6.22)$$

4.7 空域伪彩色增强

伪彩色增强是指把灰度图像或者多波段图像变换成彩色图像的技术过程,主要是对原来灰度图像中不同灰度值的区域赋予不同的颜色以便更明显地区分它们。因为这里原图并没有颜色,所以人工赋予的颜色常称为伪彩色,这个过程实际上是一种着色过程。因此,所谓伪彩色处理,就是将图像中的黑白灰度级变成不同的彩色,而且分层越多,彩色越多,人眼所能识别的信息也越多,从而达到图像增强的效果。伪彩色增强是针对灰度图像提出的,可在空间域内实现,也可在频率域内实现。下面介绍几种常用的空间域伪彩色增强的方法。

4.7.1 灰度分层法

灰度分层法又称为灰度分割法或密度分层法,是伪彩色图像增强技术中最基本、最简单的方法。

设一幅灰度图像 $f(x,y)$,在某一灰度级如 $f(x,y) = l_1$ 上设置一个平行于 xy 平面的切面,其剖面图如图 4.7.1 所示。这幅灰度图像被分成只有两个灰度级,对于切面以下的,即灰度级小于 l_1 的像素分配一种颜色(如蓝色);相应地,对于切面以上的,即灰度级大于 l_1 的像素分配另一种颜色(如红色)。这样分层的结果就可以将灰度图像变为只有两个颜色的伪彩色图像。

若将以上图像的灰度级用 M 个切割平面去分层,就会得到 M 个不同灰度级的区域 S_1,

$S_2, \cdots, S_M$。对这 M 个区域中的像素人为地分配 M 个不同的颜色,就可以得到具有 M 种颜色的伪彩色图像,如图 4.7.2 所示,横坐标代表不同的灰度级,纵坐标代表不同的彩色。这种分层可以是均匀的,也可以是非等间隔的。所谓非等间隔地分层就是对感兴趣的灰度级区间分得密一些,其他区间分得稀疏些。

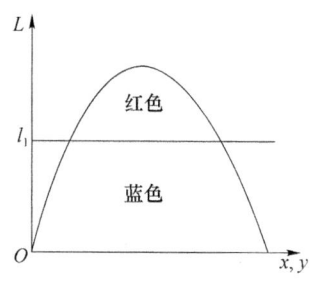

图 4.7.1 灰度分层的剖面示意　　图 4.7.2 多灰度伪彩色分层

灰度分层法的优点是简单易行,仅用硬件就可以实现,并且可以扩大用途。如用来计算图像中某灰度级的面积等。但这种方法有些缺点,例如,伪彩色图像的视觉效果不理想,伪彩色生硬并且不够调和,量化噪声大等。灰度分层技术的效果与分割层数成正比,层次越多,细节越丰富,彩色越柔和,但分割的层数受显示系统的硬件性能约束。

4.7.2　灰度变换法

这种伪彩色处理技术可以将灰度图像变换为具有多种颜色渐变的连续彩色图像。其方法是先将灰度图像 $f(x,y)$ 送入具有不同变换特征的红、绿、蓝 3 个变换器,然后再将 3 个变换器的不同输出 $I_R(x,y)$、$I_G(x,y)$、$I_B(x,y)$ 分别送到彩色显像管的红、绿、蓝电子枪,这样就可得到其颜色内容由 3 个变换函数调制的与 $f(x,y)$ 幅度相对应的彩色混合图像。这里受调制的是像素的灰度值

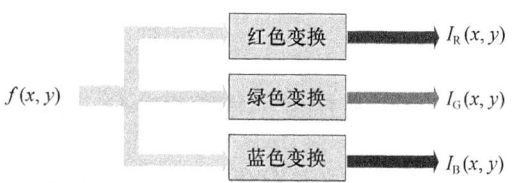

图 4.7.3　灰度级彩色变换的示意图

而不是像素的位置。对于同一个灰度级而言,由于 3 个变换器对其实施不同的变换,因而 3 个变换器的输出不同,从而在彩色显像管里合成某一种彩色。可见不同大小灰度级可以合成不同彩色。灰度级彩色变换的示意图如图 4.7.3 所示。3 个变换器典型的变化特性如图 4.7.4 所示,其中图 4.7.4(a)、图 4.7.4(b)、图 4.7.4(c)分别是红、绿、蓝三基色的变换曲线,图 4.7.4(d)是前三种特性曲线的合成表示。

灰度级彩色变换法产生的伪彩色是渐变的,色分量的形成受变换函数特性支配。从图 4.7.4 中可见,若 $f(x,y)=0$,则 $I_B(x,y)=L$,$I_R(x,y)=I_G(x,y)=0$,这时显示蓝色;若 $f(x,y)=L$,则 $I_R(x,y)=L$,$I_B(x,y)=I_G(x,y)=0$,这时显示红色。除此之外,将由三基色合成而产生不同的色彩。因此不难理解,若灰度图像 $f(x,y)$ 的灰度级在 $0 \sim L$ 变化,$I_R(x,y)$、$I_G(x,y)$、$I_B(x,y)$ 会有不同的输出,从而合成不同的彩色图像。

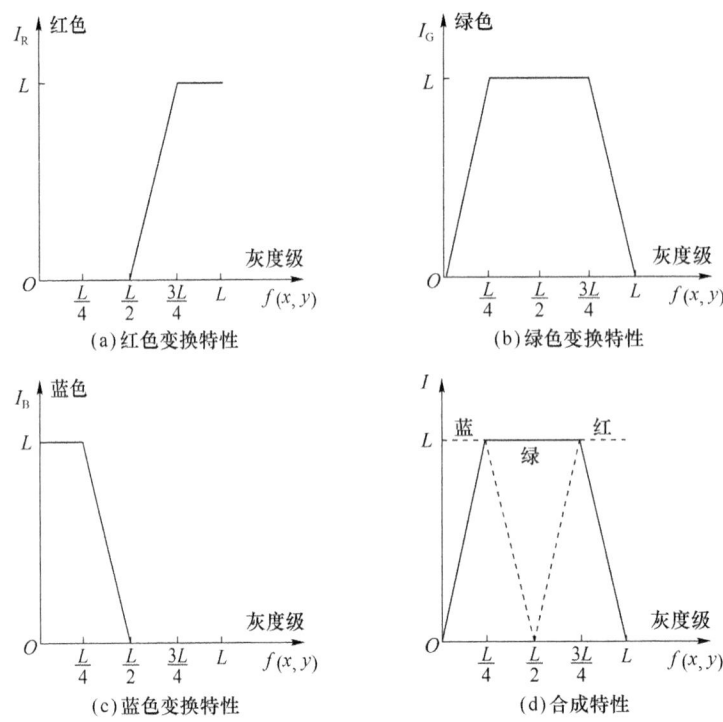

图 4.7.4 典型的彩色变换特性

4.8 空域图像增强的 MATLAB 实现

4.8.1 灰度变换增强的 MATLAB 实现

灰度变换增强是在空间域内对图像进行增强的一种简单而有效的方法。灰度变换增强不改变原图像中像素的位置,只改变像素点的灰度值,并逐点进行,和周围的其他像素点无关。为了进行灰度变换,首先需要获取图像的直方图。在 MATLAB 中,可以通过编写程序获取灰度图像的直方图,也可以通过函数 imhist() 获取灰度图像的直方图。函数 imhist() 将会在本章的 4.8.2 节进行介绍。

【例 4.8.1】 通过程序获取灰度图像的直方图。

具体实现的 MATLAB 代码如下:

```
close all;clear all;clc;% 关闭当前所有图形窗口,清空工作空间变量,清除命令行
I = imread('pout.tif');% 读取图像
row = size(I,1);% 图像的行
column = size(I,2);% 图像的列
N = zeros(1,256);
for i = 1:row
    for j = 1:column
        k = I(i,j);
```

```
            N(k + 1) = N(k + 1) + 1; % 统计各个灰度值的像素数
        end
end
figure;
subplot(121);imshow(I); % 显示图像
subplot(122);bar(N); % 绘制直方图
axis tight; % 设置坐标轴
```

在程序中计算灰度图像每个灰度值出现的次数,灰度值大小的范围是 0~255。程序运行后,输出结果如图 4.8.1 所示。图 4.8.1(a)为原始图像 pout.tif,图 4.8.1(b)为该灰度图像的直方图。通过直方图可以看出,该灰度图像的灰度值主要集中在 80~150。

 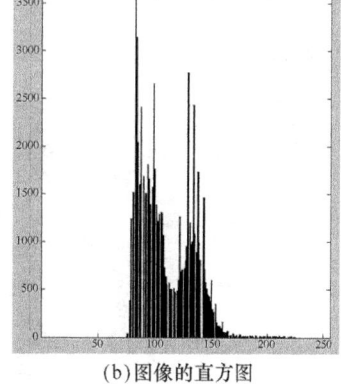

(a)原始图像　　　　　　　　(b)图像的直方图

图 4.8.1　获取图像的直方图

由于图像 pout.tif 的灰度值主要集中在 80~150,因此该图像比较模糊。如果将位于 80~150 的灰度值均匀地分布在 0~255,图像会变得更加清晰。同时,需要将小于 80 的灰度值赋值为 0,大于 150 的灰度值赋值为 255。假设位于 80~150 的灰度值为 x,0~255 的灰度值为 y,则 x 和 y 满足如下公式:

$$\frac{x-80}{150-x}=\frac{y-0}{255-y} \tag{4.8.1}$$

将该公式进行化简,得到 y 和 x 的关系如下:

$$y=\frac{255(x-80)}{150-80}=\frac{255(x-80)}{70} \tag{4.8.2}$$

【例 4.8.2】　调整灰度图像的灰度范围。

具体实现的 MATLAB 代码如下:

```
close all;clear all;clc; % 关闭当前所有图形窗口,清空工作空间变量,清除命令行
I = imread('pout.tif'); % 读取图像
I = double(I);
J = (I - 80) * 255/70; % 灰度调整
row = size(I,1); % 图像的行
column = size(I,2); % 图像的列
for i = 1:row
    for j = 1:column
        if J(i,j)<0; % 小于 0 的像素值赋值为 0
            J(i,j) = 0;
```

```
            end
        if J(i,j)>255;  % 大于 255 的像素值赋值为 255
            J(i,j) = 255;
        end
    end
end
figure;
subplot(121);imshow(uint8(I));  % 显示原始图像
subplot(122);imshow(uint8(J));  % 显示灰度调整结果
```

在程序中,对灰度图像 pout.tif 的灰度值进行了调整,将 80～150 的灰度值调整为 0～255。程序运行后,输出结果如图 4.8.2 所示。图 4.8.2(a)为原始图像,图 4.8.2(b)为灰度调整后的图像,增强了该图像的明暗对比度,使图像变得更加清晰。在进行图像显示时,将图像的数据格式修改为 uint8 类型。

(a)原始图像　　　　　　(b)图像的灰度调整

图 4.8.2　调整图像灰度范围

在 MATLAB 中,也可以通过函数 imadjust()进行图像的灰度调整。该函数的调用格式如下。

① J=imadjust(I):该函数对图像 I 进行灰度调整。

② J=imadjust(I,[low_in;high_in],[low_out;high_out]):该函数中[low_in;high_in]为原图像中要变换的灰度范围;[low_out;high_out]为变换后的灰度范围。

③ J=imadjust(I,[low_in;high_in],[low_out;high_out],gamma):该函数中参数 gamma 为映射的方式,默认值为 1,即线性映射。当 gamma 不等于 1 时为非线性映射。

④ RGB2=imadjust(RGB1,…):该函数对彩色图像的 RGB1 进行调整。

【例 4.8.3】　通过函数 imadjust()调整灰度范围。

具体实现的 MATLAB 代码如下:

```
close all;clear all;clc;  % 关闭当前所有图形窗口,清空工作空间变量,清除命令行
I = imread('pout.tif');  % 读取图像
J = imadjust(I,[0.2 0.5],[0 1]);  % 灰度调整
figure;
subplot(121);imshow(uint8(I));  % 显示原始图像
subplot(122);imshow(uint8(J));  % 显示灰度调整结果
```

在程序中,通过函数 imadjust()调整灰度图像的灰度范围。灰度图像 pout.tif 的灰度范围为 0～255,将小于 255×0.2 的灰度值设置为 0,将大于 255×0.5 的灰度值设置为

255。程序运行后,输出结果如图 4.8.3 所示。图 4.8.3(a)为原始图像,图 4.8.3(b)为进行灰度调整后的图像。函数 imadjust()中第三个参数[0,1]可以省略,即默认为映射到 0~255。

(a)原始图像　　　　　　　　(b)图像的灰度调整

图 4.8.3　通过 imadjust()调整灰度范围

【例 4.8.4】　通过函数 imadjust()调整图像的亮度。

具体实现的 MATLAB 代码如下:

```
close all;clear all;clc;%关闭当前所有图形窗口,清空工作空间变量,清除命令行
I = imread('pout.tif');%读取图像
J = imadjust(I,[0.1 0.5],[0,1],0.4);%调整灰度和亮度
K = imadjust(I,[0.1 0.5],[0,1],4);%调整灰度和亮度
figure;
subplot(121);imshow(uint8(J));% 图像变亮
subplot(122);imshow(uint8(K));% 图像变暗
```

在程序中,通过函数 imadjust()调整灰度图像的范围,将灰度值为 255×0.1 到 255×0.5 的灰度值调整为 0~255。程序运行后,输出结果如图 4.8.4 所示。通过参数 gamma 调整图像的亮度,如果 gamma 小于 1,会加强亮色值的输出,如图 4.8.4(a)所示。如果 gamma 大于 1,会加强暗色值的输出,如图 4.8.4(b)所示。

(a)图像变亮　　　　　　　　(b)图像变暗

图 4.8.4　通过 imadjust()调整图像的亮度

在 MATLAB 中还可以通过函数 brighten()改变灰度图像的亮度。在使用函数 brighten()改变图像的亮度时,通常放到图像函数 imshow()的后面。该函数的调用格式如下。

① brighten(beta):该函数改变图像的亮度,如果 beta 大于 0 小于 1,则图像变亮;如果 beta 小于 0 大于 −1,则图像变暗。

② brighten(h,beta):该函数对句柄为 h 的图像进行操作。

【例 4.8.5】 通过函数 brighten()调整图像的亮度。

具体实现的 MATLAB 代码如下:

```
close all;clear all;clc;% 关闭当前所有图形窗口,清空工作空间变量,清除命令行
I = imread('cameraman.tif');% 读取图像
figure;
imshow(I);brighten(0.6);% 显示图像,图像变亮
figure;
imshow(I);brighten(-0.6);% 显示图像,图像变暗
```

在程序中,首先读入灰度图像 cameraman.tif,然后通过函数 brighten()改变该图像的亮度,如图 4.8.5 所示。在图 4.8.5(a)中,图像变亮;图 4.8.5(b)中,图像变暗。函数 brighten()只是改变了图像的显示效果,并没有实际改变图像的像素值。

(a)图像变亮

(b)图像变暗

图 4.8.5　通过 brighten()调整图像的亮度

在 MATLAB 中,可以通过函数 imcomplement()进行灰度图像的反转变换,将灰度值为 0 的像素值转换为 255,将灰度值为 255 的像素值转换为 0,将灰度值为 x 的像素值转换为 $255-x$。通过灰度反转,能够增强暗色背景下的白色或灰色细节信息。函数 imcomplement()的调用非常简单,读者可以查询 MATLAB 的帮助系统。

【例 4.8.6】 通过函数 imcomplement()进行灰度图像的反转变换。

具体实现的 MATLAB 代码如下:

```
close all;clear all;clc;% 关闭当前所有图形窗口,清空工作空间变量,清除命令行
I = imread('glass.png');% 读取图像
J = imcomplement(I);% 图像反转变换
figure;
subplot(121);imshow(uint8(I));% 显示原始图像
subplot(122);imshow(uint8(J));% 显示反转变换图像
```

在程序中,通过函数 imcomplement()进行灰度的反转变换。程序运行后,输出结果如图 4.8.6 所示。图 4.8.6(a)为原始图像,图 4.8.6(b)为进行灰度反转后的图像。

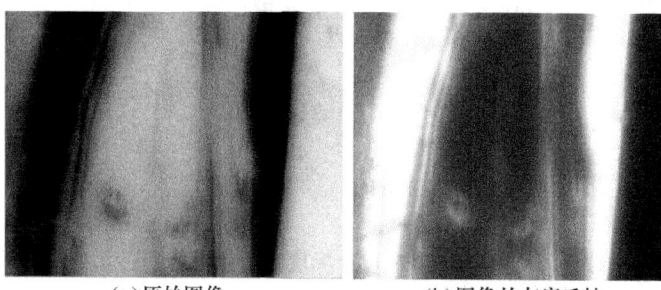

(a)原始图像　　　　　　　(b)图像的灰度反转

图 4.8.6　通过 imcomplement()进行图像反转变换

【例 4.8.7】 根据式(4.2.3)图像反转的变换关系,可实现图像反转线性变换。具体实现的 MATLAB 代码如下:

```
close all;clear all;clc; % 关闭当前所有图形窗口,清空工作空间变量,清除命令行
I = imread('barbara.png'); % 读取原始图像
J = double(I);
J = - J + (256 - 1); % 图像反转线性变换
H = uint8(J);
subplot(1,2,1),imshow(I); % 显示灰度原始图像
subplot(1,2,2),imshow(H); % 显示灰度反转后的图像
```

程序执行,运行结果如图 4.8.7 所示。

(a)原始图像　　　　　　　(b)反转后的图像

图 4.8.7　图像反转线性变换

4.8.2　直方图修正增强的 MATLAB 实现

在 MATLAB 的图像处理工具箱中,采用函数 imhist()计算和显示图像的直方图,该函数的调用非常简单,如下所示。

① imhist(I):该函数绘制灰度图像 I 的直方图。

② imhist(I,n):该函数指定灰度级的数目为 n,n 的默认值为 256。

③ imhist(X,map):该函数绘制索引图像 X 的直方图。

④ [counts,x]=imhist(…):该函数返回直方图的数据,通过函数 stem(x,counts)可以绘制直方图。

【例 4.8.8】 通过函数 imhist()计算和显示灰度图像的直方图。

具体实现的 MATLAB 代码如下：

```
close all;clear all;clc;% 关闭当前所有图形窗口,清空工作空间变量,清除命令行
I = imread('pout.tif'); % 读取图像
figure;
subplot(121);imshow(uint8(I))% 显示图像
subplot(122);imhist(I);% 显示直方图
```

在程序中,通过函数 imhist()计算和显示灰度图像的直方图。程序执行后,输出结果如图 4.8.8 所示。图 4.8.8(a)为原始灰度图像,图 4.8.8(b)为该灰度图像的直方图。由直方图可以看出,该灰度图像的灰度集中在一个较窄的范围内,因此该图像比较模糊,对比度不高。

(a)原始图像　　　　(b)图像的灰度直方图

图 4.8.8　通过 imhist()显示图像的直方图

对于 RGB 彩色图像,如果把图像分解成 R、G 和 B 这 3 个分量,每个分解后的二维图像都可以看作为一个灰度图像。因此,可以通过函数 imhist()求解每个分量的直方图。

【例 4.8.9】 通过函数 imhist()计算 RGB 彩色图像的颜色直方图。

具体实现的 MATLAB 代码如下：

```
close all;clear all;clc;% 关闭当前所有图形窗口,清空工作空间变量,清除命令行
I = imread('onion.png'); % 读入 RGB 彩色图像
figure;
subplot(141);imshow(uint8(I)); % 显示图像
subplot(142);imhist(I(:,:,1));title('R'); % 计算 R 分量的直方图
subplot(143);imhist(I(:,:,2));title('G'); % 计算 G 分量的直方图
subplot(144);imhist(I(:,:,3));title('B'); % 计算 B 分量的直方图
```

在程序中,通过函数 imread()读入 RGB 彩色图像,然后通过函数 imhist()计算每个颜色分量的直方图。程序执行后,输出结果如图 4.8.9 所示。图 4.8.9(a)为原始彩色图像,图 4.8.9(b)、图 4.8.9(c)、图 4.8.9(d)分别为 R、G 和 B 这 3 个颜色分量的直方图。

直方图均衡化操作是对图像直方图进行处理,使得处理后的直方图为平坦形状。在 MATLAB 图像处理工具箱中提供了函数 histeq()进行直方图均衡化处理,其具体调用格式如下。

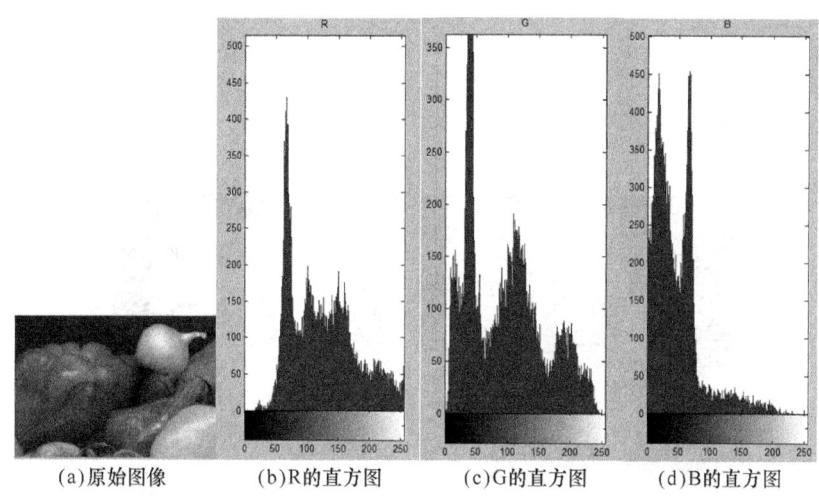

(a)原始图像　　(b)R的直方图　　(c)G的直方图　　(d)B的直方图

图 4.8.9　通过 imhist()计算 RGB 彩色图像的颜色直方图

J=histeq(I,n):该函数中 I 为输入的原图像,J 为直方图均衡化后得到的图像,n 为均衡化后的灰度级数,默认值为 64。

【例 4.8.10】　通过函数 histeq()对图像进行直方图均衡化处理。

具体实现的 MATLAB 代码如下：

close all;clear all;clc;%关闭当前所有图形窗口,清空工作空间变量,清除命令行
I = imread('tire.tif');%读取图像
J = histeq(I);%直方图均衡化
figure;
subplot(121);imshow(uint8(I));%显示原始图像
subplot(122);imshow(uint8(J));%显示均衡化处理后的图像
figure;
subplot(121);imhist(I,64);%原图像的直方图
subplot(122);imhist(J,64);%均衡化后的直方图

在程序中,通过函数 histeq()对灰度图像进行直方图均衡化处理,通过函数 imhist()显示图像的直方图。程序执行后,运行结果如图 4.8.10 所示。图 4.8.10(a)为原始图像,图 4.8.10(b)为直方图均衡化处理后的图像,图 4.8.10(c)为原始图像的直方图,图 4.8.10(d)为均衡化后的直方图。通过观察,可以看出均衡化后的图像变得更加清晰,能够看到更多的细节信息,比较均衡化处理前后的直方图可以看出,经过处理后直方图的分布更加均匀。在计算直方图时,灰度级设置为 64。

在 MATLAB 中函数 histeq()还可以进行直方图规定化处理,其具体调用格式如下。

J=histeq(I,hgram):该函数中 I 为输入的原始图像,hgram 为一个整数向量,表示用户希望的直方图形状,该向量的长度与最后规定的效果有密切关系,向量越短,最后得到的直方图越接近用户希望的直方图。J 为进行直方图规定化后得到的灰度图像。

【例 4.8.11】　通过函数 histeq()对图像进行直方图规定化。

具体实现的 MATLAB 代码如下：

close all;clear all;clc;%关闭当前所有图形窗口,清空工作空间变量,清除命令行
I = imread('tire.tif');%读取图像

```
hgram = ones(1,256);
J = histeq(I,hgram);
figure;
subplot(121);imshow(uint8(J));
subplot(122);imhist(J);
```

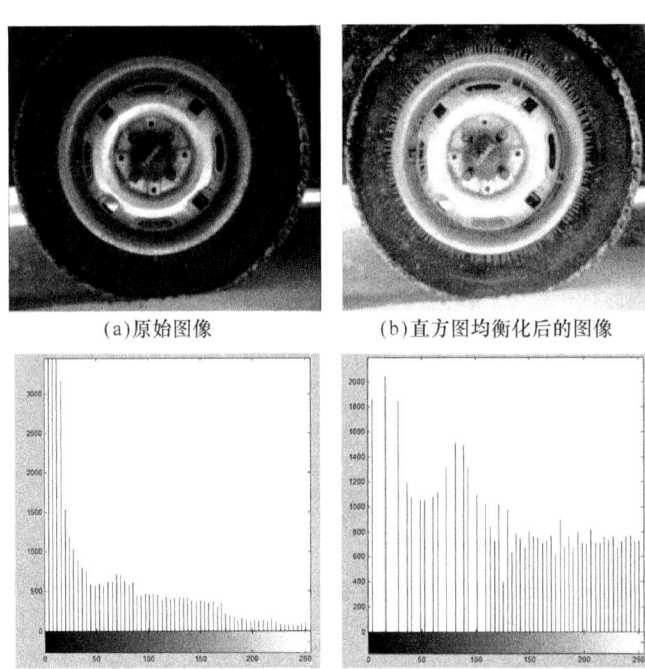

图 4.8.10　图像直方图均衡化

在程序中,通过函数 histeq()进行直方图规定化处理,程序运行后,输出结果如图 4.8.11 所示,图 4.8.11(a)为直方图规定化处理后得到的灰度图像,图 4.8.11(b)为直方图规定化处理后图像的直方图。

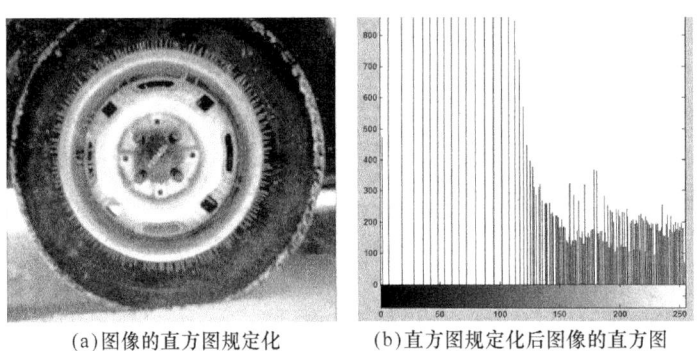

图 4.8.11　图像直方图规定化

通过直方图进行灰度图像的增强有两点不足:一是处理后的图像灰度级有所减少,致使某些细节消失;二是某些图像,如直方图有高峰等,经处理后其对比度易产生不自然的过分增强。例如,有些卫星图像或医学图像因灰度分布过度集中,在对此类图像进行直方图均衡化处理时,其结果往往会出现过亮或过暗的现象,达不到增强视觉效果的目的。此外,对于图像的有限灰度级,量化误差也经常引起信息丢失,导致一些敏感的边缘因与相邻像素点的合并而消失,这是直方图修正增强无法避免的问题。

4.8.3 图像噪声的 MATLAB 实现

数字图像的噪声主要来自图像的采集和传输过程。图像传感器的工作受到各种因素的影响。例如,在使用 CCD 摄像机获取图像时,光照强度和传感器的温度是产生噪声的主要原因。图像在传输过程中也会受到噪声的干扰。

图像噪声按照噪声和信号之间的关系可以分为加性噪声和乘性噪声两种。假设图像的像素值为 $f(x,y)$,噪声信号为 $n(x,y)$。如果混合叠加信号为 $f(x,y)+n(x,y)$ 的形式,则这种噪声为加性噪声。如果叠加后的信号为 $f(x,y)\times[1+n(x,y)]$ 的形式,则这种噪声为乘性噪声。

1. 噪声介绍

噪声是不可预测的、只能用概率统计的方法来认识的随机误差。下面介绍常见的噪声及其概率密度函数。

(1) 高斯噪声

高斯噪声是一种源于电子电路噪声和由低照明度或高温带来的传感器噪声。高斯噪声也称为正态噪声,是自然界中最常见的噪声。高斯噪声可以通过空域滤波的平滑或图像复原技术来消除。高斯噪声的概率密度函数为:

$$P(z)=\frac{1}{\sqrt{2\pi}\sigma}e^{-(z-\mu)^2/2\sigma^2} \quad (4.8.3)$$

式中,随机变量 z 表示灰度值,μ 为该噪声的期望,σ 为噪声的标准差,即 σ^2 为噪声的方差。

(2) 椒盐噪声

椒盐噪声又称为双极脉冲噪声,其概率密度函数为:

$$P(z)=\begin{cases} P_a & z=a \\ P_b & z=b \\ 0 & 其他 \end{cases} \quad (4.8.4)$$

椒盐噪声是指图像中出现的噪声只有两种灰度值,分别是 a 和 b,这两种灰度值出现的概率分别是 P_a 和 P_b。该噪声的均值和方差分别为:

$$m=aP_a+bP_b \quad (4.8.5)$$

$$\sigma^2=(a-m)^2 P_a+(b-m)^2 P_b \quad (4.8.6)$$

通常情况下,脉冲噪声总是数字化为允许的最大值或最小值。所以,负脉冲以黑点(胡椒点)出现在图像中,正脉冲以白点(盐点)出现在图像中。因此,该噪声称为椒盐噪声。

(3) 均匀分布噪声

均匀分布噪声的概率密度函数为:

$$P_z=\begin{cases} \dfrac{1}{b-a} & a\leqslant z\leqslant b \\ 0 & 其他 \end{cases} \quad (4.8.7)$$

均匀分布噪声的期望和方差分别为：

$$m = \frac{a+b}{2} \tag{4.8.8}$$

$$\sigma^2 = \frac{(b-a)^2}{12} \tag{4.8.9}$$

(4) 指数分布噪声

指数分布噪声的概率密度函数为：

$$P_z = \begin{cases} a\mathrm{e}^{-az} & z \geqslant 0 \\ 0 & z < 0 \end{cases} \tag{4.8.10}$$

指数分布噪声的期望和方差分别为：

$$m = \frac{1}{a} \tag{4.8.11}$$

$$\sigma^2 = \frac{1}{a^2} \tag{4.8.12}$$

(5) 伽马分布噪声

伽马分布噪声的概率密度函数为：

$$P_z = \frac{a^b z^{b-1}}{(b-a)!} \mathrm{e}^{-az} \tag{4.8.13}$$

伽马分布噪声的期望和方差分别为：

$$m = \frac{b}{a} \tag{4.8.14}$$

$$\sigma^2 = \frac{b}{a^2} \tag{4.8.15}$$

2. 噪声的 MATLAB 实现

J=imnoise(I,type,parameters)：该函数对图像 I 添加类型为 type 的噪声。参数 type 对应的噪声类型为：'gaussian'为高斯噪声；'localvar'为 0 均值白噪声；'poisson'为泊松噪声；'salt & pepper'为椒盐噪声；'speckle'为乘性噪声。参数 parameters 为对应噪声的参数，如果不设置 parameters 则采用系统的默认值。

通过函数 imnoise() 可以产生高斯噪声。首先假设图像的高斯噪声的均值和方差已知，其调用格式为 J=imnoise(I,'gaussian',m,v)。其中，m 为高斯噪声的均值，默认值为 0，v 为高斯噪声的方差，默认值为 0.01。如果希望得到纯粹的噪声矩阵，可以让输入的图像矩阵 I 为 0。

【例 4.8.12】 通过均值和方差来产生高斯噪声。

具体实现的 MATLAB 代码如下：

```
close all;clear all;clc;% 关闭当前所有图形窗口,清空工作空间变量,清除命令行
I = uint8(100 * ones(256,256));% 均值为 100 的图像
J = imnoise(I,'gaussian',0,0.01);% 高斯噪声,方差为 0.01
K = imnoise(I,'gaussian',0,0.03);% 高斯噪声,方差为 0.03
figure;
subplot(121);imshow(J);% 显示图像
subplot(122);imhist(J);% 显示直方图
```

```
figure;
subplot(121);imshow(K);% 显示图像
subplot(122);imhist(K);% 显示直方图
```

在程序中,通过函数 imnoise() 建立均值为 100、方差分别为 0.01 和 0.03 的高斯噪声图像。程序运行后,输出结果如图 4.8.12 所示。图 4.8.12(a)为均值为 100、方差为 0.01 的高斯噪声,图 4.8.12(b)为其对应的直方图,图 4.8.12(c)为均值为 100、方差为 0.03 的高斯噪声,图 4.8.12(d)为其对应的直方图。

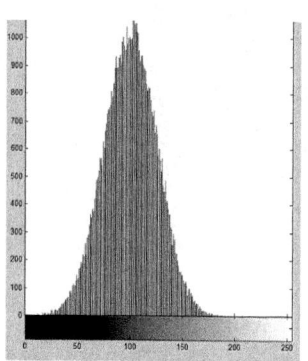

(a)方差为0.01的高斯噪声图像　　(b)方差为0.01的高斯噪声图像的直方图

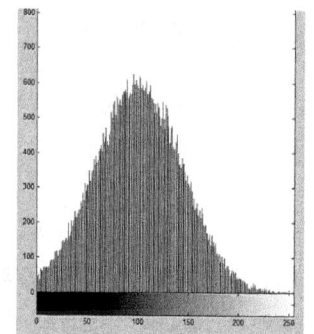

(c)方差为0.03的高斯噪声图像　　(d)方差为0.03的高斯噪声图像的直方图

图 4.8.12　高斯噪声

通过函数 imnoise() 可以产生椒盐噪声,其调用格式为 J=imnoise(I,'salt & pepper',d)。在图像中添加椒盐噪声,噪声的密度为 d,即噪声占整个像素总数的百分比。系统默认的噪声密度是 0.05。

【例 4.8.13】　给图像添加椒盐噪声。

具体实现的 MATLAB 代码如下:

```
close all;clear all;clc;% 关闭当前所有图形窗口,清空工作空间变量,清除命令行
I = imread('cameraman.tif');% 读取图像
I = im2double(I);
J = imnoise(I,'salt & pepper',0.01);% 添加椒盐噪声
K = imnoise(I,'salt & pepper',0.03);% 添加椒盐噪声
figure;
subplot(121);imshow(J);% 显示含有椒盐噪声的图像
subplot(122);imshow(K);
```

在程序中,首先读取灰度图像,然后通过函数 imnoise() 添加椒盐噪声。程序运行后,输出结果如图 4.8.13 所示。图 4.8.13(a)添加的椒盐噪声的密度为 0.01,图 4.8.13(b)添加的椒盐噪声的密度为 0.03。

(a)添加密度为0.01的椒盐噪声　　　　(b)添加密度为0.03的椒盐噪声

图 4.8.13　椒盐噪声

通过函数 imnoise() 可以产生泊松噪声,其调用格式为 J＝imnoise(I,'possion')。

【例 4.8.14】 给图像添加泊松噪声。

具体实现的 MATLAB 代码如下:

```
close all;clear all;clc; % 关闭当前所有图形窗口,清空工作空间变量,清除命令行
I = imread('cameraman.tif'); % 读取图像
J = imnoise(I,'poisson'); % 添加泊松噪声
figure;
subplot(121);imshow(I); % 显示原图像
subplot(122);imshow(J); % 显示加噪后的图像
```

在程序中,首先读取灰度图像,图像的数据类型为 uint8,然后通过函数 imnoise() 在图像中添加泊松噪声。程序运行后,输出结果如图 4.8.14 所示。图 4.8.14(a)为原始图像,图 4.8.14(b)为添加了泊松噪声后得到的图像。

(a)原始图像　　　　(b)添加泊松噪声后的图像

图 4.8.14　泊松噪声

通过函数 imnoise() 可以产生乘性噪声,其调用格式为 J=imnoise(I,'speckle',v)。该函数通过公式 J=I×n×I,将乘性噪声添加到图像 I 中,其中 n 是均值为 0、方差为 v 的均匀分布的随机噪声。函数中参数 v 的默认值为 0.04。

【例 4.8.15】 给图像添加乘性噪声。

具体实现的 MATLAB 代码如下:

```
close all;clear all;clc;% 关闭当前所有图形窗口,清空工作空间变量,清除命令行
I = imread('cameraman.tif');% 读取图像
J = imnoise(I,'speckle');% 添加乘性噪声
K = imnoise(I,'speckle',0.2);
figure;
subplot(121);imshow(J);% 显示噪声图像
subplot(122);imshow(K);
```

在程序中,首先读取灰度图像,然后通过函数 imnoise() 在原图像中添加乘性噪声。程序运行后,输出结果如图 4.8.15 所示。图 4.8.15(a) 添加的乘性噪声的方差为默认值,即 0.04,图 4.8.15(b) 添加的乘性噪声的方差为 0.2。

(a) 添加 $v=0.04$ 的乘性噪声后的图像　　(b) 添加 $v=0.2$ 的乘性噪声后的图像

图 4.8.15　乘性噪声

【例 4.8.16】 产生均匀分布的噪声。

具体实现的 MATLAB 代码如下:

```
close all;clear all;clc;% 关闭当前所有图形窗口,清空工作空间变量,清除命令行
m = 256;n = 256;% 图像大小
a = 50;
b = 180;
I = a + (b - a) * rand(m,n);% 均匀分布噪声
figure;
subplot(121);imshow(uint8(I));% 显示噪声图像
subplot(122);imhist(uint8(I));% 显示直方图
```

在程序中,建立噪声图像,大小为 256×256,噪声的类型为均匀噪声,参数 a 为 50,参数 b 为 180。程序运行后,输出结果如图 4.8.16 所示。图 4.8.16(a) 为产生的均匀噪声,图 4.8.16(b) 为该噪声对应的灰度直方图,通过直方图可知该噪声服从均匀分布。

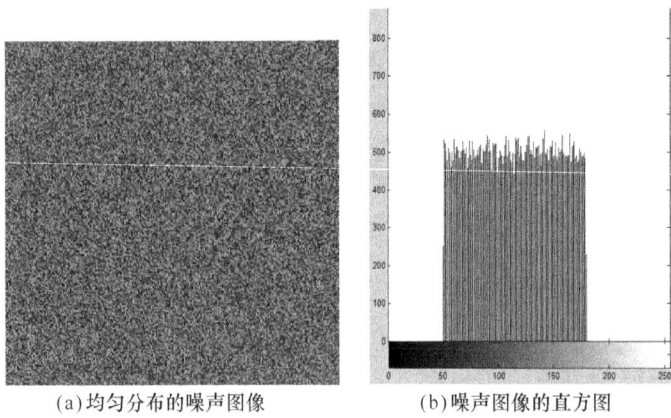

(a)均匀分布的噪声图像　　　　(b)噪声图像的直方图

图 4.8.16　均匀分布噪声

【例 4.8.17】　产生指数分布的噪声。

具体实现的 MATLAB 代码如下：

```
close all;clear all;clc; % 关闭当前所有图形窗口,清空工作空间变量,清除命令行
m = 256;n = 256; % 图像大小
a = 0.04;
k = -1/a;
I = k * log(1 - rand(m,n)); % 指数分布噪声
figure;
subplot(121);imshow(uint8(I)); % 显示噪声图像
subplot(122);imhist(uint8(I)); % 显示直方图
```

在程序中，首先建立噪声图像，大小为 256×256。噪声的类型为指数分布，参数为 0.04。程序运行后，输出结果如图 4.8.17 所示。图 4.8.17(a)为产生的指数分布噪声，图 4.8.17(b)为该噪声对应的灰度直方图，通过直方图可知该噪声服从指数分布。

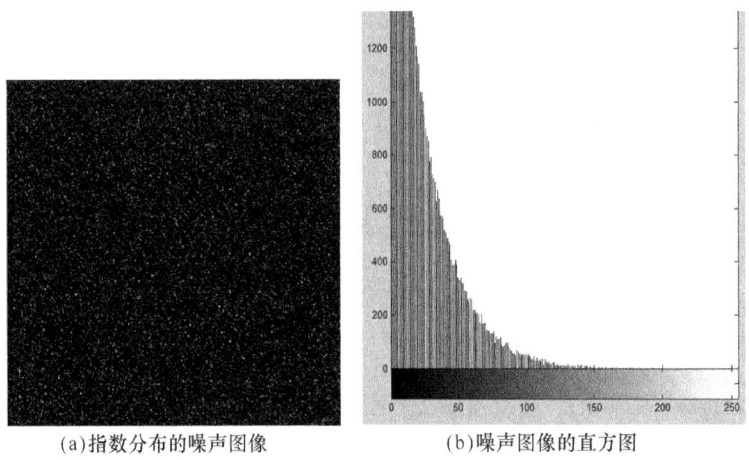

(a)指数分布的噪声图像　　　　(b)噪声图像的直方图

图 4.8.17　产生指数分布的噪声

4.8.4　空域平滑滤波的 MATLAB 实现

空域滤波是空域图像增强的常用方法。空域滤波是对图像中每个像素为中心的邻域进

行一系列的运算,然后将得到的结果代替原来的像素值。空域滤波分为线性空域滤波和非线性空域滤波。下面分别介绍这两种空域滤波方法。

1. 线性空域滤波

线性平均滤波即邻域平均法,是一种最常用的线性空域滤波。线性平均滤波实际是一种低通滤波,信号的低频部分通过,阻止高频部分通过。由于图像的边缘处于高频部分,因此线性平均滤波后,会造成图像边缘的模糊。

在进行线性平均滤波时,常用的模板大小为 3×3,如下所示。

$$T = \frac{1}{5}\begin{pmatrix} 0 & 1 & 0 \\ 1 & 1 & 1 \\ 0 & 1 & 0 \end{pmatrix} \quad (4.8.16)$$

对应的函数表达式为:

$$f'(x,y) = \frac{1}{5}[f(x,y-1) + f(x-1,y) + f(x,y) + f(x+1,y) + f(x,y+1)]$$
$$(4.8.17)$$

在进行图像的滤波时,可以采用模板和图像的邻域相卷积的方法,采用函数 imfilter() 进行。关于函数 imfilter() 的详细调用情况,读者可以查询 MATLAB 的帮助系统。

【例 4.8.18】 通过函数 imfilter() 对图像进行平滑。

具体实现的 MATLAB 代码如下:

```
close all;clear all;clc;% 关闭当前所有图形窗口,清空工作空间变量,清除命令行
I = imread('coins.png');% 读取图像
J = imnoise(I,'salt & pepper',0.02);% 添加噪声
h = ones(3,3)/5;% 建立模板
h(1,1) = 0;h(1,3) = 0;
h(3,1) = 0;h(1,3) = 0;
K = imfilter(J,h);% 图像的滤波
figure;
subplot(131);imshow(I);% 显示原始图像
subplot(132);imshow(J);% 显示添加噪声的图像
subplot(133);imshow(K);% 显示滤波结果
```

在程序中,读取灰度图像,然后通过函数 imnoise() 给图像添加椒盐噪声,然后建立线性滤波模板,最后通过函数 imfilter() 对添加噪声后的图像进行平滑滤波。程序运行后,输出结果如图 4.8.18 所示。图 4.8.18(a)为原始图像,图 4.8.18(b)为添加椒盐噪声的图像,图 4.8.18(c)为滤波后得到的图像。可以看出,经过均值滤波后,图像的噪声得到抑制,但图像变得相对模糊了。

(a)原始图像　　(b)添加椒盐噪声的图像　　(c)滤波后的图像

图 4.8.18　通过 imfilter() 对图像进行平滑

在进行图像滤波时,还可以采用如下 3×3 的模板:

$$T = \frac{1}{9}\begin{pmatrix} 1 & 1 & 1 \\ 1 & 1 & 1 \\ 1 & 1 & 1 \end{pmatrix} \tag{4.8.18}$$

点 (m,n) 位于 3×3 的模板中心,则该点像素值的公式为:

$$\bar{f}(m,n) = \frac{1}{9}\sum_{i=-1}^{1}\sum_{j=-1}^{1} f(m+i,n+j) \tag{4.8.19}$$

在进行图像滤波时,实际上是进行卷积计算。在 MATLAB 软件中,可以采用函数 conv2() 进行二维卷积计算。该函数的详细调用情况,读者可以查询 MATLAB 的帮助系统。

【例 4.8.19】 通过函数 conv2() 对图像进行平滑。

具体实现的 MATLAB 代码如下:

```
close all;clear all;clc;% 关闭当前所有图形窗口,清空工作空间变量,清除命令行
I = imread('rice.png');% 读取图像
I = im2double(I);
J = imnoise(I,'gaussian',0,0.01);% 添加噪声
h = ones(3,3)/9;% 产生模板
K = conv2(J,h);% 通过卷积进行滤波
figure;
subplot(131);imshow(I);% 显示原始图像
subplot(132);imshow(J);% 显示添加噪声后的图像
subplot(133);imshow(K);% 显示滤波结果图像
```

在程序中,读取灰度图像,接着通过函数 imnoise() 给图像添加高斯噪声,并建立滤波模板,最后通过函数 conv2() 对添加噪声后的图像进行平滑滤波。程序运行后,输出结果如图 4.8.19 所示。图 4.8.19(a) 为原始图像,图 4.8.19(b) 为添加噪声后的图像,图 4.8.19(c) 为滤波后得到的图像。

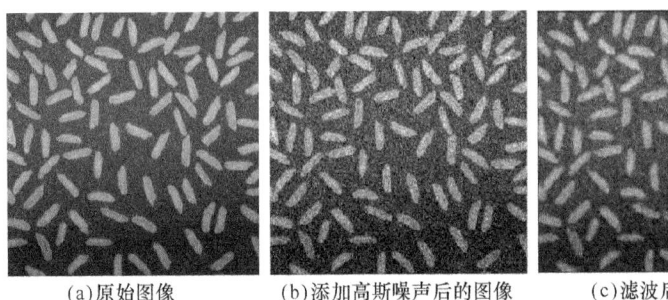

(a)原始图像　　　　(b)添加高斯噪声后的图像　　　　(c)滤波后的图像

图 4.8.19　通过 conv2() 对图像进行平滑

在 MATLAB 软件中,还可以通过函数 filter2() 进行二维线性数字滤波,采用函数 fspecial() 产生滤波器模板。下面通过一个例子程序介绍采用不同的滤波模板进行图像的平滑滤波。

【例 4.8.20】 通过函数 filter2() 对图像进行平滑。

具体实现的 MATLAB 代码如下:

```
close all;clear all;clc;% 关闭当前所有图形窗口,清空工作空间变量,清除命令行
I = imread('coins.png');% 读取图像
I = im2double(I);
```

```
J = imnoise(I,'salt & pepper',0.02);%添加噪声
h1 = fspecial('average',3);%3×3模板
h2 = fspecial('average',5);%5×5模板
K1 = filter2(h1,J);%滤波
K2 = filter2(h2,J);%滤波
figure;
subplot(131);imshow(J);%显示图像
subplot(132);imshow(K1);%滤波结果
subplot(133);imshow(K2);%滤波结果
```

在程序中,读取灰度图像,接着通过函数 imnoise()给图像添加椒盐噪声,通过函数 fspecial()建立大小为3×3和5×5的模板,最后通过函数 filter2()对图像进行平滑滤波。程序运行后,输出结果如图4.8.20所示。图4.8.20(a)为添加噪声的图像,图4.8.20(b)为采用3×3的模板进行滤波后的结果,图4.8.20(c)为采用5×5的模板进行滤波后的结果。比较处理后的结果可以看出,邻域平均法的平滑效果与所采用邻域的半径(模板大小)有关。模板尺寸(半径)越大,则图像的模糊程度越大。此时,消除噪声的效果有增强,但同时得到的图像将变得更模糊,图像细节的锐化程度逐步减弱。

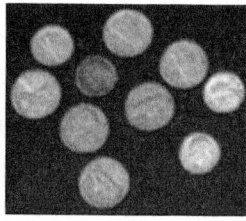

(a)带有椒盐噪声的图像　　　(b)3×3的模板滤波　　　(c)5×5的模板滤波

图 4.8.20　通过 filter2()对图像进行平滑

2. 非线性空域滤波

非线性空域滤波主要包括中值滤波、顺序统计滤波和自适应滤波等。中值滤波是一种包含边缘的非线性图像平滑方法,在图像增强中应用非常广泛。中值滤波可以去除图像中的椒盐噪声,平滑效果优于均值滤波,在抑制噪声的同时还能够保持图像的边缘清晰。在 MATLAB 软件中,采用函数 medfilt2()进行图像的二维中值滤波。

【例 4.8.21】　通过函数 medfilt2()对图像进行中值滤波。

具体实现的 MATLAB 代码如下:

```
close all;clear all;clc;%关闭当前所有图形窗口,清空工作空间变量,清除命令行
I = imread('coins.png');%读取图像
I = im2double(I);
J = imnoise(I,'salt & pepper',0.03);%添加噪声
K = medfilt2(J);% 中值滤波
figure;
subplot(131);imshow(I);%显示图像
subplot(132);imshow(J);%显示添加噪声后的图像
subplot(133);imshow(K);%显示滤波后的图像
```

在程序中,首先读取灰度图像,接着通过函数 imnoise()给图像添加椒盐噪声,通过函数 medfilt2()进行中值滤波。程序运行后,输出图像如图4.8.21所示。图4.8.21(a)为原始图像,图4.8.21(b)为添加噪声后的图像,图4.8.21(c)为采用中值滤波后得到的图像。由实验结果可知,中值滤波非常适合去除椒盐噪声,取得了非常好的滤波效果。

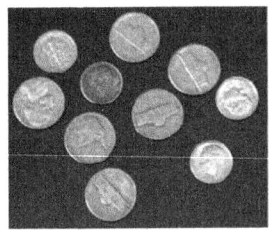  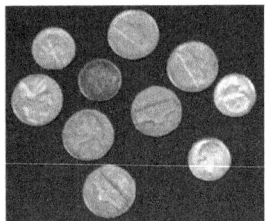

(a)原始图像　　　　　　(b)添加椒盐噪声的图像　　　　(c)中值滤波后的图像

图 4.8.21　通过 medfilt2() 进行中值滤波

【例 4.8.22】 在椒盐、高斯不同噪声下,采用 5×5 模板,通过函数 medfilt2() 对图像进行中值滤波。

具体实现的 MATLAB 代码如下:

```
close all;clear all;clc; % 关闭当前所有图形窗口,清空工作空间变量,清除命令行
I = imread('Panda.bmp'); % 读取图像
J1 = imnoise(I,'salt & pepper',0.02); % 加入均值为 0、方差为 0.02 的椒盐噪声
J2 = imnoise(I,'gaussian',0.02); % 加入均值为 0、方差为 0.02 的高斯噪声
subplot(2,2,1);imshow(J1); % 显示加入椒盐噪声的图像
subplot(2,2,2);imshow(J2); % 显示加入高斯噪声的图像
I1 = medfilt2(J1,[5,5]); % 对加入椒盐噪声的图像进行 5×5 模板的中值滤波
I2 = medfilt2(J2,[5,5]); % 对加入高斯噪声的图像进行 5×5 模板的中值滤波
subplot(2,2,3);imshow(I1); % 显示中值滤波后的图像
subplot(2,2,4);imshow(I2);
```

(a)椒盐噪声的图像　　　　　　　　(b)高斯噪声的图像

(c)对椒盐噪声的图像进行中值滤波　　(d)对高斯噪声的图像进行中值滤波

图 4.8.22　通过 medfilt2() 进行中值滤波

由图 4.8.22 可见,对于椒盐、高斯噪声的图像,进行中值滤波,对于消除孤立点和线段的干扰中值滤波十分有效,对于高斯噪声则效果不佳。中值滤波的优点在于去除图像噪声的同时,还能够保护图像的边缘信息。

【例 4.8.23】 对含有椒盐噪声的图像进行均值滤波和中值滤波处理。

具体实现的 MATLAB 代码如下:

```
close all;clear all;clc; % 关闭当前所有图形窗口,清空工作空间变量,清除命令行
I = imread('pollenlow.jpg'); % 读取图像
I1 = imnoise(I,'salt & pepper',0.06); % 添加椒盐噪声
I2 = double(I1)/255;
h1 = [1/9 1/9 1/9;1/9 1/9 1/9;1/9 1/9 1/9]; % 生成模板
J1 = conv2(I2,h1,'same'); % 均值滤波
J2 = medfilt2(I1,[3,3]); % 中值滤波
figure,imshow(I);title('原始图像');
figure,imshow(I1);title('椒盐噪声图像');
figure,imshow(J1);title('均值滤波图像');
figure,imshow(J2);title('中值滤波');
```

图 4.8.23 给出了一幅原图像及添加了椒盐噪声后的图像,通过均值滤波和中值滤波对其进行处理,比较两种滤波方法的效果。图 4.8.23(a)为原始图像,图 4.8.23(b)为添加椒盐噪声的图像,图 4.8.23(c)为对椒盐噪声的图像进行均值滤波后的结果图像,图 4.8.23(d)为对椒盐噪声的图像进行中值滤波后的结果图像。通过比较可以看出,当噪声为孤立点时,中值滤波的效果确实比均值滤波的效果好。

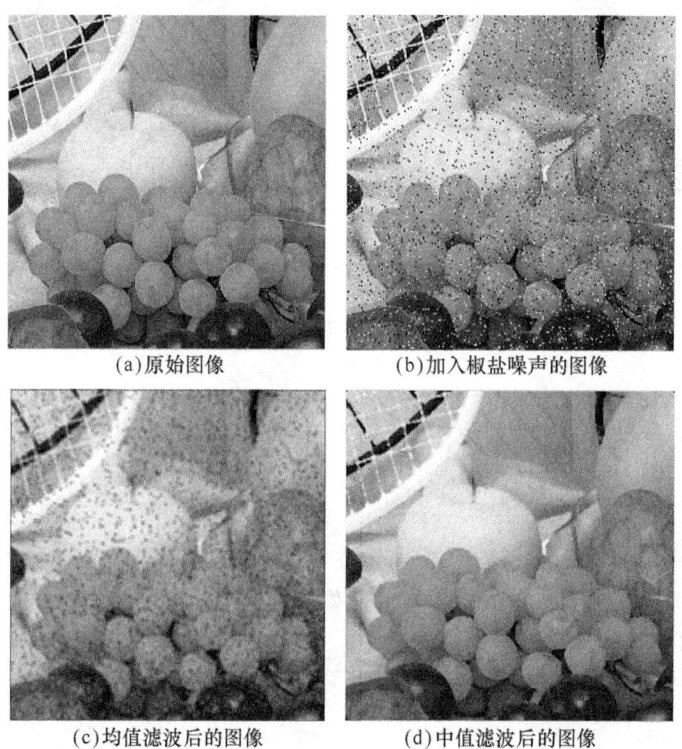

(a)原始图像　　(b)加入椒盐噪声的图像

(c)均值滤波后的图像　　(d)中值滤波后的图像

图 4.8.23 均值和中值滤波

4.8.5 空域锐化滤波的 MATLAB 实现

实现图像的锐化可使图像的边缘或线条变得清晰,锐化算子有很多,下面以 Sobel 算子和拉普拉斯算子为例,仿真实现图像的锐化。

【例 4.8.24】 利用 Sobel 算子实现图像的锐化。

具体实现的 MATLAB 代码如下:

```
close all;clear all;clc; %关闭当前所有图形窗口,清空工作空间变量,清除命令行
I = imread('barbara.png'); %读取图像
H = fspecial('sobel'); %选择 Sobel 算子
subplot(1,2,1);imshow(I); %显示原图像
J = filter2(H,I); %卷积运算
subplot(1,2,2);imshow(J); %显示 Sobel 算子对图像锐化的结果
```

在程序中,首先读取灰度图像,选择 Sobel 算子模板,然后利用函数 filter2() 通过卷积对原始图像进行锐化滤波。程序运行后,输出图像如图 4.8.24 所示。图 4.8.24(a) 为原始图像,图 4.8.24(b) 为 Sobel 算子对图像锐化的结果图像,图像的边缘部分得到了增强,使边缘更加清晰。

(a) 原始图像　　　　(b) Sobel 算子对图像锐化

图 4.8.24　Sobel 算子图像锐化

拉普拉斯算子比较适合于改善因为光线的漫反射造成的图像模糊。离散函数的拉普拉斯算子公式为:

$$\nabla^2 f(i,j) = f(i+1,j) + f(i-1,j) + f(i,j+1) + f(i,j-1) - 4f(i,j) \quad (4.8.20)$$

对应的滤波模板如下:

$$\boldsymbol{H} = \begin{pmatrix} 0 & 1 & 0 \\ 1 & -4 & 1 \\ 0 & 1 & 0 \end{pmatrix} \quad (4.8.21)$$

【例 4.8.25】 利用拉普拉斯算子实现图像的锐化。

具体实现的 MATLAB 代码如下:

```
close all;clear all;clc; %关闭当前所有图形窗口,清空工作空间变量,清除命令行
I = imread('rice.png'); %读取图像
I = im2double(I);
h = [0,1,0;1,-4,1;0,1,0]; %拉普拉斯算子
J = conv2(I,h,'same'); %卷积
K = I - J;
figure;
```

```
subplot(121);imshow(I);% 显示原图像
subplot(122);imshow(K);% 显示锐化图像
```

在程序中,首先读取灰度图像,建立拉普拉斯算子模板,然后利用函数conv2()通过卷积对原始图像进行锐化滤波。程序运行后,输出图像如图4.8.25所示。图4.8.25(a)为原始图像,比较模糊,图4.8.25(b)为拉普拉斯算子对图像锐化的结果图像,图像的边缘部分得到了增强,使边缘更加清晰。

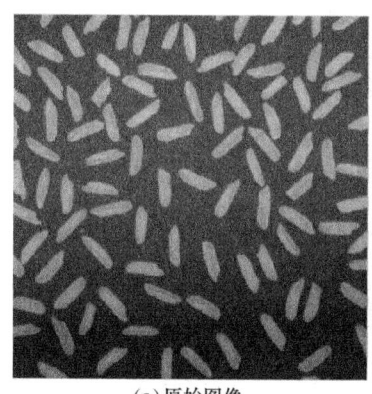 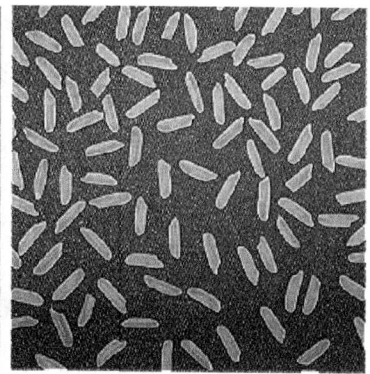

(a)原始图像　　　　　　　(b)拉普拉斯算子对图像锐化

图 4.8.25　通过拉普拉斯算子实现图像锐化

4.8.6　伪彩色增强的 MATLAB 实现

灰度分层法案例分析如下。

【例 4.8.26】　使用灰度分层函数grayslice()实现伪彩色增强图像处理。

具体实现的 MATLAB 代码如下:

```
close all;clear all;clc;% 关闭当前所有图形窗口,清空工作空间变量,清除命令行
I = imread('barbara.png');% 读取图像
imshow(I);% 显示灰度图像
X = grayslice(I,16);% 原灰度图像灰度分16层
figure;imshow(X,hot(16));% 显示伪彩色处理的图像
```

在程序中,首先读取灰度图像,然后通过函数grayslice()将原始图像分为16层。程序运行后,输出图像如图4.8.26所示。图4.8.26(a)为原始灰度图像,图4.8.26(b)为伪彩色处理后的图像。

(a)原始灰度图像　　　　　　　(b)伪彩色处理后的图像

图 4.8.26　灰度分层伪彩色处理

灰度变换法案例分析如下。

【例 4.8.27】 灰度变换法实现图像的伪彩色处理。

具体实现的 MATLAB 代码如下：

```matlab
close all;clear all;clc; % 关闭当前所有图形窗口,清空工作空间变量,清除命令行
I = imread('barbara.png'); % 读取图像
figure(1),imshow(I); % 显示原始图像
I = double(I);
[M,N] = size(I); % 图像的大小
L = 256;
for i = 1:M % 变换法
    for j = 1:N
        if I(i,j)<= L/4
            R(i,j) = 0;
            G(i,j) = 4 * I(i,j);
            B(i,j) = L;
        else if I(i,j)<= L/2
            R(i,j) = 0;
            G(i,j) = L;
            B(i,j) = - 4 * I(i,j) + 2 * L;
        else if I(i,j)<= 3 * L/4
                R(i,j) = 4 * I(i,j) - 2 * L;
                G(i,j) = L;
                B(i,j) = 0;
            else
                R(i,j) = L;
                G(i,j) = - 4 * I(i,j) + 4 * L;
                B(i,j) = 0;
            end
        end
    end
end
end
for i = 1:M
    for j = 1:N
        OUT(i,j,1) = R(i,j);
        OUT(i,j,2) = G(i,j);
        OUT(i,j,3) = B(i,j);
    end
end
OUT = OUT/256;
figure(2);imshow(OUT);
```

在程序中，首先读取灰度图像，然后通过变换函数特性实现伪彩色处理。程序运行后，输出图像如图 4.8.27 所示。图 4.8.27(a)为原始灰度图像，图 4.8.27(b)为伪彩色处理后的图像。

(a)原始灰度图像　　　　　　(b)伪彩色处理后的图像

图 4.8.27　灰度变换法伪彩色处理

4.9　本章小结

本章主要对数字图像处理中的图像空域增强技术进行介绍。重点讲述了图像增强在空间域的灰度变换、直方图修正、图像平滑、图像锐化、伪彩色增强技术等内容,并且详细介绍了如何利用 MATLAB 软件进行上述空间域的图像增强。

习　题　4

4.1　图像增强的目的是什么?它包含哪些内容?

4.2　灰度变换的目的是什么?有哪些实现方法?

4.3　分别给出灰度空间(0,10)拉伸为(0,15)、灰度空间(10,20)移到(15,25)、灰度空间(20,30)压缩为(25,30)的变换方程。

4.4　什么是灰度直方图?如何计算?如何用 MATLAB 编程实现直方图均衡化?

4.5　设有一幅 64×64 的离散图像,其灰度分成 8 层,灰度 n_k 的值和分布情况如习题 4.5 表所示。试绘制该图像的直方图,并求经过直方图均衡化后的图像的直方图。

习题 4.5 表

K	0	1	2	3	4	5	6	7
r_k	0	1/7	2/7	3/7	4/7	5/7	6/7	1
n_k	560	920	1 046	705	356	267	170	72

4.6　任意选择一幅彩色图像,通过 MATLAB 编程将其转换为灰度图像,并对灰度图像进行直方图均衡化处理。

4.7　什么是图像平滑?空间域图像平滑的方法有哪些?针对高斯噪声、椒盐噪声和乘性噪声,进行图像平滑方法的比较。在 MATLAB 环境中如何编程实现对图像的去噪处理。

4.8　叙述均值滤波的基本原理。

4.9　什么是中值滤波?中值滤波的特点是什么?它主要用于消除什么类型的噪声?

4.10 设原图像的一行为 2 4 7 4 3 5 4 6 4 4 4,求经过中值滤波后的值。滤波窗口取 1×5 的"一字形"窗口,边界点可保持不变。

4.11 如习题 4.11 图所示,设原图像为 10×10 的点阵,求边界点保持不变、经过 3×3 窗口中值滤波的图像。

1	1	1	1	1	1	1	1	1	1
1	1	1	1	1	1	1	1	1	1
1	1	5	5	5	5	5	5	1	1
1	1	5	5	5	5	5	5	1	1
1	1	5	5	8	8	5	5	1	1
1	1	5	5	8	8	5	5	1	1
1	1	5	5	5	5	5	5	1	1
1	1	5	5	5	5	5	5	1	1
1	1	1	1	1	1	1	1	1	1
1	1	1	1	1	1	1	1	1	1

习题 4.11 图

4.12 任意选择一幅灰度图像,在进行图像的中值滤波时,试通过 MATLAB 编程分析不同的窗口大小(例如 3×3、5×5)对滤波效果的影响。

4.13 图像锐化的目的是什么?有哪些方法可以实现?空间域常用的图像锐化算子有哪几种?如何用 MATLAB 语言编写出图像锐化的程序?

4.14 什么是伪彩色图像增强?伪彩色处理的方法有哪些?其主要目的是什么?

4.15 任意选择一幅灰度图像,通过 MATLAB 编程实现伪彩色图像增强。

第 5 章　频率域图像增强

在实际图像处理中,为了有效、快速地对图像进行处理和分析,常常需要将图像从空间域转换到变换域,并利用这种域的特性对图像进行各种快速、方便的处理和分析。将图像的特征在变换域中表现出来,特别是那些空间法无法完成的一些特殊处理,将空间域的处理转换为变换域的处理,不仅可以减少计算量,而且还可以获得更有效的处理,最后再变换回到空间域以得到所需的效果,这种变换过程称为图像变换。

图像变换是频率域图像增强处理的基础,本章将首先介绍几种常见的图像变换方法,然后讲述频率域平滑、频率域锐化、频率域伪彩色增强等图像增强技术。

5.1　二维离散傅里叶变换

一幅静止的数字图像可以看成二维数据阵列,因此数字图像处理主要是二维数据处理。二维离散傅里叶变换是在一维离散傅里叶变换的基础上扩展而来的,在理论和应用上具有重要的价值。由于在数字信号处理课程中已经详细介绍了一维傅里叶变换,本节将直接引入二维傅里叶变换。

5.1.1　二维离散傅里叶变换

对一个连续函数 $f(x,y)$ 等间隔采样可得到 1 个离散矩阵序列,设以 $M \times N$ 长方形网格采样,共采用了 $M \times N$ 个样本,则这个离散矩阵可表示为:

$$\begin{pmatrix} f(0,0) & f(0,1) & \cdots & f(0,N-1) \\ f(1,0) & f(1,1) & \cdots & f(1,N-1) \\ \vdots & \vdots & & \vdots \\ f(M-1,0) & f(M-1,1) & \cdots & f(M-1,N-1) \end{pmatrix}$$

即可得到一幅 $M \times N$ 数字图像 $f(x,y)(x=0,1,\cdots,M-1;y=0,1,\cdots,N-1)$。

其二维离散傅里叶变换定义为:

$$F(u,v) = \sum_{x=0}^{M-1} \sum_{y=0}^{N-1} f(x,y) e^{-j2\pi(\frac{ux}{M}+\frac{vy}{N})}, u=0,1,\cdots,M-1; v=0,1,\cdots,N-1 \tag{5.1.1}$$

其逆变换定义为:

$$f(x,y) = \frac{1}{MN} \sum_{u=0}^{M-1} \sum_{v=0}^{N-1} F(u,v) e^{j2\pi(\frac{ux}{M}+\frac{vy}{N})}, x=0,1,\cdots,M-1; y=0,1,\cdots,N-1 \tag{5.1.2}$$

式(5.1.1)与式(5.1.2)构成二维离散傅里叶变换对,记为:

$$f(x,y) \Leftrightarrow F(u,v) \tag{5.1.3}$$

式中，$e^{-j2\pi(\frac{ux}{M}+\frac{vy}{N})}$ 与 $e^{j2\pi(\frac{ux}{M}+\frac{vy}{N})}$ 分别称为正变换核与逆变换核；x、y 为空间域采样值；u、v 为频率域采样值；$F(u,v)$ 称为离散信号 $f(x,y)$ 的频谱。

一般图像信号 $f(x,y)$ 总是实函数，但其离散傅里叶变换 $F(u,v)$ 通常是复变函数，可以写成：

$$F(u,v) = R(u,v) + jI(u,v) \tag{5.1.4}$$

式中，$R(u,v)$ 和 $I(u,v)$ 分别为 $F(u,v)$ 的实部和虚部。式(5.1.4)也常写成指数形式，即

$$F(u,v) = |F(u,v)| e^{j\varphi(u,v)} \tag{5.1.5}$$

式中，

$$|F(u,v)| = [R^2(u,v) + I^2(u,v)]^{\frac{1}{2}} \tag{5.1.6}$$

$$\varphi(u,v) = \arctan\left[\frac{I(u,v)}{R(u,v)}\right] \tag{5.1.7}$$

$|F(u,v)|$ 称为 $f(x,y)$ 的二维傅里叶变换频谱，$\varphi(u,v)$ 称为 $f(x,y)$ 的二维傅里叶变换相位角。而 $f(x,y)$ 的功率谱则定义为傅里叶频谱的平方，即

$$|P(u,v)| = |F(u,v)|^2 = R^2(u,v) + I^2(u,v) \tag{5.1.8}$$

通常，在图像处理中，一般总是选择方阵列，所以通常情况下总是有 $M=N$。此时，二维离散傅里叶变换为：

$$F(u,v) = \sum_{x=0}^{N-1}\sum_{y=0}^{N-1} f(x,y) e^{-j2\pi(ux+vy)/N}, u,v = 0,1,\cdots,N-1 \tag{5.1.9}$$

$$f(x,y) = \frac{1}{N^2}\sum_{u=0}^{N-1}\sum_{v=0}^{N-1} F(u,v) e^{j2\pi(ux+vy)/N}, x,y = 0,1,\cdots,N-1 \tag{5.1.10}$$

同一维离散傅里叶变换一样，系数 $\frac{1}{N^2}$ 可以在正变换或逆变换中，也可以在正变换和逆变换前分别乘以系数 $\frac{1}{N}$，只要两式系数的乘积等于 $\frac{1}{N^2}$ 即可。如果没有特别说明，本节下述关于二维离散傅里叶变换都是针对式(5.1.9)和式(5.1.10)的。

5.1.2 二维离散傅里叶变换的性质

二维离散傅里叶变换的主要性质有以下几点。

(1) 平移性

若 $f(x,y) \Leftrightarrow F(u,v)$，则

$$f(x,y) e^{[j2\pi(u_0 x+v_0 y)/N]} \Leftrightarrow F(u-u_0, v-v_0) \tag{5.1.11}$$

$$f(x-x_0, y-y_0) \Leftrightarrow F(u,v) e^{[-j2\pi(ux_0+vy_0)/N]} \tag{5.1.12}$$

式(5.1.11)表明将 $f(x,y)$ 与一个指数函数相乘就相当于把其变换后的频域中心移动到新的位置；式(5.1.12)表明将 $F(u,v)$ 与一个指数函数相乘就相当于把其逆变换后的空域中心移动到新的位置。同时，对 $f(x,y)$ 的平移不影响其傅里叶变换的幅值。

(2) 周期性和对称性

① 周期性

若 $f(x,y) \Leftrightarrow F(u,v)$，且周期为 N，则

$$F(u,v) = F(u+N,v) = F(u,v+N) = F(u+N,v+N) \tag{5.1.13}$$

同理，逆变换也具有周期性质。

$$f(x,y)=f(x+N,y)=f(x,y+N)=f(x+N,y+N) \tag{5.1.14}$$

此性质表明,$F(u,v)$的周期长度为 N,只需根据在任一周期里的 N 个值的变换就可以将 $F(u,v)$ 在频域里完全确定。同样结论也对 $f(x,y)$ 在空域成立。

② 共轭对称性

若 $f(x,y)$ 为实函数,且 $f(x,y) \Leftrightarrow F(u,v)$,则其傅里叶变换具有共轭对称性,即

$$F(u,v)=F^*(-u,-v) \tag{5.1.15}$$

$$|F(u,v)|=|F^*(-u,-v)| \tag{5.1.16}$$

式中,$F^*(-u,-v)$ 为 $F(u,v)$ 的复共轭。

③ 中心对称性(平均值)

对于一个二维离散时间信号,其平均值可以用下式表示:

$$\bar{f}(x,y)=\frac{1}{N^2}\sum_{x=0}^{N-1}\sum_{y=0}^{N-1}f(x,y) \tag{5.1.17}$$

由傅里叶变换定义得到 $(u,v)=(0,0)$ 时的变换值为:

$$F(0,0)=\frac{1}{N^2}\sum_{x=0}^{N-1}\sum_{y=0}^{N-1}f(x,y) \tag{5.1.18}$$

故有

$$\bar{f}(x,y)=F(0,0) \tag{5.1.19}$$

即 $F(0,0)$ 为 $f(x,y)$ 的平均值。也就是说,若 $f(x,y)$ 是一幅图像,在原点的傅里叶变换即等于图像的平均灰度值,因为在原点处常常为零,所以 $F(0,0)$ 有时称为频率谱的直流成分。

(3) 线性

若有 $f_1(x,y) \Leftrightarrow F_1(u,v)$,$f_2(x,y) \Leftrightarrow F_2(u,v)$,则

$$af_1(x,y)+bf_2(x,y) \Leftrightarrow aF_1(u,v)+bF_2(u,v) \tag{5.1.20}$$

(4) 比例尺度变换性质

对比例因子 a 和 b,若有 $af(x,y) \Leftrightarrow aF(u,v)$,则

$$f(ax,by) \Leftrightarrow \frac{1}{|ab|}F(u/a,v/b) \tag{5.1.21}$$

(5) 旋转性质

若有 $f(r,\theta) \Leftrightarrow F(w,\varphi)$,则

$$f(r,\theta+\theta_0) \Leftrightarrow F(w,\varphi+\theta_0) \tag{5.1.22}$$

式中,$f(r,\theta)$ 和 $F(w,\varphi)$ 分别为 $f(x,y)$ 和 $F(u,v)$ 的极坐标形式,$x=r\cos\theta$,$y=r\sin\theta$,$u=w\cos\varphi$,$v=w\sin\varphi$。

旋转性表明,对 $f(x,y)$ 旋转 θ_0 对应于将其傅里叶变换 $F(u,v)$ 旋转 θ_0。

(6) 可分离性

二维傅里叶变换定义式可用可分离的形式表示如下:

$$F(u,v)=\sum_{x=0}^{N-1}\left[\sum_{y=0}^{N-1}f(x,y)\mathrm{e}^{-\mathrm{j}2\pi vy/N}\right]\mathrm{e}^{-\mathrm{j}2\pi ux/N};u,v=0,1,\cdots,N-1 \tag{5.1.23}$$

$$f(x,y)=\frac{1}{N^2}\sum_{u=0}^{N-1}\left[\sum_{v=0}^{N-1}F(u,v)\mathrm{e}^{\mathrm{j}2\pi vy/N}\right]\mathrm{e}^{\mathrm{j}2\pi ux/N};x,y=0,1,\cdots,N-1 \tag{5.1.24}$$

式中,先沿着 $f(x,y)$ 的每一列进行傅里叶变换,然后再对中间结果 $F(x,v)$ 的每一行作傅里叶变换即可得到 $F(u,v)$,颠倒次序后(先行后列)结论同样成立,即一个二维傅里叶变换可

以通过运用连续 2 次一维傅里叶变换来实现。同理,对于二维傅里叶逆变换同样具有可分离性。先沿着 $F(u,v)$ 的每一列进行傅里叶的逆变换,然后再对中间结果的每一行作傅里叶逆变换即可得到 $f(x,y)$。

(7) 卷积

两个二维函数的连续卷积定义为:

$$f(x,y) * g(x,y) = \int_{-\infty}^{\infty} \int_{-\infty}^{\infty} f(p,q)g(x-p,y-q)\mathrm{d}p\mathrm{d}q \tag{5.1.25}$$

两个二维函数的离散卷积定义为:

$$f_e(x,y) * g_e(x,y) = \frac{1}{MN} \sum_{m=0}^{M-1} \sum_{n=0}^{N-1} f_e(m,n)g_e(x-m,y-n) \tag{5.1.26}$$

式中,$f_e(x,y)$ 和 $g_e(x,y)$ 分别为 $f(x,y)$ 和 $g(x,y)$ 利用增补 0 的方法进行周期延拓后的形式。

若有 $f_e(x,y) \Leftrightarrow F(u,v), g_e(x,y) \Leftrightarrow G(u,v)$,则卷积定理为:

$$f_e(x,y) * g_e(x,y) \Leftrightarrow F(u,v) \cdot G(u,v) \tag{5.1.27}$$

$$f_e(x,y) \cdot g_e(x,y) \Leftrightarrow F(u,v) * G(u,v) \tag{5.1.28}$$

应用卷积定理的优点是避免了直接计算卷积的麻烦,它只需要先计算出各自的频谱,然后相乘,再求其逆变换,即可得到卷积。卷积运算在图像的增强操作中常常用到。

(8) 相关

两个二维函数的连续相关定义为:

$$f(x,y) \circ g(x,y) = \int_{-\infty}^{\infty} \int_{-\infty}^{\infty} f^*(p,q)g(x+p,y+q)\mathrm{d}p\mathrm{d}q \tag{5.1.29}$$

两个二维函数的离散相关定义为:

$$f_e(x,y) \circ g_e(x,y) = \frac{1}{MN} \sum_{m=0}^{M-1} \sum_{n=0}^{N-1} f_e^*(m,n)g_e(x+m,y+n) \tag{5.1.30}$$

若有 $f_e(x,y) \Leftrightarrow F(u,v), g_e(x,y) \Leftrightarrow G(u,v)$,则相关定理为:

$$f_e(x,y) \circ g_e(x,y) \Leftrightarrow F^*(u,v) \cdot G(u,v) \tag{5.1.31}$$

$$f_e^*(x,y) \cdot g_e(x,y) \Leftrightarrow F(u,v) \circ G(u,v) \tag{5.1.32}$$

即空域相关可化简为频域共轭乘积,或频域相关可化简为空域共轭乘积。

(9) 空间重采样

二维采样定理:若设 $2W_u$ 和 $2W_v$ 分别为能完全包含 R 的最小长方形在 u 和 v 方向上的长度,并通过选择采样间隔使之满足 $\Delta x \leqslant \frac{1}{2W_u}, \Delta y \leqslant \frac{1}{2W_v}$,则就能由采样完全重建 $f(x,y)$。

同时,空间域和频域抽样点之间的关系为:

$$\Delta u = \frac{1}{M\Delta x} \tag{5.1.33}$$

$$\Delta v = \frac{1}{N\Delta y} \tag{5.1.34}$$

保证了在空域和频域中都可以由 $M \times N$ 个均匀分布的采样来重建完整的二维周期。

5.1.3 数字图像傅里叶变换的频谱分布和统计特性

1. 数字图像傅里叶变换的频谱分布

数字图像的二维离散傅里叶变换所得结果的频率成分如图 5.1.1 所示,左上角为直流成分,变换结果的四个角的周围对应于低频成分,中央部位对应于高频成分。为了便于观察谱的分布,使直流成分出现在窗口的中央,可采用图示的换位方法。根据傅里叶变换频率位移的性质,只需要用 $f(x,y)$ 乘以 $(-1)^{x+y}$ 因子进行傅里叶变换即可实现,变换后的坐标原点移动到了窗口中心,围绕坐标中心的是低频,向外是高频。

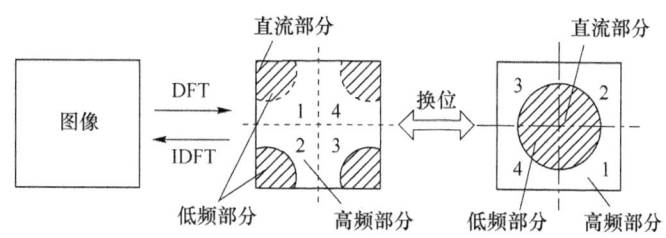

图 5.1.1 二维傅里叶变换的频谱分布

图 5.1.2 给出了二维离散傅里叶变换的频率位移特性示例。围绕坐标中心的是低频,向外是高频,频谱由中心向周边放射,而且各行各列的频谱对中心点是共轭对称的。利用这个特性,如果在数据存储和传输时,仅存储和传输它们中的一部分,进行逆变换恢复原图像前,按照对称性补充另一部分数据,就可达到数据压缩的目的。

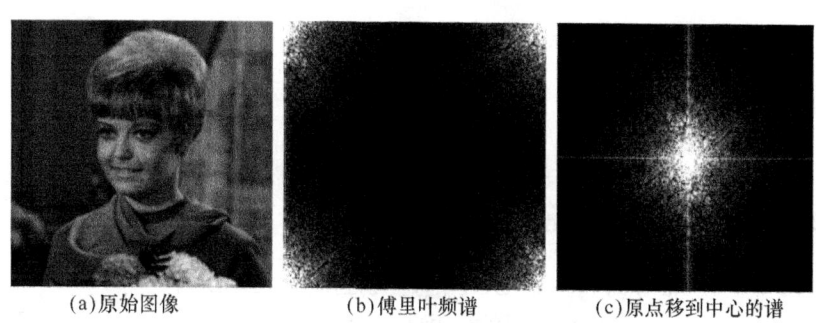

(a)原始图像　　(b)傅里叶频谱　　(c)原点移到中心的谱

图 5.1.2 频率位移示例

2. 图像傅里叶变换的统计特性

① 傅里叶变换后的零频分量 $F(0,0) = \dfrac{1}{N^2} \sum\limits_{x=0}^{N-1} \sum\limits_{y=0}^{N-1} f(x,y)$,也称作直流分量,零频分量 $F(0,0)$ 反映了原始图像的平均亮度。

② 对大多数无明显颗粒噪声的图像来说,低频区域集中了85%的能量,这一点成为对图像变换压缩编码的理论根据。如果变换后仅传送低频分量的幅值,对高频分量不传送,逆变换前再将它们恢复为零值,就可以达到压缩的目的。

③ 图像灰度变化缓慢的区域,对应它变换后的低频分量部分;图像灰度呈现阶跃变化的区域,对应变换后的高频分量部分。除颗粒噪声外,图像细节的边缘、轮廓处都是灰度变化突变区域,它们都具有变换后的高频分量特征。

5.2　离散余弦变换

如果函数 $f(x)$ 为一个连续的实的偶函数,即 $f(-x)=f(x)$,则此函数的傅里叶变换如下:

$$F(u) = \int_{-\infty}^{+\infty} f(x) e^{-j2\pi ux} dx$$
$$= \int_{-\infty}^{+\infty} f(x) \cos(2\pi ux) dx - j \int_{-\infty}^{+\infty} f(x) \sin(2\pi ux) dx \quad (5.2.1)$$
$$= \int_{-\infty}^{+\infty} f(x) \cos(2\pi ux) dx$$

因为虚部的被积项为奇函数,故傅里叶变换的虚数项为零,由于变换后的结果仅含有余弦项,故称为余弦变换。因此,余弦变换是傅里叶变换的特例。

5.2.1 一维离散余弦变换

离散余弦变换也是一种可分离的变换,设 $\{f(x) | x=0,1,2,\cdots,N-1\}$ 为离散的信号序列,一维 DCT 变换对定义如下:

$$C(u) = a(u) \sum_{x=0}^{N-1} f(x) \cos \frac{(2x+1)u\pi}{2N} \quad (u=0,1,2,\cdots,N-1) \quad (5.2.2)$$

$$f(x) = \sum_{u=0}^{N-1} a(u) C(u) \cos \frac{(2x+1)u\pi}{2N} \quad (x=0,1,2,\cdots,N-1) \quad (5.2.3)$$

式中,

$$a(u) = \begin{cases} \sqrt{1/N} & u=0 \\ \sqrt{2/N} & \text{其他} \end{cases} \quad (5.2.4)$$

5.2.2 二维离散余弦变换

考虑到两个变量,很容易将一维 DCT 的定义推广到二维 DCT。

设 $f(x,y)$ 为 $N \times N$ 的数字图像矩阵,则二维 DCT 变换对定义如下:

$$C(u,v) = a(u)a(v) \sum_{x=0}^{N-1} \sum_{y=0}^{N-1} f(x,y) \cos \frac{(2x+1)u\pi}{2N} \cos \frac{(2y+1)v\pi}{2N} \quad (5.2.5)$$

式中, $u,v=0,1,2,\cdots,N-1$。

$$f(x,y) = \sum_{u=0}^{N-1} \sum_{v=0}^{N-1} a(u)a(v) C(u,v) \cos \frac{(2x+1)u\pi}{2N} \cos \frac{(2y+1)v\pi}{2N} \quad (5.2.6)$$

式中, $x,y=0,1,2,\cdots,N-1$。$a(u)$ 和 $a(v)$ 的定义同式(5.2.4)。

DCT 的计算速度快,已广泛应用于数字信号处理中,例如图像压缩编码、语音信号处理等方面。

5.2.3 离散余弦变换的应用

离散余弦变换主要用于图像的压缩,如目前的国际压缩标准 JPEG 格式中就用到了 DCT 变换。其具体的做法与 DFT 相似,给高频系数部分大间隔量化,低频系数部分小间隔量化。它比傅里叶变换有更强的信息集中能力,可以提高编码效率。

具体在 JPEG 图像压缩算法中,首先将输入图像划分为 8×8 的方块,然后对每一个方块执行二维离散余弦变换,最后将变换得到量化的 DCT 系数进行编码和传送,形成压缩后的图像格式。在接收端,将量化的 DCT 系数进行解码,并对每个 8×8 方块进行二维 IDCT,最后将操作完成后的块组合成一幅完整的图像。

8×8 的方块经正交变换后得到的 DCT 矩阵 $F(u,v)$ 的左上角代表图像的低频分量,右下角代表图像的高频分量,$F(0,0)$ 为直流分量(DC)。DCT 改变了信号能量的分布方式,使信号能量的分布范围主要集中于低频区域。换言之,DCT 矩阵中大多数的 DCT 系数的值非常接近于零,如果舍弃这些接近于零的 DCT 系数值,就可以节约大量的存储空间,而在重构图像时又不会使画面质量显著下降。

图 5.2.1 给出了 DCT 在图像压缩中的应用实例。图 5.2.1(a)是未经压缩的原始图像,图 5.2.1(b)是采用 DCT 逆变换后得到的图像,可以看出图 5.2.1(b)基本保留了原图的内容信息,和原始灰度图像的视觉差别非常小。但是图 5.2.1(b)的文件大小只是图 5.2.1(a)的 1/6,可见离散余弦变换在图像压缩上发挥了很大的作用。

(a)原始图像   (b)离散余弦逆变换得到的图像

图 5.2.1 离散余弦变换实例

5.3 频域滤波基础

空域滤波是利用模板卷积运算得到的,假设图像函数 $f(x,y)$ 与模板 $h(x,y)$ 卷积结果是 $g(x,y)$,即

$$g(x,y) = f(x,y) * h(x,y) \tag{5.3.1}$$

根据卷积定理,在频域可表示为:

$$G(u,v) = F(u,v)H(u,v) \tag{5.3.2}$$

式中,$G(u,v)$、$F(u,v)$、$H(u,v)$ 分别为 $g(x,y)$、$f(x,y)$、$h(x,y)$ 的傅里叶变换。

在具体的图像增强应用中,$f(x,y)$ 是给定的,这样可得到 $F(u,v)$,只要确定 $H(u,v)$,就可以算出 $G(u,v)$,然后通过傅里叶逆变换得到 $g(x,y)$。

$$g(x,y) = F^{-1}[F(u,v)H(u,v)] \tag{5.3.3}$$

根据以上讨论,在频域中进行图像增强主要步骤如下:

(1) 计算需要增强的图像 $f(x,y)$ 的傅里叶变换 $F(u,v)$。
(2) 将其与 1 个传递函数 $H(u,v)$ 相乘。
(3) 再将结果进行傅里叶逆变换,就可以得到增强的图像 $g(x,y)$。

5.4 频域低通平滑滤波

在分析图像信号的频率特性时,对于一幅图像,直流分量代表了图像的平均灰度,大面积的背景区域和缓慢变化部分则代表图像的低频分量,而它的边缘、细节、跳跃部分以及颗粒噪声都代表图像的高频分量。因此,在频域中对图像采用滤波器函数衰减高频信息而使低频信息畅通无阻的过程称为低通滤波。通过滤波可以去除高频分量,消除噪声,起到平滑图像的增强作用。但同时也可能滤除某边界对应的频率分量,而使图像的边界变得模糊。

频率域中的图像滤波处理流程框图如图 5.4.1 所示。

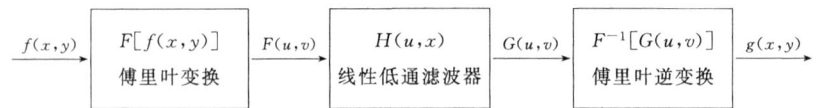

图 5.4.1　图像频域低通滤波流程框图

根据前面的分析,显然 $H(u,v)$ 应该具有低通滤波特性。通过选择不同的 $H(u,v)$,可产生不同的低通滤波平滑效果。常用的低通滤波器有 4 种,它们都是零相位的,即它们对信号傅里叶变换的实部和虚部系数都有着相同的影响。

1. 理想低通滤波器(ILPF)

二维理想低通滤波器如图 5.4.2 所示,它的传递函数 $H(u,v)$ 为:

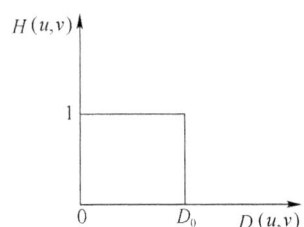

图 5.4.2　理想低通滤波器特性曲线

$$H(u,v)=\begin{cases} 1 & D(u,v) \leqslant D_0 \\ 0 & D(u,v) > D_0 \end{cases} \quad (5.4.1)$$

式中,D_0 为理想低通滤波器的截止频率,是一个规定非负的量,这里理想是指小于等于 D_0 的频率可以完全不受影响地通过滤波器,而大于 D_0 的频率则完全通不过,因此 D_0 也叫截止频率。这种理想低通滤波器尽管在计算机中可以模拟实现,但理想低通滤波器无法用实际的电子器件硬件实现这种从 1 到 0 陡峭突变的截止频率。$D(u,v)=(u^2+v^2)^{1/2}$ 是从频率平面上点 (u,v) 到频率平面原点 $(0,0)$ 的距离。

2. 巴特沃斯低通滤波器(BLPF)

n 阶巴特沃斯(Butterworth)低通滤波器如图 5.4.3 所示,它的传递函数为:

$$H(u,v)=\frac{1}{1+[D(u,v)/D_0]^{2n}} \quad (5.4.2)$$

当 $D(u,v)=D_0$,$n=1$ 时,$H(u,v)$ 在 D_0 处的值降为其最大值的 1/2。

它的另一种巴特沃斯低通滤波器传递函数为:

$$H(u,v)=\frac{1}{1+(\sqrt{2}-1)[D(u,v)/D_0]^{2n}} \quad (5.4.3)$$

当 $D(u,v)/D_0=1$,$n=1$ 时,$H(u,v)$ 在 D_0 处的值为其最大值的 $\frac{1}{\sqrt{2}}$。

式(5.4.2)与式(5.4.3)的区别在于截止频率定义的不同，$H(u,v)$ 具有不同的衰减特性，可视需要来确定。在式(5.4.2)和式(5.4.3)中，D_0 是截止频率，n 为阶数，取正整数，用它控制曲线的形状。

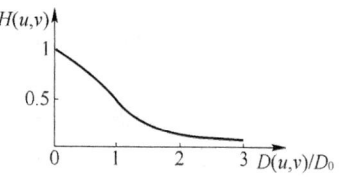

图 5.4.3 巴特沃斯滤波器特性曲线

巴特沃斯低通滤波器传递函数特性为连续性衰减，而不像理想低通滤波器那样是陡峭和明显的不连续性衰减。在它的尾部保留有较多的高频，所以对噪声的平滑效果不如理想低通滤波器。采用该滤波器在抑制噪声的同时，图像边缘的模糊程度大大减小，振铃效应不明显。

3. 指数型低通滤波器(ELPF)

指数型低通滤波器如图 5.4.4 所示，它的传递函数为：

$$H(u,v) = \exp\{-[D(u,v)/D_0]^n\} \tag{5.4.4}$$

或

$$H(u,v) = \exp\{[\ln(1/\sqrt{2})][D(u,v)/D_0]^n\} \tag{5.4.5}$$

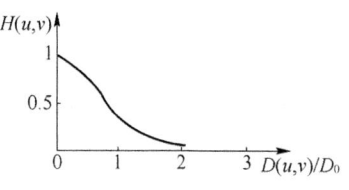

图 5.4.4 指数滤波器特性曲线

式中，D_0 为截止频率，n 为阶数。当 $D(u,v)=D_0$，$n=1$ 时，对于式(5.4.4)，$H(u,v)$ 降为最大值 $1/e$；对于式(5.4.5)，$H(u,v)$ 降为最大值 $1/\sqrt{2}$，所以两者的衰减特性仍有不同。由于 ELPF 具有比较平滑的过滤带，经此平滑后的图像没有"振铃"现象，而与巴特沃斯滤波相比，它具有更快的衰减特性，处理的图像稍微模糊一些。

4. 梯形低通滤波器(TLPF)

梯形低通滤波器如图 5.4.5 所示，它的传递函数为：

$$H(u,v) = \begin{cases} 1 & D(u,v) < D_0 \\ \dfrac{D(u,v)-D_1}{D_0-D_1} & D_0 \leqslant D(u,v) \leqslant D_1 \\ 0 & D(u,v) > D_1 \end{cases} \tag{5.4.6}$$

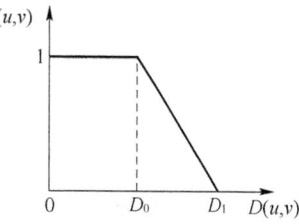

图 5.4.5 梯形滤波器特性曲线

式中，D_1 为梯形低通滤波器的截止频率。D_0 和 D_1 按要求预先指定为 $D_0 < D_1$，它的性能介于理想低通滤波器与巴特沃斯低通滤波器之间，对图像有一定的模糊和振铃效应。

5.5 频域高通锐化滤波

由于图像中的边缘、线条等细节部分与图像频谱中的高频分量相对应，在频域中用高通滤波器处理，能够使图像的边缘或线条变得清晰，图像得到锐化。高通滤波器衰减傅里叶变换中的低频分量，使傅里叶变换中的高频信息通过。因此，采用高通滤波的方法让高频分量顺利通过，使低频分量受到抑制，就可以增强高频的成分。

在频域中实现高通滤波，其数学表达式为：

$$G(u,v) = F(u,v) \cdot H(u,v) \tag{5.5.1}$$

式中，$F(u,v)$ 为原图像 $f(x,y)$ 的傅里叶频谱；$G(u,v)$ 为锐化后图像 $g(x,y)$ 的傅里叶频谱；$H(u,v)$ 为滤波器的转移函数（即频谱响应）。那么，对高通滤波器而言，$H(u,v)$ 使高频分量通过，低频分量抑制。下面具体介绍常用的 4 种高通滤波器。

1. 理想高通滤波器（IHPF）

二维理想高通滤波器的传递函数 $H(u,v)$ 定义为：

$$H(u,v)=\begin{cases}1 & D(u,v)>D_0 \\ 0 & D(u,v)\leqslant D_0\end{cases} \quad (5.5.2)$$

式中，D_0 称为截止频率，$D(u,v)=\sqrt{u^2+v^2}$ 是频率平面点 (u,v) 到频率平面原点 $(0,0)$ 的距离。

它在形状上和前面介绍的理想低通滤波器的形状刚好相反，但与理想低通滤波器一样，这种理想高通滤波器也无法用实际的电子器件硬件来实现。

2. 巴特沃斯高通滤波器（BHPF）

n 阶巴特沃斯高通滤波器的传递函数为：

$$H(u,v)=\frac{1}{1+[D_0/D(u,v)]^{2n}} \quad (5.5.3)$$

式中，D_0 为截止频率，$D(u,v)=\sqrt{u^2+v^2}$ 为点 (u,v) 到频率平面原点的距离。当 $D(u,v)=D_0$ 时，$H(u,v)$ 下降到最大值的 $1/2$。

当选择截止频率 D_0，要求使该点处的 $H(u,v)$ 下降到最大值的 $1/\sqrt{2}$ 为条件时，可用下式实现：

$$H(u,v)=\frac{1}{1+(\sqrt{2}-1)[D_0/D(u,v)]^{2n}} \quad (5.5.4)$$

3. 指数型高通滤波器（EHPF）

指数型高通滤波器的传递函数定义为：

$$H(u,v)=e^{-[D_0/D(u,v)]^n} \quad (5.5.5)$$

式中，D_0 为截止频率，变量 n 控制着从原点算起的距离函数 $H(u,v)$ 的增长率。当 $D(u,v)=D_0$ 时，若采用下式：

$$H(u,v)=e^{\ln(1/\sqrt{2})[D_0/D(u,v)]^n} \quad (5.5.6)$$

它使 $H(u,v)$ 在截止频率 D_0 时等于最大值的 $1/\sqrt{2}$。

4. 梯形高通滤波器（THPF）

梯形高通滤波器的传递函数定义为：

$$H(u,v)=\begin{cases}0 & D(u,v)<D_1 \\ \dfrac{D(u,v)-D_1}{D_0-D_1} & D_1\leqslant D(u,v)\leqslant D_0 \\ 1 & D(u,v)>D_0\end{cases} \quad (5.5.7)$$

式中，D_0 为截止频率，D_1 为 0 截止频率，频率低于 D_1 的频率全部衰减。条件是 D_1 可以是任意的，只要它小于 D_0，满足 $D_0>D_1$ 即可。

5.6 频域伪彩色增强

上一章介绍的灰度分层法和灰度变换法两种伪彩色图像增强方法，都是在空间域进行的,下面介绍一种频率域进行的伪彩色增强处理技术。

频域伪彩色处理的示意图如图 5.6.1 所示,首先把灰度图像经傅里叶变换到频率域,在频率域内用 3 个不同传递特性的滤波器将其分离成 3 个独立分量,从 3 个不同频率的滤波器输出的信号在经过傅里叶逆变换,可以对这 3 幅图像再作后期处理,最后把它们作为三基色分量分别加到彩色显示器的红、绿、蓝显示通道,从而实现频率域的伪彩色处理。这种方法的基本思想是根据图像中各区域的不同频率含量给区域赋予不同颜色。为得到不同的频率分量可分别使用低通、带通(或带阻)和高速滤波器作为图 5.6.1 中的 3 个滤波器。如果希望图像的边缘(即高频分量)成为红色,则可以将红色通道滤波器设计成高通滤波器。如果希望抑制图像中的某种频率成分,则可以把此频率的滤波器设计成带阻滤波器。

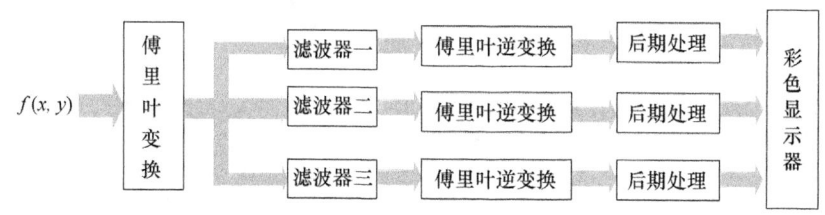

图 5.6.1 频域伪彩色处理的示意图

5.7 频域图像增强的 MATLAB 实现

5.7.1 傅里叶变换的 MATLAB 实现

在 MATLAB 软件中,通过函数 fft() 进行一维离散傅里叶变换,通过函数 ifft() 进行一维离散傅里叶逆变换。函数 fft() 和 ifft() 的详细使用情况,读者可以查询 MATLAB 的帮助系统。在 MATLAB 中,采用函数 fft2() 进行二维离散傅里叶变换,函数 fft() 和 fft2() 的关系为:

```
fft2(X)= fft(fft(X).').'
```

函数 fft2() 的详细调用情况如下所示。

① Y=fft2(X):该函数采用快速 FFT 算法,计算矩阵 X 的二维离散傅里叶变换,结果返回该 Y,Y 的大小与 X 相同。

② Y=fft2(X,m,n):该函数采用快速 FFT 算法,计算矩阵大小为 m×n 的二维离散傅里叶变换,返回结果 Y 的大小为 m×n。如果矩阵 X 小于 m×n,则用 0 补齐。

【例 5.7.1】 矩阵的二维离散傅里叶变换。
具体实现的 MATLAB 代码如下:

```
close all;clear all;clc; % 关闭当前所有图形窗口,清空工作空间变量,清除命令行
I1 = ones(4)
I2 = [2 2 2 2;1 1 1 1;3 3 0 0;0 0 0 0]
J1 = fft2(I1)
J2 = fft2(I2)
```

程序运行后,输出结果如下所示。

```
I1 =
     1     1     1     1
     1     1     1     1
     1     1     1     1
     1     1     1     1
I2 =
     2     2     2     2
     1     1     1     1
     3     3     0     0
     0     0     0     0
J1 =
    16     0     0     0
     0     0     0     0
     0     0     0     0
     0     0     0     0
J2 =
   18.0000              3.0000 - 3.0000i         0         3.0000 + 3.0000i
    2.0000 - 4.0000i   -3.0000 + 3.0000i         0        -3.0000 - 3.0000i
   10.0000              3.0000 - 3.0000i         0         3.0000 + 3.0000i
    2.0000 + 4.0000i   -3.0000 + 3.0000i         0        -3.0000 - 3.0000i
```

在程序中,建立矩阵 I1 和 I2,然后利用函数 fft2() 对矩阵进行二维离散傅里叶变换,变换后得到的矩阵和原矩阵大小相等。

【例 5.7.2】 图像的二维离散傅里叶变换。

具体实现的 MATLAB 代码如下:

```
close all;clear all;clc;%关闭当前所有图形窗口,清空工作空间变量,清除命令行
I = imread('cameraman.tif');%读取图像
J = fft2(I);%离散快速傅里叶变换
K = abs(J/256);
figure;
subplot(121);imshow(I);%显示图像
subplot(122);imshow(uint8(K));%显示频谱图
```

在程序中,首先读取灰度图像,然后通过函数 fft2() 进行二维离散傅里叶变换。程序运行后,输出结果如图 5.7.1 所示。图 5.7.1(a) 为原始灰度图像,图 5.7.1(b) 为经过傅里叶变换后的频谱图。在频谱图中,坐标原点在窗口的左上角,窗口的四角分布低频部分。

通过函数 fft2() 得到的频谱,坐标原点位于左上角。在 MATLAB 软件中,可以通过函数 fftshift() 将变换后的坐标原点移到频谱图窗口中央,坐标原点周围是低频成分,向外是高频成分。函数 fftshift() 的详细调用情况如下所示。

Y=fftshift(X):该函数将傅里叶变换得到的结果中零频率成分移到矩阵中心,便于观察频谱,X 为傅里叶变换后的结果,Y 为纠正零频后的图像频谱分布。

函数 fftshift() 能够进行傅里叶平移。和其相对,函数 ifftshift() 能够进行傅里叶反平移。函数 ifftshift() 的详细调用情况,读者可以查询 MATLAB 的帮助系统,这里不再详细介绍。

【例 5.7.3】 通过函数 fftshift() 进行平移。

具体实现的 MATLAB 代码如下:

```
close all;clear all;clc;%关闭当前所有图形窗口,清空工作空间变量,清除命令行
```

(a)原始灰度图像　　　　　(b)灰度图像的傅里叶频谱

图 5.7.1　图像的二维离散傅里叶变换

```
N = 0:4
X = fftshift(N);%平移
Y = fftshift(fftshift(N));%平移后再进行平移
Z = ifftshift(fftshift(N));%平移后再进行反平移
```

程序运行后,输出结果如下所示。

```
N =
    0    1    2    3    4
X =
    3    4    0    1    2
Y =
    1    2    3    4    0
Z =
    0    1    2    3    4
```

在程序中,通过函数 fftshift()进行傅里叶平移,通过函数 ifftshift()进行傅里叶反平移。通过程序的运行结果可知,Z 为原来的数列。

【例 5.7.4】　图像进行傅里叶变换和平移。

具体实现的 MATLAB 代码如下:

```
close all;clear all;clc;%关闭当前所有图形窗口,清空工作空间变量,清除命令行
I = imread('peppers.png');%读取图像
J = rgb2gray(I);%转换为灰度图像
K = fft2(J);%离散快速傅里叶变换
K = fftshift(K);%平移
L = abs(K/256);
figure;
subplot(121);imshow(J);%显示图像
subplot(122);imshow(uint8(L));%显示频谱图
```

在程序中,读取 RGB 彩色图像,通过函数 rgb2gray()转换为灰度图像,通过函数 fft2()进行傅里叶变换,通过函数 fftshift()进行平移。程序运行后,输出结果如图 5.7.2 所示。图 5.7.2(a)为灰度图像,图 5.7.2(b)为经过平移后的傅里叶频谱图。图像的能量主要集中在低频部分,即频谱图的中央,四个角的高频部分幅值非常小。在以后进行的傅里叶变换都进行平移,将不再重复描述。

(a)灰度图像　　　　　　　　(b)平移后得到的频谱

图 5.7.2　图像进行傅里叶变换和平移

【例 5.7.5】　图像变亮后进行傅里叶变换。

具体实现的 MATLAB 代码如下：

```
close all;clear all;clc;%关闭当前所有图形窗口,清空工作空间变量,清除命令行
I = imread('peppers.png');%读取 RGB 彩色图像
J = rgb2gray(I);%转换为灰度图像
J = J * exp(1);%变亮
J(find(J>255)) = 255;
K = fft2(J);%离散快速傅里叶变换
K = fftshift(K);%平移
L = abs(K/256);
figure;
subplot(121);imshow(J);%显示图像
subplot(122);imshow(uint8(L));%显示频谱图
```

在程序中,将灰度图像的数据矩阵乘以 e,使灰度图像变亮,然后进行傅里叶变换和平移。程序运行后,输出结果如图 5.7.3 所示。图 5.7.3(a)为变亮后的灰度图像,图 5.7.3(b)为变亮后进行傅里叶变换得到的频谱图。对比图 5.7.2 和图 5.7.3 中的频谱图,图像变亮后,中央低频部分变大了。因此,频谱图的中央低频部分代表了灰度图像的平均亮度。

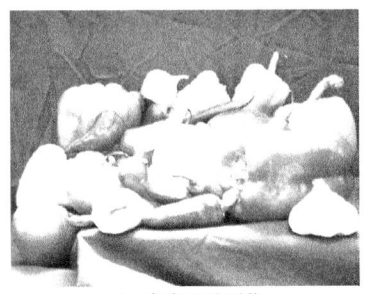

(a)变亮后的图像　　　　　　　(b)变亮后图像的傅里叶频谱

图 5.7.3　灰度图像变亮后进行傅里叶变换

【例 5.7.6】　图像旋转后进行傅里叶变换。

具体实现的 MATLAB 代码如下：

```
close all;clear all;clc;%关闭当前所有图形窗口,清空工作空间变量,清除命令行
I = imread('peppers.png');%读取 RGB 彩色图像
J = rgb2gray(I);%转换为灰度图像
J = imrotate(J,45,'bilinear');%图像旋转
K = fft2(J);%离散快速傅里叶变换
```

```
K = fftshift(K);% 平移
L = abs(K/256);
figure;
subplot(121);imshow(J);% 显示图像
subplot(122);imshow(uint8(L));% 显示频谱图
```

在程序中,通过函数 imrotate() 对灰度图像进行逆时针旋转 45°,然后进行傅里叶变换。程序运行后,输出结果如图 5.7.4 所示。图 5.7.4(a)为旋转后的灰度图像,图 5.7.4(b)为旋转后得到的图像的频谱图。

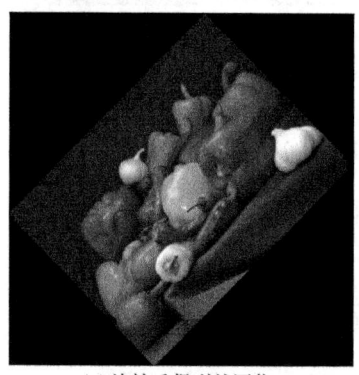

(a)旋转后得到的图像　　(b)旋转后图像的傅里叶频谱

图 5.7.4　图像旋转后进行傅里叶变换

【例 5.7.7】　图像添加高斯噪声后进行傅里叶变换。

具体实现的 MATLAB 代码如下:

```
close all;clear all;clc;% 关闭当前所有图形窗口,清空工作空间变量,清除命令行
I = imread('peppers.png');% 读取 RGB 彩色图像
J = rgb2gray(I);% 转化为灰度图像
J = imnoise(J,'gaussian',0,0.01);% 添加高斯噪声
K = fft2(J);% 离散快速傅里叶变换
K = fftshift(K);% 平移
L = abs(K/256);
figure;
subplot(121);imshow(J);% 显示图像
subplot(122);imshow(uint8(L));% 显示频谱图
```

在程序中,通过函数 imnoise() 给图像添加高斯噪声,然后进行傅里叶变换。程序运行后,输出结果如图 5.7.5 所示。图 5.7.5(a)为添加高斯噪声后的图像,图 5.7.5(b)为其对应的傅里叶频谱图。

在 MATLAB 软件中,通过函数 ifft2() 进行二维快速傅里叶逆变换,该函数和函数 fft2() 互为反函数。函数 ifft2() 的调用格式如下。

① Y=ifft2(X):该函数计算傅里叶变换结果 X 所对应的图像 Y。

② Y=ifft2(X,m,n):该函数计算傅里叶变换结果 X 所对应的图像 Y,并规定返回图像 Y 的大小为 m×n,即 m 行 n 列。

【例 5.7.8】　灰度图像的傅里叶变换和逆变换。

具体实现的 MATLAB 代码如下:

```
close all;clear all;clc;% 关闭当前所有图形窗口,清空工作空间变量,清除命令行
```

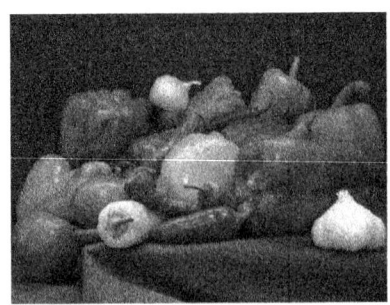

(a)添加高斯噪声的图像　　　　　　(b)高斯噪声图像的傅里叶变换

图 5.7.5　添加高斯噪声后进行傅里叶变换

```
I = imread('onion.png'); % 读取 RGB 彩色图像
J = rgb2gray(I); % 转换为灰度图像
K = fft2(J); % 离散快速傅里叶变换
L = fftshift(K); % 平移
M = ifft2(K); % 离散快速傅里叶逆变换
figure;
subplot(121);imshow(uint8(abs(L)/198)); % 显示频谱图
subplot(122);imshow(uint8(M)); % 显示逆变换后得到的图像
```

在程序中,读取真彩色图像,然后转换为灰度图像。通过函数 fft2()进行傅里叶变换,通过函数 fftshift()进行傅里叶平移,通过函数 ifft2()进行傅里叶逆变换。程序运行后,输出结果如图 5.7.6 所示。图 5.7.6(a)为经过傅里叶变换后得到的频谱图,图 5.7.6(b)为对傅里叶变换系数进行傅里叶逆变换后得到的灰度图像。

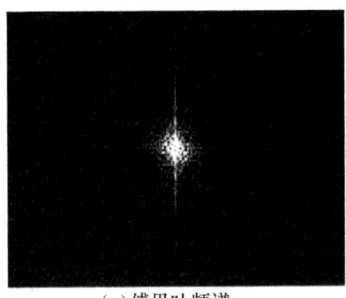

(a)傅里叶频谱　　　　　　(b)傅里叶逆变换后得到的图像

图 5.7.6　图像的傅里叶逆变换

【例 5.7.9】　灰度图像的幅值谱和相位谱。

具体实现的 MATLAB 代码如下:

```
close all;clear all;clc; % 关闭当前所有图形窗口,清空工作空间变量,清除命令行
I = imread('peppers.png'); % 读取 RGB 彩色图像
J = rgb2gray(I); % 转换为灰度图像
K = fft2(J); % 离散快速傅里叶变换
L = fftshift(K); % 平移
fftr = real(L);
ffti = imag(L);
A = sqrt(fftr.^2 + ffti.^2); % 幅值谱
A = (A - min(min(A)))/(max(max(A)) - min(min(A))) * 255; % 归一化
```

```
B = angle(K); % 相位谱
figure;
subplot(121);imshow(A); % 显示幅值谱
subplot(122);imshow(real(B)); % 显示相位谱
```

在程序中,首先读取 RGB 彩色图像,然后转换为灰度图像。通过函数 fft2()进行傅里叶变换,通过函数 fftshift()进行傅里叶平移。计算图像的幅值谱,并归一化到 0~255。通过函数 angle()计算图像的相位谱。程序运行后,输出结果如图 5.7.7 所示。图 5.7.7(a)为灰度图像傅里叶变换后的幅值谱,图 5.7.7(b)为灰度图像经过傅里叶变换后得到的相位谱。

(a)傅里叶变换后的幅值谱　　(b)傅里叶变换后的相位谱

图 5.7.7　图像傅里叶变换后的幅值谱和相位谱

【例 5.7.10】　编程实现二维离散傅里叶变换。

具体实现的 MATLAB 代码如下:

```
close all;clear all;clc; % 关闭当前所有图形窗口,清空工作空间变量,清除命令行
I = imread('onion.png'); % 读取 RGB 彩色图像
J = rgb2gray(I); % 转换为灰度图像
J = double(J);
s = size(J); % 图像的大小
M = s(1);N = s(2); % 获取图像的行数和列数
for u = 0:M-1
    for v = 0:N-1
        k = 0;
        for x = 0:M-1
            for y = 0:N-1
                k = J(x+1,y+1) * exp(-j*2*pi*(u*x/M+v*y/N))+k;
                            % 二维离散傅里叶变换公式
            end
        end
        F(u+1,v+1) = k; % 傅里叶变换结果
    end
end
K = fft2(J); % 离散快速傅里叶变换
figure;
subplot(121);imshow(K);
subplot(122);imshow(F);
```

在程序中,根据二维离散傅里叶变换的公式,编程实现了二维离散傅里叶变换。程序运行后,输出结果如图 5.7.8 所示。图 5.7.8(a)为采用函数 fft2()实现的二维离散傅里叶变

换,图 5.7.8(b)为通过公式编程实现的二维离散傅里叶变换,图 5.7.8(a)和图 5.7.8(b)的结果基本相同。在函数 fft2()中采用了快速傅里叶变换算法,运算速度比较快。

 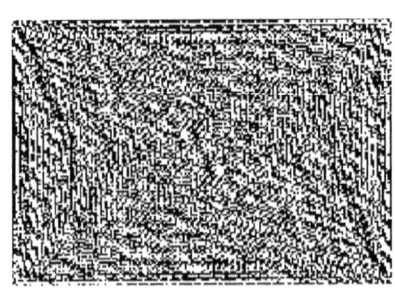

(a)采用函数 fft2()得到的频谱　　　　　(b)编程实现的傅里叶频谱

图 5.7.8　编程进行二维傅里叶变换

通过傅里叶变换将图像从空域变换到频域,然后进行相应的处理,然后再通过傅里叶逆变换将图像从频域变换到空域。下面通过实例来介绍傅里叶变换在图像处理中的应用。

【例 5.7.11】　通过傅里叶变换识别图像中的字符。

具体实现的 MATLAB 代码如下:

```
close all;clear all;clc;  % 关闭当前所有图形窗口,清空工作空间变量,清除命令行
I = imread('text.png');  % 读取图像
a = I(32:45,88:98);
figure;imshow(I);
figure;imshow(a);
c = real(ifft2(fft2(I).* fft2(rot90(a,2),256,256)));
figure;imshow(c,[]);
max(c(:))
thresh = 60;
figure;imshow(c>thresh)
```

在程序中读入含有文字的图像,如图 5.7.9(a)所示。然后,选取字母 a 的模板,如图 5.7.9(b)所示。将图像和含有字符的模板作傅里叶变换,然后进行卷积,并选取卷积的最大值(程序中 max(c(:))为 68)。图 5.7.9(c)为卷积后的结果,图 5.7.9(d)中的亮点为字母 a 的识别结果。

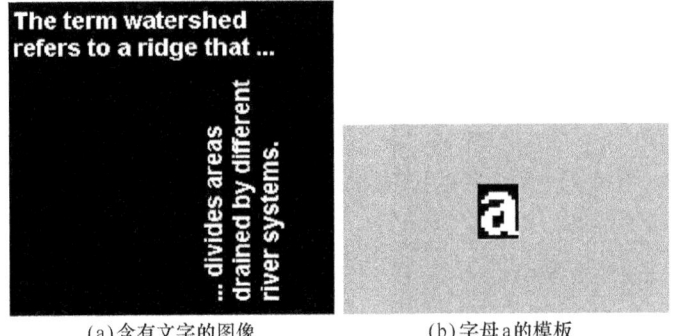

(a)含有文字的图像　　　　　(b)字母a的模板

图 5.7.9　傅里叶变换识别图像中的字符

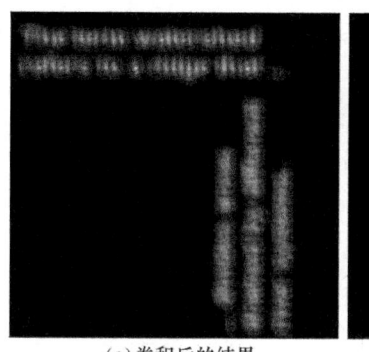

(c) 卷积后的结果　　　　　　(d) 字母a的识别结果

图 5.7.9　傅里叶变换识别图像中的字符(续图)

5.7.2　离散余弦变换的 MATLAB 实现

在 MATLAB 软件中,采用函数 dct()进行一维离散余弦变换,采用函数 idct()进行一维离散余弦逆变换,这两个函数的详细使用情况,读者可以查询 MATLAB 的帮助系统。通过函数 dct2()进行二维离散余弦变换,该函数的详细使用情况如下所示。

① B=dct2(A):该函数计算图像矩阵 A 的二维离散余弦变换,返回值为 B,A 和 B 的大小相同。

② B=dct2(A,m,n)或 B=dct2(A,[m,n]):该函数计算图像矩阵 A 的二维离散余弦变换,返回值为 B,通过对 A 补 0 或剪裁,使得 B 的大小为 m 行 n 列。

【例 5.7.12】　对图像进行二维离散余弦变换。

具体实现的 MATLAB 代码如下:

```
close all;clear all;clc;% 关闭当前所有图形窗口,清空工作空间变量,清除命令行
I = imread('coins.png'); % 读取图像
I = im2double(I);
J = dct2(I); % 二维离散余弦变换
figure;
subplot(121);imshow(I);% 显示原图像
subplot(122);imshow(log(abs(J)),[]);% 显示变换系数
```

在程序中,首先读取图像,然后采用函数 dct2()对图像进行二维离散余弦变换。程序运行后,输出结果如图 5.7.10 所示。5.7.10(a)为原始图像,图 5.7.10(b)为二维离散余弦变换的系数,系数中的能量主要集中在左上角,其余大部分系数接近于 0。

(a) 原始图像　　　　　　(b) 离散余弦变换系数的图像

图 5.7.10　图像的二维离散余弦变换

在 MATLAB 软件中,采用函数 dctmtx()生成离散余弦变换矩阵。函数 dctmtx()的详细使用情况如下。

B=dctmtx(n):该函数建立 n×n 的离散余弦变换矩阵 D,其中 n 是一个正整数。

【例 5.7.13】 通过函数 dctmtx()生成离散余弦变换矩阵。

具体实现的 MATLAB 代码如下:

```
close all;clear all;clc;％关闭当前所有图形窗口,清空工作空间变量,清除命令行
A = [1 1 1 1;2 2 2 2;3 3 3 3]
s = size(A);
M = s(1);
N = s(2);
P = dctmtx(M)
Q = dctmtx(N)
B = P * A * Q′
```

程序运行后,在 MATLAB 的命令行窗口中的输出结果如下:

```
A =
    1    1    1    1
    2    2    2    2
    3    3    3    3
P =
    0.5774    0.5774    0.5774
    0.7071    0.0000   -0.7071
    0.4082   -0.8165    0.4082
Q =
    0.5000    0.5000    0.5000    0.5000
    0.6533    0.2706   -0.2706   -0.6533
    0.5000   -0.5000   -0.5000    0.5000
    0.2706   -0.6533    0.6533   -0.2706
B =
    6.9282    0        -0.0000   -0.0000
   -2.8284   -0.0000    0.0000    0.0000
    0.0000    0        -0.0000   -0.0000
```

在程序中,建立矩阵 **A**,然后利用函数 dctmtx()生成两个离散余弦变换矩阵 **P** 和 **Q**,**P** 和 **Q** 均为方阵,**P** 的大小为矩阵 **A** 的行数,**Q** 的大小为矩阵 **A** 的列数。然后通过离散余弦变换的矩阵定义 **B**=**P**∗**A**∗**Q**′,计算矩阵 **A** 的离散余弦变换。

【例 5.7.14】 通过函数 dctmtx()进行图像的离散余弦变换。

具体实现的 MATLAB 代码如下:

```
close all;clear all;clc;％关闭当前所有图形窗口,清空工作空间变量,清除命令行
I = imread('cameraman.tif');％读取图像
I = im2double(I);
s = size(I);％图像的行数和列数
M = s(1);
N = s(2);
P = dctmtx(M);％离散余弦变换矩阵
Q = dctmtx(N);％离散余弦变换矩阵
J = P * I * Q′;％离散余弦变换
K = dct2(I);％离散余弦变换
E = J - K;％变换系数的差
```

```
find(abs(E)>0.000001);  % 查找系数差的绝对值大于 0.000001
figure;
subplot(121);imshow(J);  % 显示离散余弦系数
subplot(122);imshow(K);  % 显示离散余弦系数
```

程序运行后,在 MATLAB 的命令行窗口中的输出结果为:

```
ans =
    Empty matrix: 0-by-1
```

在程序中,首先读取灰度图像,接着通过函数 dctmtx() 生成离散余弦变换矩阵 $\boldsymbol{P}$ 和 $\boldsymbol{Q}$,然后通过离散余弦变换的矩阵定义 $\boldsymbol{B}=\boldsymbol{P}*\boldsymbol{A}*\boldsymbol{Q}'$ 来计算离散余弦变换。和采用函数 dct2() 计算余弦变换相比较,所得到的离散余弦变换系数 J 和 K 的差值没有大于 0.000001 的,即 J 和 K 基本相同。程序运行后,输出结果如图 5.7.11 所示。图 5.7.11(a)为采用离散余弦变换矩阵计算的离散余弦系数,图 5.7.11(b)为采用函数 dct2() 计算得到的离散余弦系数。

(a)采用离散余弦变换矩阵得到的系数图像　　(b)采用函数dct2()得到的系数图像

图 5.7.11　灰度图像的离散余弦变换

在 MATLAB 软件中,采用函数 idct2() 进行二维离散余弦逆变换,该函数的调用情况如下。

① B=idct2(A):该函数计算矩阵 A 的二维离散余弦逆变换,返回值为 B,A 和 B 的大小相同。

② B=idct2(A,m,n) 或 B=idct2(A,[m,n]):该函数计算 A 的二维离散余弦逆变换,返回值为 B,通过对 A 补 0 或剪裁,使得 B 的大小为 m 行 n 列。

【例 5.7.15】 图像的二维离散余弦逆变换。

具体实现的 MATLAB 代码如下:

```
close all;clear all;clc;  % 关闭当前所有图形窗口,清空工作空间变量,清除命令行
I = imread('cameraman.tif');  % 读取图像
I = im2double(I);
J = dct2(I);  % 二维离散余弦变换
J(abs(J)<0.1) = 0;  % 绝对值小于 0.1 的系数设置为 0
K = idct2(J);  % 二维离散余弦逆变换
figure;
subplot(131);imshow(I);  % 显示原图像
subplot(132);imshow(J);  % 变换系数
subplot(133);imshow(K);  % 显示结果图像
```

在程序中，首先读取灰度图像，采用函数 dct2() 进行二维离散余弦变换，然后将变换系数中绝对值小于 0.1 的系数设置为 0，最后采用函数 idct2() 进行离散余弦逆变换。程序运行后，输出结果如图 5.7.12 所示。图 5.7.12(a) 为原始灰度图像，图 5.7.12(b) 为绝对值大于 0.1 的变换系数，图 5.7.12(c) 为经过离散余弦逆变换后得到的图像，和原始灰度图像的视觉差别非常小。

(a) 原始图像　　　　　(b) 离散余弦变换系数图像　　　(c) 离散余弦逆变换得到的图像

图 5.7.12　图像的离散余弦逆变换

在介绍离散余弦变换进行图像数据压缩之前，首先介绍图像的块操作函数 blkproc()。在 MATLAB 软件中，采用函数 blkproc() 进行图像的块操作，该函数的详细使用情况如下：

① B=blkproc(A,[m,n],fun)：该函数对矩阵 A 进行块操作，块的大小为 m×n，对块的操作函数为 fun。返回值 B 为进行块操作后得到的矩阵，A 和 B 的大小相同。

② B=blkproc(A,[m,n],[mborder nborder],fun)：该函数对矩阵 A 进行块操作，块的大小为 m×n，在移动块时具有 mborder×nborder 的重叠。

【例 5.7.16】　通过函数 blkproc() 对图像进行块操作。

具体实现的 MATLAB 代码如下：

```
close all;clear all;clc;% 关闭当前所有图形窗口,清空工作空间变量,清除命令行
I = imread('cameraman.tif');% 读取图像
fun1 = @dct2;% 函数句柄
J1 = blkproc(I,[8 8],fun1);% 块操作
fun2 = @(x) std2(x) * ones(size(x));% 函数句柄
J2 = blkproc(I,[8 8],fun2);% 块操作
figure;
subplot(121);imagesc(J1);% 显示结果图像
subplot(122);imagesc(J2);% 显示结果图像
colormap gray;% 设置调色板
```

程序运行后，输出结果如图 5.7.13 所示。在程序中，读取灰度图像，然后采用函数 blkproc() 进行图像块操作，块的大小为 8×8，采用的函数为 fun1，函数 fun1 为函数 dct2() 的函数句柄，块操作后的结果如图 5.7.13(a) 所示。采用函数 fun2 对块进行操作，函数 fun2 为匿名函数，用块的方差作为该块的元素值，块操作后的结果如图 5.7.13(b) 所示。

离散余弦变换主要应用于图像数据压缩方面：在 JPEG 图像压缩算法中，首先将输入图像划分为 8×8 或者是 16×16 的方块，然后对每一个方块执行二维离散余弦变换，最后将变换得到的量化的变换系数进行编码和传送，形成压缩后的图像格式。在接收端，将量化的离散余弦变换系数进行解码，并对每个 8×8 或者是 16×16 的方块进行二维离

散余弦变换,最后将操作完成后的块组合成一幅完整的图像。8×8 方块经正变换后得到的系数矩阵的左上角代表图像的低频分量,右下角代表图像的高频分量。

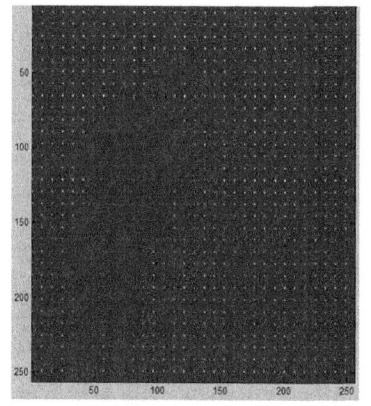
(a)图像分块后采用函数fun1处理

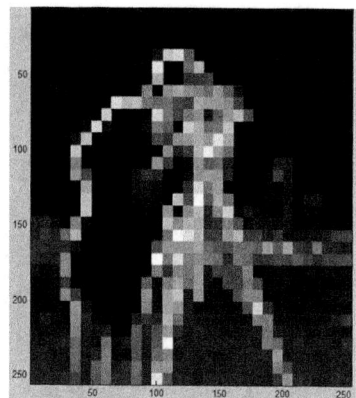
(b)图像分块后采用函数fun2处理

图 5.7.13　图像的块操作

【例 5.7.17】 通过离散余弦变换进行图像压缩。

具体实现的 MATLAB 代码如下:

```
close all;clear all;clc; %关闭当前所有图形窗口,清空工作空间变量,清除命令行
I = imread('rice.png'); %读取图像
J = im2double(I);
T = dctmtx(8); %计算离散余弦变换矩阵
K = blkproc(J,[8 8],'P1 * x * P2',T,T'); %对每个小方块进行离散余弦变换
mask = [ 1  1  1  1  0  0  0  0    %只选择左上角的 10 个系数
         1  1  1  0  0  0  0  0
         1  1  0  0  0  0  0  0
         1  0  0  0  0  0  0  0
         0  0  0  0  0  0  0  0
         0  0  0  0  0  0  0  0
         0  0  0  0  0  0  0  0
         0  0  0  0  0  0  0  0];
K2 = blkproc(K,[8 8],'P1. * x',mask); %系数选择
L = blkproc(K2,[8 8],'P1 * x * P2',T',T); %对每个小方块进行离散余弦逆变换
figure;
subplot(121);imshow(J); %显示原图像
subplot(122);imshow(L); %显示结果图像
```

在程序中,读入图像后,通过函数 dctmtx() 产生离散余弦变换矩阵,通过函数 blcproc() 将图像划分为 8×8 的方块,并进行离散余弦变换,只保留 64 个系数中左上角的 10 个系数,其余设置为 0。最后,通过这 10 个系数对每个小方块进行离散余弦逆变换,重构原图像。程序运行后,输出结果如图 5.7.14 所示。图 5.7.14(a)为原始图像,图 5.7.14(b)为只保留了 10/64 的离散余弦系数进行逆变换后得到的图像,压缩后的图像仍具有很好的视觉效果。

图像经过离散余弦变换后,得到的离散余弦变换系数有三个特点,一是系数值全部集中到 0 值附近,动态范围很小,这说明用较小的量化比特数即可表示离散余弦变换系数;二是离散余弦变换后图像能量集中在图像的低频部分,即系数中不为 0 的系数大部分集中在一

起(左上角),因此编码效率很高;三是没有保留原图像块的精细结构,从中反映不了原图像块的边缘、轮廓等信息,这一特点是由离散余弦变换缺乏局域性造成的。

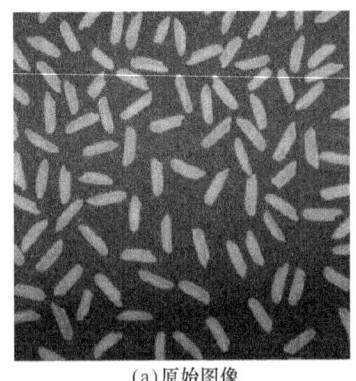 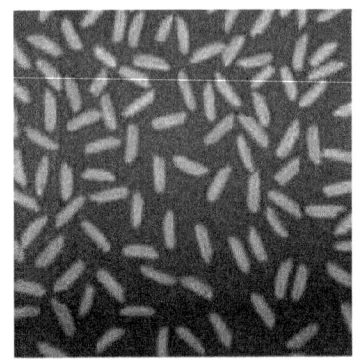

(a)原始图像　　　　　　　(b)离散余弦变换压缩得到的图像

图 5.7.14　离散余弦变换图像压缩

5.7.3　频域低通平滑滤波的 MATLAB 实现

低通滤波器的功能是让低频成分通过而滤掉或衰减高频率成分。所以,低通滤波的效果是图像去噪声平滑增强,但同时也抑制了图像的边缘,造成图像不同程序上的模糊。

【例 5.7.18】　利用理想低通滤波器对图像进行滤波。

具体实现的 MATLAB 代码如下:

```
close all;clear all;clc; % 关闭当前所有图形窗口,清空工作空间变量,清除命令行
I = imread('coins.png'); % 读取图像
I = im2double(I);
M = 2 * size(I,1); % 滤波器的行数
N = 2 * size(I,2); % 滤波器的列数
u = - M/2:(M/2 - 1);
v = - N/2:(N/2 - 1);
[U,V] = meshgrid(u,v);
D = sqrt(U.^2 + V.^2);
D0 = 80; % 截止频率
H = double(D< = D0); % 理想低通滤波器
J = fftshift(fft2(I,size(H,1),size(H,2))); % 空域图像转换到频域
K = J.* H; % 滤波处理
L = ifft2(ifftshift(K)); % 傅里叶逆变换
L = L(1:size(I,1),1:size(I,2));
figure;
subplot(121);imshow(I); % 显示原始图像
subplot(122);imshow(L); % 显示滤波后的图像
```

在程序中,设计了理想低通滤波器,截止频率为 80。通过二维离散傅里叶变换将图像转换到频域,频域图像乘以滤波器的系数,然后进行二维傅里叶逆变换转换到空域图像。程序运行后,输出结果如图 5.7.15 所示。图 5.7.15(a)为原始图像,图 5.7.15(b)为采用理想低通滤波器进行滤波后得到的图像,通过低通滤波器去掉了图像中的高频部分,图像的边缘变得模糊。

 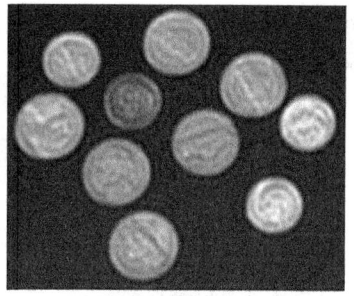

(a) 原始图像　　　　　　(b) 理想低通滤波后的图像

图 5.7.15　利用理想低通滤波器进行滤波

【例 5.7.19】 利用巴特沃斯低通滤波器对图像进行滤波。

具体实现的 MATLAB 代码如下：

```
close all;clear all;clc;% 关闭当前所有图形窗口,清空工作空间变量,清除命令行
I = imread('coins.png');% 读取图像
I = im2double(I);
M = 2 * size(I,1);% 滤波器的行数
N = 2 * size(I,2);% 滤波器的列数
u = - M/2:(M/2 - 1);
v = - N/2:(N/2 - 1);
[U,V] = meshgrid(u,v);
D = sqrt(U.^2 + V.^2);
D0 = 50;% 截止频率
n = 6;% 滤波器的阶数
H = 1./(1 + (D./D0).^(2 * n));% 设计巴特沃斯滤波器
J = fftshift(fft2(I,size(H,1),size(H,2)));% 转换到频域
K = J.* H;% 滤波处理
L = ifft2(ifftshift(K))% 离散快速傅里叶逆变换
L = L(1:size(I,1),1:size(I,2));% 改变图像大小
figure;
subplot(121);imshow(I);% 显示原始图像
subplot(122);imshow(L);% 显示滤波后的图像
```

在程序中,设计了巴特沃斯低通滤波器,截止频率为 50,阶数为 6。通过傅里叶变换将图像变换到频域,然后将频域图像和低通滤波器的系数相乘,最后通过傅里叶逆变换转换到空域。程序运行后,输出结果如图 5.7.16 所示。图 5.7.16(a) 为原始图像,图 5.7.16(b) 为采用巴特沃斯滤波器进行滤波后得到的图像,通过低通滤波后,去除了图像的高频部分,图像的边缘变得模糊。

 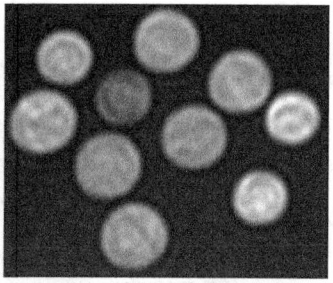

(a) 原始图像　　　　　　(b) 巴特沃斯低通滤波后的图像

图 5.7.16　利用巴特沃斯低通滤波器进行滤波

【例 5.7.20】 采用不同截止频率对图像进行巴特沃斯低通滤波。

具体实现的 MATLAB 代码如下：

```
close all;clear all;clc;%关闭当前所有图形窗口,清空工作空间变量,清除命令行
I = imread('rice.png');%读取图像
I = im2double(I);
J = fftshift(fft2(I));%傅里叶变换和平移
[x,y] = meshgrid( - 128:127, - 128:127);%产生离散数据
z = sqrt(x.^2 + y.^2);
D1 = 10;D2 = 30;%滤波器的截止频率
n = 6;%滤波器的阶数
H1 = 1./(1 + (z/D1).^(2 * n));%滤波器
H2 = 1./(1 + (z/D2).^(2 * n));%滤波器
K1 = J.* H1;%滤波
K2 = J.* H2;%滤波
L1 = ifft2(ifftshift(K1));%离散快速傅里叶逆变换
L2 = ifft2(ifftshift(K2));%离散快速傅里叶逆变换
figure;
subplot(131);imshow(I);%显示原图像
subplot(132);imshow(real(L1));%显示结果图像
subplot(133);imshow(real(L2));%显示结果图像
```

在程序中读取灰度图像，接着对图像进行二维离散傅里叶变换和平移，然后设计巴特沃斯低通滤波器，在频域对图像进行滤波，最后进行二维离散傅里叶逆变换。程序运行后，输出结果如图 5.7.17 所示。图 5.7.17(a)为原始图像，图 5.7.17(b)为滤波器的截止频率为 10 Hz、阶数为 6 的巴特沃斯低通滤波后的图像，图 5.7.17(c)为滤波器的截止频率为 30 Hz、阶数为 6 的巴特沃斯低通滤波后的图像。通过比较，在用巴特沃斯滤波器进行低通滤波时，截止频率越低，图像越模糊，因为图像中的边缘、轮廓等高频部分都被过滤掉了。

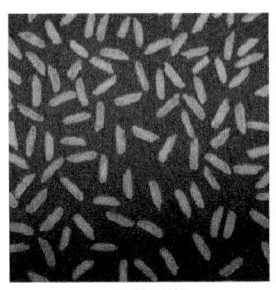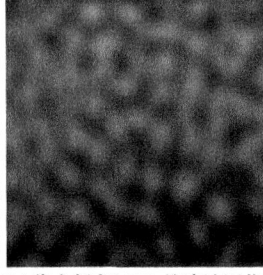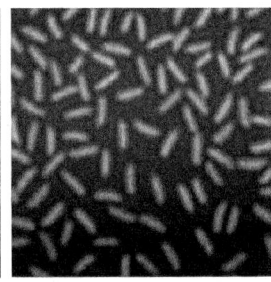

(a)原始图像　　(b)截止频率10 Hz的滤波图像　(c)截止频率30 Hz的滤波图像

图 5.7.17　采用不同截止频率对图像进行巴特沃斯低通滤波

5.7.4　频域高通锐化滤波的 MATLAB 实现

高通滤波器的功能是衰减或抑制低频分量，让高频分量通过，其作用是使图像得到锐化处理，突出图像的边缘和轮廓。经高通滤波后的图像把信息丰富的低频去掉了，丢失了许多必要的信息。一般情况下，高通滤波对噪声没有任何抑制作用，若简单地使用高通滤波，图像质量可能由于噪声严重而难以达到满意的改善效果。

【例 5.7.21】 利用巴特沃斯高通滤波器对图像进行滤波。

具体实现的 MATLAB 代码如下：

```
close all;clear all;clc; % 关闭当前所有图形窗口,清空工作空间变量,清除命令行
I = imread('cameraman.tif'); % 读取图像
I = im2double(I);
M = 2 * size(I,1); % 滤波器的行数
N = 2 * size(I,2); % 滤波器的列数
u = - M/2:(M/2 - 1);
v = - N/2:(N/2 - 1);
[U,V] = meshgrid(u,v);
D = sqrt(U.^2 + V.^2);
D0 = 30; % 截止频率
n = 6; % 巴特沃斯滤波器的阶数
H = 1./(1 + (D0./D).^(2 * n)); % 设计滤波器
J = fftshift(fft2(I,size(H,1),size(H,2))); % 空域图像转换为频域
K = J. * H; % 滤波
L = ifft2(ifftshift(K)); % 频域图像转换为空域
L = L(1:size(I,1),1:size(I,2)); % 调整大小
figure;
subplot(121);imshow(I); % 显示原始图像
subplot(122);imshow(L); % 显示巴特沃斯高通滤波后的图像
```

在程序中,设计了巴特沃斯高通滤波器,截止频率为 30 Hz、阶数为 6。通过傅里叶变换将图像变换到频域,然后将频域图像和高通滤波器的系数相乘,最后通过傅里叶逆变换转换到空域图像。程序运行后,输出结果如图 5.7.18 所示。图 5.7.18(a)为原始图像,图 5.7.18(b)为采用巴特沃斯高通滤波器进行滤波后得到的图像,通过高通滤波后,抑制了图像中的低频信息,很好地保留了图像的边缘信息。

(a)原始图像　　　　(b)巴特沃斯高通滤波后的图像

图 5.7.18　利用巴特沃斯高通滤波器对图像进行滤波

【例 5.7.22】 采用不同截止频率对图像进行巴特沃斯高通滤波。

具体实现的 MATLAB 代码如下:

```
close all;clear all;clc; % 关闭当前所有图形窗口,清空工作空间变量,清除命令行
I = imread('cameraman.tif'); % 读取灰度图像
I = im2double(I);
J = fftshift(fft2(I)); % 离散快速傅里叶变换和平移
[x,y] = meshgrid( - 128:127, - 128:127);
z = sqrt(x.^2 + y.^2);
D1 = 10;D2 = 40; % 截止频率
```

```
n1 = 4;n2 = 8; % 滤波器的阶数
H1 = 1./(1 + (D1./z).^(2 * n1));
H2 = 1./(1 + (D2./z).^(2 * n2));
K1 = J.* H1; % 滤波
K2 = J.* H2; % 滤波
L1 = ifft2(ifftshift(K1)); % 离散快速傅里叶逆变换
L2 = ifft2(ifftshift(K2)); % 离散快速傅里叶逆变换
figure;
subplot(131);imshow(I); % 显示原图像
subplot(132);imshow(real(L1)); % 显示结果图像
subplot(133);imshow(real(L2));
```

在程序中读取灰度图像,接着对图像进行二维离散傅里叶变换和平移,然后设计巴特沃斯高通滤波器,通过频域的相乘进行滤波,最后进行二维离散傅里叶逆变换。程序运行后,输出结果如图 5.7.19 所示。图 5.7.19(a)为原始图像,图 5.7.19(b)为滤波器的截止频率为 10 Hz、阶数为 4 的巴特沃斯高通滤波后的图像,图 5.7.19(c)为滤波器的截止频率为 40 Hz、阶数为 8 的巴特沃斯高通滤波后的图像。灰度图像经过高通滤波后,能够很好地保持图像的边缘信息。

(a)原始图像　　(b)截止频率 10 Hz 的滤波图像　　(c)截止频率 40 Hz 的滤波图像

图 5.7.19　采用不同截止频率对图像进行巴特沃斯高通滤波

【例 5.7.23】 采用不同的频域高通滤波器对图像进行滤波增强。
具体实现的 MATLAB 代码如下:

```
close all;clear all;clc; % 关闭当前所有图形窗口,清空工作空间变量,清除命令行
[I,map] = imread('barbara.png'); % 读取图像
noisy = imnoise(I,'gaussian',0.01); % 原图中加入高斯噪声
[M N] = size(I); % 图像大小
F = fft2(noisy); % 离散快速傅里叶变换
fftshift(F);
Dcut = 100;
D0 = 250;
D1 = 150;
for u = 1:M
    for v = 1:N
        D(u,v) = sqrt(u^2 + v^2);
        BUTTERH(u,v) = 1/(1 + (sqrt(2) - 1) * (Dcut/D(u,v))^2); % 巴特沃斯高通滤波传递函数
        EXPOTH(u,v) = exp(log(1/sqrt(2)) * (Dcut/D(u,v))^2); % 指数高通滤波传递函数
        if D(u,v)<D1 % 梯形高通滤波传递函数
            THPEF(u,v) = 0;
```

```
            else if D(u,v)< = D0
                THPEF(u,v) = (D(u,v) - D1)/(D0 - D1);
            else
                THPFH(u,v) = 1;
            end
        end
    end
end
BUTTERG = BUTTERH. * F;
BUTTERfiltered = ifft2(BUTTERG);
EXPOTG = EXPOTH. * F;
EXPOTfiltered = ifft2(EXPOTG);
THPFG = THPFH. * F;
THPFfiltered = ifft2(THPFG);
subplot(2,2,1),imshow(noisy); % 显示加入高斯噪声的图像
subplot(2,2,2),imshow(BUTTERfiltered); % 显示经过巴特沃斯高通滤波后的图像
subplot(2,2,3),imshow(EXPOTfiltered); % 显示经过指数高通滤波后的图像
subplot(2,2,4),imshow(THPFfiltered); % 显示经过梯形高通滤波后的图像
```

程序运行后,输出结果如图 5.7.20 所示。图 5.7.20(a)为加入高斯噪声后的图像,图 5.7.20(b)为巴特沃斯高通滤波后的图像,图 5.7.20(c)为指数高通滤波后的图像,图 5.7.20(d)为梯形高通滤波后的图像。

(a)加入高斯噪声后的图像　　(b)巴特沃斯高通滤波后的图像

(c)指数高通滤波后的图像　　(d)梯形高通滤波后的图像

图 5.7.20　频域高通滤波器对图像进行滤波增强

5.7.5 频域伪彩色增强的 MATLAB 实现

在频域的滤波可借助前面章节介绍的各种频域滤波器的知识,根据需要来实现图像中的不同频率成分加以彩色增强。灰度图像通过频域滤波器能够抽取不同的频率信息,各频率成分被编成不同的彩色。典型的处理方法是采用低通、带通和高通三种滤波器,把图像分成低频、中频和高频三个频域分量,然后分别给予不同的三基色,从而得到对频率敏感的伪彩色图像。

【例 5.7.24】 频域伪彩色处理的实现。

具体实现的 MATLAB 代码如下:

```
close all;clear all;clc;%关闭当前所有图形窗口,清空工作空间变量,清除命令行
I = imread('barbara.png');%读取图像
figure,imshow(I);%显示原始图像
[M,N] = size(I);%图像大小
F = fft2(I);%离散快速傅里叶变换
fftshift(F);
REDcut = 100;
GREENcut = 200;
BLUEcenter = 150;
BLUEwidth = 100;
BLUEu0 = 10;
BLUEv0 = 10;
for u = 1:M
    for v = 1:N
        D(u,v) = sqrt(u^2 + v^2);
        REDH(u,v) = 1/(1 + (sqrt(2) - 1) * (D(u,v)/REDcut)^2);
        GREENH(u,v) = 1/(1 + (sqrt(2) - 1) * (GREENcut/D(u,v))^2);
        BLUED(u,v) = sqrt((u - BLUEu0)^2 + (v - BLUEv0)^2);
        LUEH(u,v) = 1 - 1/(1 + BLUED(u,v) * BLUEwidth/((BLUED(u,v))^2 - (BLUEcenter)^2)^2);
    end
end
RED = REDH. * F;
REDcolor = ifft2(RED);
GREEN = GREENH. * F;
GREENcolor = ifft2(GREEN);
BLUE = BLUEH. * F;
BLUEcolor = ifft2(BLUE);
REDcolor = real(REDcolor)/256;
GREENcolor = real(GREENcolor)/256;
BLUEcolor = real(BLUEcolor)/256;
for i = 1:M
    for j = 1:N
        OUT(i,j,1) = REDcolor(i,j);
        OUT(i,j,2) = GREENcolor(i,j);
        OUT(i,j,3) = BLUEcolor(i,j);
    end
end
OUT = abs(OUT);
figure;imshow(OUT);
```

程序运行后,输出结果如图 5.7.21 所示。图 5.7.21(a)为原始图像,图 5.7.21(b)为频域伪彩色处理后的图像。

(a)原始灰度图像　　　　　(b)频域伪彩色处理后的图像

图 5.7.21　频域伪彩色处理

5.8　本章小结

本章主要讲述数字图像处理中的二维傅里叶变换、离散余弦变换、图像频域低通平滑滤波和高通锐化滤波以及频域伪彩色增强技术等内容,并且详细介绍了如何利用 MATLAB 软件进行图像频域变换和频域的图像增强处理。

习　题　5

5.1　图像的二维傅里叶变换有哪些统计特性?

5.2　证明傅里叶变换后的直流分量 $F(0,0)=\dfrac{1}{N^2}\sum\limits_{x=0}^{N-1}\sum\limits_{y=0}^{N-1}f(x,y)$,并说明其物理意义。

5.3　在 MATLAB 软件环境中,编程实现一幅图像的傅里叶变换。

5.4　在 MATLAB 软件环境中,对一幅 8×8 的图像进行 DCT 变换,并保留 10 个 DCT 变换系数进行图像的重构,比较重构图像与原始图像的差异。

5.5　频域低通滤波的原理是什么?有哪些滤波器可以利用?

5.6　在 MATLAB 软件环境中,编程实现图像的高通滤波。

5.7　频域伪彩色增强的基本原理是什么?用 MATLAB 编程实现一幅灰度图像的频域伪彩色增强。

第 6 章　图像压缩编码

随着信息社会的飞速发展,图像数据的存储和传输技术扮演着越来越重要的角色,特别是网络和通信技术的发展使得图像的存储、处理和传输问题更加突出,数据压缩技术成为数字图像处理中的关键技术。

本章首先介绍图像压缩编码的基础知识,然后重点讲解熵编码、预测编码、变换编码和 JPEG 图像压缩编码标准,并对主要常见的压缩编码方法进行 MATLAB 实现。

6.1　图像压缩编码概述

在计算机图像处理系统中,图像的最大特点和难点就是海量数据的表示与传输,因此如何有效快速地存储这些图像数据成为当今信息社会的迫切需求。图像压缩主要研究图像数据的表示、传输、变换和编码方法,目的是减少存储数据所需的空间和传输数据所用的时间。总体说,就是利用图像数据固有的冗余性和相关性,对图像数据按一定的规则将一个大的数据文件转换成较小同性质文件的变换和组合,从而达到以尽可能少的符号来表示尽可能多的信息的目的。

6.1.1　数据压缩的基本概念

数据压缩就是以较少的数据量表示信源以原始形式所代表的信息,目的在于节省存储空间、传输时间、信号频带或发送能量等。这些概念无论是针对静态的文字、图像,还是针对动态的音频、视频都是适用的。数据压缩系统框图如图 6.1.1 所示。

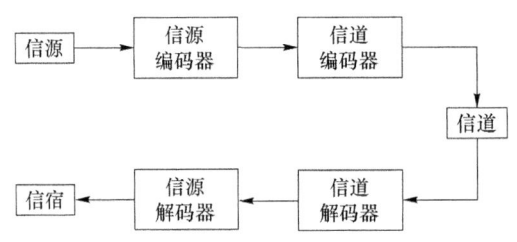

图 6.1.1　数据压缩系统框图

由图 6.1.1 可知,数据压缩处理是由编码和解码两个过程组成的,包括信源、信源编码器、信道编码器、信道、信道解码器、信源解码器、信宿几个组成部分。编码是对原始的信源数据进行压缩,便于传输或存储;解码是编码的反过程,它将不能被信宿直接使用的数据还原成可用的数据。信源编码器用于消除或减少输入的冗余信息,主要解决压缩的有效性问题,而信道编码器用于提高传输的抗干扰能力,主要解决编码的可靠性问题。从原理上看,压缩主要靠信源编码,而信道编码是压缩过程能够可靠实现的保证。

信息论中，以熵代表信源所含的平均信息量，若信源编码的熵大于信源的实际熵，则信源中的数据一定存在冗余度。信息量与数据量的关系可由式(6.1.1)给出：

$$I = D - \mathrm{d}u \tag{6.1.1}$$

式中，I、D、$\mathrm{d}u$ 分别表示信息量、数据量和冗余量。自然，冗余量是可以压缩的。在实际应用的场合，压缩过程应尽量保证去除冗余量而不会或较少地减少信息量，即压缩后的数据要能够完全或在一定的容差内近似恢复。

完全恢复被压缩信源信息的方法称为无损压缩方法或无失真压缩方法，而近似恢复的方法称为有损压缩方法或有失真压缩方法。显然，对于有损压缩来说，采用同一压缩方法对同样的信源进行压缩，压缩程度越高，信息损失越大。所以，通常需要在压缩程度和保真度之间折中考虑。

6.1.2 图像压缩编码的必要性

随着数字信号处理技术的发展，数字化后的数据量是十分庞大的。图像数据更是多媒体、网络通信等技术重点研究的压缩对象。例如，一幅分辨率为 640 像素×480 像素的彩色图像(24 bit/pixel)，其数据量约为 921.6 KB。如果以每秒 30 帧的速度播放，则每秒的数据量为：640×480×24×30 bit＝221 Mbit，需要 221 Mbit/s 的通信回路；如果存放在 650 MB 的光盘中，在不考虑音频信号的情况下，每张光盘也只能播放 24 秒。这无疑给图像存储、传输、处理带来很大困难，而且庞大的数据对计算机的处理速度、存储容量都提出更高的要求，因此有必要对图像数据进行压缩。

减少存储空间、缩短传输时间，成为促进图像压缩编码技术发展的主导因素。图像压缩是通过编码来实现的，所以通常将压缩与编码统称为图像的压缩编码。从本质上来说，图像压缩编码就是对要处理的图像数据按照一定的规则进行变换和组合，从而达到以尽可能少的数据来表示尽可能多的数据信息的目的。

6.1.3 图像压缩编码的可能性

数据是用来表示信息的，如果不同的方法为表示给定量的信息使用了不同的数据量，那么使用较多数据量的方法中，有些数据必然是代表了无用的信息，或者是重复地表示了其他数据已经表示的信息，这就是数据冗余的概念。

图像数据本身固有的冗余性和相关性，使得将一个大的图像数据文件转换成较小的图像数据文件成为可能，图像数据压缩就是要去掉图像信号数据的冗余性。一般来说，图像数据中存在以下几种冗余。

(1) 空间冗余(像素间冗余、几何冗余)

这是图像数据中经常存在的一种冗余。在同一幅图像中，规则物体和规则背景(所谓规则是指表面是有序的，而不是完全杂乱无章的排列)的表面物理特性具有相关性，这些相关性的光成像结果在数字化图像中就表现为数据冗余。

(2) 信息熵冗余(编码冗余)

如果图像中平均每个像素使用的比特数大于该图像的信息熵，则图像中存在的冗余称为信息熵冗余。

（3）结构冗余

有些图像（如墙纸、草席等）存在较强的纹理结构，称为结构冗余。

（4）知识冗余

对某些图像的理解与某些基础知识有相当大的相关性。例如，人脸的图像有固定的结构，嘴的上方有鼻子，鼻子的上方有眼睛，鼻子位于正脸图像的中线上，这类规律性的结构可由先验知识和背景知识得到，称为知识冗余。

（5）心理视觉冗余

人类的视觉系统并不是对图像的任何变化都能感知，也就是说，眼睛并不是对所有信息都有相同的敏感度。有些信息在视觉感觉过程中与另外一些信息相比并不那么重要，这些信息可认为是心理视觉冗余的，去除这些信息并不会明显地降低所感受到的图像的质量。心里视觉冗余的存在是与人观察图像的方式有关的，人在观察图像时主要是寻找某些比较明显的目标特征，而不是定量地分析图像中每个像素的亮度。人通过在脑子里分析这些特征并与先验知识结合以完成对图像的理解过程，由于每个人所具有的先验知识不同，对同一幅图像的心理视觉冗余也就因人而异。

6.1.4 图像压缩编码的分类

图像压缩编码的方法很多，而且人们还在不断地研究新方法。

（1）根据解压重建后的图像和原始图像之间是否具有误差，图像编码压缩分为无损（亦称无失真、无误差、信息保持型）编码和有损（有失真、有误差、信息非保持型）编码两大类。

① 无损编码：这类压缩算法中删除的仅仅是图像数据中冗余的信息，因此在解压缩时能精确地恢复原始图像。无损编码用于要求重建后图像严格地与原始图像保持相同的场合，例如复制、保存十分珍贵的历史和文物图像等。

② 有损编码：这类算法把不相干的信息也删除了，因此在解压缩时只能对原始图像进行近似地重建，而不能精确地复原，有损编码适合大多数用于存储数字化的模拟数据。

（2）根据编码原理，图像压缩编码分为熵编码、预测编码、变换编码和混合编码等。

① 熵编码：这是纯粹基于信号统计特性的编码技术，是一种无损编码。熵编码的基本原理是对于出现概率较大的符号赋予一个短码字，而对于出现概率较小的符号赋予一个长码字，从而使得最终的平均码长达到最小。常见的熵编码方法有霍夫曼编码、算术编码和行程编码。

② 预测编码：它是基于图像数据的空间或时间冗余特性，用相邻的已知像素（或像素块）来预测当前像素（或像素块）的取值，然后再对预测误差进行量化和编码。预测编码可分为帧内预测和帧间预测，常用的预测编码有差分脉冲编码调制（Differential Pulse Code Modulation，DPCM）和运动补偿法。

③ 变换编码：通常是将空间域上的图像经过正交变换映射到另一个变换域上，使变换后的系数之间的相关性降低。图像变换本身并不能压缩数据，但变换后图像的大部分能量只集中到少数几个变换系数上，再采用适当的量化和熵编码就可以有效地压缩图像。

④ 混合编码：指综合了熵编码、变换编码或预测编码的编码方法，如 JPEG 标准和 MPEG 标准。

6.1.5 图像压缩编码的技术指标

图像编码的结果由于减少了数据量,所以比较适合存储和传输,但在实际应用时常需要将编码结果解码,即恢复图像形式才能使用。对于图像编码的质量评价主要体现在基于压缩编码参数的评价和基于保真度准则的评价。

1. 基于压缩编码参数的评价

(1) 信息量、信息熵、平均码长

令图像像素灰度级集合为 $\{l_1, l_2, \cdots, l_m\}$,其对应的概率分别为 $p(l_1), p(l_2), \cdots, p(l_m)$,则根据香农信息论,定义其信息量为:

$$I(l_i) = -\log_2 p(l_i) \quad (i=1,2,\cdots,m) \tag{6.1.2}$$

如果将图像所有可能灰度级的信息进行平均,就得到信息熵,也就是平均信息量。

信息熵定义为:

$$H = \sum_{i=1}^{m} p(l_i) I(l_i) = -\sum_{i=1}^{m} p(l_i) \log_2 p(l_i) \tag{6.1.3}$$

式中,H 的单位为比特/字符。图像的信息熵表示图像灰度级集合的比特数的均值,或者说描述了图像信源的平均信息量。

当灰度级集合 $\{l_1, l_2, \cdots, l_m\}$ 中 l_i 出现的概率相等,都为 2^{-L} 时,熵 H 最大,等于 L 比特;只有当 l_i 出现的概率不相等时,H 才会小于 L。

香农信息论已经证明,信息熵是进行无失真编码的理论极限,低于此极限的无失真编码方法是不存在的,这是熵编码的理论基础。

平均码长定义为:

$$\overline{L} = \sum_{i=1}^{m} n_i p(l_i) \tag{6.1.4}$$

式中,n_i 为灰度级 l_i 所对应的编码码字长度,平均码长的单位也是比特/字符。

(2) 编码效率、冗余度

编码效率定义为:

$$\eta = \frac{H}{\overline{L}} \tag{6.1.5}$$

如果 $\overline{L}$ 与 H 相等,编码效果最佳;如果 $\overline{L}$ 和 H 接近,编码效果佳;如果 $\overline{L}$ 远大于 H,则编码效果差。

如果编码效率 $\eta \neq 100\%$,就说明还有冗余度。冗余度 r 定义为:

$$r = 1 - \eta \tag{6.1.6}$$

r 越小,说明可压缩的余地越小。

总之,一个编码系统要研究的问题是设法减小编码平均长度 $\overline{L}$,使编码效率尽量趋于 100%,而冗余度尽量趋于 0。

(3) 压缩比

压缩比 C_r 是衡量数据压缩方法的压缩程度的一个指标,反映了压缩效率。通常将 C_r 定义为压缩前图像每像素码长的平均码长与压缩后每像素码长的平均码长之比,即

$$c_r = \frac{\sum_{i=1}^{M}\sum_{j=1}^{N} r_b(i,j)}{\sum_{i=1}^{M}\sum_{j=1}^{N} r_c(i,j)} = \frac{\bar{r}_b}{\bar{r}_c} \qquad (6.1.7)$$

式中,图像的尺寸为 $M \times N$, r_b 为原图像像素使用的码长,r_c 为压缩后的图像像素使用的码长,$\bar{r}_b$ 为原图像像素使用的平均码长,$\bar{r}_c$ 为压缩后每像素使用的平均码长。若 $C_r > 1$,则 C_r 值越大,压缩效率越高。

2. 基于保真度准则的评价

在图像压缩编码中,解码图像与原始图像可能会有差异,因此,需要评价压缩编码后图像的质量。描述解码图像相对于原始图像偏离程度的测度一般称为保真度准则。常用的准则可分为两大类:客观保真度准则和主观保真度准则。

(1) 客观保真度准则

当所损失的信息量可用编码输入图像与解码输出图像的某个确定函数表示时,一般说它是基于客观保真度准则的。客观保真度准则的优点是便于计算或测量,常用的准则有:输入图像和输出图像之间的均方根误差 e_{rms}、均方信噪比 SNR 和峰值信噪比 PSNR 三种。

① 均方根误差 e_{rms}

假设 $f(x,y)$ 代表输入图像,$\hat{f}(x,y)$ 代表对 $f(x,y)$ 先压缩又解压缩后得到的 $f(x,y)$ 的近似,对任意的给定点 (x,y),$f(x,y)$ 和 $\hat{f}(x,y)$ 之间的误差定义为:

$$e(x,y) = \hat{f}(x,y) - f(x,y) \qquad (6.1.8)$$

如果这两幅图像的尺寸均为 $M \times N$,则它们之间的总误差可表示为:

$$\sum_{x=0}^{M-1}\sum_{y=0}^{N-1} [\hat{f}(x,y) - f(x,y)] \qquad (6.1.9)$$

这样,$f(x,y)$ 和 $\hat{f}(x,y)$ 之间的均方根误差 e_{rms} 为:

$$e_{rms} = \left\{ \frac{1}{MN} \sum_{x=0}^{M-1}\sum_{y=0}^{N-1} [\hat{f}(x,y) - f(x,y)]^2 \right\}^{1/2} \qquad (6.1.10)$$

② 均方根信噪比 SNR_{ms}

如果将 $\hat{f}(x,y)$ 看成原始图像 $f(x,y)$ 和噪声图像 $e(x,y)$ 的和,那么输出图像的均方信噪比 SNR_{ms} 为:

$$\text{SNR}_{ms} = \frac{\sum_{x=0}^{M-1}\sum_{y=0}^{N-1} [\hat{f}(x,y)]^2}{\sum_{x=0}^{M-1}\sum_{y=0}^{N-1} [\hat{f}(x,y) - f(x,y)]^2} \qquad (6.1.11)$$

如果对式(6.1.11)求平方根,就得到均方根信噪比。实际使用中常将 SNR 归一化并用分贝(dB)表示。令:

$$\bar{f} = \frac{1}{MN} \sum_{x=0}^{M-1}\sum_{y=0}^{N-1} f(x,y) \qquad (6.1.12)$$

则有

$$\text{SNR} = 10\lg\left\{\frac{\sum_{x=0}^{M-1}\sum_{y=0}^{N-1}[f(x,y)-\bar{f}]^2}{\sum_{x=0}^{M-1}\sum_{y=0}^{N-1}[\hat{f}(x,y)-f(x,y)]^2}\right\} \qquad (6.1.13)$$

③ 峰值信噪比 PSNR

如果令 $f_{\max}=\max\{f(x,y),x=0,1,\cdots,M-1;y=0,1,\cdots,N-1\}$，即图像中的灰度最大值，则峰值信噪比 PSNR 为：

$$\text{PSNR} = 10\lg\left\{\frac{f_{\max}^2}{\sum_{x=0}^{M-1}\sum_{y=0}^{N-1}[\hat{f}(x,y)-f(x,y)]^2}\right\} \qquad (6.1.14)$$

(2) 主观保真度准则

尽管客观保真度准则提供了一种简单和方便的评估信息损失的方法，但很多解压图像最终是供人看的，因此图像质量的好坏，既与图像本身的客观质量有关，也与人的视觉特性有关。在这种情况下，用主观的方法来测量图像的质量则更为合适，所以规定了主观保真度准则。主观保真度准则就是把图像显示给观察者，让观察者做出评价。

一种常用的主观评价方法是对一组(20 个以上)精心挑选的观察者展示一幅典型的图像并将他们对该图像的评价综合平均起来以得到一个统计的质量评价结果。表 6.1.1 给出一种对电视图像质量进行绝对评价的尺度，这里根据图像的绝对质量进行判断打分。

表 6.1.1 电视图像质量评价尺度

评分	评价	说明
1	优秀	图像质量非常好，是人能想象出的最好质量
2	良好	图像质量高，观看舒服，有干扰但不影响观看
3	可用	图像质量可以接受，有干扰但不太影响观看
4	刚可看	图像质量差，有干扰且妨碍观看，观察者希望改进
5	差	图像质量很差，妨碍观看的干扰始终存在，几乎无法观看
6	不能用	图像质量极差，不使用

6.2 熵 编 码

熵编码是建立在图像统计特性基础之上的一类压缩编码方法，又称为统计编码。根据信源的概率分布特性，分配不同长度的码字，降低平均码长，以提高传输速度，节省存储空间。

6.2.1 霍夫曼编码

根据信息论中的信源编码理论，如果编码结果使平均码长 $\bar{L}$ 远大于图像的信息熵 H，表明这种编码方法效率很低，占用比特数太多。最好的编码结果是使 $\bar{L}$ 等于或接近于 H，这种状态的编码方法称为最佳编码，它既不丢失信息而引起图像失真，又占用最少的比特数。

熵编码的目的就是要使编码后的图像平均码长 $\overline{L}$ 尽可能接近图像的信息熵 H，其基本原理是根据图像灰度级出现的概率大小赋予不同长度的码字，出现概率大的灰度级赋予短码字，出现概率小的灰度级赋予长码字。可以证明，这样的编码结果所获得的平均码长最短。

霍夫曼编码过程如下：

（1）把信源符号按出现的概率由大到小排成一个序列，如 $p_1 > p_2 > \cdots > p_{m-1} > p_m$。

（2）把其中两个最小的概率 p_{m-1} 和 p_m 挑出来，并将符号 1 赋给其中最小的 $p_m \to 1$，符号 0 赋给另一个稍大的 $p_{m-1} \to 0$。

（3）求出最小的两个概率 p_{m-1} 和 p_m 之和，将新合成的概率设想成对应于一个新的信息的概率，即

$$p_i = p_{m-1} + p_m \tag{6.2.1}$$

（4）将新合成的概率 p_i 与其他概率重新由大到小再排列，构成一个新的概率序列。

（5）重复步骤（2）、（3）、（4）直到所有的概率均已联合处理为止。

【例 6.2.1】 已知某信源发出的 8 个信息，其信源概率是分布不均匀的，分别为 $\{0.1, 0.18, 0.4, 0.05, 0.06, 0.1, 0.07, 0.04\}$，对此信源进行霍夫曼编码，并求出平均码长 $\overline{L}$、熵 H 及编码效率 η。

解：具体的编码过程如图 6.2.1 所示。

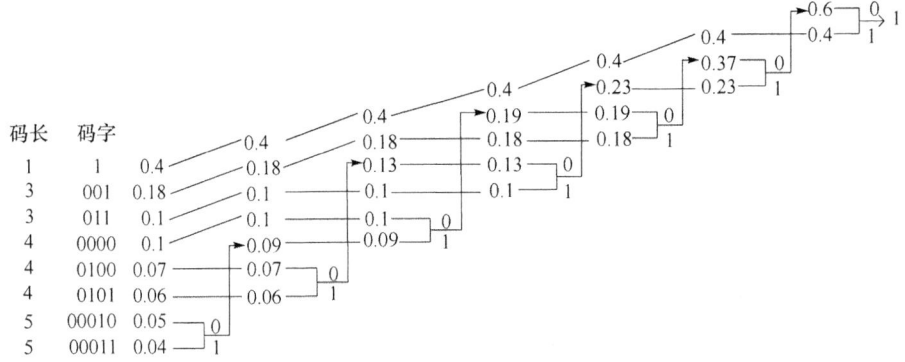

图 6.2.1 霍夫曼编码过程

① 平均码长为：

$$\overline{L} = \sum_{i=1}^{8} n_i p(l_i)$$
$$= 1 \times 0.4 + 3 \times 0.18 + 3 \times 0.1 + 4 \times 0.1 + 4 \times 0.07$$
$$+ 4 \times 0.06 + 5 \times 0.05 + 5 \times 0.04$$
$$= 2.61 \text{ bit/symbol}$$

② 熵为：

$$H = -\sum_{i=1}^{8} p(l_i) \log_2 p(l_i) = 2.55 \text{ bit/symbol}$$

③ 编码效率为：

$$\eta = \frac{H}{\overline{L}} = \frac{2.55}{2.61} = 97.8\%$$

【例 6.2.2】 有一幅39个像素组成的灰度图像,灰度共有5级,分别用符号A、B、C、D、E表示,每个符号在图像中出现的次数分别为15、7、6、6、5。对此图像符号进行霍夫曼编码,并求出压缩比的理论值和压缩比的实际值。

解:① 压缩比的理论值:按照常规编码方法,5个符号至少要用3位组成的代码表示。按照香农理论,这幅图像的熵也就是每个符号的平均长度为:

$$H = -\sum_{i=1}^{5} p(l_i) \log_2 p(l_i)$$
$$= \frac{15}{39}\log_2 \frac{39}{15} + \frac{7}{39}\log_2 \frac{39}{7} + \cdots + \frac{5}{39}\log_2 \frac{39}{5}$$
$$\approx 2.1859 \text{ bit/symbol}$$

码长	码字
1	1	A(0.3847)
3	000	B(0.1795)
3	001	C(0.1538)
3	010	D(0.1538)
3	011	E(0.1282)

因此,理论上可获得的压缩比为:$\frac{3}{2.1859} \approx 1.37$。

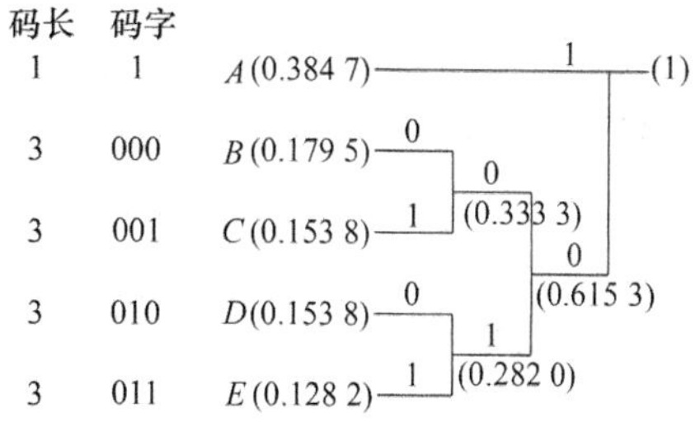

图 6.2.2 霍夫曼编码过程

② 霍夫曼编码过程如图6.2.2和表6.2.1所示。

表 6.2.1 霍夫曼编码举例

符号	出现的次数	$\log_2(1/p(x_i))$	分配的代码	需要的位数
A	15(0.3847)	1.38	1	15
B	7(0.1795)	2.48	000	21
C	6(0.1538)	2.70	001	18
D	6(0.1538)	2.70	010	18
E	5(0.1282)	2.96	011	15

③ 压缩比的实际值:编码39个像素需要39×3=117位,实际使用的总位数为15+21+18+18+15=87位,实际的压缩比为117:87≈1.34。

采用霍夫曼编码方法给每个符号分配的代码长度不是固定的,但在编码时却不需要在生成的码流中附加同步代码,原因是在解码时可按霍夫曼码本身的特性加以区分。例如,码流中的第一位为1,那么第一个符号肯定是A,因为表示其他符号的代码没有一个是以1开始的,因此下一位就表示下一个符号代码的第一位。同样,如果出现010,那么就代表符号D。这就意味着,编码时需要生成解释各种代码意义的码表,在解码时就可根据这张码表进行译码。

从上述例子可以看出,霍夫曼编码具有以下特点。

(1) 霍夫曼编码构造出来的编码值不是唯一的。原因之一是在给两个最小概率的图像的灰度值进行编码时,可以是大概率为0,小概率为1,但也可相反;原因之二是当两个灰度值的概率相等时,0、1的分配也是随机的,这就造成了编码的不唯一性,但其平均码长却是相同的,所以不影响编码效率和数据压缩性能。

(2) 霍夫曼编码没有错误保护功能。在存储或传输过程中,如果码流中没有出现错误,解码时就能一个接一个地正确译出代码。如果码流中出现错误,哪怕只有一位出错,解码时不但这个代码会译错,更糟糕的是还会导致后面的代码也会译错,这种现象称为错误传播。

(3) 霍夫曼编码结果码字不等长,虽说平均码字最短,效率最高,但是码字长短不一,硬件实现很复杂,特别是译码,为此,研究人员提出了如双字长霍夫曼编码等方法,希望通过降低效率来换取简单的硬件实现。双字长霍夫曼编码只采用两种字长的码字,对出现概率大的符号赋予短码字,对出现概率小的符号赋予长码字。短码字中留下一个码字不用,作为长码字前缀。这种方法压缩编码效率不如霍夫曼编码高,但其硬件实现相对简单。

(4) 霍夫曼编码在实际应用中,需要与其他编码相结合,才能进一步提高数据的压缩比。例如,在静态图像压缩标准 JPEG 中,先对图像进行分块,然后进行 DCT 变换、量化、Z 字形扫描、行程编码后,再进行霍夫曼编码。

6.2.2 香农-范诺编码

香农-范诺编码也是一种常见的可变字长的编码,与霍夫曼编码相似,具体的编码步骤如下:

(1) 将信源符号按照其出现概率从大到小排列;

(2) 从这个概率集合中的某个位置将其分为两个子集合,并尽量使两个子集合的概率和近似相等,给前面一个子集合赋值为 0,后面一个子集合赋值为 1;

(3) 重复步骤(2),直到各个子集合中只有一个元素为止;

(4) 将每个元素所属的子集合的值依次串起来,即可得到各个元素的香农-范诺编码。

【例 6.2.3】 有一幅 40 个像素组成的灰度图像,灰度共有 5 级,分别用符号 A、B、C、D、E 来表示。40 个像素中出现灰度级 A 的像素数有 15 个,出现灰度级 B 的像素数有 7 个,出现灰度级 C 的像素数有 7 个,出现 D 的有 6 个,出现 E 的有 5 个。对此图像符号进行霍夫曼编码,并求出压缩比的理论值和压缩比的实际值。

解: ① 压缩比的理论值:按照常规的编码方法,表示 5 个符号最少需要 3 位,如用 000 表示 A,001 表示 B,010 表示 C,011 表示 D,100 表示 E,其余 3 个代码(101,110,111)不用。这就意味着每个像素用 3 位,编码这幅图像总共需要 120 位。

这幅图像的熵为:

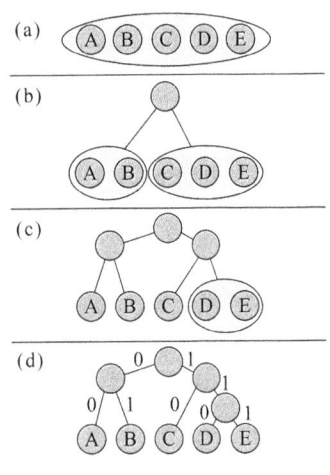

图 6.2.3 二分法香农-范诺编码过程

$$H = -\sum_{i=1}^{5} p(l_i)\log_2 p(l_i)$$
$$= -p(A)\log_2(p(A)) - p(B)\log_2(p(B))$$
$$- \cdots - p(E)\log_2(p(E))$$
$$= \frac{15}{40}\log_2\frac{40}{15} + \frac{7}{40}\log_2\frac{40}{7} + \cdots + \frac{5}{40}\log_2\frac{40}{5}$$
$$\approx 2.196 \text{ bit/symbol}$$

这个数值表示,每个符号不需要用 3 位构成的代码表示,而用 2.196 位就可以,因此,40 个像素只需 87.84 位,理论上的压缩比为 120∶87.84≈1.37,实际上就是 3∶2.196≈1.37。

② 二分法香农-范诺编码过程如图 6.2.3 和表 6.2.2 所示。

表 6.2.2 二分法香农-范诺编码实例

符号	出现的次数	$\log_2(1/p(x_i))$	分配的代码	需要的位数
A	15(0.375)	1.415 0	00	30
B	7(0.175)	2.514 5	01	14
C	7(0.175)	2.514 5	10	14
D	6(0.150)	2.736 9	110	18
E	5(0.125)	3.000 0	111	15

③ 压缩比的实际值:编码 40 个像素需要 40×3＝120 位,按照这种编码方法实际使用的总位数为 30＋14＋14＋18＋15＝91 位,实际的压缩比为 120∶91≈1.32。

【例 6.2.4】 已知某信源发出的 8 个信息,其信源概率是分布不均匀的,分别为{0.1, 0.18, 0.4, 0.05, 0.06, 0.1, 0.07, 0.04},对此信源进行二分法香农-范诺编码,并求出平均码长 $\overline{L}$、熵 H 及编码效率 η。

解:具体的编码过程如表 6.2.3 所示。

表 6.2.3 二分法香农-范诺编码实例

分配码字	信源符号	出现概率			
00	l_1	0.40	0.58(0)	0.40(0)	
01	l_2	0.18		0.18(1)	
100	l_3	0.10	0.42(1)	0.20(0)	0.10(0)
101	l_4	0.10			0.10(1)
1100	l_5	0.07		0.22(1)	0.13(0)	0.07(0)
1101	l_6	0.06				0.06(1)
1110	l_7	0.05			0.09(1)	0.05(0)
1111	l_8	0.04				0.04(1)

① 平均码长为:

$$\overline{L} = \sum_{i=1}^{8} n_i p(l_i)$$
$$= 2\times 0.4 + 2\times 0.18 + 3\times 0.1 + 3\times 0.1 + 4\times 0.07 + 4\times 0.06$$
$$\quad + 4\times 0.05 + 4\times 0.04$$
$$= 2.64 \text{ bit/symbol}$$

② 熵为:

$$H = -\sum_{i=1}^{8} p(l_i) \log_2 p(l_i) = 2.55 \text{ bit/symbol}$$

③ 编码效率为:

$$\eta = \frac{H}{\overline{L}} = \frac{2.55}{2.64} = 96.6\%$$

6.2.3 算术编码

从结构上分,编码有两种方式:分组编码和序列编码。分组编码又叫块码,是将信源消息序列分成长度为 N 的字符组,按组进行编码的方式;序列编码又叫流码,是直接为整个信源消息序列寻找编码序列的方式。等长码和变长码的编码,都是"块码"。下面讨论的算术编码和游程编码属于"流码",直接把信源发出的非等概序列直接编码输出。

具体来说,算术编码是一种从整个符号序列出发,采用递推形式连续编码的方法。在算术编码中,源符号和码字间的一一对应关系并不存在。一个算术码字要赋给整个信源符号序列,而码字本身确定了 0 和 1 之间的 1 个实数区间。随着符号序列中的符号数量增加,用来代表每个符号的区间减少,而用来表达区间所需的信息单位(如比特)的数量变大。与霍夫曼编码方法不同,这里不需要将每个信源符号转换为整数个码字,即一次编一个符号,当需要编码的符号序列的长度不断增加时,运用算数编码得到的码字将会逐渐接近由无失真编码定理确定的极限。

下面举例介绍算术编码的方法。这里,对来自一个四符号信源的五符号序列或消息 $a_1 a_2 a_3 a_3 a_4$ 进行编码。在编码处理的开始,假设消息占据整个半开间[0,1),如表 6.2.4 所示,该区间开始时根据每个信源符号出现的概率被分成四个区域。例如,符号 a_1 与子区间[0,0.2)相联系。因为它是被编码的消息的第一个符号,所以该消息间隔开始时被缩窄为[0,0.2)。这样,在图 6.2.4 中,区间[0,0.2)就被扩展到该图形的全高度,且其端点用该窄区间的值来标注。然后,这个缩窄的区间根据原始信源符号的概率进行细分,并继续对下一个消息符号进行这种处理。采用这种方式,符号 a_2 将该子区间变窄为[0.04,0.08),符号 a_3 进一步将该子区间变窄为[0.056,0.072),依此类推。必须保留最后的消息符号,以作为特定的消息结束指示符,它将子区间变窄为[0.067 52,0.068 8)。当然,在这个子区间内的任何数字(如 0.068)都可以用来表示该消息。

表 6.2.4 算术编码举例

信源符号	概率	初始子区间
a_1	0.2	[0.0,0.2)
a_2	0.2	[0.2,0.4)
a_3	0.4	[0.4,0.8)
a_4	0.2	[0.8,1.0)

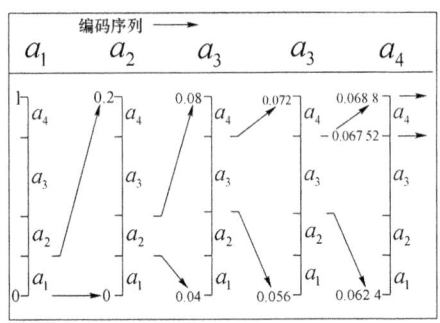

图 6.2.4 算术编码过程

在图 6.2.4 的算术编码的消息中,使用了 3 个十进制数字来表示这个五符号消息。这就转换为每信源符号 0.6 个十进制数字,由信息熵的定义式,可算出信源的熵为每个信源符号 0.58 个十进制数字。当被编码的序列的长度增加时,得到的算术编码接近信源熵。

同样的例子,考虑霍夫曼编码过程,如图 6.2.5 所示。这样,一个四符号信源的五符号序列或消息 $a_1 a_2 a_3 a_3 a_4$ 的霍夫曼码为 0100011001。

霍夫曼编码和算术编码相比较,对同样的符号序列,算术编码需要 3 个十进制数($10^3=$

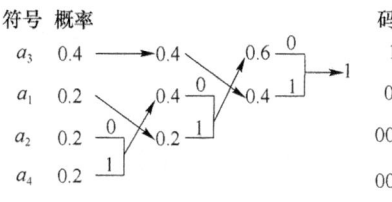

图 6.2.5 霍夫曼编码过程

1 000),而霍夫曼编码需要 10 个二进制数(2^{10} = 1 024),即霍夫曼码的数据量比算术码的数据量大,或者说霍夫曼编码的效率比算术编码的效率低。

6.2.4 行程编码

行程编码是相对简单的数据无损压缩编码技术,主要思路是利用连续数据单元有相同数值这一特点对数据进行压缩。在编码时,对相同的数值只编码一次,同时计算相同数值连续重复的次数。例如,有一个字符串"aaabccddddd",经过行程编码后可以用"3a1b2c5d"来表示。对图像编码来说,对沿特定方向上具有相同灰度值的像素只编码一次,其延续长度称为延续的行程,简称为行程或游程。例如,假定有一幅灰度图像,第 n 行的像素值如图 6.2.6 所示。用行程编码的方法得到的代码为 **8**0**3**1**50**8**4**1**8**0。代码中用黑体表示的数字是行程长度,黑体后面的数字代表的是像素值。黑体 50 代表有连续 50 个像素具有相同的颜色值,它们的颜色值是 8。也就是说,若沿水平方向有一串 M 个像素具有相同的灰度 N,则行程编码后,只传递 2 个值(N,M)就可以代替 M 个像素的 M 个灰度值 N。

对比行程编码前后的代码数可以发现,图 6.2.6 中编码前需要用 73 个代码表示这一行的数据,而编码后只需要用 11 个代码表示原来的 73 个代码,压缩前后的数据量之比约为 7∶1。译码时,按照与编码时采用的相同的规则进行,还原

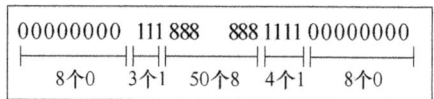

图 6.2.6 行程编码

后得到的数据与压缩前的数据完全相同,因此,行程编码是一种无损压缩技术,这种编码方法相当直观,也比较经济,其所获得的压缩比大小主要是取决于数据本身的特点。

行程编码尤其适用于计算机生成的图像,对减少图像文件的存储空间非常有效。然而,行程编码对颜色丰富的自然图像就显得力不从心了,因为在同一行上具有相同颜色的连续像素往往很少,而连续几行都具有相同颜色值的连续行数就更少。如果仍用行程编码方法,不仅不能压缩图像数据,反而可能使原来的图像数据变得更大。但这并不是说行程编码不适用于自然图像的压缩,相反,在自然图像的压缩中也少不了行程编码。

行程编码一般不直接应用于多灰度图像,但比较适合于二值图像的编码。为了达到较好的压缩效果,有时行程编码与其他一些图像编码方法混合使用。例如,在 JPEG 中,行程编码和 DCT 编码及霍夫曼编码一起使用,先对图像进行分块处理,然后对分块进行 DCT,对量化后的频域图像数据进行 Z 字形扫描,再进行行程编码,最后对行程编码后的结果进行霍夫曼编码。

6.3 预测编码

6.3.1 预测编码的基本原理

预测编码基于图像数据的空间冗余特性,其基本原理是:首先根据算法模型,用原有的

样本值对新样本进行预测,得到新样本的预测值;接着,取新样本的实际数值和预测值进行比较,二者相减得到差值,最后对差值进行量化和编码,这就是预测编码形成的基本过程。通常误差值比样本值小得多,因而可达到数据压缩的效果。

预测编码方法在图像数据压缩和语音信号数据压缩中都得到了广泛的应用。预测方法有很多,其中差分脉冲编码调制(DPCM)是一种具有代表性的编码方法,本节将着重介绍 DPCM 的基本原理、最佳线性预测及其自适应编码方法。

6.3.2 DPCM 基本原理

1. 差值图像的统计特性

由图像的统计特性可知,相邻像素之间有较强的相关性,即相邻像素的灰度值相同或相近,因此,某像素的值可根据以前已知的几个像素来估计。一般来说,相邻两像素灰度值突变的概率小,水平方向如此,在图像的垂直方向也是如此。

经过对大量图像的差值信号统计,其概率分布的特点为:幅度差值愈大的差值信号出现的概率愈小,而零值或接近零值的差值信号出现的概率最大,这表现在一幅图像中都含有亮度值恒定或者变化很小的大面积区域,从而使差值信号 80%~90% 落在 16~18 个量化层(量化层总数为 256 时)中。因此,利用图像水平方向(或垂直方向)两个像素真实的离散幅度相减而得到它们的差值,然后对差值进行编码、传送就能达到压缩图像数据的目的。

2. DPCM 的工作原理

DPCM 的基本工作原理为:比较相邻的两个像素,如果两个像素之间存在差异,将差异之处的差值传送出去,若比较的像素之间没有差异,则不传送差值。

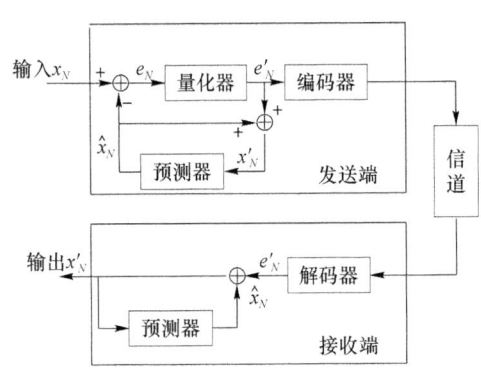

图 6.3.1 DPCM 系统原理框图

DPCM 系统的原理框图如图 6.3.1 所示,其中编码器和解码器分别完成对预测误差量化值的熵编码和解码。

设 x_N 为 t_N 时刻输入信号的亮度采样值,$\hat{x}_N$ 为根据 t_N 时刻以前已知的像素亮度采样值 $x_1, x_2, \cdots, x_{N-1}$ 对 x_N 所做的预测值,e_N 为差值信号,也称误差信号,其值为:

$$e_N = x_N - \hat{x}_N \quad (6.3.1)$$

q_N 为量化器的量化误差,e'_N 为量化器输出信号,则有

$$q_N = e_N - e'_N \quad (6.3.2)$$

接收端输出为 x'_N,则有

$$x'_N = \hat{x}_N + e'_N \quad (6.3.3)$$

那么,在接收端复原的像素值 x'_N 与发送端的原输入像素值 x_N 之间的误差为:

$$x_N - x'_N = x_N - (\hat{x}_N + e'_N) = (x_N - \hat{x}_N) - e'_N = e_N - e'_N = q_N \quad (6.3.4)$$

由此可见,在 DPCM 系统中,误差的来源是发送端的量化器,而与接收端无关。

(1) 若去掉量化器,那么 $e_N = e'_N$,则 $q_N = 0$,$x_N - x'_N = 0$。这样就可以完全不失真地恢

复输入信号 x_N,从而实现信息保持型编码。

(2) 若 $q_N \neq 0$,那么输入信号 x_N 和输出信号 x_N' 之间就一定存在误差,从而产生图像质量的某种降质。这样的 DPCM 系统实现的是保真度编码,在这样的 DPCM 系统中就存在一个如何能使误差尽可能减少的问题。

3. DPCM 预测编码方案

若 t_N 时刻之前的已知样值与预测值之间的关系呈现某种函数的形式,该函数一般分为线性和非线性两种,所以预测编码器就有线性预测编码器和非线性预测编码器两种。

若估计值 $\hat{x}_N$ 与 $x_1, x_2, \cdots, x_{N-1}$ 样值之间呈现为:

$$\hat{x}_N = \sum_{i=1}^{N-1} a_i x_i \qquad (6.3.5)$$

若式中 $a_i (i=1,2,\cdots,N-1)$ 为常量,则称这种预测为线性预测。$a_1, a_2, \cdots, a_{N-1}$ 称为预测系数。

若估计值 $\hat{x}_N$ 与 $x_1, x_2, \cdots, x_{N-1}$ 样值之间不是如式(6.3.5)所示的线性组合关系,而是非线性关系,则称为非线性预测。

在图像数据压缩中,常用的有以下几种。

(1) 前值预测:即 $\hat{x}_N = a x_{N-1}$。

(2) 一维预测:即用 x_N 的同一扫描行中的前面已知的几个采样值预测 x_N,其预测公式为:

$$\hat{x}_N = \sum_{i=1}^{N-1} a_i x_i \qquad (6.3.6)$$

(3) 二维预测:即不但用 x_N 的同一扫描行以前的几个采样值 (x_1, x_5),还要用 x_N 的以前几行中的采样值 (x_2, x_3, x_4) 一起来预测 x_N,如图 6.3.2 所示,则

$$\hat{x}_N = a_1 x_1 + a_2 x_2 + a_3 x_3 + a_4 x_4 + a_5 x_5 \qquad (6.3.7)$$

以上是一幅图像中像素点之间的预测,统称为帧内预测。

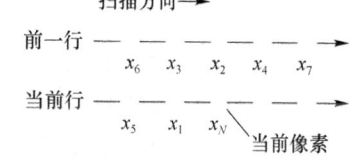

图 6.3.2 二维预测示意图

(4) 三维预测(帧间预测):取用已知像素不但是前几行的而且还包括前几帧的来预测 x_N。通常,相邻帧间细节的变化是很少的,即相对应像素的灰度变化较小,存在极强的相关性,利用预测编码去除帧间的相关性,可以获得更大的压缩比。

6.3.3 自适应预测编码

上面介绍的 DPCM 系统,当输入信号为平稳的样本序列时,效果较好。但当输入数据总体平稳而局部有较大变化时,使用固定参数的预测器就会影响预测的准确性。实际上,图像的起伏始终是存在的,被描述像素和周围像素之间含有多种多样的关系。线性预测系数 a_i 是一种近似条件下的常数,忽略了像素的个性,存在以下的缺点,影响图像质量。

(1) 对灰度有突变的地方,会有较大的预测误差,导致重建图像的边缘模糊,分辨率降低。

(2) 对灰度变化缓慢的区域,其差值信号应大约为零,但因其预测值偏大而使重建图像

有颗粒噪声。

为了改善图像的质量,克服上述预测编码带来的缺点,非线性预测充分考虑了图像的统计特性和个别变化,预测器的预测系数不固定,随图像的局部特性而有所变化。尽量使预测系数随预测环境而变,从而得到较为理想的输出,故称为自适应预测编码。

例如,1977年Yamada提出了一个二维DPCM的自适应预测方案,预测函数为:

$$\hat{x}_N = K(a_1 x_1 + a_4 x_4) \tag{6.3.8}$$

其预测系数 $a_1 = 0.75, a_4 = 0.25$,K 为自适应预测参数,定义如下:

$$K = \begin{cases} 1.0 + 0.125 & |e'_{N-1}| = e_K \\ 1.0 & e_1 < |e'_{N-1}| < e_K \\ 1.0 - 0.125 & |e'_{N-1}| = e_1 \end{cases} \tag{6.3.9}$$

式中,e_K 为最大量化输出正电平,e_1 为最小量化输出正电平,e'_{N-1} 为第 $N-1$ 个采样值的量化输出电平。

当 $e_1 < |e'_{N-1}| < e_K$ 时,取自适应参数 $K=1$,则第 N 个预测值将按 $\hat{x}_N = 0.75 x_1 + 0.25 x_4$ 输出。

当 $|e'_{N-1}| = e_K$ 时,预测值 $\hat{x}_N$ 自动增大 12.5%,即自适应参数 $K = 1.125$。这对缓减 $\hat{x}_N$ 和 x_{N+1} 等几个相邻像素出现斜率过载,增强图像边缘,减轻其模糊现象是有效的。

当 $|e'_{N-1}| = e_1$ 时,取自适应系数 $K = 0.875$,预测值自动减小 12.5%,在图像中对减少颗粒噪声是有作用的。

6.4 变换编码

预测编码的解压能力是有限的。以 DPCM 为例,一般只能压缩到每样值 2~4 比特。20 世纪 70 年代后,科学家们开始探索比预测编码效率更高的编码方法。到 20 世纪 70 年代后期,研究者发现离散余弦变换(DCT)的变换矩阵来做正交变换就可以节省大量的求解特征向量的计算,因而大大简化了算法的计算复杂性。DCT 的应用使变换编码压缩进入了使用阶段。

6.4.1 变换编码的基本原理

变换编码就是将原来在空间域上描述的图像等信号,通过一种数学变换(如傅里叶变换、离散余弦变换、沃尔什变换等),变换到变换域中进行描述,达到改变能量分布的目的。如将时域信号变换到频域,因为图像大部分信号是低频信号,在频域中信号的能量较集中,即将图像能量在空间域的分散分布变为在频域的能量的相对集中分布。对于大多数图像,大量的变换系数很小,只要删除接近于 0 的系数,而保留包含图像主要信息的系数,达到去除相关的目的,再进行量化、编码,进一步压缩图像。在重建图像进行解码时,所损失的将是一些不重要的信息,几乎不会引起图像的失真,图像的变换编码就是利用这些来压缩图像的,因此能够获得较高的压缩比。

一个典型的变换编码系统框图如图 6.4.1 所示。

变换编码首先将一幅图像进行分块处理,然后对子图像进行变换操作,解除子图像像素间的相关性,达到用少量的变换系数包含尽可能多的图像信息的目的,接下来的量化步骤是有选择地消除或粗量化带有很少信息的变换系数,因为这些系数对重建图像的质量影响很小,最后进行编码,一般采用变长码编码方法。解码是编码的相应的逆过程。

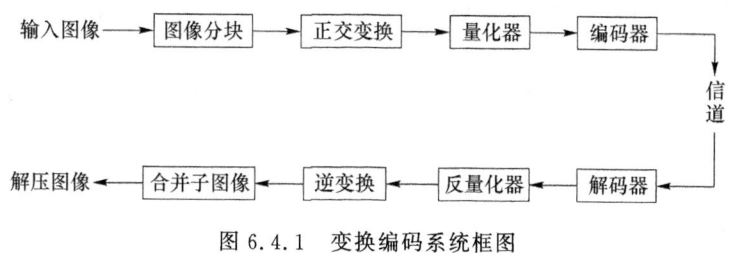

图 6.4.1　变换编码系统框图

6.4.2　变换编码方案的选取

1. 变换方法的选择

许多图像变换都可用于图像压缩,不同变换的信息集中能力不同。对一个给定的编码应用,如何选择变换取决于可容许的重建误差和计算要求。在理论上,K-L 变换是最优的正交变换,它能完全消除子像块内像素间的线性相关性;由于 K-L 变换是取原图各子图像块协方差矩阵的特征向量作为变换后的基向量,因此 K-L 变换的基向量对不同图像是不同的,且与编码对象的统计特性有关,这种不确定性使得 K-L 变换使用起来非常不方便,所以一般只作为理论上的比较标准。实际图像压缩常采用 DCT,它的性能接近 K-L 变换。DCT 在图像压缩中具有广泛的应用,它是 JPEG、MPEG 等数据压缩标准的重要数学基础。

下面简要介绍用离散余弦变换压缩图像,基本框图如图 6.4.2 所示。

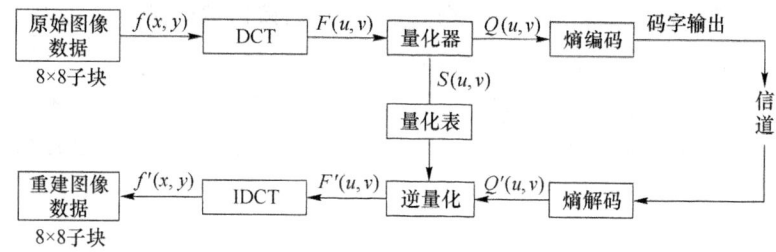

图 6.4.2　DCT 图像编码和解码的基本框图

DCT 压缩图像的过程如下:

(1) 首先将输入图像分解为 8×8 或 16×16 的块,然后对每个子块进行二维 DCT。

(2) 将变换后得到的量化的 DCT 系数进行编码和传送,形成压缩后的图像格式。

DCT 解压图像的过程如下:

(1) 对每个 8×8 或 16×16 块进行二维解码、逆量化和二维离散余弦逆变换(IDCT)。

(2) 将逆变换的矩阵的块合成一个单一的图像。

余弦变换具有把高度相关数据能量集中的趋势,DCT 后矩阵的能量集中在矩阵的左上角,右下角大多数的 DCT 系数值非常接近于 0。对于通常的图像来说,舍弃这些接近于 0

的 DCT 的系数值,并不会对重构图像的画面质量带来显著的下降。所以,利用 DCT 进行图像压缩可以节省大量的存储空间。压缩应该在最合理地近似原图像的情况下使用最少的系数,使用系数的多少也决定了压缩比的大小。

2. 子图像尺寸的选择

在正交变换中,需要将一帧图像划分为若干正方形的图像子块来进行。子块图像的尺寸大小是影响变换编码误差和计算复杂度的一个重要因素。子块越小,计算量越小,计算速度快,实现简单,但均方误差较大,在同样的允许失真度下,压缩比小。但子块太大,压缩量增大,使得计算复杂度也显著加大。

一般情况下,压缩量和计算复杂度都随子图像尺寸的增加而增加。子图像的长和宽都是 2 的整数次幂,最常用的子图像尺寸为 8×8 和 16×16。

3. 变换系数的选择

子图像经过变换后,保留变换后的哪些系数用作编码和传输将直接影响信号恢复的质量,变换系数的选择原则是保留变换系数中幅值较大的元素,而将大多数幅值较小或某些特定区域的变换系数全部当作零处理,这样可以减少图像数据。

系数选择通常有区域编码和阈值编码两种方法。

(1) 区域编码

区域编码是对设定形状的区域内的变换系数进行量化编码,区域外的系数被舍去。一般来说,变换后系数值较大的都会集中在区域的左上部,即低频分量都集中在此部分,保留这部分而将其他部分的系数舍去,在恢复信号时再对它们补零。这样,由于保留了大部分图像信号的能量,在恢复信号后,其质量劣化并不明显。区域编码的明显缺点,就是高频分量完全丢失,反映在重建图像上就是轮廓及细节模糊。

(2) 阈值编码

区域编码一般对所有子图像采用一个固定的模板,阈值编码是自适应地为各个子图像设置不同的模板,它不是选定固定的区域,而是根据实际情况设定某一大小幅度的阈值,若变换系数超过该阈值,则保留这些系数进行编码传输,若小于该阈值则舍弃不用。这样,多数低频成分被编码输出,而且少数超过阈值的高频成分也将被保留下来进行编码输出,这在一定程度上弥补了区域法的不足。

选取阈值的方法有三种:

① 对所有子图像采用 1 个全局阈值。
② 对各个子图像分别用不同的阈值。
③ 根据子图像中各系数的位置选取阈值。

6.5 静止图像压缩编码标准 JPEG

JPEG(Joint Photographic Experts Group)是联合图像专家小组的缩写,所谓联合是指国际标准化组织 ISO 和国际电报电话咨询委员会(CCITT)的联合。联合图像专家小组于 1986 年成立,任务是开发研制连续色调、多级灰度、静止图像的数字图像压缩编码标准,使之满足以下要求:

(1) 必须将图像质量控制在可视保真度高的范围内,同时编码器可被参数化,允许用户设置压缩或质量水平。

(2) 压缩标准可以应用于任何一类连续色调数字图像,并不应受到维数、颜色、画面尺寸、内容、影调的限制。

(3) 压缩标准必须从完全无损到有损范围内可选,以适应不同的存储、CPU 和显示要求。

此外,JPEG 标准是为连续色调图像的压缩提供的公共标准,连续色调图像并不局限于单色调图像。该标准可适用于各种多媒体存储和通信应用所使用的灰度图像、摄影图像及静止视频压缩文件。

与相同图像质量的其他常用文件格式如 GIF、TIFF、PCX 相比,JPEG 是目前静态图像压缩算法中压缩比最高的。正是 JPEG 的高压缩比,使得它广泛地应用于多媒体和网络传输中。因为网络的带宽非常宝贵,选用一种高压缩比的文件格式是十分必要的。

1. JPEG 压缩原理

8×8 的图像经过 DCT 后,其低频分量都集中在左上角,高频分量分布在右下角。由于低频分量包含了图像的主要信息(如亮度),而高频分量与之相比,就不那么重要了,所以可以忽略高频分量,从而达到压缩的目的。如何将高频分量去掉,这就要用到量化,它是产生信息损失的根源。所谓的量化操作,就是将某一个值除以量化表中对应的值。由于量化表左上角的值较小,右下角的值较大,这样就起到了保留低频分量,抑制高频分量的目的。

2. JPEG 编码流程

JPEG 基本系统的编解码框图如图 6.5.1 所示。

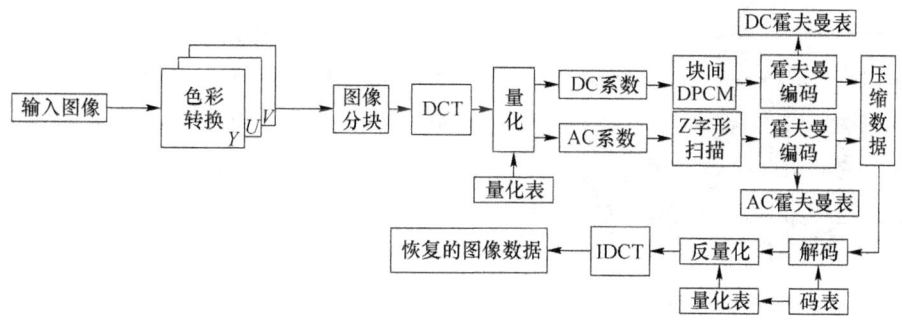

图 6.5.1 JPEG 基本系统的编解码框图

(1) 颜色空间转换、数据分块及采样

在彩色图像中,JPEG 分别压缩图像的每个彩色分量。因为人眼对色彩的变化不如对亮度的变化敏感,因而对色彩的编码可以比对亮度的编码粗糙些。主要体现在可采用不同的采样频率和量化精度上,因此,编码前一般先将图像从 RGB 空间转换到 YC_bC_r 空间。

在颜色空间转换完成之后,将每个分量图像分割成不重叠的 8×8 像素块,每一个 8×8 像素块称为一个数据单元(DU)。在对图像采样时,可以采用不同的采样频率。由于亮度比色彩更重要,因而对 Y 分量的采样频率要高于对 C_b、C_r 的采样频率,这样有利于节省存储空间。常用的采样格式有 4∶2∶2 和 4∶1∶1。以 4∶1∶1 的采样格式为例,则一个最小编码单元由 4 个 Y 分量的 DU、1 个 C_b 分量的 DU 和 1 个 C_r 分量的 DU 组成。

(2) 8×8 子块 DCT

为了便于论述,在这里再次给出 DCT 的公式如下:

$$F(u,v) = \frac{C(u)C(v)}{4}\left[\sum_{i=0}^{7}\sum_{j=0}^{7}f(i,j)\cos\frac{(2i+1)u\pi}{16}\cos\frac{(2j+1)v\pi}{16}\right](u,v=0,1,\cdots,7)$$
(6.5.1)

其逆变换公式为:

$$f(i,j) = \frac{1}{4}\left[\sum_{u=0}^{7}\sum_{v=0}^{7}C(u)C(v)F(u,v)\cos\frac{(2i+1)u\pi}{16}\cos\frac{(2j+1)v\pi}{16}\right](i,j=0,1,\cdots,7)$$
(6.5.2)

其中,

$$C(u),C(v) = \begin{cases}\frac{1}{\sqrt{2}}, & \text{当 } u=v=0 \\ 1, & \text{其他}\end{cases}$$
(6.5.3)

为了提高压缩效率,考虑到局部子块中图像的相关性强的事实,通常采用的方法是,将图像分为 8×8 的子块,对每个子块独立地进行 DCT。

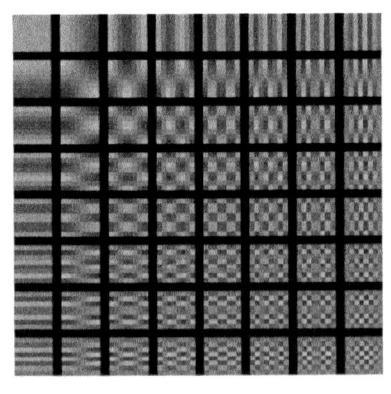

图 6.5.2 8×8 二维 DCT 变化的基图像

按 u、v 分别展开后得到 64 个 8×8 像素的图像块组,称为基图像,如图 6.5.2 所示。u、v 分别代表水平空间频率和垂直空间频率。当 $u=0$ 和 $v=0$ 时,图像在 x 和 y 方向都没有变化;当 $u=0$ 和 $v=1\sim 7$ 时,对应最左一列的图像块,x 方向没有变化;当 $v=0$ 和 $u=1\sim 7$ 时,对应最上一行的图像块,y 方向没有变化;当 $u=7$ 和 $v=7$ 时,对应右下角的图像块,图像在 x 和 y 方向上的变化频率是最高的。

可以把 DCT 过程看作是把一个图像块表示为基图像的线性组合,这些基图像是输入图像块的组成"频率"。DCT 输出 64 个基图像的幅值称为"DCT 系数",代表了该图像块的频率成分,是输入图像块的"频谱",其中低频分量集中在左上角,高频分量分布在右下角。

随着 u 和 v 的增加,相应系数分别代表逐步增加的水平空间频率和垂直空间频率分量的大小。右上角的系数表示水平方向频率最高、垂直方向频率最低的分量大小;左下角的系数表示水平方向频率最低、垂直方向频率最高的分量大小;右下角 $F(7,7)$ 表示水平方向频率和垂直方向频率都最高的分量大小。

(3) 系数矩阵量化

经过 DCT 后的系数矩阵的数字为小数,为了进行后面的编码,还需要对 DCT 系数进行量化处理,使系数量化为整数后再进行编码。量化间隔的大小决定了量化的精度。在量化过程中,应根据人眼的视觉特性,对于可见度阈值大的频率分量允许有较大的量化误差,使用较大的量化步长(量化间隔)进行粗量化;而对可见度阈值小的频率分量应保证有较小的量化误差,使用较小的量化步长进行细量化。按照人眼对低频分量比较敏感,对高频分量不太敏感的特性,需要对不同的变换系数设置不同的量化步长。

假设每个系数的量化都采用线性均匀量化,则量化处理就是用对应的量化步长去除对应的 DCT 系数,然后再对商值四舍五入取整,用公式表示如下:

$$Q(u,v) = \text{round}\left[\frac{F(u,v)}{S(u,v)}\right] \tag{6.5.4}$$

式中,$S(u,v)$ 是与每个 DCT 系数 $F(u,v)$ 对应的量化步长;$Q(u,v)$ 为量化后的系数。在 JPEG 中提供的每个亮度和色度 DCT 系数的量化步长 $S(u,v)$ 的值分别如表 6.5.1 和表 6.5.2 所示。

表 6.5.1　JPEG 标准的亮度量化表

16	11	10	16	24	40	51	61
12	12	14	19	26	58	60	55
14	13	16	24	40	57	69	56
14	17	22	29	51	87	80	62
18	22	37	56	68	109	103	77
24	35	55	64	81	104	113	92
49	64	78	87	103	121	120	101
72	92	95	98	112	100	103	99

表 6.5.2　JPEG 标准的色度量化表

17	18	24	47	99	99	99	99
18	21	26	66	99	99	99	99
24	26	56	99	99	99	99	99
47	66	99	99	99	99	99	99
99	99	99	99	99	99	99	99
99	99	99	99	99	99	99	99
99	99	99	99	99	99	99	99
99	99	99	99	99	99	99	99

这两个量化表中的量化步长值是通过大量实验并根据主观评价效果确定的,其值随 DCT 系数的位置而改变,同一像素的亮度量化表和色度量化表不同。从表中可以看出,在量化表中的左上角及其附近区域的数值较小,而在右下角及其附近区域的数值较大,而且色度量化步长比亮度量化步长要大,这是符合人眼的视觉特性的。因为人的视觉对高频分量不太敏感,而且对色度信号的敏感度较对亮度信号的敏感度低。

(4) Z 字形扫描

经过 DCT 后,低频分量集中在左上角,其中,$F(0,0)$(即第一行第一列元素)代表了 DC 系数,即 8×8 子块的平均值,要对它单独编码。由于两个相邻的 8×8 子块的 DC 系数相差很小,所以对它们采用差分编码(DPCM)可以提高压缩比,也就是说,对相邻的子块 DC 系数的差值进行编码。8×8 的其他 63 个元素是 AC 系数,采用行程编码。这里出现一个问题:这 63 个系数应该按照什么样的顺序排列? 为了保证低频分量先出现,高频分量后出现,以增加行程中连续"0"的个数,这 63 个元素采用了 Z 字形(Zig-Zag)的排列方法。经过扫描后的 DCT 系数矩阵是一维的数列,数列是按空间频率定性增加的顺序排列的。Z 字形扫描线路图和顺序矩阵如图 6.5.3 所示。

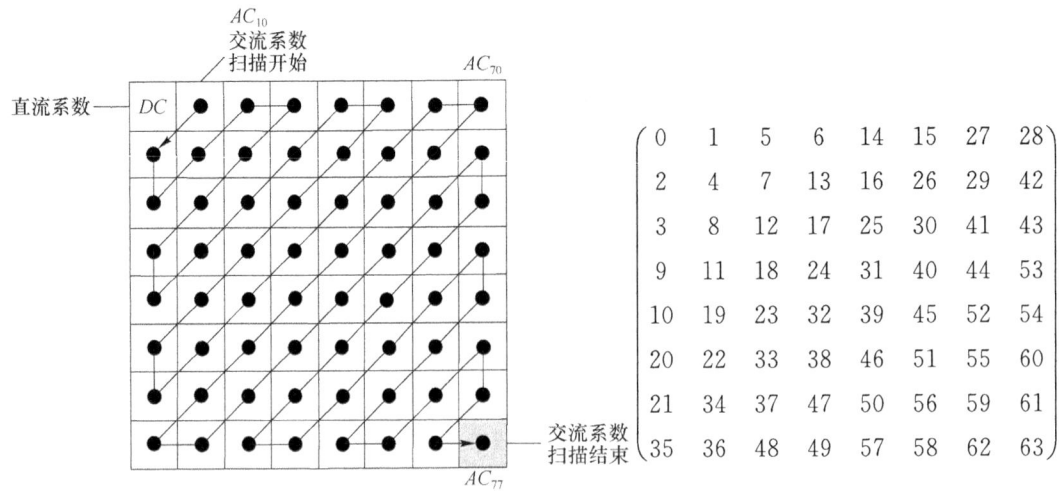

(a) Z字形扫描线路图　　　　　　　　　　(b) Z字形扫描顺序矩阵

图 6.5.3　Z字形扫描示意图

(5) 熵编码输出

Z字形扫描之后对一维序列进行后续的编码,如 Huffman 编码、游程编码等。

图 6.5.4 给出了一个对 8×8 图像块进行 DCT 编码的具体例子。可以看出,64 个像素的亮度样本值经过 DCT 运算后,仍然得到 64 个变换系数,DCT 本身并没有压缩数据。但是,经过 DCT 后幅值较大的变换系数大多集中在左上角,即直流分量和低频分量;而右下角的高频分量的系数都比较小,经量化后其系数大部分变为 0,这为后续的熵编码创造了有利的条件。

接收端解码器经熵解码、逆量化后得到带有一定量化失真的变换系数 $F'(u,v)$,再经 DCT 逆变换就得到重建图像块的样本值 $f'(x,y)$。与原始图像块相比较,两者数据大小非常接近,其误差主要是由量化造成的。只要量化器设计得好,这种失真可限制在允许的范围内,人眼是可以接受的。因此,DCT 编码是一种限失真编码。

139	144	149	153	155	155	155	155
144	151	153	156	159	156	156	156
150	155	160	163	158	156	156	156
159	161	162	160	160	159	159	159
159	160	161	162	162	155	155	155
161	161	161	161	160	157	157	157
162	162	161	163	162	157	157	157
162	162	161	161	163	158	158	158

1 259.6	−1.0	−12.1	−5.2	2.1	−1.7	−2.7	−1.3
−22.6	−17.5	−6.2	−3.2	−2.9	−0.1	0.4	−12
−10.9	−9.3	−1.6	1.5	0.2	−0.9	−0.6	−0.1
−7.1	−1.9	0.2	1.5	0.9	−0.1	0.0	0.3
−0.6	−0.8	1.5	1.6	−0.1	−0.7	0.6	1.3
−1.8	−0.2	1.6	−0.3	−0.8	1.5	1.0	−1.0
−1.3	−0.4	−0.3	−1.5	−0.5	1.7	1.1	−0.8
−2.6	1.6	−3.8	−1.8	1.9	1.2	−0.6	−0.4

(a) 原始图像块的亮度样值　　　　　　　　(b) 8×8 图像块的 DCT 系数

图 6.5.4　8×8 图像块进行 DCT 编码举例

79	0	−1	0	0	0	0	0
−2	−1	0	0	0	0	0	0
−1	−1	0	0	0	0	0	0
0	0	0	0	0	0	0	0
0	0	0	0	0	0	0	0
0	0	0	0	0	0	0	0
0	0	0	0	0	0	0	0
0	0	0	0	0	0	0	0

(c) 量化后的系数

79	0	−2	−1	−1	−1	0	0	−1	EOB

(d) Zig-Zag 扫描输出

1264	0	−10	0	0	0	0	0
−24	−12	0	0	0	0	0	0
−14	−13	0	0	0	0	0	0
0	0	0	0	0	0	0	0
0	0	0	0	0	0	0	0
0	0	0	0	0	0	0	0
0	0	0	0	0	0	0	0
0	0	0	0	0	0	0	0

(e) 逆量化后的系数

144	145	149	152	154	156	156	156
148	150	152	154	156	156	156	156
155	156	157	158	158	157	156	155
160	161	161	162	161	160	157	155
163	163	164	163	162	160	158	156
163	164	164	164	162	160	158	157
160	161	162	162	162	161	159	158
158	159	161	161	162	161	159	158

(f) 重建图像子块的亮度值

图 6.5.4　8×8 图像块进行 DCT 编码举例(续图)

6.6　图像变换编码的 MATLAB 实现

【例 6.6.1】　利用一阶预测编码方法对图像进行编码。

具体实现的 MATLAB 代码如下:

```
close all;clear all;clc;%关闭当前所有图形窗口,清空工作空间变量,清除命令行
J = imread('donna.png');%读取图像
X = double(J);
Y = Yucebianma(X);%调用 Yucebianma 进行线性预测编码
XX = Yucejiema(Y);%调用 Yucejiema 进行线性预测解码
e = double(X) - double(XX);[m,n] = size(e);
erm = sqrt(sum(e(:).^2)/(m * n));
figure,
subplot(121);imshow(J);
subplot(122),imshow(mat2gray(255 - Y));%为方便显示,对预测误差图取反后再作显示
```

在程序运行过程中,调用自定义编写的函数,MATLAB 代码如下:

```
% Yucebianma 函数用一维预测编码压缩图像 x,f 为预测系数,建立 Yucebianma.m 文件.
function y = Yucebianma(x,f)
```

```
error(nargchk(1,2,nargin))
if nargin<2
    f = 1;
end
x = double(x);
[m,n] = size(x);
p = zeros(m,n); % 存放预测值
xs = x;
zc = zeros(m,1);
for j = 1:length(f)
    xs = [zc xs(:,1:end - 1)];
    p = p + f(j) * xs;
end
y = x - round(p);
% Yucejiema 是解码程序,与编码程序用的是同一个预测器,建立 Yucejiema.m 文件.
function x = Yucejiema(y,f)
error(nargchk(1,2,nargin));
if nargin<2
    f = 1;
end
f = f(end: - 1:1);
[m,n] = size(y);
order = length(f);
f = repmat(f,m,1);
x = zeros(m,n + order);
for j = 1:n
    jj = j + order;
    x(:,jj) = y(:,j) + round(sum(f(:,order: - 1:1). * x(:,(jj-1): - 1:(jj - order)),2));
end
x = x(:,order + 1:end);
```

程序运行后,输出结果如图 6.6.1 所示。

(a)原始图像　　　(b)对预测误差图像取反

图 6.6.1　预测编码实例

【例 6.6.2】 DCT 实现图像压缩实例 1。

具体实现的 MATLAB 代码如下:

```
close all;clear all;clc; % 关闭当前所有图形窗口,清空工作空间变量,清除命令行
I = imread('Boy.bmp'); % 读取图像
J = dct2(I); % 对灰度图像作离散余弦变换
```

```
figure,mesh(J);title('变换谱三维彩色图')
J0 = J;
J1 = J;
J2 = J;
J3 = J;
J4 = J;
J0(abs(J0)<500) = 0; %把变换矩阵中小于 500 的值置换为 0
I0 = idct2(J0); %然后用 idct2 重构图像
J1(abs(J1)<200) = 0; %把变换矩阵中小于 200 的值置换为 0
I1 = idct2(J1); %然后用 idct2 重构图像
J2(abs(J2)<100) = 0; %把变换矩阵中小于 100 的值置换为 0
I2 = idct2(J2); %然后用 idct2 重构图像
J3(abs(J3)<50) = 0; %把变换矩阵中小于 50 的值置换为 0
I3 = idct2(J3); %然后用 idct2 重构图像
J4(abs(J4)<10) = 0; %把变换矩阵中小于 10 的值置换为 0
I4 = idct2(J4); %然后用 idct2 重构图像
figure(2),
subplot(2,3,1),imshow(J);title('余弦变换系数分布图')
subplot(2,3,2),imshow(J0);title('大于 500 变换系数分布图')
subplot(2,3,3),imshow(J1);title('大于 200 变换系数分布图')
subplot(2,3,4),imshow(J2);title('大于 100 变换系数分布图')
subplot(2,3,5),imshow(J3);title('大于 50 变换系数分布图')
subplot(2,3,6),imshow(J4);title('大于 10 变换系数分布图')
figure(3),
subplot(2,3,1),imshow(log(abs(J)),[]);title('变换系数模值对数分布图')
subplot(2,3,2),imshow(log(abs(J0)),[]);title('大于 500 模对数分布图')
subplot(2,3,3),imshow(log(abs(J1)),[]);title('大于 200 模对数分布图')
subplot(2,3,4),imshow(log(abs(J2)),[]);title('大于 100 模对数分布图')
subplot(2,3,5),imshow(log(abs(J3)),[]);title('大于 50 模对数分布图')
subplot(2,3,6),imshow(log(abs(J4)),[]);title('大于 10 模对数分布图')
figure(4),
subplot(2,3,1),imshow(I);title('原始图像')
subplot(2,3,2),imshow(I0,[0 255]);title('重建图像 1')
subplot(2,3,3),imshow(I1,[0 255]);title('重建图像 2')
subplot(2,3,4),imshow(I2,[0 255]);title('重建图像 3')
subplot(2,3,5),imshow(I3,[0 255]);title('重建图像 4')
subplot(2,3,6),imshow(I4,[0 255]);title('重建图像 5')
```

程序运行后,输出结果如图 6.6.2 所示。

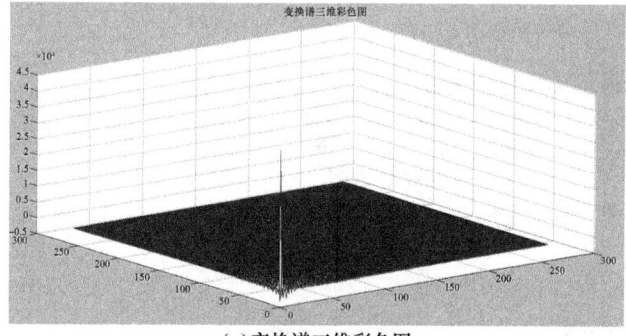

(a)变换谱三维彩色图

图 6.6.2 DCT 图像压缩实例 1

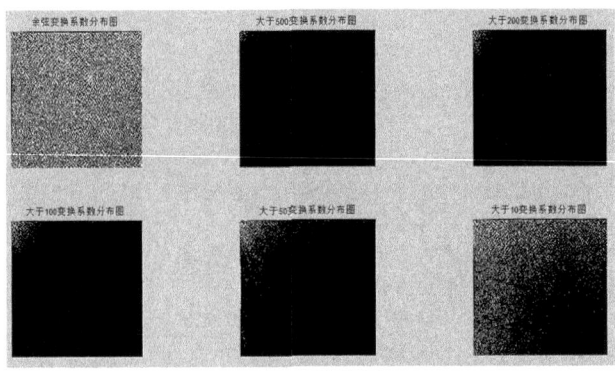

(b) 变换系数分布图

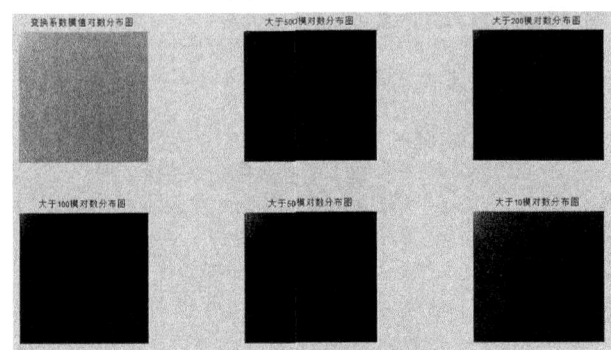

(c) 变换系数模值分布图

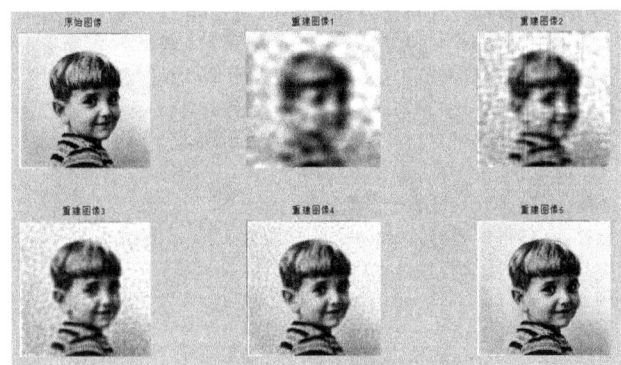

(d) 压缩后重建图像

图 6.6.2　DCT 图像压缩实例 1(续图)

【例 6.6.3】　DCT 实现图像压缩实例 2。

具体实现的 MATLAB 代码如下：

```
close all;clear all;clc;%关闭当前所有图形窗口,清空工作空间变量,清除命令行
I = imread('Boy.bmp');%读取图像
I = im2double(I);%将图像转换为双精度格式
T = dctmtx(8);%返回一个8×8的DCT矩阵
B = blkproc(I,[8 8],'P1 * x * P2',T,T);%对原图像进行DCT
mask = [1 0 0 0 0 0 0 0
        0 0 0 0 0 0 0 0
        0 0 0 0 0 0 0 0
        0 0 0 0 0 0 0 0
        0 0 0 0 0 0 0 0
```

```
         0 0 0 0 0 0 0 0
         0 0 0 0 0 0 0 0
         0 0 0 0 0 0 0 0];% 保留了 1 个 DCT 系数重构图像
B1 = blkproc(B,[8 8],'P1. * x',mask);% 数据压缩,丢弃右下角高频数据
I1 = blkproc(B1,[8 8],'P1 * x * P2',T,T);% 进行 DCT 逆变换,得到压缩后的图像
mask = [1 1 0 0 0 0 0 0
         1 0 0 0 0 0 0 0
         0 0 0 0 0 0 0 0
         0 0 0 0 0 0 0 0
         0 0 0 0 0 0 0 0
         0 0 0 0 0 0 0 0
         0 0 0 0 0 0 0 0
         0 0 0 0 0 0 0 0];% 保留了 3 个 DCT 系数重构图像
B3 = blkproc(B,[8 8],'P1. * x',mask);% 数据压缩,丢弃右下角高频数据
I3 = blkproc(B3,[8 8],'P1 * x * P2',T,T);% 进行 DCT 逆变换,得到压缩后的图像
mask = [1 1 1 0 0 0 0 0
         1 1 0 0 0 0 0 0
         1 0 0 0 0 0 0 0
         0 0 0 0 0 0 0 0
         0 0 0 0 0 0 0 0
         0 0 0 0 0 0 0 0
         0 0 0 0 0 0 0 0
         0 0 0 0 0 0 0 0];% 保留了 6 个 DCT 系数重构图像
B6 = blkproc(B,[8 8],'P1. * x',mask);% 数据压缩,丢弃右下角高频数据
I6 = blkproc(B6,[8 8],'P1 * x * P2',T,T);% 进行 DCT 逆变换,得到压缩后的图像
subplot(221),imshow(I);title('原始图像');
subplot(222),imshow(I1);title('压缩图像 1');
subplot(223),imshow(I3);title('压缩图像 3');
subplot(224),imshow(I6);title('压缩图像 6');
```

程序运行后,输出结果如图 6.6.3 所示。

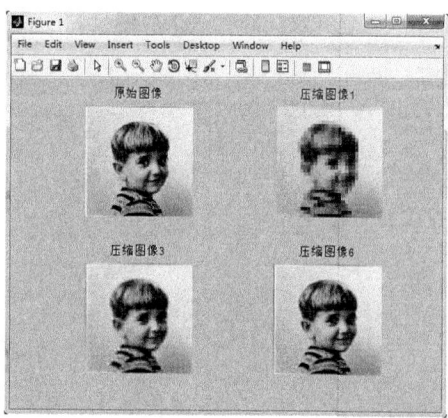

图 6.6.3　DCT 图像压缩实例 2

6.7　本 章 小 结

数字图像压缩编码技术是现代数字视频技术和多媒体技术的重要组成部分。本章介绍的主要内容有:图像压缩的基本概念;图像压缩的主要方法,包括霍夫曼编码、香农-范诺编

码、算术编码、游程编码等无损编码和预测编码、变换编码等有损编码;静止图像压缩编码标准 JPEG 以及基于 MATLAB 软件的图像压缩的实现。理解和掌握各种压缩的理论基础是本章的重点。

习 题 6

6.1 简述图像压缩编码的必要性和可能性。

6.2 设输入图像的灰度级为 $\{l_1,l_2,l_3,l_4\}$，出现的概率分别为 $\{0.375,0.25,0.25,0.125\}$。试进行霍夫曼编码，并计算熵、平均码长、编码效率、压缩比和冗余度。

6.3 设输入图像的灰度级 $\{l_1,l_2,l_3,l_4,l_5,l_6,l_7,l_8\}$，出现的概率分别为 $\{0.40,0.18,0.10,0.10,0.07,0.06,0.05,0.04\}$。试进行香农-范诺编码，并计算熵、平均码长、编码效率、压缩比和冗余度。

6.4 现有一个由 5 个不同符号组成的 30 个符号的字符串：
BABACACADADABBCBABEBEDDABEEEBB
求:①对该字符串进行霍夫曼编码；②该字符串的熵、平均码长、编码效率；③压缩比的理论值；④编码前后压缩比的实际值。

6.5 设信源各符号出现的概率为：0.4、0.3、0.1、0.1、0.06、0.04，试用二进制码元的霍夫曼编码方法对该信源的 6 个符号做信源编码，并求出平均码长和编码效率。

6.6 简述预测编码的基本原理。

6.7 选择一幅图像，通过 MATLAB 软件，利用一阶预测编码方法对图像进行编码，分析原图像和预测误差图像的直方图。

6.8 画出 DCT 编解码的框图，并简述编码步骤。

6.9 选择一幅图像，通过 MATLAB 软件，对图像进行 DCT 编码压缩。

第7章 图 像 分 割

7.1 概　　述

7.1.1 图像分割的概念

在对图像的研究和应用中,人们往往仅对某幅图像中的某些部分感兴趣,这些部分常称为目标或前景(其他部分称为背景),它们一般对应图像中特定的、具有独特性质的区域。为了辨识和分析目标,需要将这些有关区域分离提取出来,在此基础上才有可能对目标进一步利用,如进行特征提取和测量等。

图像分割就是按照图像的某种特性(如灰度级),把图像分割成不同的区域,或把不同的目标分割开,或把图像分成互不重叠的各具特性的区域并提取出感兴趣目标的技术和过程。

图像分割是图像处理、模式识别和人工智能等多个领域中一个十分重要的问题,是计算机视觉技术中重要的关键步骤。图像分割结果的好坏直接影响对计算机视觉中的图像理解。

图 7.1.1 给出了一个图像分割的实例,可将图像中汽车牌照文字部分分割出来。

(a)原图像　　　　　　　　(b)分割后的图像

图 7.1.1　图像分割实例

7.1.2 图像分割的方法

图像分割的研究最早可以追溯到 20 世纪 60 年代,目前国内外学者已经提出上千种图像分割算法,但目前还没有一种适合于所有图像的通用分割算法,绝大多数算法都是针对具体问题而提出的。由于缺少通用的理论指导,常常需要反复进行实验。在已提出的这些算法中,较为经典的有阈值分割法、边缘检测法和区域分割法。随着近十年来一些特殊理论的出现及成熟应用,如数学形态学、小波分析和模糊数学等,大量学者致力于将新的理论和方法用于图像分割,有效地改善了分割效果。

图像分割的内容和方法如图 7.1.2 所示。

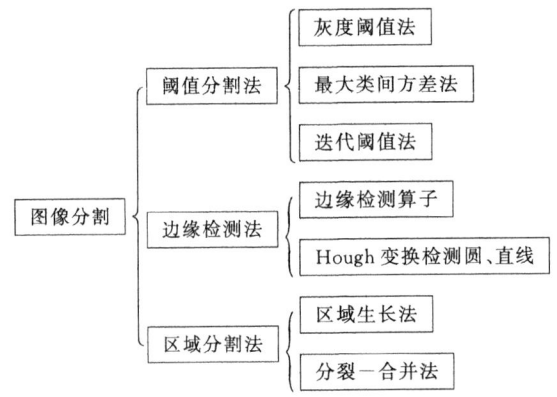

图 7.1.2　图像分割的内容和方法

本章主要介绍阈值分割法、边缘检测法、区域分割法,并基于 MATLAB 软件平台实现数字图像分割的应用。

7.2　阈值分割法

阈值分割法是最经典和最流行的图像分割技术之一,也是最简单的一种图像分割方法。这种方法的关键在于寻找适当的灰度阈值。通过人眼的观察,对已知某些特征的图像,只要试验不同的阈值,然后看是否满足已知特征即可,但这种方法的问题是使用范围窄,使用前必须事先知道图像的某些特征,如平均灰度等,而且分割后图像质量的好坏受主观局限性很大。

通常的方法是根据图像的灰度直方图来选取的。它是用一个或几个阈值将图像的灰度级分为几个部分,认为属于同一个部分的像素是同一个物体。它不仅可以极大地压缩数据量,而且也大大简化了图像信息的分析和处理步骤。阈值分割法特别适合于目标和背景处于不同灰度级范围的图像。该方法的最大特点是计算简单,在重视运算效率的应用场合中,得到广泛的应用。下面对阈值分割法进行详细的介绍。

7.2.1　灰度阈值法

若图像中目标和背景具有不同的灰度集合,即目标灰度集合与背景灰度集合,且两个灰度集合可用一个灰度级阈值 T 进行分割,于是可以用阈值分割灰度级的方法在图像中分割出目标区域与背景区域,此方法称为灰度阈值分割法。

在目标物体与背景有较强的对比度的图像中,此方法应用特别有效。例如,目标物体内部灰度分布均匀一致,背景在另一个灰度分布也均匀,这时利用阈值可以将目标与背景分割得很好。如果目标与背景的差别是某些其他特征而不是灰度特征时,那么先将这些特征差别转化为灰度差别,然后再应用阈值分割方法进行处理,这样使用阈值分割技术也是有效的。

设图像 $f(x,y)$ 的灰度级范围是 $[0,L-1]$，那么在 0 和 $L-1$ 之间选择一个合适的灰度值 T 作为阈值，就可以定义阈值化后的二值图像，有以下两种方法。

① 阈值化后的图像定义为：

$$g(x,y)=\begin{cases}1 & f(x,y)\geqslant T\\0 & f(x,y)<T\end{cases} \tag{7.2.1}$$

② 阈值化后的图像定义为：

$$g(x,y)=\begin{cases}1 & f(x,y)\leqslant T\\0 & f(x,y)>T\end{cases} \tag{7.2.2}$$

这种灰度阈值分割也叫图像二值化处理，它的目的就是求一个阈值 T，并用 T 将图像 $f(x,y)$ 分成目标和背景两个区域。

在实际处理图像时，由于目标和背景并不一定单纯地分布在两个灰度范围内，此时就需要对上述的基本阈值分割进行修正，比如选择两个阈值来进行分割，即

$$g(x,y)=\begin{cases}1 & T_1\leqslant f(x,y)\leqslant T_2\\0 & 其他\end{cases} \tag{7.2.3}$$

或

$$g(x,y)=\begin{cases}1 & 其他\\0 & T_1\leqslant f(x,y)\leqslant T_2\end{cases} \tag{7.2.4}$$

图 7.2.1 给出了按照式(7.2.1)的方法进行不同阈值的图像分割的实例。图 7.2.1(a) 是原始图像，图 7.2.1(b)、(c)、(d)分别是采用阈值为 $T=43$、$T=91$、$T=130$ 时的二值化图像分割结果。由此可见，采用不同的分割阈值，会直接影响分割的精度。

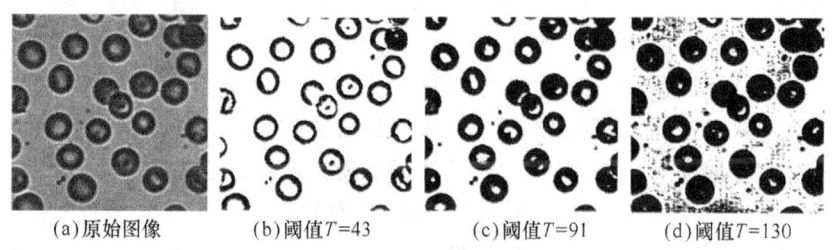

图 7.2.1 不同阈值的图像分割

阈值的选取方法很多，通常根据先验知识确定阈值，或者利用灰度直方图特征和统计判决方法确定灰度分割阈值。

在利用直方图取阈值方法来分割灰度图像时，一般都对图像有一定的假设。换句话说，是基于一定的图像模型的，最常用的模型可描述为：假设图像由具有单峰灰度分布的目标和背景组成，处于目标和背景内部相邻像素间的灰度值是高度相关的，但处于目标和背景交界的两边的像素在灰度值上有很大的差别，如果一幅图像满足这些条件，它的灰度直方图基本上可看作由分别对应目标和背景的两个单峰直方图混合构成。如果这两个分布大小接近且均值相距足够远，而且两部分的均方差也足够小，则直方图应为较明显的双峰。

下面介绍基于直方图双峰法的阈值分割。若灰度图像的直方图灰度级范围为 $i=0,1,\cdots,L-1$，当灰度级为 k 时的像素数为 n_k，则一幅图像的总像素 N 为：

$$N = \sum_{i=0}^{L-1} n_i = n_0 + n_1 + \cdots + n_{L-1} \tag{7.2.5}$$

灰度级 i 出现的概率为：

$$p_i = \frac{n_i}{N} = \frac{n_i}{n_0 + n_1 + \cdots + n_{L-1}} \tag{7.2.6}$$

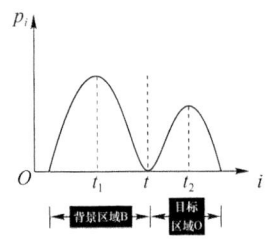

图 7.2.2 双峰直方图

当灰度图像中画面比较简单且对象物的灰度分布比较有规律时，背景和对象物在图像的灰度直方图上各自形成一个波峰，由于每两个波峰间形成一个低谷，因而选择双峰间低谷处所对应的灰度值为阈值，可将两个区域分离。这种通过选取直方图阈值来分割目标和背景的方法称为直方图阈值双峰法。如图 7.2.2 所示，在灰度级 t_1 和 t_2 两处有明显的峰值，而在 t 处是一个谷底。

用直方图双峰法进行图像分割的算法实现如下。

(1) 对图像进行灰度变换，得到其灰度图像。

(2) 作出灰度图像的直方图。

(3) 若只出现背景和目标两区域部分所对应的直方图呈双峰且有明显的谷底，则可将谷底点所对应的灰度值 t 作为阈值 T。

(4) 根据阈值 T，进行图像扫描，凡灰度级大于 T 的，颜色设置为 255；凡灰度级小于 T 的，颜色设为 0。

7.2.2 最大类间方差法

当图像中的目标部分和背景之间的灰度差较小，即灰度直方图的双峰特性不明显时，直接用直方图就不太容易确定一个合适的阈值。可采用最大方差阈值法，这种选择阈值方法的思想最早是由 Ostu 提出的，又称最大类间方差法。当图像灰度直方图的形状有双峰但无明显低谷或者是双峰与低谷都不明显时，采用最大方差自动阈值法往往能得到较为满意的结果。同时该方法较为简单，是一种广泛使用的阈值选择方法。

假设某个图像的灰度直方图包含两类区域，T 为分离两类区域的阈值。L 为图像的灰度级数，f_i 为灰度级 i 的所有像素个数。经统计可得，被 T 分离后的区域 1、区域 2 占整个图像的面积以及区域 1、区域 2、整幅图像的平均灰度分别如下：

区域 1 的面积比

$$\theta_1 = \sum_{i=0}^{T} \frac{n_i}{n} \tag{7.2.7}$$

区域 2 的面积比

$$\theta_2 = \sum_{i=T+1}^{L-1} \frac{n_i}{n} \tag{7.2.8}$$

整幅图像的平均灰度

$$\mu = \sum_{i=0}^{L-1} f_i \times \frac{n_i}{n} \tag{7.2.9}$$

区域 1 的平均灰度

$$\mu_1 = \frac{1}{\theta_1} \sum_{i=0}^{T} f_i \times \frac{n_i}{n} \tag{7.2.10}$$

区域 2 的平均灰度

$$\mu_2 = \frac{1}{\theta_2} \sum_{i=T+1}^{L-1} f_i \times \frac{n_i}{n} \qquad (7.2.11)$$

整幅图像的平均灰度与区域 1、区域 2 的平均灰度值之间的关系为：

$$\mu = \mu_1 \theta_1 + \mu_2 \theta_2 \qquad (7.2.12)$$

如果同一区域具有灰度相似特性，而不同区域之间则表现为明显的灰度差异，当被阈值 T 分离的两个区域间灰度差较大时，两个区域的平均灰度 μ_1、μ_2 与整幅图像的平均灰度 μ 之差也较大，区域间的方差就是描述这种差异的有效参数，可表示为：

$$\sigma_B^2 = \theta_1 (\mu_1 - \mu)^2 + \theta_2 (\mu_2 - \mu)^2 \qquad (7.2.13)$$

式中，σ_B^2 表示图像被阈值 T 分割后两个区域之间的方差。显然，有不同的 T 值，就会得到不同的区域间方差。

也就是说，区域间的方差、区域 1 的平均灰度、区域 2 的平均灰度、区域 1 的面积比、区域 2 的面积比都是阈值 T 的函数，因此式(7.2.13)可写成：

$$\sigma_B^2 = \theta_1(T)(\mu_1(T) - \mu)^2 + \theta_2(T)(\mu_2(T) - \mu)^2 \qquad (7.2.14)$$

进一步整理得到区域间方差：

$$\sigma_B^2 = \theta_1(T) \theta_2(T) [\mu_1(T) - \mu_2(T)]^2 \qquad (7.2.15)$$

被分割的两个区域间方差 σ_B^2 达到最大时，被认为是两个区域的最佳分离状态，由此确定阈值 T(见图 7.2.3)为

$$T_m = \max[\sigma_m^2(T)] \qquad (7.2.16)$$

以最大方差决定阈值不需要人为设定其他参数，是一种自动选择阈值的方法，它不仅适用于两个区域的单阈值选择，也可以扩展到多区域的多阈值选择中去。

最大类间方差法的具体算法步骤如下。

(1) 将 RGB 图像转换为灰度图像。

(2) 求出图像中的所有像素的分布概率 $p_1, p_2, \cdots, p_{255}$。

(3) 给定一个初始阈值 $T_h = T_{h0}$，将图像分为 C_1 和 C_2 两类。

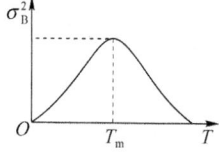

图 7.2.3 区域间方差 σ_B^2 与阈值 T 的关系

(4) 根据公式 $\sigma_i^2 = \sum_{(x,y) \in C_i} (f(x,y) - \mu_i)^2$ 和 $\mu_i = \frac{1}{N_{C_i}} \sum_{(x,y) \in C_i} f(x,y) (i=1,2)$ 分别计算两类的方差 σ_1^2 和 σ_2^2，以及图像的整体平均灰度值 μ。

$$\mu = \frac{1}{N_{\text{image}}} \sum_{i=1}^{m} \sum_{j=1}^{n} f(i,j) \qquad (7.2.17)$$

式中，N_{image} 为图像的总体像数。

(5) 计算两类问题发生的概率 p_1 和 p_2。

$$p_1 = \sum_{i=1}^{T_h} p_i, \quad p_2 = 1 - p_1 \qquad (7.2.18)$$

(6) 计算类间方差 σ_m^2 和类内方差 σ_n^2。

$$\sigma_m^2 = p_1 \cdot (\mu_1 - \mu)^2 + p_2 \cdot (\mu_2 - \mu)^2 \qquad (7.2.19)$$

$$\sigma_n^2 = p_1 \cdot \sigma_1^2 + p_2 \cdot \sigma_2^2 \qquad (7.2.20)$$

(7) 选择最佳阈值 $T_h = T_h^*$，使得图像按照该阈值分为 C_1 和 C_2 两类后，满足

$$\eta\big|_{T_h^*} = \max\left\{\frac{\sigma_m^2}{\sigma_n^2}\right\} \tag{7.2.21}$$

图 7.2.4 给出了最大类间方差法图像分割的实例。图 7.2.4(a)为原图，图 7.2.4(b)为分割后的图像。

(a)原图　　　　　　　　　(b)分割后的图像

图 7.2.4　最大类间方差法图像分割

7.2.3　迭代阈值法

迭代阈值法是阈值法图像分割中较有效的方法，通过迭代的方法来求出分割的最佳阈值，具有一定的自适应性。迭代法阈值分割步骤如下：

(1) 设定参数 T_0，并选择一个初始的估计阈值 T_1。

(2) 用阈值 T_1 分割图像。将图像分成两个部分：G_1 是由灰度值大于 T_1 的像素组成的，G_2 是由灰度值小于或等于 T_1 的像素组成的。

(3) 计算 G_1 和 G_2 中所有的像素的平均灰度值 μ_1 和 μ_2，以及新的阈值 $T_2 = (\mu_1 + \mu_2)/2$。

(4) 如果 $|T_2 - T_1| < T_0$，则推出 T_2 即为最优阈值；否则，将 T_2 赋值给 T_1，并重复步骤(2)~(4)，直到获得最优阈值。

图 7.2.5 给出了迭代阈值法图像分割的实例。图 7.2.5(a)为原图，图 7.2.5(b)为分割后的图像。

(a)原图　　　　　　　　　(b)分割后的图像

图 7.2.5　迭代阈值法图像分割

7.3 边缘检测法

数字图像的边缘检测是图像分割、目标区域识别、区域形状提取等图像分析领域十分重要的基础,也是图像识别中提取图像特征的一个重要属性。在进行图像理解和分析时,第一步往往就是边缘检测,由于边缘广泛存在于目标与目标、物体与背景、区域与区域(含不同色彩)之间,它是图像分割所依赖的重要特征。目前边缘检测已成为机器视觉研究领域最活跃的课题之一,在工程应用中占有十分重要的地位。

7.3.1 边缘检测的基本原理

图像边缘是图像最基本的特征,边缘在图像分析中起着重要作用。所谓边缘是指图像局部特性的不连续性,如灰度级的突变、颜色的突变、纹理结构的突变等。边缘是一个区域的结束,也是另一个区域的开始,利用该特征可以分割图像。

图像的边缘具有方向和幅度两个属性,通常沿边缘的方向像素变化平缓,垂直于边缘的方向像素变化剧烈,这种不连续性往往可通过求微分方便地检测到。根据灰度变化的特点,一般常用一阶导数和二阶导数来检测边缘。不同的是,一阶导数认为最大值对应边缘位置,而二阶导数认为过零点对应边缘位置。实际上,对于图像中的任意方向上的边缘都可以进行类似的分析。在图像边缘检测中对任意点的一阶导数可以利用该点梯度的幅度来获得,二阶导数可以用拉普拉斯算子得到。

如图7.3.1所示,第1行是一些具有边缘的图像示例,第2行是沿图像水平方向的一个剖面图,边缘剖面有三种:阶梯形、脉冲(凸缘)形和屋顶形。

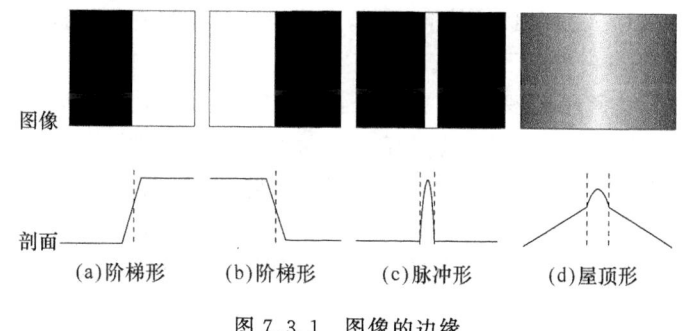

图 7.3.1 图像的边缘

7.3.2 边缘检测算子

由于微分算子具有突出灰度变化的作用,对图像进行微分运算,在图像边缘处其灰度变化较大,故该处微分计算值较高,可将这些微分值作为相应点的边缘强度,通过阈值判别来提取边缘点,即如果微分值大于阈值,则为边缘点。

边缘检测的实质是采用某种算法来提取出图像中对象与背景间的交界线。图像灰度的变化情况可以用图像灰度分布的梯度来反映,因此可以用局部图像微分技术来获得边缘检测算子。经典的边缘检测方法是对原始图像中像素的某小邻域来构造边缘检测算子。

1. 梯度算子

梯度对应一阶导数,梯度算子是一阶导数算子。对一个连续函数 $f(x,y)$,它的位置 (x,y) 的梯度可表示为一个矢量:

$$\nabla f(x,y) = (G_x \quad G_y)^T = \left(\frac{\partial f}{\partial x} \quad \frac{\partial f}{\partial y}\right)^T \tag{7.3.1}$$

式中,G_x 和 G_y 分别为沿 x 和 y 方向的梯度。

这个矢量的幅度和方向角分别为:

$$\mathrm{mag}(\nabla f) = [G_x^2 + G_y^2]^{1/2} \tag{7.3.2}$$

$$\varphi(x,y) = \arctan(G_y/G_x) \tag{7.3.3}$$

对于阶梯形边缘,在边缘点处一阶导数有极值,因此可计算每个像素处的梯度来检测边缘点。梯度的大小代表边缘的强度,梯度的方向与边缘的走向垂直。

对于数字图像,梯度常用差分代替微分来实现,梯度的幅度差分可表示为:

$$\mathrm{mag}(\nabla f) = \{[f(x,y) - f(x+1,y)]^2 + [f(x,y) - f(x,y+1)]^2\}^{1/2} \tag{7.3.4}$$

近似表示为:

$$\mathrm{mag}(\nabla f) = |f(x,y) - f(x+1,y)| + |f(x,y) - f(x,y+1)| \tag{7.3.5}$$

这种梯度法又称为水平垂直差分法。

另一种梯度法是交叉地进行差分计算,称为罗伯特梯度法,可表示为:

$$\mathrm{mag}(\nabla f) = \{[f(x,y) - f(x+1,y+1)]^2 + [f(x+1,y) - f(x,y+1)]^2\}^{1/2} \tag{7.3.6}$$

近似表示为:

$$\mathrm{mag}(\nabla f) = |f(x,y) - f(x+1,y+1)| + |f(x+1,y) - f(x,y+1)| \tag{7.3.7}$$

以上各式中的偏导数需对每个像素位置进行运算,在实际中常用小区域模板卷积来近似计算偏导数。对 G_x 和 G_y 各用 1 个模板,所以需要两个模板组合起来以构成 1 个梯度算子。即边缘检测的主要工具是边缘检测模板,边缘检测就是做一个模板算子运算。

常用的梯度算子模板有以下几种。

(1) 最简单的梯度算子是罗伯特(Roberts)交叉算子,为 2×2 模板。

Roberts 边缘检测算子的特点:根据任意一对互相垂直方向上的差分可计算梯度的原理,采用对角线方向相邻两像素之差来寻找图像边缘,检测的是沿与图像坐标轴 45°角或 135°角方向上的灰度梯度。边缘定位精度较高,但容易丢失一部分边缘,同时由于没经过图像平滑计算,不能抑制噪声。该算子对具有陡峭的低噪声图像响应最好。

梯度计算可表示为:

$$G[x,y] = |f[x,y] - f[x+1,y+1]| + |f[x+1,y] - f[x,y+1]| \tag{7.3.8}$$

(2) 索贝尔(Sobel)算子,为 3×3 模板。

Sobel 边缘检测算子的特点:很容易在空间上实现,受噪声的影响较小,对噪声具有平滑作用,提供较为精确的边缘方向信息,但它同时也会检测出许多伪边缘,边缘定位精度不够高。当对精度要求不是很高时,它是一种较为常用的边缘检测方法。并且当使用大的模板时,抗噪声特性会更好,但这样做要增加计算量,而且得出的边缘也比较粗。

(3) 蒲瑞维特(Prewitt)算子,为 3×3 模板。

Prewitt 边缘检测算子的特点:和 Sobel 算子类似,只是平滑部分的权值有些差异,对灰度渐变噪声较多的图像处理较好,对边缘的定位不如 Sobel 算子。

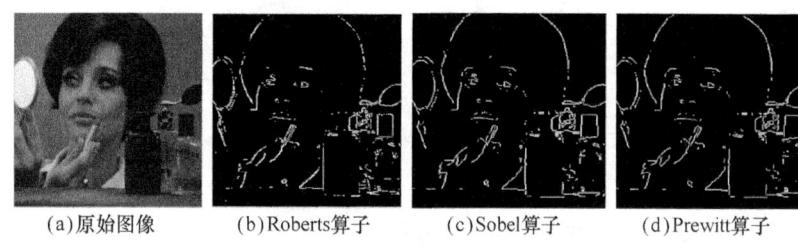

(a)原始图像　　(b)Roberts算子　　(c)Sobel算子　　(d)Prewitt算子

图 7.3.2　不同算子边缘检测结果比较

2. 拉普拉斯算子

拉普拉斯(Laplacian)算子是一种二阶导数算子,是对图像 $f(x,y)$ 求二级导数利用其陡峭下滑且过零点的位置来寻找边界,为 3×3 模板。

对1个连续函数 $f(x,y)$,它在位置 (x,y) 的拉普拉斯值可表示为:

$$\nabla^2 f = \frac{\partial^2 f}{\partial x^2} + \frac{\partial^2 f}{\partial y^2} \tag{7.3.9}$$

Laplacian算子模板的特点:对应中心像素的系数应是正的,对应中心像素邻近像素的系数应是负的,而它们的和应该是零。常用两种模板如图7.3.3所示。

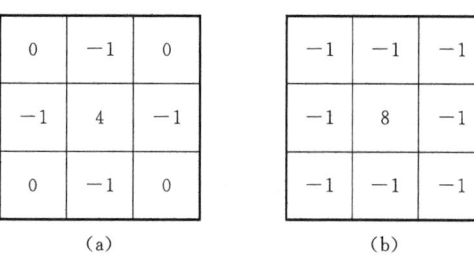

图 7.3.3　Laplacian算子模板

Laplacian算子的特点有:

(1) 它是一种各向同性、线性和位移不变的边缘增强算子,即其边缘的增强强度与边缘的方向无关,卷积结果即为输出值(无方向算子)。

(2) 它是二阶导数算子,因此对图像中的噪声非常敏感,对噪声有双倍加强作用。

(3) 常产生双像素宽的边缘,而且不能提供图像边缘的方向信息,所以很少直接用作边缘检测,而主要用于已知边缘像素后确定该像素是在图像的暗区域或明区域一边。

(4) 对细线和孤立点检测效果好。

3. LoG 算子

LoG(Laplacian-Gauss)算子,又称拉普拉斯-高斯算子。为了在边缘增强前滤除噪声,将高斯滤波和拉普拉斯边缘检测结合在一起,形成 LoG 算子。这种算子的特点是为了平滑图像和降低噪声,图像首先与高斯滤波器进行卷积,滤除孤立的噪声点和较小的结构组织。由于平滑会导致边缘的模糊,因此边缘检测器只考虑那些具有局部梯度最大值的点为边缘点,这一点可以用二阶导数的零交叉点来实现。

LoG 算子的输出 $h(x,y)$ 是通过卷积运算得到的,可表示为:

$$h(x,y) = \nabla^2[g(x,y) * f(x,y)] \tag{7.3.10}$$

根据卷积求导法可得

$$h(x,y) = [\nabla^2 g(x,y)] * f(x,y) \tag{7.3.11}$$

式中,$\nabla^2 g(x,y) = \left(\dfrac{x^2+y^2-2\sigma^2}{\sigma^4}\right)e^{-\frac{x^2+y^2}{2\sigma^2}}$,称为 LoG 算子。

LoG 算子的特点有:

(1) 对图像灰度变化比较敏感,保证了边缘的封闭性,符合人眼对自然界中大多数物体的视觉效果。

(2) 边缘定位精度较差,而边缘定位精度和边缘的封闭性两者之间无法客观地达到最优化折中。

(3) 与高斯滤波器进行卷积,既可以平滑图像又可以降低噪声,孤立的噪声点和较小结构组织将被滤除。

(4) 在边缘检测时仅考虑那些具有局部梯度最大值的点为边缘点,用拉普拉斯算子将边缘点转换成零交叉点,通过零交叉点的检测来实现边缘检测。

LoG 算子 5×5 常用模板如图 7.3.4 所示。

−2	−4	−4	−4	−2
−4	0	8	0	−4
−4	8	24	8	−4
−4	0	8	0	−4
−2	−4	−4	−4	−2

(a)

0	0	−1	0	0
0	−1	−2	−1	0
−1	−2	16	−2	−1
0	−1	−2	−1	0
0	0	−1	0	0

(b)

图 7.3.4　LoG 算子 5×5 常用模板

图 7.3.5 给出了 LoG 算子检测边缘的实例。

图 7.3.5　LoG 算子检测边缘

7.3.3　霍夫(Hough)变换

Hough 变换方法是利用图像全局特性来直接检测目标轮廓,将图像的边缘像素连接起来的常用方法。在预先知道区域形状的条件下,利用 Hough 变换可以方便地得到边界曲线而将不连续的边缘像素点连接起来。如果点在一条特定形状的曲线上,则可以先确定该曲线然后再进行连接。

7.3.3.1 Hough 变换的基本原理

Hough 变换可以将图像空间中用直角坐标表示的直线变换为极坐标空间中的点。一般常将 Hough 变换称为线—点变换,利用 Hough 变换提取直线的基本原理是:把直线上点的坐标变换到过点的直线的系数域,通过利用共线和直线相交的关系,使直线的提取问题转化为计数问题。Hough 变换提取直线的主要优点是受直线中的间隙和噪声影响较小。

1. 直角坐标中的 Hough 变换

在图像空间的直角坐标中,经过点 (x,y) 的直线可表示为:
$$y = ax + b \tag{7.3.12}$$
式中,a 为斜率,b 为截距。

式(7.3.12)可变换为:
$$b = -ax + y \tag{7.3.13}$$
该变换即为直角坐标中对点 (x,y) 的 Hough 变换,它表示参数空间中的一条直线。

图 7.3.6 给出了一个例子,图 7.3.6(a) 为存在一条直线的图像空间,图 7.3.6(b) 为对应的参数空间。

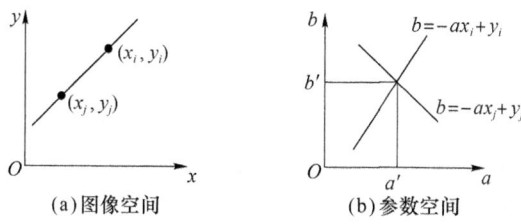

图 7.3.6　图像空间和参数空间中点和线的对偶性

在图像空间 xy 中过点 (x_i, y_i) 的直线方程为 $y_i = ax_i + b$,它在参数空间 ab 中也是一条直线 $b = -ax_i + y_i$。同理,点 (x_j, y_j) 的直线方程为 $y_j = ax_j + b$,它在参数空间 ab 中是另一条直线 $b = -ax_j + y_j$。因为点 (x_i, y_i) 和点 (x_j, y_j) 是同一直线上的两点,所以它们有相同的参数 (a', b'),而这一点正是参数空间 ab 的两条直线 $b = -ax_i + y_i$ 和 $b = -ax_j + y_j$ 的交点。由此可见,图像空间 xy 中过点 (x_i, y_i) 和点 (x_j, y_j) 的直线上的每一个点都对应参数空间 ab 里的一条直线,而这些直线必定相交于一点 (a', b'),这一点 (a', b') 就是图像空间 xy 里那条直线方程的参数。

由此可知,在图像空间中同一条直线上的点对应参数空间里相交的直线。反过来,在参数空间中相交于同一点的所有直线对应图像空间中共线的点,如图 7.3.7 所示,这就是点线的对偶性。

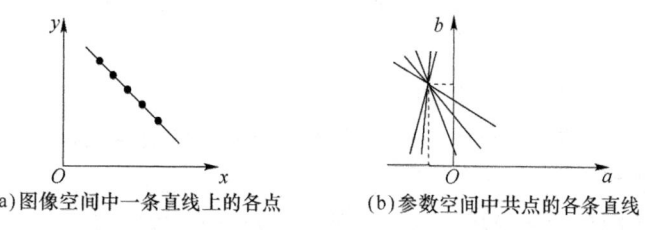

图 7.3.7　图像空间中的直线与参数空间中的点对偶示意图

根据点线的对偶性,当给定图像空间的一些边缘点时,就可以通过 Hough 变换确定连接这些点的直线方程。Hough 变换把在图像空间中的直线检测转换到参数空间里的点的检测问题,而参数空间里点的检测只要进行简单的累加统计就可以完成了。

Hough 变换的具体步骤如下:

(1) 在参数空间 ab 中建立一个二维累加数组 M。假设斜率 a 和截距 b 的取值范围分别是 $[a_{\min}, a_{\max}]$ 和 $[b_{\min}, b_{\max}]$,则累加数组如图7.3.8所示,数组 M 初始化为0。

(2) 对图像空间中的每一个边缘点,让 a 从 $a_{\min}$ 到 $a_{\max}$ 取值,根据式(7.3.13)得到对应的 b 值,将对应的数组元素 $M(a,b)$ 进行累加。计算结束后,根据 $M(a,b)$ 的值确定在 (a,b) 处共线点的数量。根据 $M(a,b)$ 的最大值所处的位置 (a^*, b^*),可以找到图像空间中的参数为 (a^*, b^*) 的直线。

2. 极坐标中的 Hough 变换

使用等式 $y = ax + b$ 表示一条直线带来的问题是,当被检测的直线为垂直时,斜率为无穷大,计算量激增,采用极坐标可以解决这一问题。

如果用 ρ 代表原点距离直线的法线距离,θ 为该法线与 x 轴的夹角,则可用如下参数方程来表示该直线,即

$$\rho = x\cos\theta + y\sin\theta \tag{7.3.14}$$

与直角坐标系中的 Hough 变换不同的是,式(7.3.14)将图像空间 xy 上的点映射为 $\rho\theta$ 平面上的正弦曲线。如图7.3.9和图7.3.10所示,某条直线的参数为 (ρ', θ'),其上的两个点分别为 (x_i, y_i) 和 (x_j, y_j)。变换后两点形成的正弦曲线分别为 $\rho = x_i\cos\theta + y_i\sin\theta$ 和 $\rho = x_j\cos\theta + y_j\sin\theta$,两共线点生成参数空间中的曲线相交于点 (ρ', θ')。

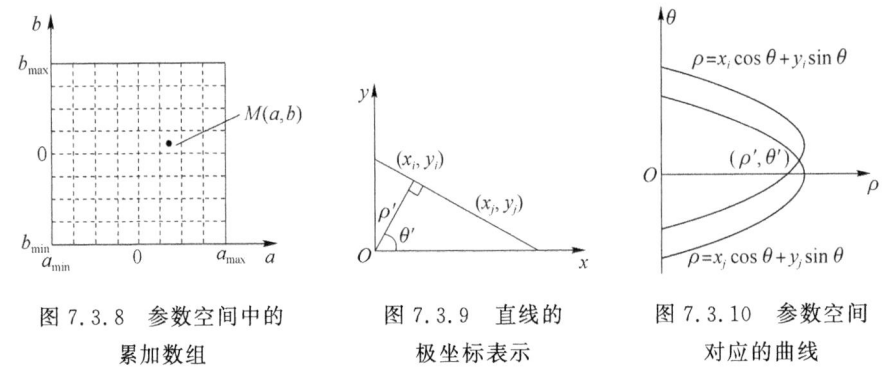

图7.3.8　参数空间中的累加数组　　图7.3.9　直线的极坐标表示　　图7.3.10　参数空间对应的曲线

在参数空间建立累加二维数组 M 的方法与直角坐标系中的方法类似,但参数为 ρ 和 θ。θ 的取值范围是 $[-90°, 90°]$,假设图像的大小为 $M \times N$,则 ρ 的取值范围为 $[-\sqrt{M^2+N^2}/2, \sqrt{M^2+N^2}/2]$。

综上所述,Hough 变换的性质如下:

(1) 通过 xy 平面域上一点的一簇直线变换到极坐标变换域 $\rho\theta$ 平面时,将形成一条类似正弦状的正弦曲线。

(2) $\rho\theta$ 平面上极坐标变换域中的一点对应于 xy 平面域中的一条直线。

(3) xy 平面域中的一条直线上的 n 个点对应 $\rho\theta$ 平面上极坐标变换域中经过一个公共

点的 n 条曲线。

7.3.3.2 Hough 变换的应用

1. Hough 变换检测直线

根据上述 Hough 变换检测直线的基本思想和实现步骤,可以实现直线的具体检测。

举个例子说明 Hough 变换检测直线的原理。设图像上的直线是 $y=x$,先取上面的 3 个点:$A(0,0)$、$B(1,1)$、$C(2,2)$。可以求出,过 A 点的直线的参数要满足方程 $b=0$,过 B 点的直线的参数要满足方程 $1=a+b$,过 C 点的直线的参数要满足方程 $2=2a+b$,这 3 个方程就对应着参数平面上的 3 条直线,而这 3 条直线会相交于一点 $(a=1,b=0)$。同理,原图像上直线 $y=x$ 上的其他点(如(3,3)、(4,4)等),对应参数平面上的直线也会通过点($a=1$, $b=0$)。具体步骤为:

(1) 初始化一块缓冲区,对应于参数平面,将其所有数据置为 0。
(2) 对于图像上每一前景点,求出参数平面对应的直线,把这直线上的所有点的值都加 1。
(3) 找到参数平面上最大点的位置,这个位置就是原图像上直线的参数。

Hough 变换检测直线的基本思想就是把图像平面上的点对应到参数平面上的线,最后通过统计特性来解决问题。假如图像平面上有两条直线,那么最终在参数平面上就会看到两个峰值点,依此类推。

图 7.3.11 给出了 Hough 变换检测直线的实例。

(a)原始图像　　　　　(b)检测结果

图 7.3.11　Hough 变换检测直线

2. Hough 变换检测圆

根据 Hough 变换原理,Hough 变换检测圆的 xy 与 $\rho\theta$ 映射关系为:

(1)在直角坐标系圆的一般方程为:
$$(x-a)^2+(y-b)^2=r^2 \tag{7.3.15}$$

(2)在极坐标的 $\rho\theta$ 参数平面,圆的极坐标方程为:
$$\begin{cases} x=a+r\cos\theta \\ y=b+r\sin\theta \end{cases} \tag{7.3.16}$$

式中,(a,b) 为圆心坐标,r 为圆的半径,图像空间中有 3 个参数 a、b、r,因此,在参数空间中累加数组的大小相应地是三维的,通过 Hough 变换,将图像空间 (x,y) 对应到参数空间 (a,b,r)。由此,提取圆的 Hough 变换可以概括如下:

对圆的检测,其参数空间增加到三维。基本思想是,对参数空间适当量化,得到一个三维的累加器阵列,并计算图像每点强度的梯度信息得到边缘,再计算与边缘上的每一个像素 (x_i,y_i) 距离为圆半径 r 的所有点,同时将相应立方小格的累加器加 1。当检测完毕后,对三维阵列的所有累加器求峰值,其峰值小格的坐标就对应着图像空间圆形边界的圆心。

7.4 区域分割法

图像分割是依据图像的灰度、颜色等将图像中具有特殊含义的不同区域进行区分,图像分割的方法很多,本节所讲的区域分割指的是区域生长法,相当于由小到大对像素进行合并。

区域生长也称为区域增长,其基本思想是将具有相似性质(如灰度级、纹理、颜色等)的像素集合起来构成区域,它们对应于实际感兴趣的目标。区域生长法计算复杂度较高,在实时要求高的场合应用较少。

区域生长法的具体步骤是:先在每个分割的区域找一个种子像素作为生长的起始点,再将种子像素周围邻域中与种子像素有相同或相似性质的像素合并到种子像素所在的区域中。将这些新像素当作新的种子像素继续进行上面的过程,直到再没有满足条件的像素可被包括进来,通过区域生长,一个区域就长成了。

在实际应用区域生长法时需要解决三个问题。

(1) 确定选择一组能正确代表所需区域的起始点种子像素。通常,这可借助于具体问题的特点进行。例如,在军用红外图像中检测目标时,由于一般情况下目标辐射较大,所以可选用图中最亮的像素作为种子像素。若对具体问题没有先验知识,则常可借助生长所用准则对每个像素进行相应的计算。

(2) 确定在生长过程中将相邻像素包括进来的准则。生长准则的选取不仅依赖于具体问题本身,也和所用图像数据的种类有关。例如,当为彩色图像时,仅用单色的准则效果就会受到影响。

(3) 确定区域生长过程停止的条件或规则。一般生长过程在进行到再没有满足生长准则需要的像素时停止。但常用的基于灰度、纹理、彩色的准则大都基于图像中的局部性质,并没有充分考虑生长的历史。为增加区域生长的能力,常常需要考虑一些与尺寸、形状等图像和目标的全局性质有关的准则。

1. 灰度差判别式

灰度差判别值可以选取像素与相邻像素的灰度差,也可以选取微区域与相邻微区域间的灰度差。

设(m,n)为基本单元(即像素或微区域)的坐标,$f(m,n)$为基本单元灰度值或微区域的平均灰度值;T为灰度差阈值;$f(i,j)$为与(m,n)相邻的尚不属于任何区域的基本单元的灰度值,并设有标记。则灰度差判别式为:

$$\{C=|f(i,j)-f(m,n)|\} \quad \begin{cases} C<T & \text{合并,属于同一标记} \\ C\geq T & \text{不变} \end{cases} \quad (7.4.1)$$

当$C<T$时,说明基本单元(i,j)与(m,n)相似,(i,j)应与(m,n)合并,即加上与(m,n)相同的标志,并计算合并后微区域的平均灰度值;当$C\geq T$时,说明两者不相似,$f(i,j)$保持不变,仍为不属于任何区域的基本单元。

2. 区域生长法的案例分析

【例 7.4.1】 简单的区域生长的例子。

图 7.4.1(a)为输入图像,这个例子是以灰度最大值 9 作为起始点种子像素,在图中用

小圆圈标识出来，开始进行区域生长。它的生长准则是邻近点的灰度值与接受小块物体平均灰度值差小于阈值 $T=2$。图 7.4.1(b)给出第 1 次区域生长接受的 3 个灰度值为 8 的邻点，此时线框内的平均灰度为 $(8+8+8+9)/4=8.25$，灰度级差值为 $9-8.25\approx1$，满足 $C<T$。图 7.4.1(c)给出了第 2 次区域生长只得到灰度值为 7 的一个邻点，此时所接受点区域的平均灰度值为 $(8+8+8+9+7)/5=8$，因为在该区域周围已经没有灰度值大于 6 的邻点，所以生长过程终止。

5	5	8	6
4	8	⑨	7
2	2	8	3
2	2	2	2

(a)输入图像

5	5	⑧	6
4	⑧	⑨	7
2	2	⑧	3
2	2	2	2

(b)第1次区域生长

5	5	⑧	6
4	⑧	⑨	⑦
2	2	⑧	3
2	2	2	2

(c)第2次区域生长

图 7.4.1　区域生长的简单实例

【例 7.4.2】 下面举例说明用灰度差判别式的区域生长的过程。

设阈值 $T=2$，基本单元为像素，在 3×3 的微区域中与 $f(m,n)$ 像素相邻的像素数有 8 个，如图 7.4.2 所示。在图 7.4.3 中区域标记为 A、B、C。原图像的灰度值如图 7.4.3(a)所示。

	$f(m,n)$	

图 7.4.2　$f(m,n)$的 3×3 邻域

根据光栅扫描顺序确定合并起点的基本单元，第 1 个合并起点如图 7.4.3(b)所示，标记为 A，灰度值 $f_A=2$。分别比较该基本单元与其 3 个邻点 1、5、1 的灰度差，由判别式和设置的阈值 T 可得 2 个邻点 1、1 与基本单元合并，只有 1 个邻点 5 不能合并，其结果如图 7.4.3(c)所示，由此计算合并后小区域中基本单元的平均灰度为 $f_A=(2+1+1)/3$。然后确定以此小区域中的 3 个基本单元 AAA 为中心的不属于任何区域的邻点有 5 个，并分别进行相似判别，结果如图 7.4.3(d)所示。依此类推，得到小区域 A 不能再扩张的结果如图 7.4.3(e)所示，至此第 1 次合并结束。图 7.4.3(e)中的 B 为第 2 次合并起点，重复上述过程，得到与区域 A 灰度特性不同的区域 B，如图 7.4.3(f)所示。最终结果将图像分割成 A、B、C 三个区域，如图 7.4.3(g)所示。

2	1	1	2	1	1
1	5	4	5	5	1
2	5	8	9	6	2
1	6	9	8	6	1
1	6	8	9	8	1
1	2	1	1	2	1

(a)原始图像

A	1				
1	5				

(b)处理过程Ⅰ

A	A	1			
A	5	4			
2	5				

(c)处理过程Ⅱ

A	A	A	2		
A	5	4	5		
A	5				
1	6				

(d)处理过程Ⅲ

A	A	A	A	A	A
A	B	4			A
A	5	8			A
A					A
A					A
A	A	A	A	A	A

(e)处理过程Ⅳ

	B	B	B	B	
	B	C	9	B	
	B	9	8	B	
	B	8			

(f)处理过程Ⅴ

A	A	A	A	A	A
A	B	B	B	B	A
A	B	C	C	B	A
A	B	C	C	B	A
A	B	C	C	C	A
A	A	A	A	A	A

(g)处理过程Ⅵ

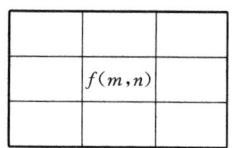

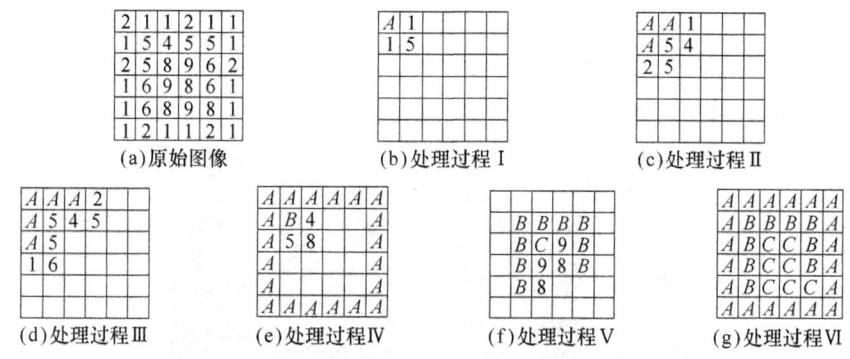

图 7.4.3　灰度差判别式的区域生长

3. 边缘检测和区域分割的比较

边缘检测利用不同区域间像素灰度不连续的特点，检测出区域间的边缘，实现图像分割。不同图像灰度不同，边界处一般会有明显的边缘，利用此特征可以分割图像。通过求微

分算子来检测到边缘处像素的灰度不连续值进行边缘检测。边缘检测的难点在于边缘检测时抗噪声和检测精度之间的矛盾。若提高检测精度，则噪声产生的伪边缘会导致不合理的轮廓；若提高抗噪性，则会产生轮廓漏检和位置偏差。

区域分割把具有某种相似性质的像素连通，从而构成最终的分割区域。它利用了图像的局部空间信息，可有效地克服边缘检测存在的图像分割空间不连续的缺点。基于区域的分割方法往往会造成图像的过度分割，而单纯的基于边缘检测的方法有时不能提供较好的区域结构，为此可将基于区域的方法和边缘检测的方法结合起来，发挥各自的优势以获得更好的分割效果。

7.5 图像分割的 MATLAB 实现

7.5.1 阈值分割法的 MATLAB 实现

【例 7.5.1】 采用阈值法对图像进行分割。

具体实现的 MATLAB 程序如下：

```
clear all;close all;clc;%清除工作空间所有变量,关闭所有图形窗口,清空命令行
I = imread('rice.png');%读取图像
J = I>120;%选取阈值为120的图像分割
[width,height] = size(I);%图像的行和列
for i = 1:width
    for j = 1:height
        if (I(i,j)>130) %选取阈值为130的图像分割
            K(i,j) = 1;
        else
            K(i,j) = 0;
        end
    end
end
figure;
subplot(121);imshow(J);%显示结果
subplot(122);imshow(K);
```

程序运行后，先读取灰度图像，然后采用阈值法进行图像分割，结果如图 7.5.1 所示。图 7.5.1(a)为阈值 120 的图像分割结果，图 7.5.1(b)为阈值 130 的图像分割结果。

(a)选取阈值为120　　　(b)选取阈值为130

图 7.5.1　图像阈值分割法

在 MATLAB 软件中，函数 im2bw()可以通过阈值法将灰度图像和彩色图像转换为二

值图像。对于彩色图像,首先将其转换为灰度图像,然后再转换为二值图像。该函数的调用格式如下:

① BW=im2bw(I,level):该函数将灰度图像 I 转换为二值图像,采用的阈值为 level,level 的大小介于[0,1]。函数的返回值 BW 为二值图像。

② BW=im2bw(X,map,level):该函数将彩色的索引图像 X 转换为二值图像,其中 map 为颜色表,level 为阈值,函数的返回值 BW 为二值图像。

③ BW=im2bw(RGB,level):该函数将 RGB 真彩色图像转换为二值图像,level 为阈值,函数的返回值 BW 为二值图像。

【例 7.5.2】 采用函数 im2bw()进行彩色图像分割。

具体实现的 MATLAB 程序如下:

```
clear all;close all;clc; %清除工作空间所有变量,关闭所有图形窗口,清空命令行
[X,map] = imread('tulips256ind.png'); %读取图像
J = ind2gray(X,map); %索引图像转换为灰度图像
K = im2bw(X,map,0.4); %图像分割
figure;
subplot(121);imshow(J); %显示结果
subplot(122);imshow(K);
```

程序运行后,先读取彩色的索引图像,通过函数 im2bw()对图像进行分割,采用的阈值为 0.4,结果如图 7.5.2 所示。图 7.5.2(a)为彩色索引图像转换为灰度图像,图 7.5.2(b)为阈值法分割的图像。

(a)彩色索引图像转换为灰度图像　　(b)阈值法分割的图像

图 7.5.2　采用函数 im2bw()进行彩色图像分割

【例 7.5.3】 采用直方图双峰法进行图像分割。

具体实现的 MATLAB 程序如下:

```
clear all;close all;clc; %清除工作空间所有变量,关闭所有图形窗口,清空命令行
I = imread('cameraman.jpg'); %读取灰度图像
imshow(I); %显示图像
figure;imhist(I); %显示直方图
J = im2bw(I,80/255); %确定归一化阈值为 80/255,进行图像二值化
figure;imshow(J); %显示分割后的图像
```

程序运行后,先读取灰度图像,并显示其直方图,通过观察直方图确定阈值为 80,然后通过函数 im2bw()对图像进行分割,结果如图 7.5.3 所示。图 7.5.3(a)为原始灰度图像,图 7.5.3(b)为灰度直方图,图 7.5.3(c)为分割后的二值图像。

在 MATLAB 软件中,通过函数 graythresh()获取最大类间方差法的阈值,获取阈值

(a)原始图像　　(b)灰度直方图　　(c)阈值为80的分割图像

图 7.5.3　直方图双峰法进行图像分割

后,采用函数 im2bw()进行图像分割。函数 graythresh()的调用格式如下:

level=graythresh(I):该函数采用最大类间方差法获取灰度图像 I 的最优阈值,返回值 level 为获取的阈值,大小介于[0,1]。

【例 7.5.4】 采用函数 graythresh()进行最大类间方差法图像分割。

具体实现的 MATLAB 程序如下:

```
clear all;close all;clc; % 清除工作空间所有变量,关闭所有图形窗口,清空命令行
I = imread('cameraman.jpg'); % 读取图像
I = im2double(I);
T = graythresh(I); % 获取阈值
J = im2bw(I,T); % 图像分割
figure;
subplot(121);imshow(I); % 显示图像
subplot(122);imshow(J);
```

程序运行后,先读取灰度图像,通过函数 graythresh()获取最大类间方差法的最优阈值,观察 Workspace 窗口,可以看到此时得到的阈值为 0.3451,如图 7.5.4(a)所示,然后通过函数 im2bw()进行图像分割,结果如图 7.5.4(b)和图 7.5.4(c)所示,其中,图 7.5.4(b)为原始图像,图 7.5.4(c)为采用最大类间方差法分割后的图像。

(a)Workspace窗口　　(b)原始图像　　(c)分割后的图像

图 7.5.4　最大类间方差法图像阈值分割

【例 7.5.5】 采用迭代法阈值进行图像分割。

具体实现的 MATLAB 程序如下:

```
clear all;close all;clc; % 清除工作空间所有变量,关闭所有图形窗口,清空命令行
I = imread('cameraman.jpg'); % 读取图像
I = im2double(I);
T0 = 0.01;
```

```
T1 = (min(I(:)) + max(I(:)))/2;
r1 = find(I>T1);
r2 = find(I< = T1);
T2 = (mean(I(r1)) + mean(I(r2)))/2;
while abs(T2 - T1)<T0  %迭代法求阈值
    T1 = T2;
    r1 = find(I>T1);
    r2 = find(I< = T1);
    T2 = (mean(I(r1)) + mean(I(r2)))/2;
end
J = im2bw(I,T2);  %图像分割
figure;
subplot(121);imshow(I);  %显示图像
subplot(122);imshow(J);
```

程序运行后,先读取灰度图像,通过 while 循环语句求最优阈值,获取阈值后,观察 Workspace 窗口,可以看到此时得到的最优阈值为 0.4246,如图 7.5.5(a)所示,然后通过函数 im2bw()进行图像分割,结果如图 7.5.5(b)和图 7.5.5(c)所示,其中,图 7.5.5(b)为原始图像,图 7.5.5(c)为采用迭代法阈值分割后的图像。

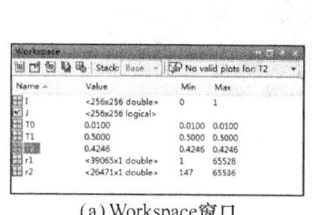

(a)Workspace窗口　　(b)原始图像　　(c)分割后的图像

图 7.5.5　迭代法阈值图像分割

7.5.2　边缘检测法的 MATLAB 实现

1. 微分算子

常用的微分算子有 Roberts 算子、Sobel 算子、Prewitt 算子、Canny 算子、LoG 算子等。通过这些算子对图像进行滤波,可以得到图像的边缘。下面进行具体介绍。

(1) Roberts 算子

Roberts 算子由下面两个模板组成:

$$\begin{pmatrix} 1 & 0 \\ 0 & -1 \end{pmatrix} \quad \begin{pmatrix} 0 & 1 \\ -1 & 0 \end{pmatrix}$$

在 MATLAB 软件中,采用函数 edge()进行图像的边缘检测,函数的返回值为二值图像。通过 Roberts 算子进行边缘检测的调用格式如下:

① BW=edge(I,'roberts'):该函数采用 Roberts 算子对图像 I 进行边缘检测,采用系统自动计算的阈值对图像进行分割,返回值 BW 为二值图像。

② BW=edge(I,'roberts',thresh):该函数中对分割阈值 thresh 进行设置,会忽略所有小于 thresh 的像素值。

③ [BW,thresh]=edge(I,'roberts',…):该函数返回采用的分割阈值。

【例 7.5.6】 采用 Roberts 算子进行图像边缘检测。

具体实现的 MATLAB 程序如下:

```
clear all;close all;clc;%清除工作空间所有变量,关闭所有图形窗口,清空命令行
I = imread('lena.jpg');%读取图像
I = im2double(I);
[J,thresh] = edge(I,'roberts',20/255);%Roberts算子进行图像边缘检测
figure;
subplot(121);imshow(I);%显示图像
subplot(122);imshow(J);%显示边缘图像
```

程序运行后,先读取灰度图像,然后采用 Roberts 算子进行图像边缘检测,归一化的阈值设置为 20/255,即将阈值变换到[0,1],输出结果如图 7.5.6 所示。图 7.5.6(a)为灰度图像,图 7.5.6(b)为边缘提取后的二值图像。

(a)灰度图像　　(b)Roberts算子提取图像的边缘

图 7.5.6　采用 Roberts 算子进行图像边缘检测

(2) Sobel 算子

Sobel 算子由下面两个模板组成:

$$\begin{pmatrix} -1 & -2 & -1 \\ 0 & 0 & 0 \\ 1 & 2 & 1 \end{pmatrix} \quad \begin{pmatrix} -1 & 0 & 1 \\ -2 & 0 & 2 \\ -1 & 0 & 1 \end{pmatrix}$$

在 MATLAB 软件中,函数 edge()通过 Sobel 算子进行边缘检测的调用格式如下:

① BW=edge(I,'sobel'):该函数采用 Sobel 算子对图像 I 进行边缘检测,采用系统自动计算的阈值对图像进行分割,返回值 BW 为二值图像。

② BW=edge(I,'sobel',thresh):该函数中对分割阈值 thresh 进行设置,该阈值为归一化后的值。如果不设置 thresh 或为空矩阵([]),则采用系统自动计算 thresh 的值。

③ BW=edge(I,'sobel',thresh,direction):该函数中对边缘检测的方向参数 direction 进行设置,可以取值为 horizontal、vertical 和 both,系统的默认值为 both。

④ [BW,thresh]=edge(I,'sobel',…):该函数返回采用的分割阈值。

【例 7.5.7】 采用 Sobel 算子进行图像边缘检测。

具体实现的 MATLAB 程序如下:

```
clear all;close all;clc;%清除工作空间所有变量,关闭所有图形窗口,清空命令行
I = imread('lenargb.jpg');%读取彩色图像
I = rgb2gray(I);%进行灰度转换
I = im2double(I);
```

```
[J,thresh] = edge(I,'sobel',[],'horizontal');% 采用 Sobel 算子进行图像边缘检测
figure;
subplot(121);imshow(I);% 显示图像
subplot(122);imshow(J);% 显示水平边缘图像
```

程序运行后,先读取彩色图像,然后进行灰度转换,采用 Sobel 算子进行图像边缘检测,函数自动计算阈值,边缘检测的方向设置为 horizontal,即只检测水平方向的边缘,输出结果如图 7.5.7 所示。图 7.5.7(a)为灰度图像,图 7.5.7(b)为水平边缘检测图像。

(a)灰度图像　　　　　　(b)水平边缘检测图像

图 7.5.7　采用 Sobel 算子进行图像边缘检测

(3) Prewitt 算子

Prewitt 算子由下面两个模板组成,分别代表图像的水平梯度和垂直梯度。

$$\begin{pmatrix} -1 & -1 & -1 \\ 0 & 0 & 0 \\ 1 & 1 & 1 \end{pmatrix} \quad \begin{pmatrix} -1 & 0 & 1 \\ -1 & 0 & 1 \\ -1 & 0 & 1 \end{pmatrix}$$

在 MATLAB 软件中,函数 edge()通过 Prewitt 算子进行边缘检测的调用格式如下:

① BW=edge(I,'prewitt'):该函数采用 Prewitt 算子对图像 I 进行边缘检测,采用系统自动计算的阈值对图像进行分割,返回值 BW 为二值图像。

② BW=edge(I,'prewitt',thresh):该函数中对分割阈值 thresh 进行设置。如果不设置 thresh 或为空矩阵([]),则采用系统自动计算 thresh 的值。

③ BW=edge(I,'prewitt',thresh,direction):该函数中对边缘检测的方向参数 direction 进行设置,可以取值为 horizontal、vertical 和 both,系统的默认值为 both。

④ [BW,thresh]=edge(I,'prewitt',…):该函数返回采用的分割阈值。

【例 7.5.8】 采用 Prewitt 算子进行图像边缘检测。

具体实现的 MATLAB 程序如下:

```
clear all;close all;clc;% 清除工作空间所有变量,关闭所有图形窗口,清空命令行
I = imread('lena.jpg');% 读取图像
I = im2double(I);
[J,thresh] = edge(I,'prewitt',[],'both');% 采用 Prewitt 算子进行图像边缘检测
figure;
subplot(121);imshow(I);% 显示图像
subplot(122);imshow(J);% 显示边缘图像
```

程序运行后,先读取灰度图像,然后采用 Prewitt 算子进行图像边缘检测,函数自动计算阈值,边缘检测的方向设置为 both,即采用水平方向和垂直方向,输出结果如图 7.5.8 所示。图 7.5.8(a)为灰度图像,图 7.5.8(b)为采用 Prewitt 算子边缘检测的图像。

(a)灰度图像　　　　　(b)采用Prewitt算子边缘检测的图像

图 7.5.8　采用 Prewitt 算子进行图像边缘检测

(4) LoG 算子

由于 Laplacian 算子是二阶微分算子,对图像中的噪声非常敏感。LoG 算子是在经典算子的基础上发展起来的边缘检测算子,根据信噪比求得检测边缘的最优滤波器。首先采用 Gaussian 函数对图像进行平滑,然后采用 Laplacian 算子根据二阶导数过零点来检测图像边缘,称为 LoG 算子。LoG 算子有许多优点,如边界定位精度高,抗干扰能力强,连续性好等。

在 MATLAB 软件中,函数 edge()通过 LoG 算子进行边缘检测的调用格式如下:

① BW=edge(I,'log'):该函数采用 LoG 算子对图像 I 进行边缘检测,采用系统自动计算的阈值对图像进行分割,返回值 BW 为二值图像。

② BW=edge(I,'log',thresh):该函数中对分割阈值 thresh 进行设置。如果不设置 thresh 或为空矩阵([]),则采用系统自动计算 thresh 的值。

③ BW=edge(I,'log',thresh,sigma):该函数中对 LoG 滤波器的标准差 sigma 进行设置,默认值为 2,滤波器的大小为 $n×n$,其中 n 的值为 ceil(sigma×3)×2+1。

④ [BW,thresh]=edge(I,'log',…):该函数返回采用的分割阈值。

【例 7.5.9】　采用 LoG 算子进行图像边缘检测。

具体实现的 MATLAB 程序如下:

```
clear all;close all;clc;%清除工作空间所有变量,关闭所有图形窗口,清空命令行
I = imread('lena.jpg');%读取图像
I = im2double(I);
J = imnoise(I,'gaussian',0,0.005);%添加噪声
[K,thresh] = edge(J,'log',[],2.3);%采用 LoG 算子提取边缘
figure;
subplot(121);imshow(J);%显示图像
subplot(122);imshow(K);%显示边缘
```

程序运行后,先读取灰度图像并给图像添加高斯噪声,然后采用 LoG 算子进行图像边缘检测。采用自动计算的阈值,sigma 设置为 2.3,输出结果如图 7.5.9 所示。图 7.5.9(a)为含有噪声的灰度图像,图 7.5.9(b)为采用 LoG 算子边缘检测的图像。

2. Hough 变换检测直线

在 MATLAB 软件中,Hough 变换的函数包括函数 hough()、函数 houghpeaks()和函数 houghlines()。函数 hough()用来进行 Hough 变换的调用格式如下:

(a)含噪声的灰度图像　　(b)采用LoG算子边缘检测的图像

图 7.5.9　采用 LoG 算子进行图像边缘检测

① [H,theta,rho]＝hough(BW)：该函数对二值图像 BW 进行 Hough 变换,返回值 H 为 Hough 变换矩阵,theta 为变换角度 θ,rho 为变换半径 r。

② [H,theta,rho]＝hough(BW,ParameterName,ParameterValue)：该函数中参数 ParameterName 设置为 ParameterValue。若 ParameterName 为 RhoResolution,则 ParameterValue 为 0 到图像像素个数之间的标量,默认值为 1；若 ParameterName 为 ThetaResolution,则 ParameterValue 为[0,90]之间的实际标量,默认值为 1。

【例 7.5.10】　对图像进行 Hough 变换。

具体实现的 MATLAB 程序如下：

```
clear all;close all;clc;% 清除工作空间所有变量,关闭所有图形窗口,清空命令行
I = imread('circuit.tif');% 读取图像
J = im2double(I);
BW = edge(J,'canny');% 边缘检测
[H,Theta,Rho] = hough(BW,'RhoResolution',0.5,'ThetaResolution',0.5);% Hough 变换
figure;
subplot(131);imshow(I);% 显示原始图像
subplot(132);imshow(BW);% 显示边缘检测图像
subplot(133);imshow(imadjust(mat2gray(H)));% 显示 Hough 变换结果
axis normal;
```

程序运行后,先读取灰度图像并采用 LoG 算子进行图像边缘检测转换为二值图像。通过函数 hough()对图像进行 Hough 变换,输出结果如图 7.5.10 所示。图 7.5.10(a)为原始图像,图 7.5.10(b)为采用 LoG 算子边缘检测的图像,图 7.5.10(c)为 Hough 变换的结果。

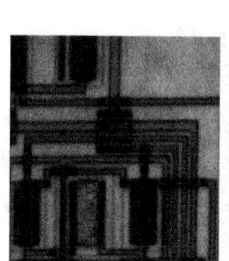  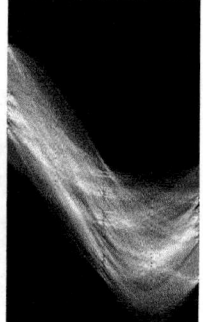

(a)原始图像　　(b)图像的边缘信息　　(c)图像的Hough变换

图 7.5.10　图像的 Hough 变换

函数 houghpeaks()用于在 Hough 变换后的矩阵中寻找最值,该最值可以用于定位直线段。函数 houghlines()用于绘制找到的直线。

【例 7.5.11】 Hough 变换检测图像的直线。

具体实现的 MATLAB 程序如下:

```
clear all;close all;clc; %清除工作空间所有变量,关闭所有图形窗口,清空命令行
I = imread('gantrycrane.png'); %读取图像
J = rgb2gray(I); %转为灰度图像
BW = edge(J,'log'); %边缘检测
[H,Theta,Rho] = hough(BW,'RhoResolution',0.5,'Theta',-90:0.5:89.5); %Hough 变换
P = houghpeaks(H,5,'threshold',ceil(0.3*max(H(:)))); %获取 5 个最值点
x = Theta(P(:,2)); %横坐标
y = Rho(P(:,1)); %纵坐标
figure;
subplot(131);imshow(I); %显示原始图像
subplot(132);
imshow(imadjust(mat2gray(H)),'XData',Theta,'YData',Rho, ...
    'InitialMagnification','fit'); %绘制 Hough 变换结果
axis on; %设置坐标轴
axis normal;
hold on;
plot(x,y,'s','color','white');
lines = houghlines(BW,Theta,Rho,P,'FillGap',5,'MinLength',7); %检测直线
subplot(133);imshow(J); %显示灰度图像
hold on;
maxlen = 0;
for k = 1:length(lines) %绘制多条直线
    xy = [lines(k).point1;lines(k).point2];
    plot(xy(:,1),xy(:,2),'linewidth',2,'color','green');
    plot(xy(1,1),xy(1,2),'linewidth',2,'color','yellow');
    plot(xy(2,1),xy(2,2),'linewidth',2,'color','red');
    len = norm(lines(k).point1 - lines(k).point2);
    if (len>maxlen) %获取最长直线坐标
        maxlen = len;
        xylong = xy;
    end
end
hold on;
plot(xylong(:,1),xylong(:,2),'color','blue'); %绘制最长直线
```

程序运行后,先读取彩色图像并转换为灰度图像,通过函数 hough()对图像进行 Hough 变换,然后采用函数 houghpeaks()获取矩阵中较大的 5 个点,采用函数 houghlines()获取线段的端点。通过 for 循环语句,绘制多条直线,并将最长的直线设置为蓝色,输出结果如图 7.5.11 所示。图 7.5.11(a)为原始图像,图 7.5.11(b)为图像的 Hough 变换,图 7.5.11(c)为检测得到的直线。

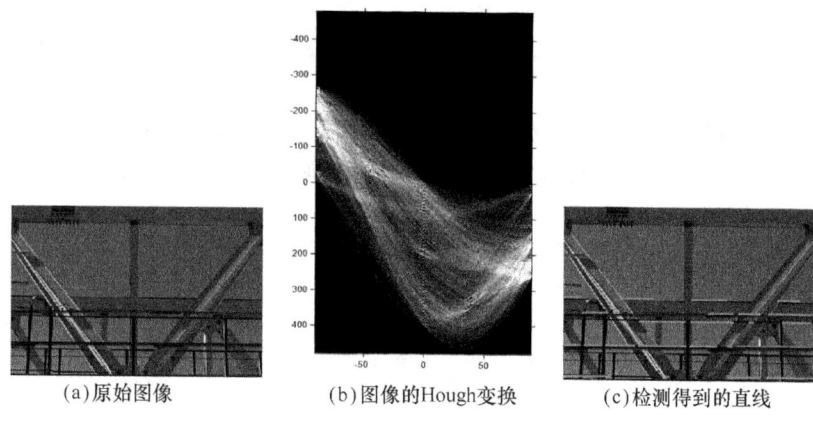

图 7.5.11　Hough 变换检测图像的直线

7.6　本章小结

图像分割是一个将一幅图像划分为不交叠的、连通的像素的过程。图像分割的好坏直接影响图像分析的结果。为了改善图像分割时的性能,在分割之前可以进行背景平滑和噪声消除。

从实际应用的角度出发,图像分割算法大致分为边界分割和区域分割,各种算法的实现程度难易、优缺点不一。边界方法假设图像分割结果的某个子区域在原图像中一定会有边缘存在;区域方法假设图像分割结果的某个子区域一定会有相同的性质,而不同区域的像素则没有共同的性质。基于区域的分割方法往往会造成图像的过度分割,而单纯的基于边缘检测的方法有时不能提供较好的区域结构。

为此可采取结合区域与边界信息的分割方法,这样的方法可以结合边缘法和区域法的优点,通过边缘的约束限制可以避免区域的过分割。同时,通过区域分割可以补充边缘法漏检的边缘,使分割更符合实际情况。例如,可以先进行边缘检测与连接,再比较相邻区域的某种特性,若相近则合并。也可以对图像分别进行边缘检测和区域生长,然后将获得的结果按照一定规则进行融合,以得到更好、更合理的分割结果。

本章主要讲解各种常见的图像分割算法及其在数字图像处理中的应用,难点是在图像处理时如何选用合适的分割方法以保证图像的特征提取。通过 MATLAB 软件平台,实现了不同算法的图像分割。

习　题　7

7.1　举例说明分割在图像处理中的实际应用。

7.2　阈值分割法适用于什么场景下的图像分割? 在灰度阈值法分割中,阈值如何选择? 用 MATLAB 软件编写出相应的程序。

7.3　边缘检测的理论依据是什么? 有哪些方法? 各有什么特点?

7.4　设计一个利用 Sobel 算子、Roberts 算子、LoG 算子进行边缘检测的程序,比较各边缘检测算子的视觉效果。

7.5 什么是 Hough 变换？试述采用 Hough 变换检测直线的原理。尝试编写 Hough 变换检测直线的 MATLAB 程序。

7.6 采用区域生长法进行图像分割时，可采用什么生长准则？对于如习题 7.6 图所示的图像采用基于区域灰度差进行区域生长，给出灰度差值：(1) $T=1$；(2) $T=2$；(3) $T=3$ 三种情况下的分割图像。

1	0	4	7	5
1	0	4	7	7
0	1	5	5	5
2	0	5	6	5
2	2	5	6	4

习题 7.6 图

第 8 章 数学形态学及其应用

数学形态学是一门新兴的图像处理与分析学科,近年来,其基本理论和研究方法在医学图像处理与分析、图像编码压缩、视觉检测、材料科学以及机器人视觉等诸多领域都得到广泛的应用,已经成为图像工程技术人员必须掌握的基本知识之一。

图像形态学主要分为二值形态学和灰度形态学两种,具体结构如图 8.1 所示,最基本的形态学运算有膨胀、腐蚀、开、闭。用这些算子及其组合来进行图像形状和结构的分析及处理,可以解决抑制噪声、特征提取、边缘检测、形状识别、纹理分析、图像恢复与重建等方面的问题。本章在介绍数学形态学基本概念和常用集合定义的基础上,重点介绍二值形态学和灰度形态学的基本理论、方法和算法、图像形态学的骨架抽取及应用,并在 MATLAB 软件平台上实现图像的形态学处理。

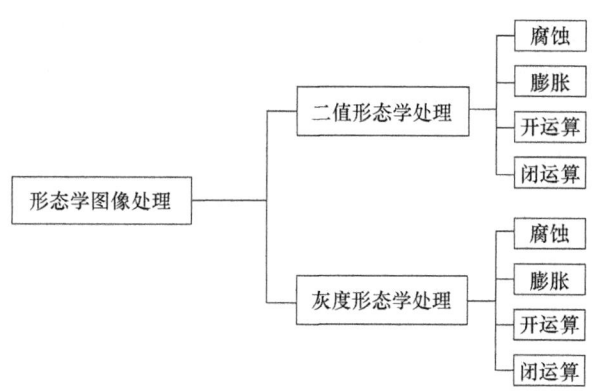

图 8.1 图像形态学结构图

8.1 数学形态学概述

8.1.1 数学形态学的基本思想

数学形态学是一种应用于图像处理和模式识别领域的新方法,其基本思想是用具有一定形态的结构元素在图像中不断移动,在此过程中收集图像的信息,分析图像各部分间的相互关系,从而去度量和提取图像中的对应形状,达到图像分析和识别的目的。结构元素的选择十分重要,根据探测研究图像的不同结构特点,结构元素可携带形态、大小、灰度、色度等信息。不同点的集合形成具有不同性质的结构元素。由于不同的结构元素可以用来检测图像不同侧面的特征,因此设计符合人的视觉特性的结构元素是分析图像的重要步骤。

用于描述数学形态学的语言是集合论,因此它可以用一个统一而强大的工具来解决图像处理中所遇到的问题。迄今为止,还没有一种方法能像数学形态学那样既有坚实的理论基础,又有广泛的实用价值。其主要用途是获取物体拓扑结构信息,通过物体和结构元素相互作用的某些运算,得到物体更本质的形态。

数学形态学在图像处理中的应用主要有:

① 利用形态学的基本运算,对图像进行观察和处理,从而达到改善图像质量的目的;

② 描述和定义图像的各种几何参数和特征,如面积、周长、连通度、颗粒度、骨架和方向性等。

数学形态学比其他空域或频域图像处理和分析方法有明显的优势。例如,在图像复原中,基于数学形态学的形状滤波器可借助于先验的几何特征信息,利用数学形态学算子,既可以有效地滤除噪声,又可以保留图像中的原有信息;数学形态学算法易于用并行处理方法有效地实现,而且硬件实现较容易。基于数学形态学方法检测图像边缘信息优于基于微分算子的边缘检测算法,它不像微分算子对噪声那样敏感,同时,提取的边缘也比较平滑,利用数学形态学的方法提取的图像骨架也比较连续,断点少。

8.1.2 基本符号和定义

1. 集合论

在图像的数学形态学运算中,把一幅图像称为一个集合。对于一幅图像 A,如果点 a 在 A 的区域以内,则称 a 是 A 的元素,记作 $a \in A$,如果点 b 在 A 区域以外,则称 b 不是 A 的元素,记为 $b \notin A$,如图 8.1.1 所示。

对于两幅图像 A 和 B,B 中的所有元素 b_1,都有 $b_1 \in A$,则称 B 包含于 A,记作 $B \subset A$,如图 8.1.2 所示。

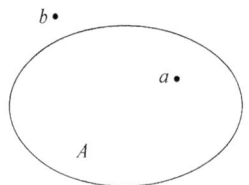
图 8.1.1 元素与集合的关系

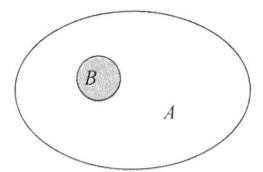
图 8.1.2 集合之间的关系

对于两幅图像 A 和 B,它们的公共部分组成的集合称为两个集合 A 和 B 的交集,记作 $A \cap B$,即 $A \cap B = \{a \mid a \in A \text{ 且 } a \in B\}$,如图 8.1.3 所示。

对于两幅图像 A 和 B,它们的所有元素组成的集合称为两个集合的并集,记为 $A \cup B$,即 $A \cup B = \{a \mid a \in A \text{ 或 } a \in B\}$,如图 8.1.4 所示。

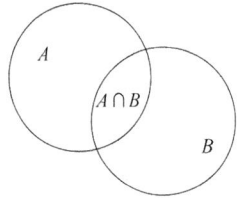
图 8.1.3 集合的交集

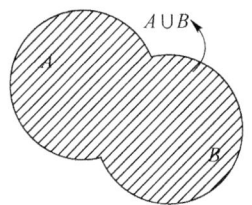
图 8.1.4 集合的并集

对于图像集合 A,所有 A 区域以外的点构成的集合称为 A 的补集,记作 A^c。如果 $B\cap A=\varnothing$,则 B 在 A 的补集内,即 $B\subset A^c$,如图 8.1.5 所示。

2. 击中与击不中

对于两幅图像 A 和 B,如果存在一个点,既是集合 A 的元素,又是集合 B 的元素,即 $A\cap B\neq\varnothing$,那么称 B 击中 A,记作 $B\uparrow A$,如图 8.1.6(a)所示;否则,如果不存在任何一点,既是集合 A 的元素,又是集合 B 的元素,即 $A\cap B=\varnothing$,那么称 B 击不中 A,如图 8.1.6(b) 所示。

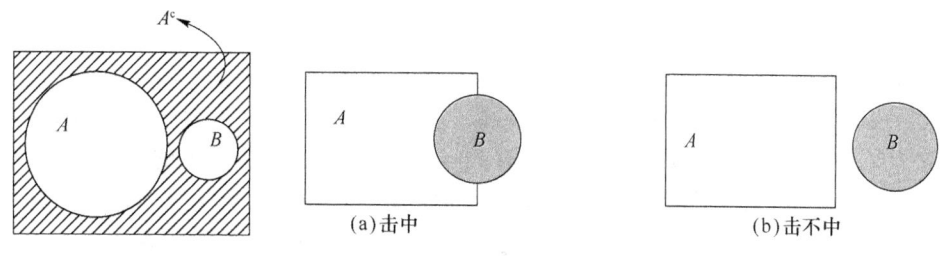

图 8.1.5 集合的补集   图 8.1.6 击中与击不中

3. 平移与对称

设有一幅数字图像 A,a 是集合 A 的元素,即 $a\in A$,b 是一个点,那么定义 A 被 b 平移后的结果为

$$A+b=\{a+b\,|\,a\in A\} \tag{8.1.1}$$

即取出集合 A 中的每个点 a 的坐标值,将其与点 b 的坐标值相加,得到一个新的点的坐标值 $a+b$,所有这些新点构成的图像就是 A 被 b 平移的结果,记作 $A+b$,如图 8.1.7 所示。

设有一幅数字图像 A,将集合 A 中所有元素的坐标取反,即 (x,y) 变成 $(-x,-y)$,新点称为 A 的对称,所有这些新点构成的新的集合,称为 A 的对称集,记作 A^v,如图 8.1.8 所示。

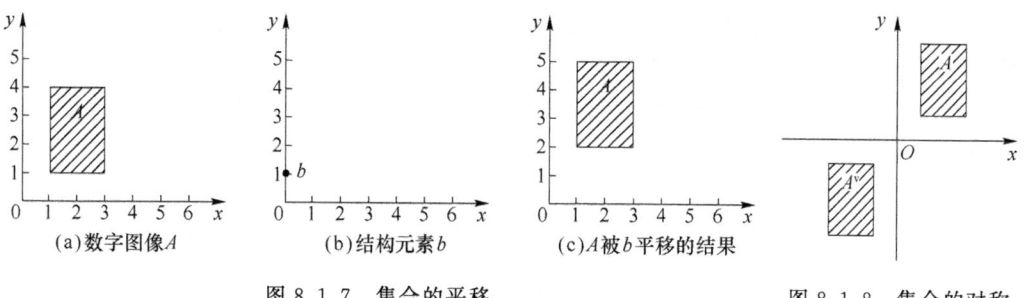

图 8.1.7 集合的平移   图 8.1.8 集合的对称

4. 结构元素

为了确定目标图像的结构,必须逐个考查图像各部分之间的关系,并且进行检验,最后得到一个各部分之间关系的集合。在考察目标图像各部分之间的关系时,需要设计一种"结构元素"。在图像中不断移动结构元素,就可以考察图像之间各部分的关系。

设有两幅图像 A 和 B,若 A 是被处理的对象,而 B 是用来处理 A 的,则称 B 为结构元素,结构元素通常都是一些比较小的图像。根据不同的图像分析目的,常用的结构元素有方形、扁平形、圆形等。扁平形结构元素是一种重要的、在其定义域上取常数的结构元素。在多尺度形态学分析中,结构元素的大小可以变化,但结构元素的尺寸一般要明显小于目标图像的尺寸。通常形态学图像处理以在图像中移动一个结构元素并进行一种类似于卷积运算的方式进行,只是以逻辑运算代替卷积的乘加运算。逻辑运算的结果保存在输出的新图像对应点的位置,所以形态学处理的效果取决于结构元素的大小、内容和逻辑运算的性质。

8.2 二值图像形态学处理

二值形态学的基本运算有4种:腐蚀、膨胀、开和闭运算。基于这些基本运算还可以推导和组合成各种实用算法,运算的对象是集合。被处理的图像 A 称为图像集合,对其作用的 B 称为结构元素,数学形态学运算就是 B 对 A 进行操作。需要指出的是,结构元素本身也是一个图像集合,对每个结构元素指定一个原点,它是结构元素参与形态学运算的参考点。原点既可包含在结构元素之中,也可在结构元素之外,两者的运算结构不同。

下面对4种形态学运算作简要介绍。

8.2.1 腐蚀

对一个给定的目标图像 A 和一个结构元素 B,设想一下将 B 在图像 A 上移动。在每一个当前位置 x,$B+x$ 只有3种可能的状态:①$B+x \subseteq A$;②$B+x \subseteq A^c$;③$B+x \cap A \neq \varnothing$;④$B+x \cap A^c \neq \varnothing$。第①种情形说明 $B+x$ 与 A 相关最大,第②种情形说明 $B+x$ 与 A 不相关,第③和④种情形说明 $B+x$ 与 A 是部分相关。

第①种情形用集合的方式定义,即
$$A \ominus B = \{x \mid B+x \subseteq A\} \tag{8.2.1}$$

满足式(8.2.1)的点 x 的全体构成结构元素与图像最大相关点集,这个点集称为 B 对 A 的腐蚀,记作 $A \ominus B$。也就是说,$A \ominus B$ 由将 B 平移 x 仍包含在 A 内的所有点 x 组成。如果将 B 视为模板,那么 $A \ominus B$ 则由在将模板平移过程中,所有可以填入 A 内部的模板的原点组成,如图 8.2.1 所示,A 是被处理的对象,B 是结构元素,对于任意一个在阴影部分的点 a,$B_a \subseteq A$,所以 A 被 B 腐蚀的结果就是阴影部分。阴影部分在 A 的范围内,且比 A 小,就像把 A 剥掉了一层似的,这也是为什么叫腐蚀的原因。

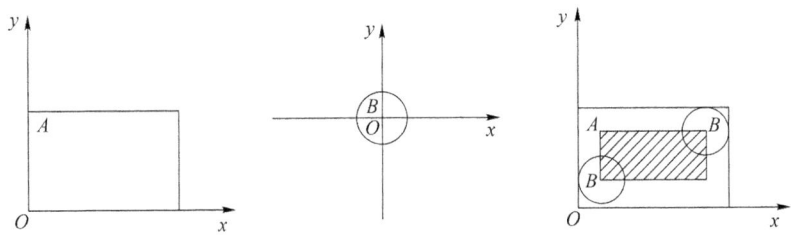

图 8.2.1 腐蚀示意图

腐蚀的作用是消除物体所有边界点。如果结构元素取 3×3 的黑点块,则称为简单腐蚀,其结果使区域的边界沿周边减少一个像素;如果区域是圆的,则每次腐蚀后它的直径将减少2个像素。腐蚀可以把小于结构元素的物体去除,选取不同大小的结构元素,可去掉不同大小且无意义的物体。如果两物体间有细小的连通,当结构元素足够大时,腐蚀运算可以将物体分开。

图8.2.2给出了图像腐蚀前后的图像。图8.2.2(a)为原始图像,图8.2.2(b)为腐蚀后的图像,比较此二图能够很明显地看出腐蚀的效果。

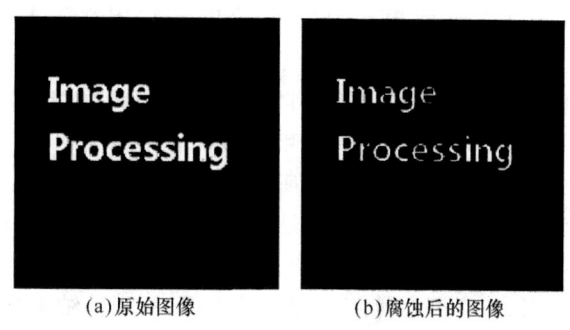

(a)原始图像　　　　　　(b)腐蚀后的图像

图 8.2.2　二值图像的腐蚀

8.2.2　膨胀

膨胀是在结构元素的约束下,将与物体接触的部分背景点合并到该物体之中的过程。运算结果使物体的面积增大了相应数量的点。例如,假设结构元素是半径为 r 个像素的小圆,被作用的物体是一个大圆。膨胀运算的结果是沿大圆边界向外增长了 r 个像素的宽度,即直径增加 $2r$。

膨胀的定义是:把结构元素 B 先对自身原点做对称,得到 B^v,然后平移 x 后得到 B^v_x,若 B^v_x 击中 A,则记下这个 x 点。所有满足上述条件的 x 点组成的集合称作 A 被 B 膨胀的结果。膨胀用集合的方式定义为:

$$A \oplus B = \{x \mid B^v + x \cap A \neq \varnothing\} \tag{8.2.2}$$

膨胀运算的基本过程:①将结构元素中各像素做关于原点的对称得到 B^v;②将结构元素的原点移至图像 A 起始部分并求出二者的交集。若交集非空,此时处在结构元素原点位置的像素记作"1",否则,记作"0"。继续移动结构元素,直至遍历全部图像 A,最后得到的二值图像就是膨胀运算的结果。

图8.2.3给出了图像膨胀前后的图像。图8.2.3(a)为原始图像,图8.2.3(b)为膨胀后的结果图,比较这两个图能够很明显地看出膨胀的效果。

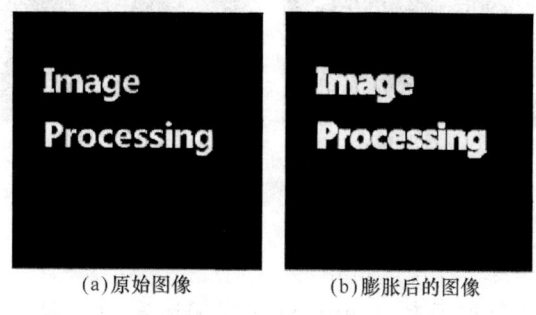

(a)原始图像　　　　　　(b)膨胀后的图像

图 8.2.3　二值图像的膨胀

8.2.3 开运算

在形态学图像处理中,腐蚀和膨胀是两种基本的形态运算,它们可以组合成更为复杂的开运算和闭运算。从结构元素填充的角度看,开运算和闭运算具有更为直观的几何形式,增加图像处理的功能。

假设 A 为图像,B 为结构元素,利用 B 对 A 做开运算,用符号 $A \circ B$ 表示,定义为:

$$A \circ B = (A \ominus B) \oplus B \tag{8.2.3}$$

即对图像先腐蚀后膨胀的过程称为开运算。它具有消除图像中细小物体、在纤细处分离物体和平滑较大物体边界而又不明显改变其面积和形状的作用。

图 8.2.4 给出了二值图像先腐蚀后膨胀所描述的开运算示意图,图中是利用结构元素圆盘对一个矩形图像先腐蚀后膨胀所得到的结果。可以看出,用圆盘对矩形做开运算,会使矩形的内角变圆,这种圆化的结果是通过将圆盘在矩形内部滚动得到的。如果结构元素是一个底边水平的小正方形,那么开运算不会使内角变圆,所得的结果与原图形相同。

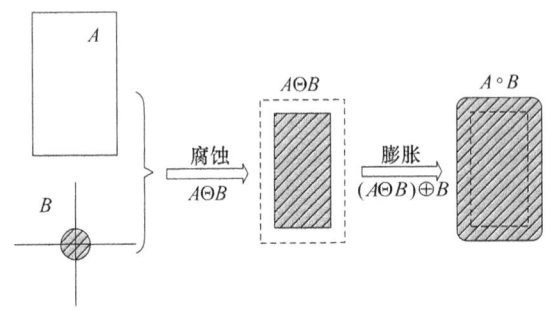

图 8.2.4 二值图像开运算示意图

图 8.2.5 给出了图像开运算的实例。图 8.2.5(a)为原始图像,图 8.2.5(b)为开运算后的图像。从中可知,开运算具有两个显著作用:①消除图像中比结构元素尺寸小的细小物体和狭窄部分。②平滑图像的外边界轮廓,去除孤立噪声点,起到低通滤波作用,而目标物体原有大小和形状基本保持不变。

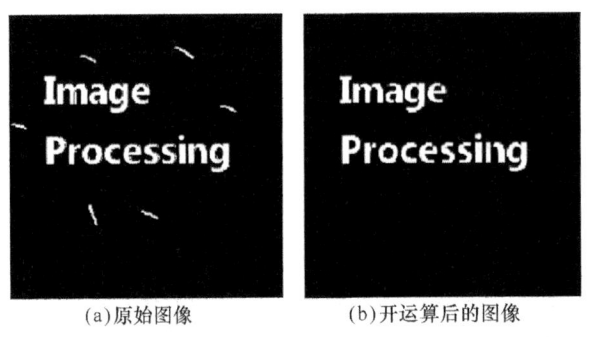

图 8.2.5 图像开运算的实例

8.2.4 闭运算

假设 A 为图像,B 为结构元素,利用 B 对 A 做闭运算,用符号 $A \cdot B$ 表示,定义为:

$$A \cdot B = (A \oplus B) \ominus B \tag{8.2.4}$$

即对图像物体先膨胀后腐蚀的过程称作闭运算。它具有填充图像物体内部细小孔洞、连接邻近的物体,在不明显改变物体的面积和形状的情况下平滑其边界的作用。开与闭运算共同的特点是可以消除比结构元素小的特定的图像细节,但是不会产生全局性几何失真。

图 8.2.6 给出了二值图像先膨胀后腐蚀所描述的闭运算示意图,图中结构元素为一圆盘,闭运算即沿图像的外边缘填充或滚动圆盘。显然,闭运算对图形的外部作滤波处理,仅仅磨光了凸向图像内部的尖角。

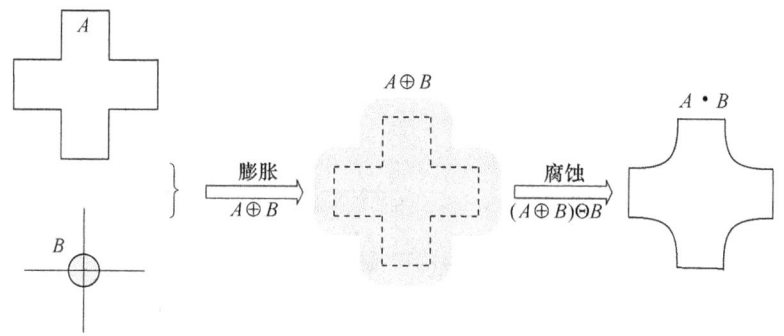

图 8.2.6 二值图像闭运算示意图

图 8.2.7 给出了图像闭运算的实例。图 8.2.7(a)为原始图像,图 8.2.7(b)为闭运算结果。从中可知,闭运算具有两个显著作用:①填补轮廓上的缝隙,并可连接邻近的物体。②平滑图像的内边界轮廓,而目标物体原有大小和形状基本保持不变。

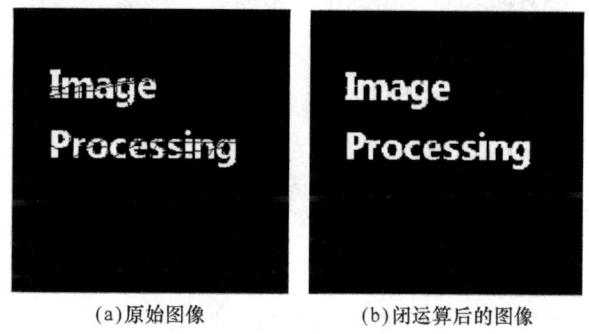

图 8.2.7 图像闭运算的实例

8.3 灰度图像形态学处理

二值图像形态学的腐蚀、膨胀、开和闭基本运算,可以推广到灰度图像。与二值图像形态学不同的是,这里运算操作的对象是图像函数,而不是图像集合。以下假设 $f(x,y)$ 是输入图像,$g(x,y)$ 是结构元素,它本身也是一个子图像,研究腐蚀、膨胀、开和闭基本运算。

8.3.1 腐蚀

用结构元素 $g(x,y)$ 对输入图像 $f(x,y)$ 进行腐蚀运算,定义为:

$$(f \ominus g)(s,t) = \min\{f(s+x,t+y) - g(x,y) | s+x, t+y \in D_f, (x,y) \in D_g\} \qquad (8.3.1)$$

式中,Df 和 Dg 分别是 f 和 g 的定义域,由图像的宽和高决定。这里限制 $s+x$ 和 $t+y$ 在 f 的定义域内,类似于二值腐蚀定义中要求结构元素全部包括在被腐蚀集合中。

图 8.3.1 给出了灰度图像腐蚀的几何意义。其效果相当于半圆形结构元素在被腐蚀函数的下面"滑动"时,其圆心画出的轨迹。但是,这里存在一个限制条件,即结构元素必须在函数曲线的下面平移。从图中不难看出,半圆形结构元素从函数的下面对函数产生滤波作用,这与圆盘从内部对二值图像滤波的情况是相似的。

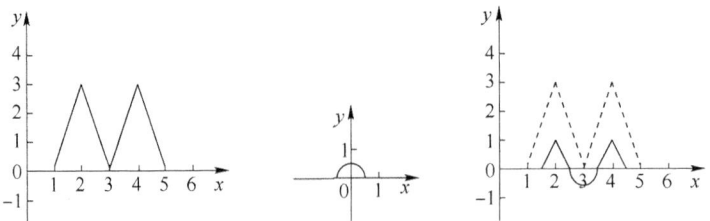

图 8.3.1 半圆结构元素进行灰度图像腐蚀

图 8.3.2 为灰度图像腐蚀的实例。图 8.3.2(a)为原始图像,图 8.3.2(b)为灰度腐蚀后的图像。可以看出,腐蚀去除了小的亮细节并同时减弱了图像亮度。

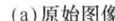

图 8.3.2 灰度图像腐蚀实例

8.3.2 膨胀

用结构元素 $g(x,y)$ 对输入图像 $f(x,y)$ 进行膨胀运算,定义为:

$$(f \oplus g)(s,t) = \max\{f(s-x,t-y) + g(x,y) | s-x, t-y \in \mathrm{D}f, (x,y) \in \mathrm{D}g\} \quad (8.3.2)$$

式中,Df 和 Dg 分别是 f 和 g 的定义域,由图像的宽和高决定。这里限制 $s-x$ 和 $t-y$ 在 f 的定义域内,类似于二值膨胀定义中要求两个运算集合至少有一个(非零)元素相交。

图 8.3.3 给出了灰度图像膨胀的几何意义。其效果相当于通过将半圆形结构元素的原点平移到与信号重合,然后对信号上的每一点求结构元素的最大值得到。

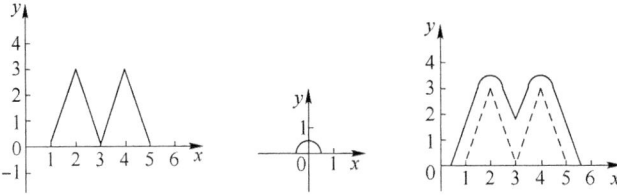

图 8.3.3 半圆结构元素进行灰度图像膨胀

图 8.3.4 为灰度图像膨胀的实例。图 8.3.4(a)为原始图像,图 8.3.4(b)为灰度膨胀后的图像。可以看出,膨胀去除了小的暗细节并同时增加了图像亮度。

(a)原始图像　　　　　(b)灰度膨胀后的图像

图 8.3.4　灰度图像膨胀实例

8.3.3　开运算

数学形态学中关于灰度值开和闭运算的定义与在二值数学形态学中的对应运算是一致的。用结构元素 g 对灰度图像 f 做开运算记作 $f \circ g$,其定义为:

$$f \circ g = (f \ominus g) \oplus g \tag{8.3.3}$$

即对灰度图像先腐蚀后膨胀的过程称为开运算。

具体地说,开运算的作用就是:第一步的腐蚀去除了小的亮细节并同时减弱了图像亮度;第二步的膨胀增加了图像亮度,但又不重新引入前面去除的细节。

8.3.4　闭运算

用结构元素 g 对灰度图像 f 做闭运算记作 $f \cdot g$,其定义为:

$$f \cdot g = (f \oplus g) \ominus g \tag{8.3.4}$$

即对灰度图像先膨胀后腐蚀的过程称为闭运算。

具体地说,闭运算的作用就是:第一步的膨胀去除了小的暗细节并同时增强了图像亮度;第二步的腐蚀减弱了图像亮度,但又不重新引入前面去除的细节。

图 8.3.5 给出了灰度图像开和闭效果实例。图 8.3.5(a)为原始图像,图 8.3.5(b)为灰度开运算后的图像,图 8.3.5(c)为灰度闭运算后的图像。可以看出,开运算去除了小的亮细节,闭运算去除了小的暗细节。

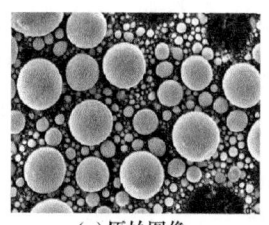 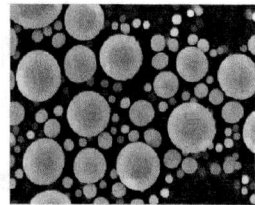 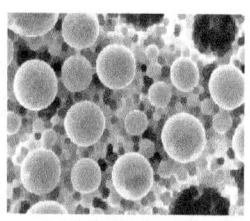

(a)原始图像　　　　(b)开运算后的图像　　　　(c)闭运算后的图像

图 8.3.5　灰度图像开和闭运算实例

8.4 二值形态学的应用

1. 图像的细化

细化就是从原来的图像中经过一层层的剥离去掉一些点而仍保持原来的形状,直到得到图像的骨架。所谓骨架,可以理解为图像的中轴,可以提供一个图像目标的尺寸和形状信息,在数字图像分析中具有重要的地位。例如,一个长方形的骨架是它的长方向上的中轴线,圆的骨架是它的圆心,直线的骨架是它本身,孤立点的骨架也是它本身。因此,图像的细化操作也称为骨架抽取。利用细化技术得到区域的细化结构是常用的方法,寻找二值图像的细化结构是图像处理的一个基本问题。在图像识别或数据压缩时,经常要用到这样的细化结构,例如,在识别字符之前,往往要对字符做细化处理,求出字符的细化结构。

在细化一幅图像 A 时需要满足两个条件:①在细化过程中,A 应该有规律地缩小;②在 A 逐步缩小的过程中,应当使 A 的连通性保持不变。

在细化过程中,需要遵循以下原则:

(1) 内部点不能删除;

(2) 孤立点不能删除;

(3) 直线端点不能删除;

(4) 假设 x 是边界点,去掉 x 后,如果连通分量不增加,则 x 可删除。

图 8.4.1 给出了图像细化的实例。图 8.4.1(a)为原始二值图像,图 8.4.1(b)为细化后得到的图像。

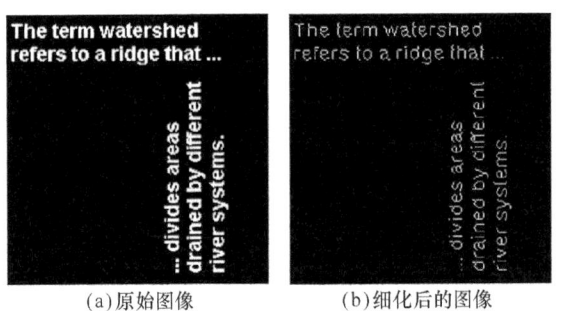

(a) 原始图像　　　　(b) 细化后的图像

图 8.4.1　图像的细化

2. 图像的边界提取

形态学运算可以用来提取图像物体的边界。边界提取的思想是:经过某种变换后,待提取的边界灰度值的变化程度比图像中非边缘部分的要明显得多。如果用 $\alpha(A)$ 代表图像物体 A 的边界的话,它可以用原图像 A 与结构元素 B 腐蚀 A 的结果的差值来表示:

$$\alpha(A)=A-(A\ominus B) \tag{8.4.1}$$

由式(8.4.1)可知,区域边界就是区域 A 用结构元素 B 腐蚀掉的部分。所以,用不同的结构元素将得到不同的边界。

图 8.4.2 给出了图像边界提取实例。图 8.4.2(a)为原始图像,图 8.4.2(b)为先对图像做腐蚀运算,再将原始图像减去腐蚀结果得到的边界图像。

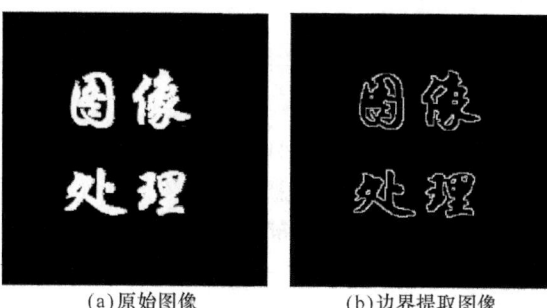

(a)原始图像　　　　　(b)边界提取图像

图 8.4.2　图像边界提取

3. 区域填充

区域和边界是相对的,可以互求。已知区域可求得其边界,反过来,已知边界通过填充也可得到区域。图 8.4.3 为一个区域填充的示意图。图 8.4.3(a)为一个区域边界点的集合 A,其补集 A^c 如图 8.4.3(b)所示,结构元素 B 如图 8.4.3(c)所示。填充区域可通过结构元素 B 对 A 进行膨胀、求补集、求交集等过程来完成。假设所有非边界(背景)点标记为 0,从边界内一个点 p 开始,将其赋值为 1,如图 8.4.3(d)所示,然后根据迭代公式进行填充:

$$X_k = (X_{k-1} \oplus B) \cap A^c \quad (k=1,2,\cdots) \tag{8.4.2}$$

式中膨胀过程的每一步都与 A^c 进行交运算,控制集合不超出边界,这种膨胀称为条件膨胀。当 $X_k = X_{k-1}$ 时停止迭代,如图 8.4.3(g)所示。停止迭代时,X_k 和 A 的并集包括了填充的区域和它的边界,如图 8.4.3(h)所示。

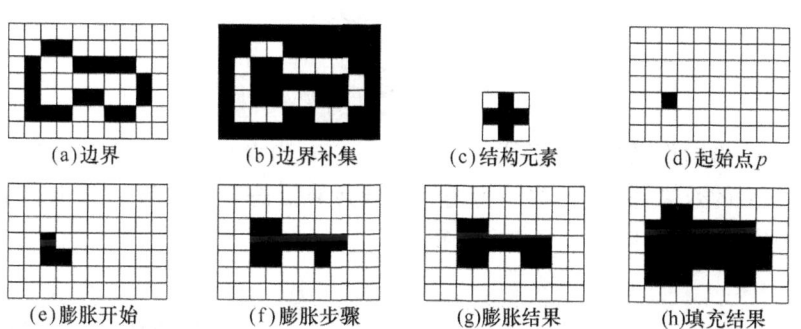

(a)边界　　(b)边界补集　　(c)结构元素　　(d)起始点 p

(e)膨胀开始　(f)膨胀步骤　(g)膨胀结果　(h)填充结果

图 8.4.3　区域填充示意图

图 8.4.4 给出了具体图像区域填充的实例。图 8.4.4(a)是一幅由白色圆圈和内部黑色点组成的图像,图 8.4.4(b)是将内部黑色点填充后的结果。由图可见,将原图中的黑色孔洞全部填补了,达到了区域填充的目的。

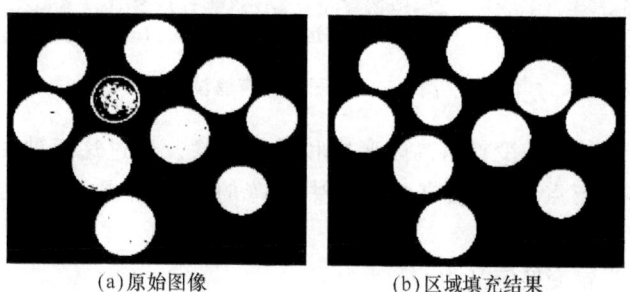

(a)原始图像　　　　　(b)区域填充结果

图 8.4.4　图像区域填充实例

4. 图像形态学滤波

将数学形态学的开运算和闭运算结合在一起可以构成形态学噪声滤波器。滤波算法所用的运算是先进行开运算后进行闭运算,即

$$(A \circ B) \cdot B = \{[(A \ominus B) \oplus B] \oplus B\} \ominus B \tag{8.4.3}$$

用圆形结构元素进行噪声滤波的过程示意如图 8.4.5 所示。其中,图像 A 是一幅受到噪声干扰的图像,内部有零散的孔洞噪声,外部有零星孤岛噪声,如图 8.4.5(a)所示。用圆形结构元素 B 对其进行形态学滤波运算,相当于先进行开运算再进行闭运算。具体的过程是:

(1) 结构元素 B 对图像 A 进行腐蚀运算,使得图像周围整个小了一圈,外部零星孤岛噪声被消除。同时,图像内部零散的孔洞噪声被扩大了,如图 8.4.5(c)所示。

(2) 用同一个结构元素 B 对上述结果进行膨胀,缩小的边缘得到恢复,图像内部零散的孔洞噪声基本恢复到原状,但同时边缘的四角变成圆角,如图 8.4.5(d)所示。

(3) 继续对上述结果进行膨胀,图像内部零散的孔洞噪声消失,如图 8.4.5(e)所示。

(4) 最后对上述结果进行腐蚀,得到噪声全部去除边缘呈现圆角的图像,实现噪声滤除的效果,如图 8.4.5(f)所示。

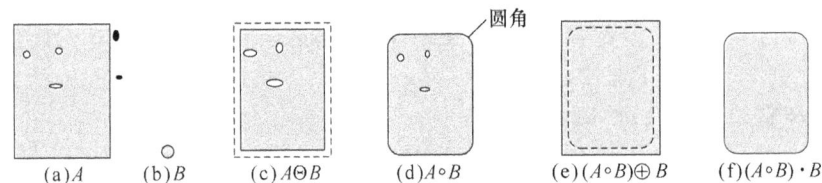

图 8.4.5 形态学噪声滤波示意图

图 8.4.6 给出图像噪声滤波的实例。图 8.4.6(a)为含有椒盐噪声的图像,图 8.4.6(b)为进行开运算后的效果,图 8.4.6(c)为先进行开运算后进行闭运算的效果。由此可见,图像中的噪声被滤除了,同时图像变得有点模糊。

图 8.4.6 图像噪声滤波

基于数学形态学的图像变换有高帽变换和低帽变换。通过这两种变换,可以得到灰度图像中一些重要的标记点,如在较亮的背景中求暗的像素点或在较暗的背景中求亮的像素点。

图像形态学的高帽变换定义为:

$$H = A - (A \circ B) \tag{8.4.4}$$

式中,A 为输入图像,B 为结构元素,即从图像中减去形态学开运算后的图像。高帽变换是一种波峰检测器,它在较暗的背景中求亮的像素点很有效。

图像形态学的低帽变换定义为:

$$H = A - (A \cdot B) \quad (8.4.5)$$

式中,A 为输入图像,B 为结构元素,即从图像中减去形态学闭运算后的图像。低帽变换是一种波谷检测器,适合于在较亮的背景中求暗的像素点。

高帽变换和低帽变换的结合可以增强图像的对比度,如图 8.4.7 所示。图 8.4.7(a)为原始图像,图 8.4.7(b)为高帽变换和低帽变换加减操作后提高对比度的结果图像。

(a)原始图像　　　　　　(b)变换后的图像

图 8.4.7　通过高帽变换和低帽变换增强图像的对比度

8.5　形态学图像处理的 MATLAB 实现

1. 腐蚀运算的 MATLAB 实现

在 MATLAB 软件中,采用函数 imerode()进行腐蚀操作,具体调用格式如下。

① IM2=imerode(IM,SE):该函数对图像 IM 进行腐蚀,采用的结构元素为 SE,返回值 IM2 为腐蚀后得到的图像。其中,SE 为由函数 strel()得到的结构元素。

② IM2=imerode(IM,NHOOD):该函数在腐蚀时采用的结构元素为 NHOOD。参数 NHOOD 是一个只包含元素 0 和 1 的矩阵,用于自定义形状的结构元素。

③ IM2=imerode(IM,SE,PACKOPT):该函数中 PACKOPT 为优化因子,可取值为 ispacked 和 notpacked,默认值为 notpacked。

④ IM2=imerode(…,SHAPE):该函数中采用参数 SHAPE 对输出图像的大小进行设置,可取值为 same 和 full,默认值为 same。

【例 8.5.1】 对二值图像进行腐蚀操作。

具体实现的 MATLAB 程序如下:

```
clear all;close all;clc;%清除工作空间所有变量,关闭所有图形窗口,清空命令行
bw = imread('origin.jpg');%读取二值图像
se = strel('square',3);%创建矩形结构元素
bw2 = imerode(bw,se);%图像腐蚀
subplot(121);imshow(bw);%显示原始图像
subplot(122);imshow(bw2);%显示腐蚀后的图像
```

程序运行后,先读取二值图像并采用函数 strel()设计矩形结构元素,然后对图像进行腐蚀操作,输出结果如图 8.5.1 所示。图 8.5.1(a)为原始图像,图 8.5.1(b)为腐蚀后得到的图像。

(a)原始图像　　　　(b)腐蚀后得到的图像

图 8.5.1　二值图像的腐蚀操作

【例 8.5.2】　对灰度图像进行腐蚀操作。

具体实现的 MATLAB 程序如下:

```
clear all;close all;clc;%清除工作空间所有变量,关闭所有图形窗口,清空命令行
I = imread('test.jpg');%读取灰度图像
se = strel('disk',2);%创建圆盘结构元素
J = imerode(I,se);%图像腐蚀
subplot(121);imshow(I);%显示原始图像
subplot(122);imshow(J);%显示腐蚀后的图像
```

程序运行后,先读取灰度图像并采用函数 strel() 设计半径为 2 的圆盘结构元素,然后对图像进行腐蚀操作,输出结果如图 8.5.2 所示。图 8.5.2(a) 为原始图像,图 8.5.2(b) 为腐蚀后得到的图像。

(a)原始图像　　　　(b)腐蚀后得到的图像

图 8.5.2　灰度图像的腐蚀操作

2. 膨胀运算的 MATLAB 实现

在 MATLAB 软件中,采用函数 imdilate() 进行膨胀操作,具体调用格式如下。

① IM2＝imdilate(IM,SE):该函数对图像 IM 进行膨胀,采用的结构元素为 SE,返回值 IM2 为膨胀后得到的图像。其中,SE 为由函数 strel() 得到的结构元素。

② IM2＝imdilate(IM,NHOOD):该函数在膨胀时采用的结构元素为 NHOOD。参数 NHOOD 是一个只包含元素 0 和 1 的矩阵,用于自定义形状的结构元素。

③ IM2＝imdilate(IM,SE,PACKOPT):该函数中 PACKOPT 为优化因子,可取值为 ispacked 和 notpacked,默认值为 notpacked。

④ IM2＝imdilate(…,SHAPE):该函数中采用参数 SHAPE 对输出图像的大小进行设置,可取值为 same 和 full,默认值为 same。

【例 8.5.3】 对二值图像进行膨胀操作。

具体实现的 MATLAB 程序如下:

```
clear all;close all;clc;%清除工作空间所有变量,关闭所有图形窗口,清空命令行
bw = imread('origin.jpg');%读取二值图像
se = strel('square',3);%创建矩形结构元素
bw2 = imdilate(bw,se);%图像膨胀
subplot(121);imshow(bw);%显示原始图像
subplot(122);imshow(bw2);%显示膨胀后的图像
```

程序运行后,先读取二值图像并采用函数 strel() 设计矩形结构元素,然后对图像进行膨胀操作,输出结果如图 8.5.3 所示。图 8.5.3(a)为原始图像,图 8.5.3(b)为膨胀后得到的图像。

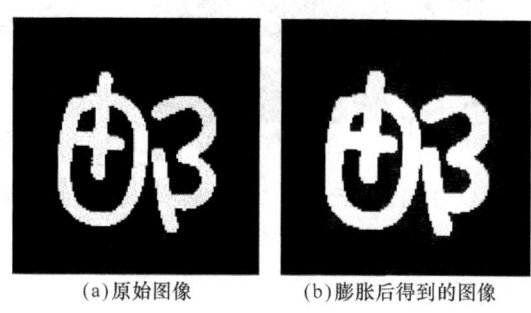

(a)原始图像　　　　(b)膨胀后得到的图像

图 8.5.3　二值图像的膨胀操作

【例 8.5.4】 采用不同的结构元素对二值图像进行腐蚀和膨胀操作。

具体实现的 MATLAB 程序如下:

```
clear all;close all;clc;%清除工作空间所有变量,关闭所有图形窗口,清空命令行
bw0 = imread('cat.jpg');%读取灰度图像
figure(1);imshow(bw0);%显示灰度图像
bw1 = im2bw(bw0,0.5);%变为阈值为 0.5 的二值图像
figure(2);imshow(bw1);%显示二值图像
s1 = ones(3);%创建三阶单位阵的结构元素
bw2 = imerode(bw1,s1);%腐蚀操作
figure(3);imshow(bw2);%显示腐蚀后的图像
bw3 = imdilate(bw1,s1);%膨胀操作
figure(4);imshow(bw3);%显示膨胀后的图像
s2 = strel('disk',2);%创建半径为 2 的圆盘结构元素
bw4 = imerode(bw1,s2);%腐蚀操作
figure(5);imshow(bw4);%显示腐蚀后的图像
bw5 = imdilate(bw1,s2);%膨胀操作
figure(6);imshow(bw5);%显示膨胀后的图像
```

程序运行后,先读取灰度图像并转换为二值图像,然后对图像进行腐蚀和膨胀操作,输出结果如图 8.5.4 所示。图 8.5.4(a)为原始图像,图 8.5.4(b)为阈值为 0.5 的二值图像,图 8.5.4(c)为用三阶单位阵的结构元素对图像进行腐蚀的结果,图 8.5.4(d)为用三阶单位阵的结构元素对图像进行膨胀的结果,图 8.5.4(e)为用半径为 2 的圆盘结构元素对图像进行腐蚀的结果,图 8.5.4(f)为用半径为 2 的圆盘结构元素对图像进行膨胀的结果。

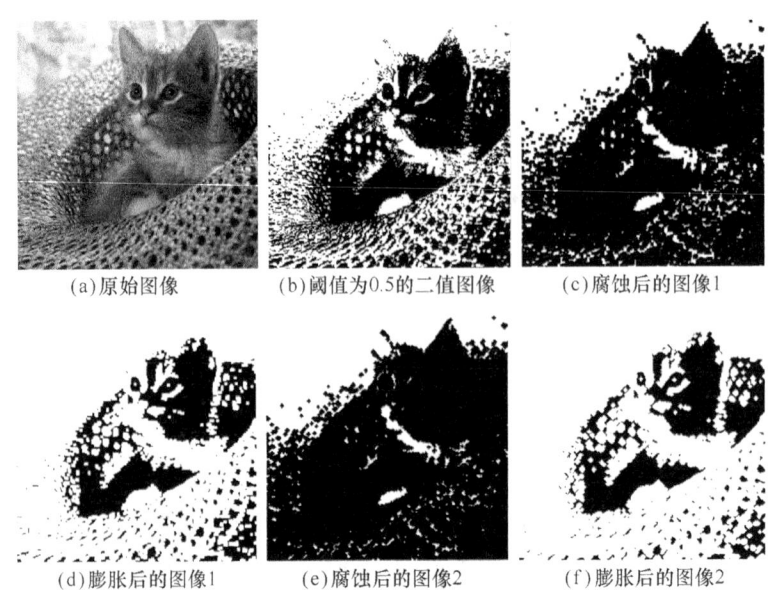

图 8.5.4　不同结构元素对二值图像进行腐蚀和膨胀操作

【例 8.5.5】　对灰度图像进行膨胀操作。

具体实现的 MATLAB 程序如下：

```
clear all;close all;clc;% 清除工作空间所有变量,关闭所有图形窗口,清空命令行
I = imread('barbara.png');% 读取灰度图像
se = strel('disk',2);% 创建圆盘结构元素
J = imdilate(I,se);% 图像膨胀
subplot(121);imshow(I);% 显示原始图像
subplot(122);imshow(J);% 显示膨胀后的图像
```

程序运行后,先读取灰度图像并采用函数 strel() 设计半径为 2 的圆盘结构元素,然后对图像进行膨胀操作,输出结果如图 8.5.5 所示。图 8.5.5(a) 为原始图像,图 8.5.5(b) 为膨胀后得到的图像。

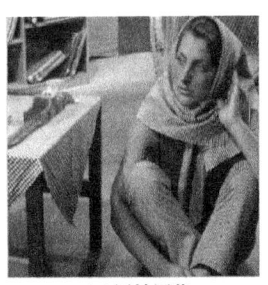 

(a)原始图像　　　　(b)膨胀后得到的图像

图 8.5.5　灰度图像的膨胀操作

3. 开和闭运算的 MATLAB 实现

在 MATLAB 中,采用函数 imopen() 对二值图像或灰度图像进行开运算,具体调用格式如下。

① IM2=imopen(IM,SE):该函数对图像 IM 进行开运算,采用的结构元素为 SE,由函数 strel()得到,返回值 IM2 为开运算后得到的图像。

② IM2=imopen(IM,NHOOD):该函数中参数 NHOOD 为由 0 和 1 组成的矩阵,在对图像 IM 进行开运算时采用的结构元素为 NHOOD。

【例 8.5.6】 对二值图像进行开和闭操作。

具体实现的 MATLAB 程序如下:

```
clear all;close all;clc;% 清除工作空间所有变量,关闭所有图形窗口,清空命令行
BW1 = imread('you.bmp');% 读取图像
subplot(131),imshow(BW1);% 显示原始图像
SE = strel('square',3);% 正方形结构元素
BW2 = imopen(BW1,SE);% 对图像进行开运算
subplot(132),imshow(BW2);% 显示开运算后的图像
BW3 = imclose(BW1,SE);% 对图像进行闭运算
subplot(133),imshow(BW3);% 显示闭运算后的图像
```

程序运行后,先读取图像,并创建正方形结构元素,然后对图像进行开和闭运算操作,输出结果如图 8.5.6 所示。图 8.5.6(a)为原始图像,图 8.5.6(b)为开运算后的图像,图 8.5.6(c)为闭运算后的图像。可以看出,通过开运算,消除图像中比结构元素尺寸小的细小物体和狭窄部分,去除孤立噪声点,起到平滑作用;通过闭运算,能够填补轮廓上的缝隙,并可连接邻近的物体。

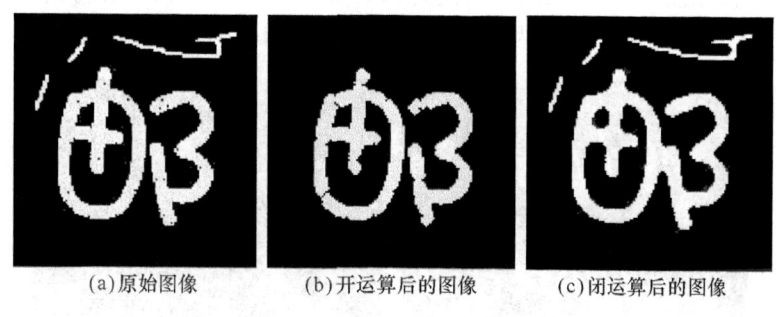

(a)原始图像　　　　(b)开运算后的图像　　　　(c)闭运算后的图像

图 8.5.6　二值图像的开和闭运算

【例 8.5.7】 对灰度图像进行开和闭操作。

具体实现的 MATLAB 程序如下:

```
clear all;close all;clc;% 清除工作空间所有变量,关闭所有图形窗口,清空命令行
I = imread('rice.png');% 读取灰度图像
se = strel('disk',5);% 圆盘结构元素
J = imopen(I,se);% 对图像进行开运算
K = imclose(I,se);% 对图像进行闭运算
subplot(131);imshow(I);% 显示原始图像
subplot(132);imshow(J,[]);% 显示开运算后的图像
subplot(133);imshow(K,[]);% 显示闭运算后的图像
```

程序运行后,先读取灰度图像,并创建半径为 5 的圆盘结构元素,然后对图像进行开和闭运算操作,输出结果如图 8.5.7 所示。图 8.5.7(a)为原始图像,图 8.5.7(b)为开运算后的图像,图 8.5.7(c)为闭运算后的图像。

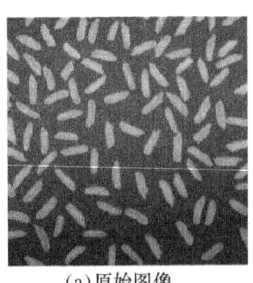 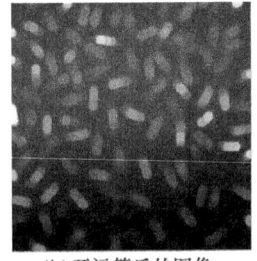 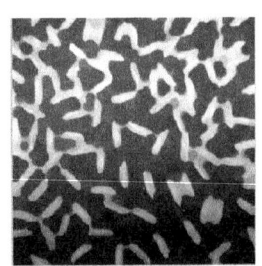

(a)原始图像　　　　　　(b)开运算后的图像　　　　　(c)闭运算后的图像

图 8.5.7　灰度图像的开和闭运算

4. 图像细化的 MATLAB 实现

在 MATLAB 软件中,通过函数 bwmorph()可以进行二值图像的细化操作。

【例 8.5.8】　二值图像的细化。

具体实现的 MATLAB 程序如下:

```
clear all;close all;clc; %清除工作空间所有变量,关闭所有图形窗口,清空命令行
I = imread('4.bmp'); %读取二值图像
J = bwmorph(I,'thin',Inf); %细化操作
subplot(121);imshow(I); %显示原图像
subplot(122);imshow(J); %显示细化后的图像
```

程序运行后,先读取二值图像,然后通过函数 bwmorph()对图像进行细化操作,输出结果如图 8.5.8 所示。图 8.5.8(a)为原始图像,图 8.5.8(b)为细化后得到的图像。

(a)原始图像　　　　　　　(b)细化后的图像

图 8.5.8　图像的细化

5. 图像边界提取的 MATLAB 实现

在 MATLAB 软件中,通过函数 bwperim()获取二值图像的边缘,调用格式如下。

① BW2=bwperim(BW1):该函数获取二值图像的边缘,返回值 BW2 是和原始图像大小相同的二值图像。

② BW2=bwperim(BW1,conn):该函数中对连通类型 conn 进行设置,对于二维图像,conn 可以取值为 4 和 8,默认值为 4。对于三维图像,conn 可以取值为 6、18 和 26,默认值为 6。

【例 8.5.9】　获取二值图像的边缘。

具体实现的 MATLAB 程序如下:

```
clear all;close all;clc; %清除工作空间所有变量,关闭所有图形窗口,清空命令行
I = imread('1.bmp'); %读取二值图像
```

```
J = bwperim(I,8); % 获取边缘
subplot(121);imshow(I); % 显示原始图像
subplot(122);imshow(J); % 显示边缘图像
```

程序运行后,先读取二值图像,然后通过函数 bwperim()获取图像的边缘,输出结果如图 8.5.9 所示。图 8.5.9(a)为原始图像,图 8.5.9(b)为提取的图像边缘。

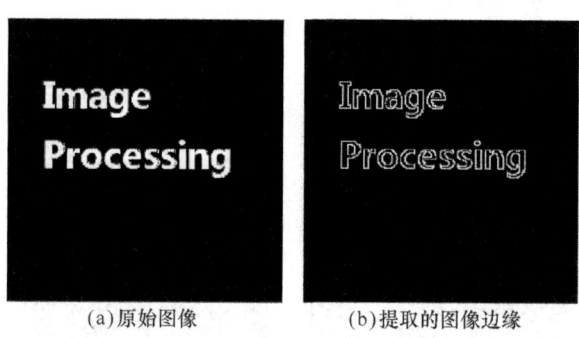

(a)原始图像　　　　(b)提取的图像边缘

图 8.5.9　图像边界提取

6. 图像区域填充的 MATLAB 实现

在 MATLAB 软件中,采用函数 imfill()对二值图像或灰度图像进行填充操作,具体调用格式如下。

① BW2=imfill(BW):该函数对二值图像 BW 进行填充操作,对于二维图像允许用户通过鼠标选择填充的点。通过键盘上面的 Backspace 键或 Delete 键可以取消当前选择的点,通过键盘上的 Return 键可以结束交互式的选择。

② [BW2,locations]=imfill(BW):该函数中返回值 locations 包含交互式选择时的点的坐标。

③ BW2=imfill(BW,locations):该函数中通过参数 locations 指定进行填充时的点的坐标。

④ BW2=imfill(BW,'holes'):该函数通过参数 holes 可以填充二值图像中的空洞。

⑤ I2=imfill(I):该函数对灰度图像进行填充操作,返回值 I2 也为灰度图像。

【例 8.5.10】 对图像进行区域填充。

具体实现的 MATLAB 程序如下:

```
clear all;close all;clc; % 清除工作空间所有变量,关闭所有图形窗口,清空命令行
I = imread('tianchong.bmp'); % 读取二值图像
J = imfill(I,'holes'); % 区域填充
subplot(121);imshow(I); % 显示二值图像
subplot(122);imshow(J); % 显示区域填充后的图像
```

程序运行后,先读取二值图像,然后通过函数 imfill()对二值图像进行填充操作,输出结果如图 8.5.10 所示。图 8.5.10(a)为原始图像,图 8.5.10(b)为区域填充后的图像。

7. 图像形态学滤波的 MATLAB 实现

【例 8.5.11】 对图像进行噪声滤波。

具体实现的 MATLAB 程序如下:

```
clear all;close all;clc; % 清除工作空间所有变量,关闭所有图形窗口,清空命令行
I = imread('barbara.png'); % 读取图像
```

```
I = imnoise(I,'salt & pepper',0.03); % 对图像加噪
se = strel('disk',1); % 结构元素
A = imopen(I,se); % 对图像进行开运算
B = imclose(A,se); % 对开运算后的图像进行闭运算
subplot(131);imshow(I); % 显示噪声图像
subplot(132);imshow(A); % 显示开运算后的图像
subplot(133);imshow(B); % 显示闭运算后的图像
```

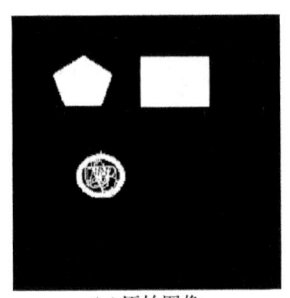 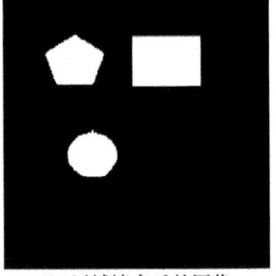

(a)原始图像　　　　　　(b)区域填充后的图像

图 8.5.10　对图像进行区域填充

程序运行后,先读取灰度图像并对图像加入椒盐噪声,然后用圆盘结构元素对图像先进行开运算再进行闭运算,输出结果如图 8.5.11 所示。图 8.5.11(a)为噪声图像,图 8.5.11(b)为开运算后的图像,图 8.5.11(c)为闭运算后的图像。

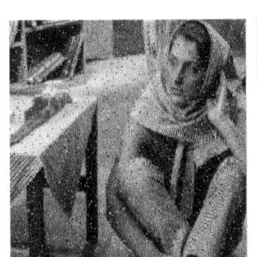  

(a)噪声图像　　　　(b)开运算后的图像　　　(c)闭运算后的图像

图 8.5.11　对图像进行噪声滤波

【例 8.5.12】 通过高帽变换和低帽变换提高图像的对比度。

具体实现的 MATLAB 程序如下:

```
clear all;close all;clc; % 清除工作空间所有变量,关闭所有图形窗口,清空命令行
I = imread('test.jpg'); % 读取图像
se = strel('disk',1); % 结构元素
J = imtophat(I,se); % 高帽变换
K = imbothat(I,se); % 低帽变换
L = imsubtract(imadd(I,J),K); % 加减操作
subplot(121);imshow(I); % 显示原始图像
subplot(122);imshow(L); % 显示结果图像
```

程序运行后,先读取灰度图像,然后用圆盘结构元素对图像先进行高帽变换再进行低帽变换,再对图像进行加减操作,输出结果如图 8.5.12 所示。图 8.5.12(a)为原始图像,图 8.5.12(b)为高帽变换和低帽变换增强的图像,由图可见,提高了图像的对比度。

(a)原始图像　　　　　　(b)高帽变换和低帽变换增强图像

图 8.5.12　通过高帽变换和低帽变换提高图像的对比度

8.6　本章小结

本章详细介绍了形态学的基本概念和基本运算,包括腐蚀、膨胀、开和闭运算等,并利用这些基本运算实现形态学图像处理的基本应用,包括图像的细化、区域填充、去噪滤波、对比度提高、边界提取等。通过 MATLAB 软件实现了形态学的基本运算及其基本应用。

习　题　8

8.1　数学形态学有哪些基本运算?

8.2　举例说明不同的结构元素对图像的腐蚀或膨胀会有什么不同效果。

8.3　编写 MATLAB 程序实现一幅二值图像的腐蚀、膨胀、开和闭运算。

8.4　编写 MATLAB 程序实现一幅灰度图像的腐蚀、膨胀、开和闭运算。

8.5　通过形态学的开和闭运算,用圆形结构元素,编写 MATLAB 程序实现一幅含有噪声图像的滤波。

8.6　编写 MATLAB 程序实现习题 8.6 图所示图像的细化。

习题 8.6 图

8.7　基于数学形态学编写 MATLAB 程序对图像的边缘进行提取。

8.8　编写 MATLAB 程序实现一幅图像的孔洞区域填充。

第 9 章 数字图像处理的应用实例

9.1 基于 Simulink 的视频和图像处理模块及实例

Simulink 是 MATLAB 软件中的重要组件之一，它提供一个动态系统建模、仿真和综合分析的集成环境。Simulink 中的 Video and Image Processing Blockset 是为了进行视频和图像处理而设置的，包含很多用于视频和图像处理的子模块。本节主要介绍 Video and Image Processing Blockset 及进行视频和图像处理的步骤、方法和实例。

9.1.1 Video and Image Processing Blockset

打开 Video and Image Processing Blockset 的方法有几种。

(1) 单击 MATLAB 窗口左下角的 Start 按钮，选择 Blocksets→ Video and Image Processing→Block Library 命令，如图 9.1.1 所示，即可打开如图 9.1.2 所示的 Library：viplibv1 Video and Image Processing Blockset 窗口。

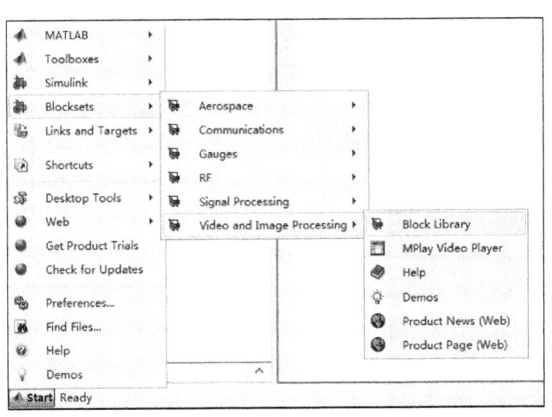

图 9.1.1 打开 Video and Image Processing Blockset 窗口

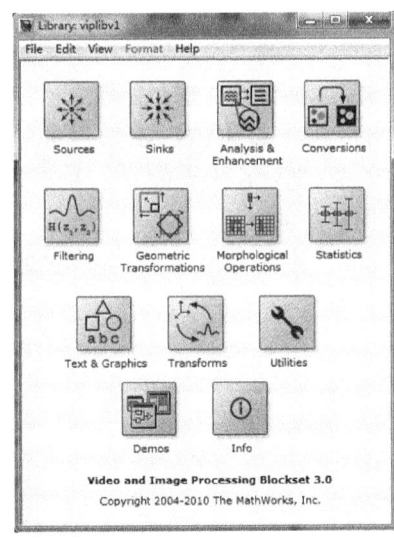

图 9.1.2 Library：viplibv1 Video and Image Processing Blockset

(2) 直接在 Command Window 中输入 viplib 命令，也可打开如图 9.1.2 所示的 Library：viplibv1 Video and Image Processing Blockset 窗口。

(3) 在 Command Window 中输入 simulink 命令，弹出 Simulink Library Browser 窗口，单击 Libraries 列表框中的 Video and Image Processing Blockset 选项，即可在窗口右侧展开 Video and Image Processing Blockset 标签，如图 9.1.3 所示。

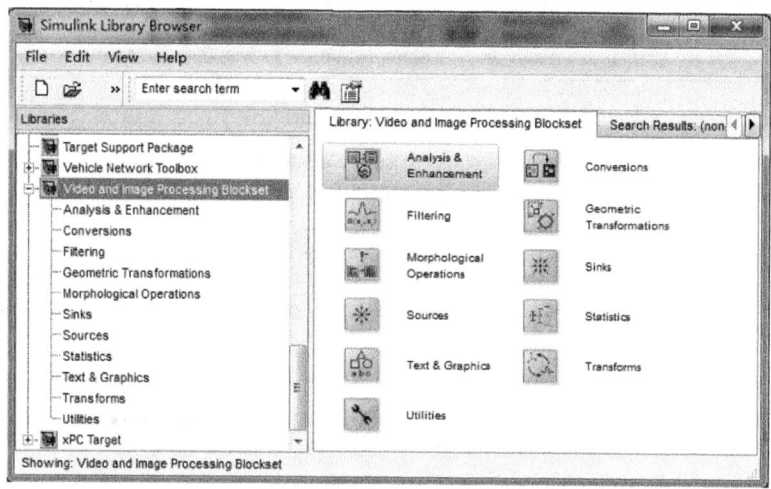

图 9.1.3 Video and Image Processing Blockset

Video and Image Processing Blockset 包含 11 个视频和图像处理的子模块,如表 9.1.1 所示,下面具体介绍每一个子模块。

1. Analysis & Enhancement(分析和增强模块库)

Analysis & Enhancement 共包含 10 个子模块,分别是 Block Matching(块匹配)、Contrast Adjustment(对比度调节)、Corner Detection(角点检测)、Deinterlacing(反交错处理)、Edge Detection(边缘检测)、Histogram Equalization(直方图均衡化)、Median Filter(中值滤波)、Optical Flow(光流法)、Template Matching(模板匹配)和 Trace Boundaries(边界跟踪),如图 9.1.4 所示。

表 9.1.1 视频和图像处理子模块

Analysis & Enhancement	分析和增强模块库
Conversions	转换模块库
Filtering	滤波模块库
Geometric Transformations	几何变换模块库
Morphological Operations	形态学操作模块库
Sinks	接收器模块库
Sources	输入源模块库
Statistics	统计模块库
Text & Graphics	文本和图形模块库
Transforms	变换模块库
Utilities	工具模块库

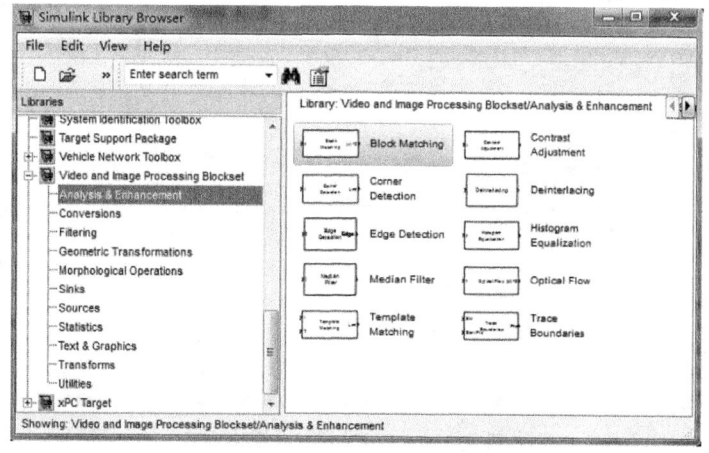

图 9.1.4 Analysis & Enhancement 模块库

Analysis & Enhancement 模块库中各子模块的名称及功能如表 9.1.2 所示。

表 9.1.2　Analysis & Enhancement 各子模块名称及功能

模　　块	功　　能
Block Matching	使用块匹配算法对多图像序列或视频序列进行运动估计,块匹配算法是常用的运动估计算法,可用于去除视频帧间的冗余信息,进行视频压缩
Contrast Adjustment	通过线性变换像素值的方法对图像进行对比度调节
Corner Detection	找出图像中的角点,可选择 Harris 角点检测法、最小特征值法或者局部亮度比较法进行角点检测
Deinterlacing	也叫去隔行处理,通过对输入视频信号进行去隔行处理来消除运动模糊,可选择线复制法(倍线法)、线性插值法或者场中值滤波法
Edge Detection	对图像进行边缘检测,可选择使用 Sobel 算子、Prewitt 算子、Roberts 算子或者 Canny 算子来找到图像中的物体边缘
Histogram Equalization	对图像进行直方图均衡化,可以提高图像对比度
Median Filter	对图像进行中值滤波操作,可降低图像噪声
Optical Flow	执行光流法操作进行运动估计
Template Matching	模板匹配
Trace Boundaries	对二值图像执行边界跟踪,非 0 像素为目标,0 像素为背景

2. Conversions(转换模块库)

Conversions 包含 7 个子模块库,分别是 Autothreshold(自动阈值)、Chroma Resampling(色度重采样)、Color Space Conversion(色彩空间转换)、Demosaic(去马赛克)、Gamma Correction(伽马校正)、Image Complement(图像求补)和 Image Data Type Conversion(图像数据类型转换),如图 9.1.5 所示。

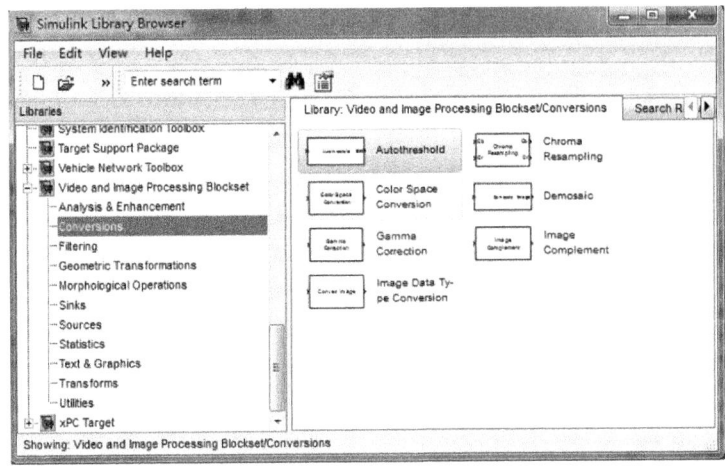

图 9.1.5　Conversions 模块库

Conversions 模块库中各子模块的名称及功能如表 9.1.3 所示。

表 9.1.3 Conversions 模块库中各子模块名称及功能

模 块	功 能
Autothreshold	执行自动阈值转换,可将灰度图像转换成二值图像
Chroma Resampling	对 YCbCr 模式信号进行色度重采样,以降低带宽及存储要求,有多种重采样方式供选择
Color Space Conversion	执行色彩空间转换,共有 9 种转换类型可供选择,例如 RGB 转为灰度图,RGB 转为 YCbCr 等
Demosaic	对 Bayer 模式图像进行去马赛克处理
Gamma Correction	对图像或视频流应用或去除伽马校正。改变伽马值,可对图像的伽马曲线进行编辑,检出图像信号中的深色部分和浅色部分,并使两者比例增大,从而提高图像对比度
Image Complement	对图像进行求补(求反)转换。对二值图像或灰度图进行求反,获得底片效果
Image Data Type Conversion	将输入图像转换成指定的数据类型并输出。可选择的输出数据类型有双精度型、单精度型、int8、int16 等多种类型

3. Filtering(滤波模块库)

Filtering 包含 4 个子模块库,即 2-D Convolution(二维卷积)、2-D FIR Filter(二维 FIR 数字滤波)、Kalman Filter(卡尔曼滤波)和 Median Filter(中值滤波),如图 9.1.6 所示。

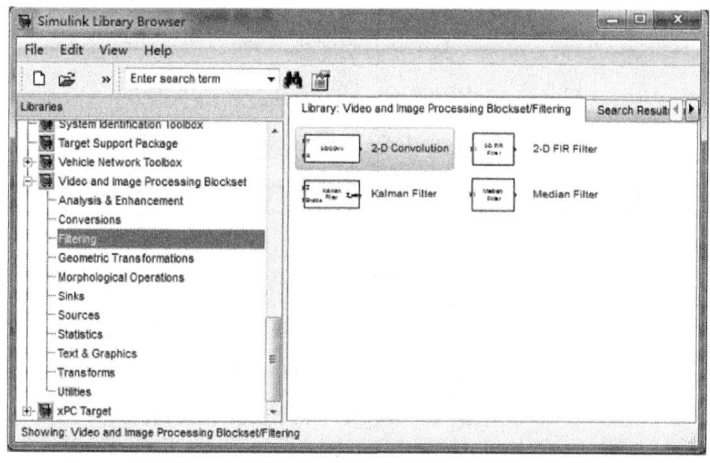

图 9.1.6 Filtering 模块库

Filtering 模块库中各子模块的名称及功能如表 9.1.4 所示。

表 9.1.4 Filtering 模块库中各子模块名称及功能

模 块	功 能
2-D Convolution	计算出两个输入矩阵的二维离散卷积
2-D FIR Filter	用滤波系数矩阵或滤波系数矢量对输入图像或矩阵进行二维 FIR 数字滤波

续表

模　块	功　能
Kalman Filter	对输入信号进行卡尔曼滤波,以去除噪声影响,预测和判断动态系统的状态
Median Filter	执行二维中值滤波,可降低图像噪声。此模块也可在 Analysis & Enhancement 模块库中找到

4. Geometric Transformations(几何变换模块库)

Geometric Transformations 包含 7 个子模块库,分别是 Apply Geometric Transformation(应用几何变换)、Estimate Geometric Transformation(估算几何变换)、Projective Transformation(投影变换)、Resize(缩放)、Rotate(旋转)、Shear(切变)和 Translate(平移),如图 9.1.7 所示。

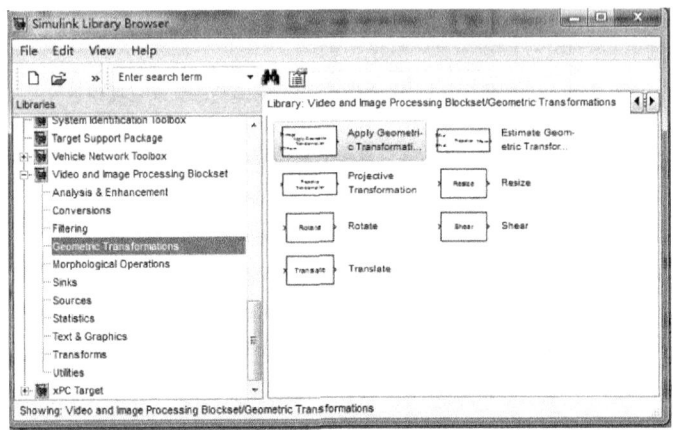

图 9.1.7　Geometric Transformations 模块库

Geometric Transformations 模块库中各子模块的名称及功能如表 9.1.5 所示。

表 9.1.5　Geometric Transformations 模块库中各子模块名称及功能

模　块	功　能
Apply Geometric Transformation	对一幅图像应用投影或仿射变换,可对整幅图像或图像的一部分区域进行
Estimate Geometric Transformation	计算两幅图像最大数量点对之间的变换矩阵
Projective Transformation	执行投影变换操作。将一个四边形变换成另一个四边形
Resize	执行缩放变换操作,可改变图像的大小
Rotate	按指定的角度旋转图像
Shear	执行切变操作。通过线性变换位移的方法移动图像的行或列,可指定切变的方向与数值
Translate	对输入图像执行平移操作,可按指定位移量上下左右移动

5. Morphological Operations(形态学操作模块库)

Morphological Operations 包含 7 个子模块库,分别是 Bottom-hat(底帽滤波)、Closing(闭合)、Dilation(膨胀)、Erosion(腐蚀)、Label(标记)、Opening(开启)和 Top-hat(顶帽滤波),如图 9.1.8 所示。

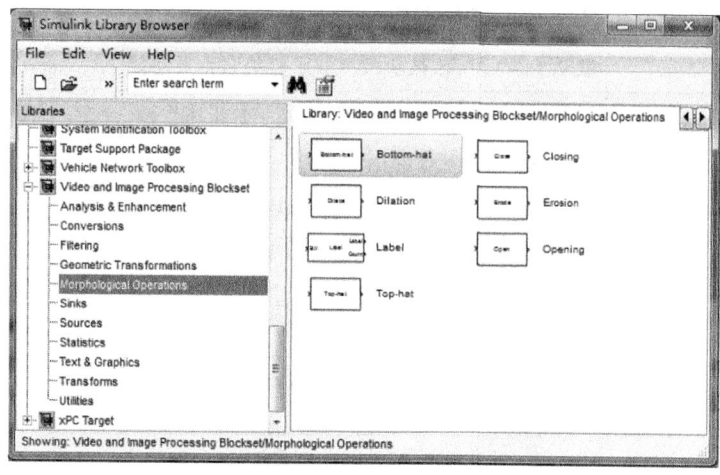

图 9.1.8 Morphological Operations 模块库

Morphological Operations 模块库中各子模块的名称及功能如表 9.1.6 所示。

表 9.1.6 Morphological Operations 模块库中各子模块名称及功能

模 块	功 能
Bottom-hat	底帽滤波器。对灰度图像或二值图像执行 bottom-hat 滤波变换
Closing	闭合操作。对灰度图像或二值图像执行形态学闭合运算
Dilation	膨胀操作。对灰度图像或二值图像执行形态学膨胀运算
Erosion	腐蚀操作。对灰度图像或二值图像执行形态学腐蚀运算
Label	对二值图像内的连通区域进行标记和计数
Opening	开启操作。对灰度图像或二值图像执行形态学开启运算
Top-hat	顶帽滤波器。对灰度图像或二值图像执行 top-hat 滤波变换

6. Sinks(接收器模块库)

Sinks 包含 6 个子模块库,分别是 Frame Rate Display(帧频显示)、To Multimedia File(写入到多媒体文件)、To Video Display(输出到视频显示器)、Video To Workspace(向工作空间输出视频)、Video Viewer(视频显示器)和 Write Binary File(写二进制文件),如图 9.1.9 所示。

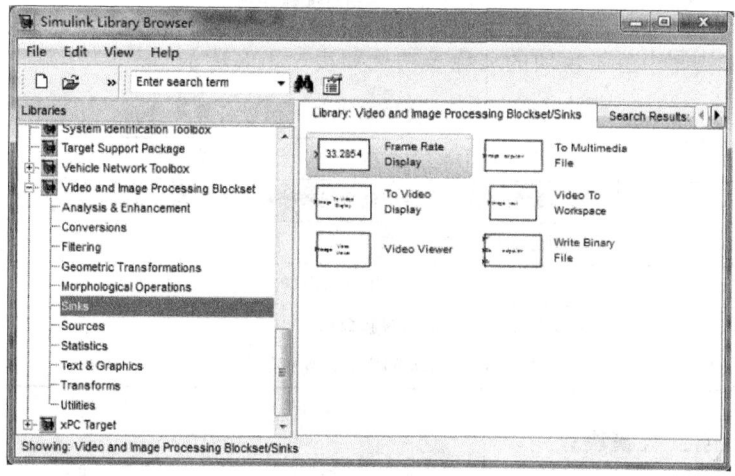

图 9.1.9 Sinks 模块库

Sinks 模块库中各子模块的名称及功能如表 9.1.7 所示。

表 9.1.7　Sinks 模块库中各子模块名称及功能

模　　块	功　　能
Frame Rate Display	显示输入信号的帧频
To Multimedia File	向多媒体文件中写入视频和音频内容
To Video Display	把视频数据发送到显示设备
Video To Workspace	把视频信号输出到 MATLAB 工作空间
Video Viewer	可显示二值图、灰度图或者 RGB 图像，以及视频流等多种信号
Write Binary File	把二进制视频数据写入文件中

7. Sources（输入源模块库）

Sources 包含 5 个子模块库，分别是 From Multimedia File（来自多媒体文件）、Image From File（图像文件）、Image From Workspace（工作空间图像）、Read Binary File（读二进制文件）和 Video From Workspace（视频来自工作空间），如图 9.1.10 所示。

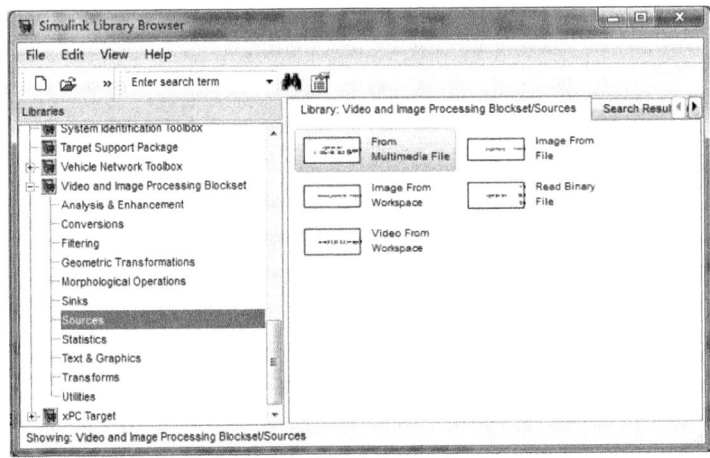

图 9.1.10　Sources 模块库

Sources 模块库中各子模块的名称及功能如表 9.1.8 所示。

表 9.1.8　Sources 模块库中各子模块名称及功能

模　　块	功　　能
From Multimedia File	从压缩的多媒体文件中读取视频帧和音频样本
Image From File	从图像文件中导入图像
Image From Workspace	从 MATLAB 工作空间中导入图像
Read Binary File	从文件中读取二进制视频数据
Video From Workspace	从 MATLAB 工作空间中导入视频信号

8. Statistics（统计模块库）

Statistics 包含 12 个子模块库，分别是 2-D Autocorrelation（二阶自相关系数）、2-D

Correlation(二阶互相关系数)、Blob Analysis(Blob 分析)、Find Local Maxima(求局部极大值)、Histogram(直方图)、Maximum(最大值)、Mean(平均值)、Median(中值)、Minimum(最小值)、PSNR(峰值信噪比)、Standard Deviation(标准差)和 Variance(方差),如图 9.1.11 所示。

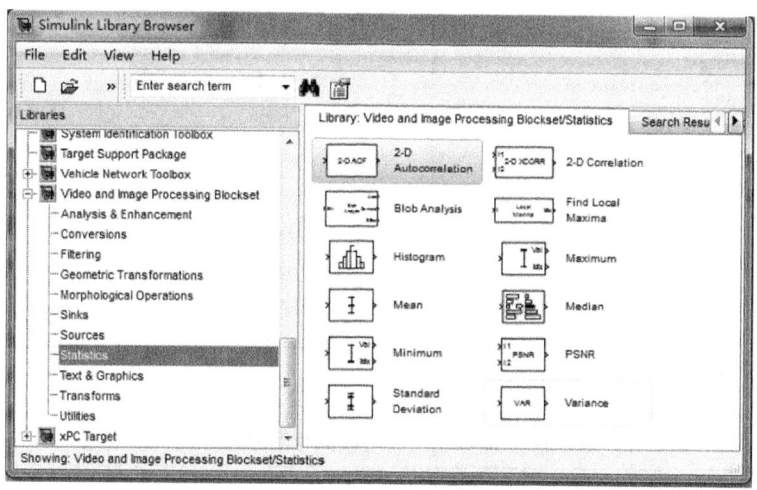

图 9.1.11　Statistics 模块库

Statistics 模块库中各子模块的名称及功能如表 9.1.9 所示。

表 9.1.9　**Statistics 模块库中各子模块名称及功能**

模　　块	功　　能
2-D Autocorrelation	求输入矩阵的二阶自相关系数
2-D Correlation	计算两个输入矩阵的二阶互相关系数
Blob Analysis	对标记联通区域进行分析统计
Find Local Maxima	在矩阵中找局部极大值
Histogram	生成输入矩阵的直方图
Maximum	返回输入矩阵的最大值
Mean	求输入矩阵的平均值
Median	求输入矩阵的中值
Minimum	返回输入矩阵的最小值
PSNR	求图像的峰值信噪比(PSNR)
Standard Deviation	求输入矩阵的标准差
Variance	求输入矩阵的方差

9. Text & Graphics(文本和图形模块库)

Text & Graphics 包含 4 个子模块库,分别是 Compositing(合成)、Draw Markers(绘制标记)、Draw Shapes(绘图)和 Insert Text(插入文本),如图 9.1.12 所示。

Text & Graphics 模块库中各子模块的名称及功能如表 9.1.10 所示。

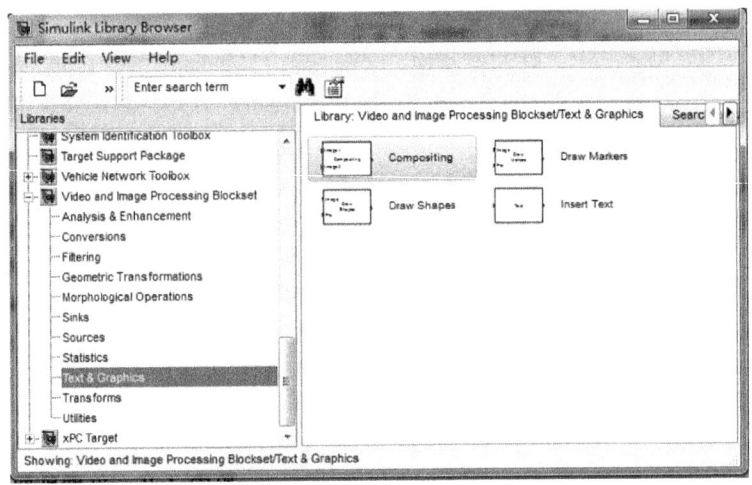

图 9.1.12 Text & Graphics 模块库

表 9.1.10 Text & Graphics 模块库中各子模块名称及功能

模 块	功 能
Compositing	合成两幅图像的像素值,使两幅图像重叠,或者加亮选定的像素
Draw Markers	通过在输出的图像上嵌入预定义的图形来绘制标记
Draw Shapes	在图像上绘图、可画线、多边形、长方形或者圆形
Insert Text	在图像上或视频流上插入文本标注

10. Transforms(变换模块库)

Transforms 包含 7 个子模块库,分别是 2-D DCT(二维离散余弦变换)、2-D FFT(二维傅里叶变换)、2-D IDCT(二维离散余弦逆变换)、2-D IFFT(二维傅里叶逆变换)、Gaussian Pyramid(高斯金字塔)、Hough Lines(Hough 线)和 Hough Transform(Hough 变换),如图 9.1.13 所示。

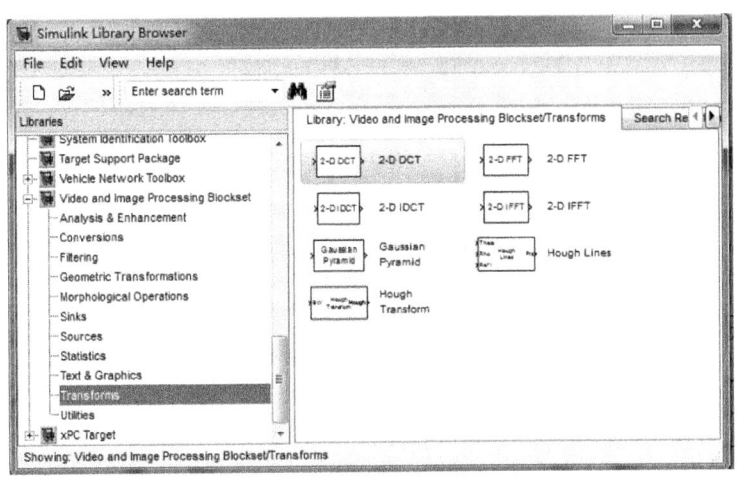

图 9.1.13 Transforms 模块库

Transforms 模块库中各子模块的名称及功能如表 9.1.11 所示。

表 9.1.11　Transforms 模块库中各子模块名称及功能

模　　块	功　　能
2-D DCT	求二维离散余弦变换
2-D FFT	求二维傅里叶变换
2-D IDCT	求二维离散余弦逆变换
2-D IFFT	求二维傅里叶逆变换
Gaussian Pyramid	执行高斯金字塔分解
Hough Lines	求用 $\rho-\theta$ 对描述的线与图像边界交点的笛卡尔坐标
Hough Transform	执行 Hough 变换,可找出图像中的直线

11．Utilities(工具模块库)

Utilities 包含 3 个子模块库,分别是 Block Processing(块处理)、Image Pad(图像填补)和 Variable Selector(可变选择器),如图 9.1.14 所示。

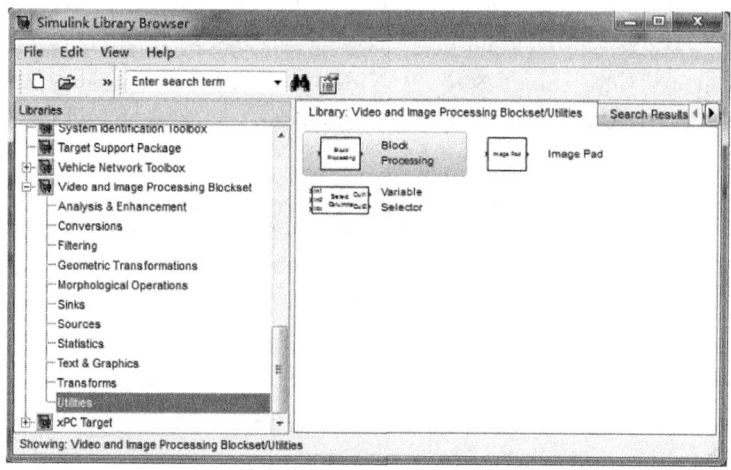

图 9.1.14　Utilities 模块库

Utilities 模块库中各子模块的名称及功能如表 9.1.12 所示。

表 9.1.12　Utilities 模块库中各子模块名称及功能

模　　块	功　　能
Block Processing	对输入矩阵的指定子矩阵进行用户自定义操作
Image Pad	对图像的四周进行填补
Variable Selector	从输入矩阵中选择指定行或列的子集

9.1.2　图像增强的 Simulink 实现

1．灰度变换增强

常用的灰度变换增强方法包括直接灰度变换和直方图均衡化两种,可以增强图像的对比度。

【例 9.1.1】　用对比度调节 Contrast Adjustment 模块进行直接灰度变换,具体过程如下。

(1)建立仿真模型文件。启动 Simulink,选择菜单栏上的 File→New→Model 命令,如图 9.1.15 所示,新建一个 Model 文件,将其命名为 zengqiang1.mdl。

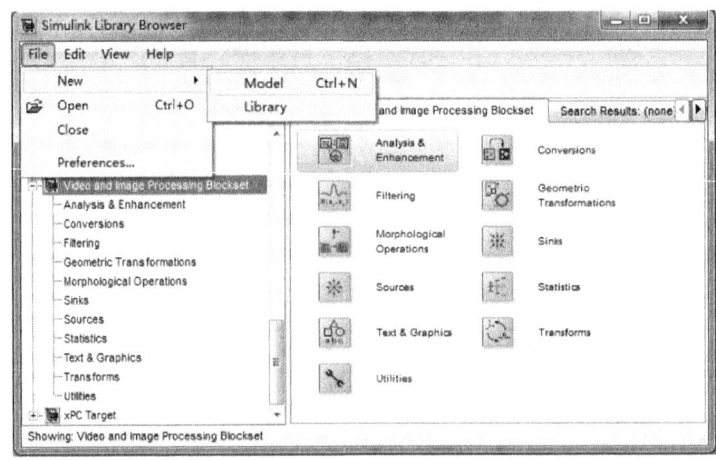

图 9.1.15　建立仿真模型文件

（2）添加子模块。从 Video and Image Processing Blockset 的 Sources 子模块库中选择 Image From File 模块；从 Video and Image Processing Blockset 的 Analysis & Enhancement 子模块库中选择 Contrast Adjustment 模块；从 Video and Image Processing Blockset 的 Sinks 子模块库中选择 Video Viewer 模块，拖曳到 zengqiang1.mdl 模型文件中，连接各子模块，建立仿真模型，保存结果，如图 9.1.16 所示。

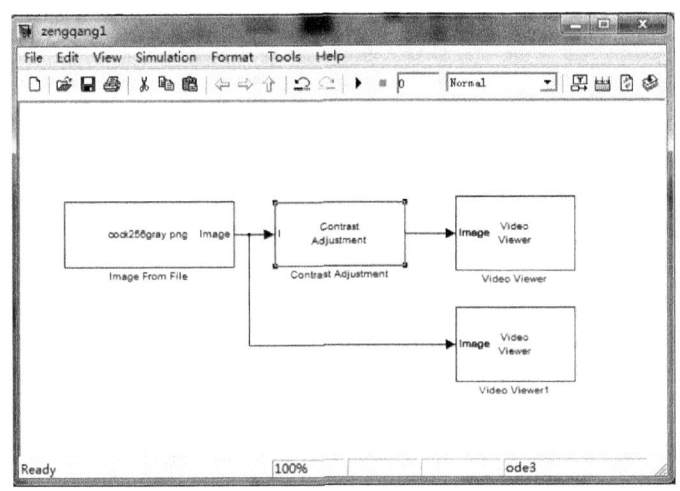

图 9.1.16　搭建 zengqiang1.mdl 模型文件

（3）设置各模块参数。双击 Image From File 模块，在 Main 标签下的 File name 文本框中选择要处理的图像文件；双击 Contrast Adjustment 模块，在 Main 标签下的 Adjust pixel values from 下拉列表框中选择 Range determined by saturating outlier pixels，然后单击 OK 按钮，保存设置，关闭对话框。

（4）设置仿真器参数。选择模型窗口 Simulation-Configuration Parameters 命令，弹出 Configuration Parameters：zengqiang1/Configuration(Active)对话框，在对话框左侧 Select 标签下，选择 Solver 选项；在右侧的 Simulation time 标签下，将 Start time 和 Stop time 两个文本框内的起始时间设置为 0.0，停止时间也设置为 0.0；在 Solver options 标签下，Type 下拉列表框中选择 Fixed-step，Solver 下拉列表框中选择 discrete(no continuous states)。

(5) 运行仿真模型。在 zengqiang1.mdl 模型文件窗口选择菜单栏的 Start simulation 按钮,运行仿真模型,结果如图 9.1.17 所示。其中,图 9.1.17(a)为原始图像,图 9.1.17(b) 为经过对比度调节 Contrast Adjustment 模块处理后的图像。

(a)原始图像　　　　　　　　(b)Contrast Adjustment处理后的图像

图 9.1.17　直接灰度变换

【例 9.1.2】 用直方图均衡化 Histogram Equalization 模块进行直方图均衡化处理,具体过程如下。

(1) 建立仿真模型文件。启动 Simulink,选择菜单栏上的 File→New→Model 命令,新建一个 Model 文件,将其命名为 zengqiang2.mdl。

(2) 添加子模块。从 Video and Image Processing Blockset 的 Sources 子模块库中选择 Image From File 模块;从 Video and Image Processing Blockset 的 Analysis & Enhancement 子模块库中选择 Histogram Equalization 模块;从 Video and Image Processing Blockset 的 Sinks 子模块库中选择 Video Viewer 模块,拖曳到 zengqiang2.mdl 模型文件中,连接各子模块,建立仿真模型,保存结果,如图 9.1.18 所示。

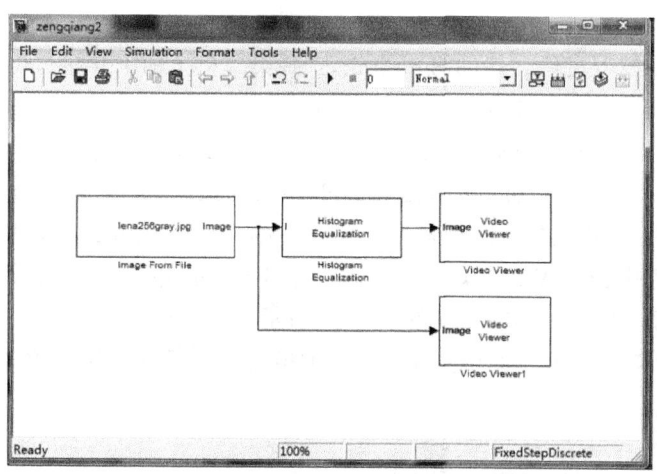

图 9.1.18　搭建 zengqiang2.mdl 模型文件

(3) 设置模块参数。双击 Image From File 模块,在 Main 标签下的 File name 文本框中选择要处理的图像文件;其他模块参数均保持默认设置。

(4) 设置仿真器参数。选择模型窗口 Simulation-Configuration Parameters 命令,弹出 Configuration Parameters:zengqiang2/Configuration(Active)对话框,在对话框左侧 Select 标签下,选择 Solver 选项;在右侧的 Simulation time 标签下,将 Start time 和 Stop time 两个文本框内的起始时间设置为 0.0,停止时间也设置为 0.0;在 Solver options 标签下,Type 下拉列表框中选择 Fixed-step,Solver 下拉列表框中选择 discrete(no continuous states)。

(5) 运行仿真模型。在 zengqiang2.mdl 模型文件窗口选择菜单栏的 Start simulation 按钮,运行仿真模型,结果如图 9.1.19 所示。其中,图 9.1.19(a)为原始图像,图 9.1.19(b) 为经过直方图均衡化 Histogram Equalization 模块处理后的图像。

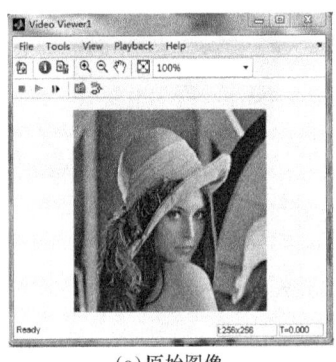 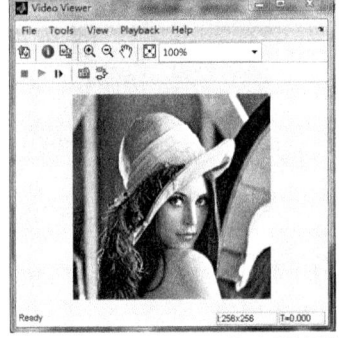

(a)原始图像　　　　　　　　　　(b)Histogram Equalization处理后的图像

图 9.1.19　直方图均衡化

2. 图像平滑

图像平滑能够突出图像大面积平坦区域的低频成分,抑制图像噪声和干扰等高频成分,使图像亮度平缓渐变,减小突变梯度,改善图像质量。图像平滑的空域处理一般通过均值滤波和中值滤波来实现。

【例 9.1.3】　用中值滤波 Median Filter 模块去除图像的椒盐噪声,实现图像的平滑,具体过程如下。

(1) 建立仿真模型文件。启动 Simulink,选择菜单栏上的 File→New→Model 命令,新建一个 Model 文件,将其命名为 zengqiang3.mdl。

(2) 添加子模块。从 Video and Image Processing Blockset 的 Sources 子模块库中选择 Image From Workspace 模块;从 Video and Image Processing Blockset 的 Analysis & Enhancement 子模块库中选择 Median Filter 模块;从 Video and Image Processing Blockset 的 Sinks 子模块库中选择 Video Viewer 模块,拖曳到 zengqiang3.mdl 模型文件中,连接各子模块,建立仿真模型,保存结果,如图 9.1.20 所示。

(3) 设置模块参数。准备原始图像 I 及其加椒盐噪声后的图像 J,在 Command Windows 中输入以下命令:

```
>>I = imread('1.jpg');
>>J = imnoise(I,'salt & pepper',0.02);
```

双击 Image From Workspace 模块,在 Main 标签下的 Value 文本框中输入 I;双击 Image From Workspace1 模块,在 Main 标签下的 Value 文本框中输入 J;然后单击 OK 按钮,保存设置,关闭对话框。

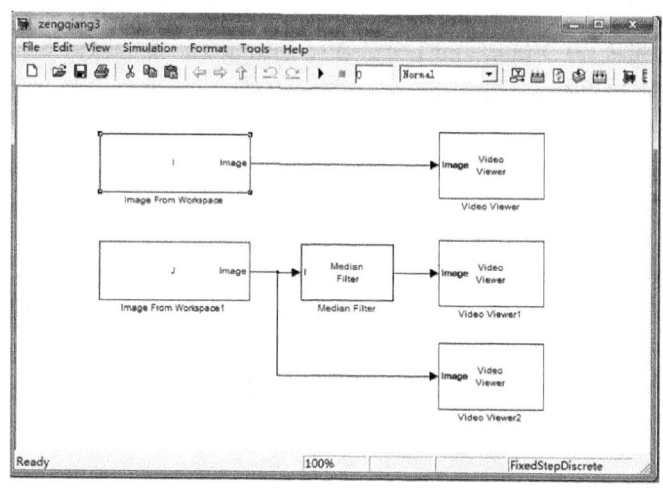

图 9.1.20 搭建 zengqiang3.mdl 模型文件

（4）设置仿真器参数。选择模型窗口 Simulation-Configuration Parameters 命令，弹出 Configuration Parameters：zengqiang3/Configuration(Active)对话框，在对话框左侧 Select 标签下，选择 Solver 选项；在右侧的 Simulation time 标签下，将 Start time 和 Stop time 两个文本框内的起始时间设置为 0.0，停止时间也设置为 0.0；在 Solver options 标签下，Type 下拉列表框中选择 Fixed-step，Solver 下拉列表框中选择 discrete(no continuous states)。

（5）运行仿真模型。在 zengqiang3.mdl 模型文件窗口选择菜单栏的 Start simulation 按钮，运行仿真模型，结果如图 9.1.21 所示。其中，图 9.1.21(a)为原始图像，图 9.1.21(b)为加椒盐噪声的图像，图 9.1.21(c)为经过中值滤波 Median Filter 模块处理后的图像。

(a)原始图像　　　　　　　(b)椒盐噪声图像　　　　　　(c)Median Filter处理后的图像

图 9.1.21　图像平滑

3. 图像锐化

图像锐化能够突出图像的边缘轮廓等灰度跳变的部分，增强高频分量而抑制低频分量，使边缘细节变得清晰。

【**例 9.1.4**】　用 FIR 滤波器 2-D FIR Filter 模块进行图像锐化处理，具体过程如下。

（1）建立仿真模型文件。启动 Simulink，选择菜单栏上的 File→New→Model 命令，新建一个 Model 文件，将其命名为 zengqiang4.mdl。

（2）添加子模块。从 Video and Image Processing Blockset 的 Sources 子模块库中选择

Image From File 模块;从 Video and Image Processing Blockset 的 Filtering 子模块库中选择 2-D FIR Filter 模块;从 Video and Image Processing Blockset 的 Sinks 子模块库中选择 Video Viewer 模块,拖曳到 zengqiang4.mdl 模型文件中,连接各子模块,建立仿真模型,保存结果,如图 9.1.22 所示。

(3) 设置模块参数。双击 Image From File 模块,在 Main 标签下的 File name 文本框中选择要处理的图像文件;在 2-D FIR Filter 模块中,在 Main 标签下的 Coefficients 文本框中输入 fspecial('Sobel') 以建立二维高通滤波器,在 Padding options 下拉列表框中选择 Symmetric,在 Filtering based on 下拉列表框中选择 Correlation;然后单击 OK 按钮,保存设置,关闭对话框。

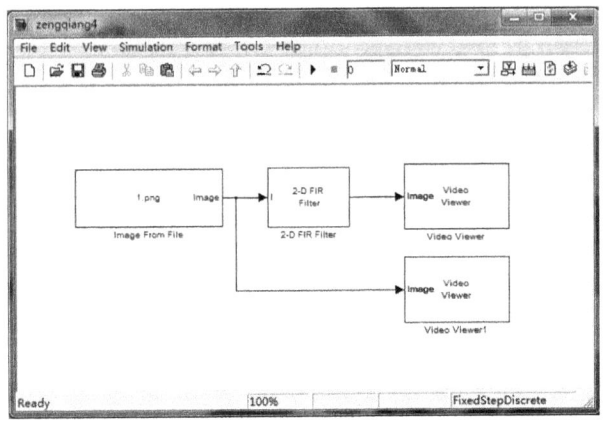

图 9.1.22 搭建 zengqiang4.mdl 模型文件

(4) 设置仿真器参数。选择模型窗口 Simulation-Configuration Parameters 命令,弹出 Configuration Parameters:zengqiang4/Configuration(Active) 对话框,在对话框左侧 Select 标签下,选择 Solver 选项;在右侧的 Simulation time 标签下,将 Start time 和 Stop time 两个文本框内的起始时间设置为 0.0,停止时间也设置为 0.0;在 Solver options 标签下,Type 下拉列表框中选择 Fixed-step,Solver 下拉列表框中选择 discrete(no continuous states)。

(5) 运行仿真模型。在 zengqiang4.mdl 模型文件窗口选择菜单栏的 Start simulation 按钮,运行仿真模型,结果如图 9.1.23 所示。其中,图 9.1.23(a) 为原始图像,图 9.1.23(b) 为经过 2-D FIR Filter 模块处理后的图像。

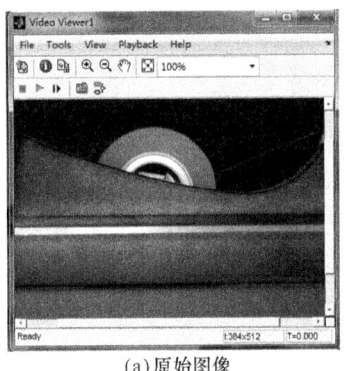 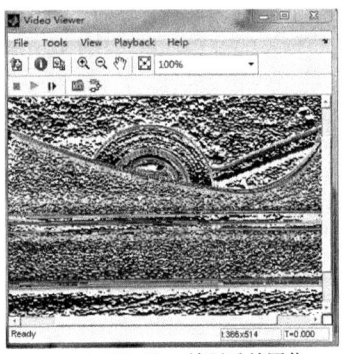

(a) 原始图像　　　　　　　　(b) 2-D FIR Filter 处理后的图像

图 9.1.23 图像锐化

9.1.3 几何变换的 Simulink 实现

图像几何变换就是对图像在大小、位置和几何形状上的变换处理。

1. 图像平移

【例 9.1.5】 用 Translate 模块进行图像平移变换,具体过程如下。

(1) 建立仿真模型文件。启动 Simulink,选择菜单栏上的 File→New→Model 命令,新建一个 Model 文件,将其命名为 pingyi.mdl。

(2) 添加子模块。从 Video and Image Processing Blockset 的 Sources 子模块库中选择 Image From File 模块;从 Video and Image Processing Blockset 的 Geometric Translate 子模块库中选择 Translate 模块;从 Video and Image Processing Blockset 的 Sinks 子模块库中选择 Video Viewer 模块,拖曳到 pingyi.mdl 模型文件中,连接各子模块,建立仿真模型,保存结果,如图 9.1.24 所示。

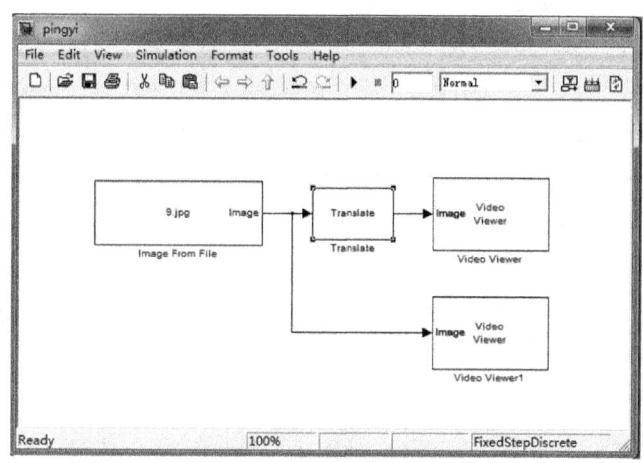

图 9.1.24 搭建 pingyi.mdl 模型文件

(3) 设置模块参数。双击 Image From File 模块,在 Main 标签下的 File name 文本框中选择要处理的图像文件;在 Translate 模块中,在 Main 标签下的 Offset 文本框中输入 [30 60];然后单击 OK 按钮,保存设置,关闭对话框。

(4) 设置仿真器参数。选择模型窗口 Simulation-Configuration Parameters 命令,弹出 Configuration Parameters:pingyi/Configuration(Active)对话框,在对话框左侧 Select 标签下,选择 Solver 选项;在右侧的 Simulation time 标签下,将 Start time 和 Stop time 两个文本框内的起始时间设置为 0.0,停止时间也设置为 0.0;在 Solver options 标签下,Type 下拉列表框中选择 Fixed-step,Solver 下拉列表框中选择 discrete(no continuous states)。

(5) 运行仿真模型。在 pingyi.mdl 模型文件窗口选择菜单栏的 Start simulation 按钮,运行仿真模型,结果如图 9.1.25 所示。其中,图 9.1.25(a)为原始图像,图 9.1.25(b)为经过 Translate 模块处理后的图像。

2. 图像旋转

【例 9.1.6】 用 Rotate 模块进行图像旋转变换,具体过程如下。

(a) 原始图像　　　　　　　(b) Translate 处理后的图像

图 9.1.25　图像平移

(1) 建立仿真模型文件。启动 Simulink,选择菜单栏上的 File→New→Model 命令,新建一个 Model 文件,将其命名为 xuanzhuan.mdl。

(2) 添加子模块。从 Video and Image Processing Blockset 的 Sources 子模块库中选择 Image From File 模块;从 Video and Image Processing Blockset 的 Geometric Translate 子模块库中选择 Rotate 模块;从 Video and Image Processing Blockset 的 Sinks 子模块库中选择 Video Viewer 模块,拖曳到 xuanzhuan.mdl 模型文件中,连接各子模块,建立仿真模型,保存结果,如图 9.1.26 所示。

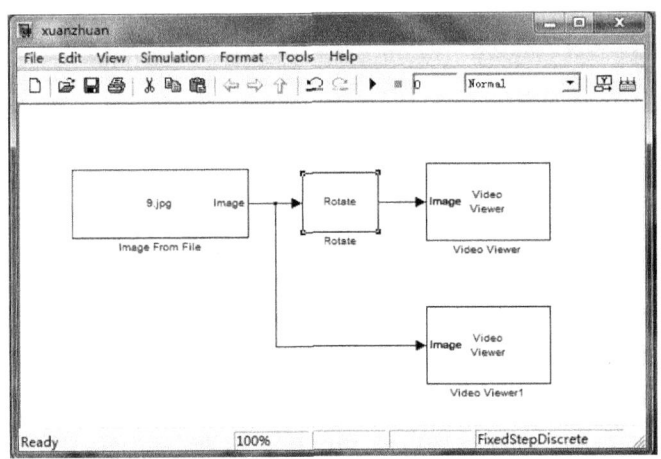

图 9.1.26　搭建 xuanzhuan.mdl 模型文件

(3) 设置模块参数。双击 Image From File 模块,在 Main 标签下的 File name 文本框中选择要处理的图像文件;在 Rotate 模块中,在 Main 标签下的 Angle(radians)文本框中输入 pi/3;然后单击 OK 按钮,保存设置,关闭对话框。

(4) 设置仿真器参数。选择模型窗口 Simulation-Configuration Parameters 命令,弹出 Configuration Parameters:xuanzhuan/Configuration(Active)对话框,在对话框左侧 Select 标签下,选择 Solver 选项;在右侧的 Simulation time 标签下,将 Start time 和 Stop time 两个文本框内的起始时间设置为 0.0,停止时间也设置为 0.0;在 Solver options 标签下,Type 下拉列表框中选择 Fixed-step,Solver 下拉列表框中选择 discrete(no continuous states)。

(5) 运行仿真模型。在 xuanzhuan.mdl 模型文件窗口选择菜单栏的 Start simulation 按钮,运行仿真模型,结果如图 9.1.27 所示。其中,图 9.1.27(a)为原始图像,图 9.1.27(b)为经过 Rotate 模块处理后的图像。

(a)原始图像

(b)Rotate处理后的图像

图 9.1.27　图像旋转

3. 图像缩放

【例 9.1.7】 用 Resize 模块进行图像缩放变换,具体过程如下。

(1) 建立仿真模型文件。启动 Simulink,选择菜单栏上的 File→New→Model 命令,新建一个 Model 文件,将其命名为 suofang.mdl。

(2) 添加子模块。从 Video and Image Processing Blockset 的 Sources 子模块库中选择 Image From File 模块;从 Video and Image Processing Blockset 的 Geometric Translate 子模块库中选择 Resize 模块;从 Video and Image Processing Blockset 的 Sinks 子模块库中选择 Video Viewer 模块,拖曳到 suofang.mdl 模型文件中,连接各子模块,建立仿真模型,保存结果,如图 9.1.28 所示。

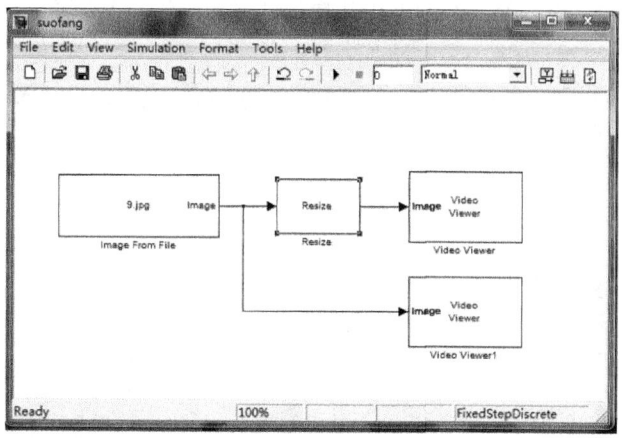

图 9.1.28　搭建 suofang.mdl 模型文件

(3) 设置模块参数。双击 Image From File 模块,在 Main 标签下的 File name 文本框中选择要处理的图像文件;在 Resize 模块中,在 Main 标签下的 Resize factor in ％文本框中输入[40 40];然后单击 OK 按钮,保存设置,关闭对话框。

(4) 设置仿真器参数。选择模型窗口 Simulation-Configuration Parameters 命令,弹出 Configuration Parameters:suofang/Configuration(Active)对话框,在对话框左侧 Select 标

签下,选择 Solver 选项;在右侧的 Simulation time 标签下,将 Start time 和 Stop time 两个文本框内的起始时间设置为 0.0,停止时间也设置为 0.0;在 Solver options 标签下,Type 下拉列表框中选择 Fixed-step,Solver 下拉列表框中选择 discrete(no continuous states)。

(5)运行仿真模型。在 suofang.mdl 模型文件窗口选择菜单栏的 Start simulation 按钮,运行仿真模型,结果如图 9.1.29 所示。其中,图 9.1.29(a)为原始图像,图 9.1.29(b)为经过 Resize 模块处理后的图像。

(a)原始图像　　　　　　　(b)Resize处理后的图像

图 9.1.29　图像缩放

4. 图像切变

【例 9.1.8】　用 Shear 模块进行图像切变变换,具体过程如下。

(1)建立仿真模型文件。启动 Simulink,选择菜单栏上的 File→New→Model 命令,新建一个 Model 文件,将其命名为 qiebian.mdl。

(2)添加子模块。从 Video and Image Processing Blockset 的 Sources 子模块库中选择 Image From File 模块;从 Video and Image Processing Blockset 的 Geometric Translate 子模块库中选择 Shear 模块;从 Video and Image Processing Blockset 的 Sinks 子模块库中选择 Video Viewer 模块,拖曳到 qiebian.mdl 模型文件中,连接各子模块,建立仿真模型,保存结果,如图 9.1.30 所示。

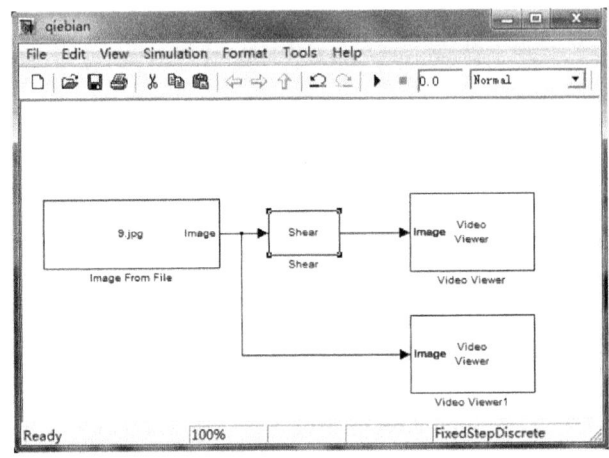

图 9.1.30　搭建 qiebian.mdl 模型文件

(3)设置模块参数。双击 Image From File 模块,在 Main 标签下的 File name 文本框中选择要处理的图像文件;在 Shear 模块中,在 Main 标签下的 Shear direction 下拉菜单选择

vertical,在 Row/column shear values[first last]文本框中输入[80 0];然后单击 OK 按钮,保存设置,关闭对话框。

(4) 设置仿真器参数。选择模型窗口 Simulation-Configuration Parameters 命令,弹出 Configuration Parameters:qiebian/Configuration(Active)对话框,在对话框左侧 Select 标签下,选择 Solver 选项;在右侧的 Simulation time 标签下,将 Start time 和 Stop time 两个文本框内的起始时间设置为 0.0,停止时间也设置为 0.0;在 Solver options 标签下,Type 下拉列表框中选择 Fixed-step,Solver 下拉列表框中选择 discrete(no continuous states)。

(5) 运行仿真模型。在 caijian.mdl 模型文件窗口选择菜单栏的 Start simulation 按钮,运行仿真模型,结果如图 9.1.31 所示。其中,图 9.1.31(a)为原始图像,图 9.1.31(b)为经过 Shear 模块处理后的图像。

(a)原始图像　　　　　　(b)Shear处理后的图像

图 9.1.31　图像切变

9.1.4　形态学操作的 Simulink 实现

1. 图像膨胀和腐蚀

【例 9.1.9】　用 Dilation 模块和 Erosion 模块进行图像膨胀和腐蚀操作,具体过程如下。

(1) 建立仿真模型文件。启动 Simulink,选择菜单栏上的 File→New→Model 命令,新建一个 Model 文件,将其命名为 xingtai1.mdl。

(2) 添加子模块。从 Video and Image Processing Blockset 的 Sources 子模块库中选择 Image From File 模块;从 Video and Image Processing Blockset 的 Morphological Operations 子模块库中选择 Dilation 模块和 Erosion 模块;从 Video and Image Processing Blockset 的 Sinks 子模块库中选择 Video Viewer 模块,拖曳到 xingtai1.mdl 模型文件中,连接各子模块,建立仿真模型,保存结果,如图 9.1.32 所示。

(3) 设置模块参数。双击 Image From File 模块,在 Main 标签下的 File name 文本框中选择要处理的图像文件;然后单击 OK 按钮,保存设置,关闭对话框。

(4) 设置仿真器参数。选择模型窗口 Simulation-Configuration Parameters 命令,弹出 Configuration Parameters:xingtai1/Configuration(Active)对话框,在对话框左侧 Select 标签下,选择 Solver 选项;在右侧的 Simulation time 标签下,将 Start time 和 Stop time 两个文本框内的起始时间设置为 0.0,停止时间也设置为 0.0;在 Solver options 标签下,Type 下拉列表框中选择 Fixed-step,Solver 下拉列表框中选择 discrete(no continuous states)。

(5)运行仿真模型。在 xingtai1.mdl 模型文件窗口选择菜单栏的 Start simulation 按钮,运行仿真模型,结果如图 9.1.33 所示。其中,图 9.1.33(a)为原始图像,图 9.1.33(b)为经过 Dilation 模块处理后的图像,图 9.1.33(c)为经过 Erosion 模块处理后的图像。

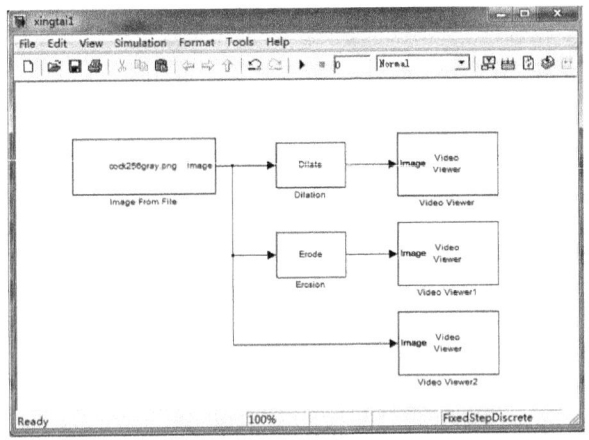

图 9.1.32 搭建 xingtai1.mdl 模型文件

(a)原始图像　　　　　　(b)Dilation处理后的图像　　　　(c)Erosion处理后的图像

图 9.1.33　图像膨胀和腐蚀

2. 图像开启和关闭

【例 9.1.10】　用 Opening 模块和 Closing 模块进行图像去噪操作,具体过程如下。

(1) 建立仿真模型文件。启动 Simulink,选择菜单栏上的 File→New→Model 命令,新建一个 Model 文件,将其命名为 xingtai2.mdl。

(2) 添加子模块。从 Video and Image Processing Blockset 的 Sources 子模块库中选择 Image From File 模块;从 Video and Image Processing Blockset 的 Morphological Operations 子模块库中选择 Opening 模块和 Closing 模块;从 Video and Image Processing Blockset 的 Sinks 子模块库中选择 Video Viewer 模块,拖曳到 xingtai2.mdl 模型文件中,连接各子模块,建立仿真模型,保存结果,如图 9.1.34 所示。

(3) 设置模块参数。准备原始图像 I 及其加椒盐噪声后的图像 J,在 Command Windows 中输入以下命令:
　　>>I = imread('1.jpg');
　　>>J = imnoise(I,'salt & pepper',0.02);
双击 Image From Workspace 模块,在 Main 标签下的 Value 文本框中输入 I;双击 Image From Workspace1 模块,在 Main 标签下的 Value 文本框中输入 J;双击 Opening 模块,在 Neighborhood or structuring element 文本框内输入 strel('disk',2);双击 Closing 模块,在 Neighborhood or structuring element 文本框内输入 strel('disk',2);然后单击 OK 按钮,保存设置,关闭对话框。

(4) 设置仿真器参数。选择模型窗口 Simulation-Configuration Parameters 命令,弹出 Configuration Parameters:xingtai2/Configuration(Active)对话框,在对话框左侧 Select 标

签下,选择 Solver 选项;在右侧的 Simulation time 标签下,将 Start time 和 Stop time 两个文本框内的起始时间设置为 0.0,停止时间也设置为 0.0;在 Solver options 标签下,Type 下拉列表框中选择 Fixed-step,Solver 下拉列表框中选择 discrete(no continuous states)。

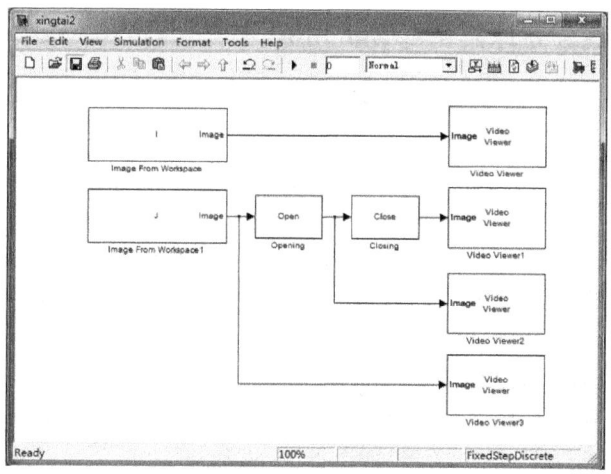

图 9.1.34 搭建 xingtai2.mdl 模型文件

(5) 运行仿真模型。在 xingtai2.mdl 模型文件窗口选择菜单栏的 Start simulation 按钮,运行仿真模型,结果如图 9.1.35 所示。其中,图 9.1.35(a)为原始图像,图 9.1.35(b)为加入椒盐噪声的图像,图 9.1.35(c)为经过 Opening 模块处理后的图像,图 9.1.35(d)为经过 Closing 模块处理后的图像。

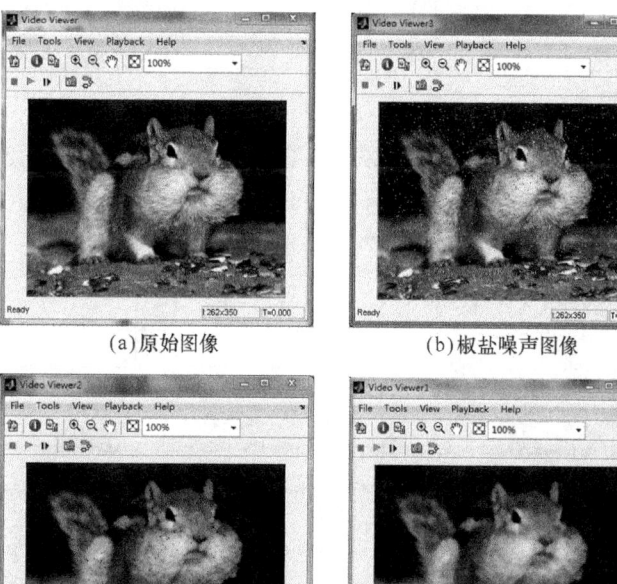

图 9.1.35 图像开启和关闭

由图 9.1.35 结果可以看出,将原图中加入噪点以后,深色背景下的噪点为白色,浅色背景下的噪点为黑色,开启运算可以去除黑色背景上的噪点,闭合运算可以去除白色背景上的噪点,从而达到图像去噪的效果。

9.1.5 图像综合处理实例的 Simulink 实现

【例 9.1.11】 运用 Simulink 视频和图像处理模块集对图像进行旋转和增强操作,具体过程如下。

(1) 建立仿真模型文件。启动 Simulink,选择菜单栏上的 File→New→Model 命令,新建一个 Model 文件,将其命名为 zonghe1.mdl。

(2) 添加子模块。从 Video and Image Processing Blockset 的 Sources 子模块库中选择 Image From File 模块;从 Video and Image Processing Blockset 的 Geometric Translate 子模块库中选择 Rotate 模块;从 Video and Image Processing Blockset 的 Analysis & Enhancement 子模块库中选择 Contrast Adjustment 模块;从 Video and Image Processing Blockset 的 Sinks 子模块库中选择 Video Viewer 模块,拖曳到 zonghe1.mdl 模型文件中,连接各子模块,建立仿真模型,保存结果,如图 9.1.36 所示。

(3) 设置模块参数。双击 Image From File 模块,在 Main 标签下的 File name 文本框中选择要处理的图像文件;在 Rotate 模块中,在 Main 标签下的 Angle (radians)文本框中输入 pi/2;双击 Contrast Adjustment 模块,在 Main 标签下的 Adjust pixel values from 下拉列表框中选择 Range determined by saturating outlier pixels;然后单击 OK 按钮,保存设置,关闭对话框。

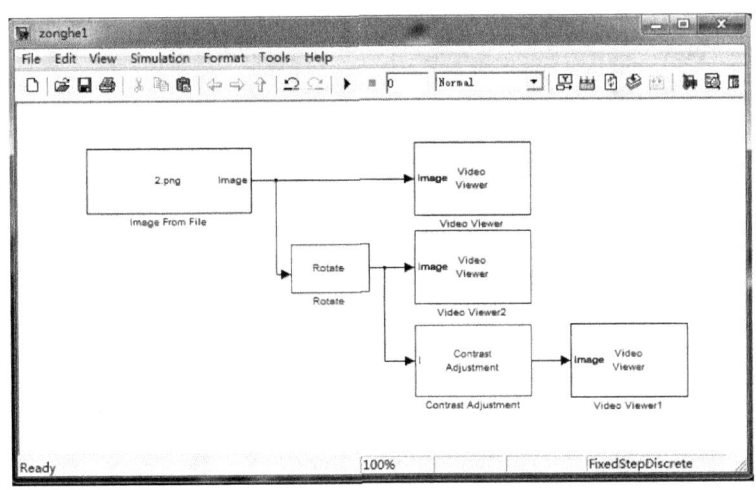

图 9.1.36 搭建 zonghe1.mdl 模型文件

(4) 设置仿真器参数。选择模型窗口 Simulation-Configuration Parameters 命令,弹出 Configuration Parameters:zonghe1/Configuration(Active)对话框,在对话框左侧 Select 标签下,选择 Solver 选项;在右侧的 Simulation time 标签下,将 Start time 和 Stop time 两个文本框内的起始时间设置为 0.0,停止时间也设置为 0.0;在 Solver options 标签下,Type 下拉列表框中选择 Fixed-step,Solver 下拉列表框中选择 discrete(no continuous states)。

(5) 运行仿真模型。在 zonghe1.mdl 模型文件窗口选择菜单栏的 Start simulation 按钮,运行仿真模型,结果如图 9.1.37 所示。其中,图 9.1.37(a)为原始图像,图 9.1.37(b)为旋转后的图像,图 9.1.37(c)为旋转后再图像增强处理后的图像。

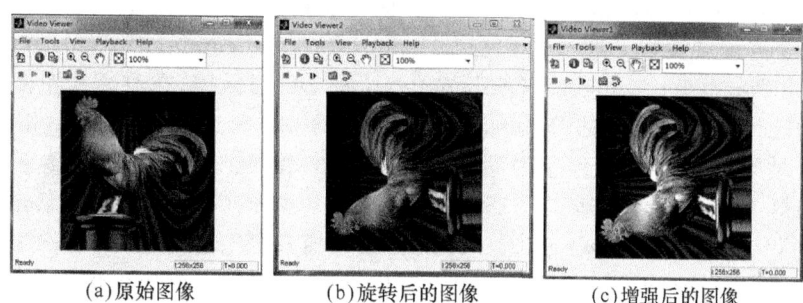

(a)原始图像　　　　　　(b)旋转后的图像　　　　　　(c)增强后的图像

图 9.1.37　综合处理实例 1

由图 9.1.37 实验结果可以看出,图像不仅仅得到了逆时针 90°旋转,经过图像的灰度变换模块后,图像的对比度得到加强。

【例 9.1.12】　运用 Simulink 视频和图像处理模块集对图像进行缩放、转换和边缘检测操作,具体过程如下。

(1)建立仿真模型文件。启动 Simulink,选择菜单栏上的 File→New→Model 命令,新建一个 Model 文件,将其命名为 zonghe2.mdl。

(2)添加子模块。从 Video and Image Processing Blockset 的 Sources 子模块库中选择 Image From File 模块;从 Video and Image Processing Blockset 的 Geometric Translate 子模块库中选择 Resize 模块;从 Video and Image Processing Blockset 的 Analysis & Enhancement 子模块库中选择 Edge Detection 模块;从 Video and Image Processing Blockset 的 Conversions 子模块库中选择 Color Space Conversion 模块;从 Video and Image Processing Blockset 的 Sinks 子模块库中选择 Video Viewer 模块,拖曳到 zonghe2.mdl 模型文件中,连接各子模块,建立仿真模型,保存结果,如图 9.1.38 所示。

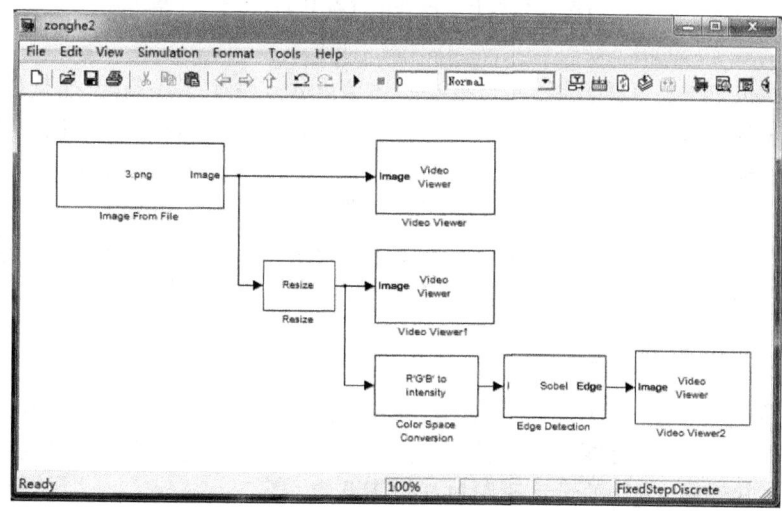

图 9.1.38　搭建 zonghe2.mdl 模型文件

(3)设置模块参数。双击 Image From File 模块,在 Main 标签下的 File name 文本框中

选择要处理的图像文件；在 Resize 模块中，在 Main 标签下的 Resize factor in ％文本框中输入[60 60]；双击 Color Space Conversion 模块，在 Main 标签下的 Conversion 下拉列表框中选择 R'G'B' to intensity；然后单击 OK 按钮，保存设置，关闭对话框。

（4）设置仿真器参数。选择模型窗口 Simulation-Configuration Parameters 命令，弹出 Configuration Parameters：zonghe2/Configuration(Active)对话框，在对话框左侧 Select 标签下，选择 Solver 选项；在右侧的 Simulation time 标签下，将 Start time 和 Stop time 两个文本框内的起始时间设置为 0.0，停止时间也设置为 0.0；在 Solver options 标签下，Type 下拉列表框中选择 Fixed-step，Solver 下拉列表框中选择 discrete(no continuous states)。

（5）运行仿真模型。在 zonghe2.mdl 模型文件窗口选择菜单栏的 Start simulation 按钮，运行仿真模型，结果如图 9.1.39 所示。其中，图 9.1.39(a)为原始图像，图 9.1.39(b)为缩放处理后的图像，图 9.1.39(c)为依次进行缩放、颜色空间变换、边缘检测处理后的图像。

(a)原始图像　　　　(b)缩放处理后的图像　　　　(c)综合处理后的图像

图 9.1.39　综合处理实例 2

由图 9.1.39 的结果可以看出，图像的像素缩小了 0.6 倍，最后经过边缘检测模块得到了图像的边缘轮廓图。

9.2　图形用户界面(GUI)设计与实现

随着计算机技术的飞速发展，人与机器的通信方式也发生了深刻变化，从传统的命令通信方式(如 DOS)演变成了图形界面下的交互通信方式(如 Windows)。在图形用户界面下，用户可通过鼠标等输入设备与计算机进行信息的交流。选择需要运行的计算机程序，并控制程序的运行。目前，几乎所有应用程序都是在图形用户界面下运行的。

作为强大的科学计算软件，MATLAB 提供了图形用户界面的设计与开发功能。本节主要介绍 MATLAB 软件中图形用户界面的设计与开发的过程及实例。

9.2.1　图形用户界面概述

设计图形用户界面的目的就是帮助用户简化操作，让用户尽可能少花费时间执行更多的任务。所以，GUI 设计者要更多地关注用户的需求，把任务设计得更容易为用户所理解。在 MATLAB 软件中，GUI 的设计原则包括以下几点。

（1）功能优先

坚持实现界面程序的功能放在第一位，不能为了表示方便或者界面更华丽而牺牲或削弱部分功能。

(2) 任务简单化

这一原则主要是告诫 GUI 设计者不能把任务设计得太庞大、太复杂,那样不利于用户快速了解任务的功能和目的。不要让用户为该程序过多地花费时间去解决与程序无关的问题。

(3) 一致性

要求界面的风格尽量一致,不要和已经存在的界面风格截然相反。

(4) 响应需求

整个 GUI 设计要满足程序的需求,程序不能忽略或设计成某个菜单或控件没有响应,而是响应必须和预期的结果一致,以确保程序的健壮性。

在 MATLAB 软件中,GUI 的制作包括界面设计和程序设计,其过程不是一步到位的,需要反复修改,才能获得满意的界面,一般步骤可归纳为以下几点:

① 分析界面所要求实现的功能,明确设计任务。

② 添加用户界面程序需要的组件。

③ 设置各组件的属性。

④ 编写回调函数。

⑤ 调试程序。

MATLAB 软件为用户提供了一套可视化的创建图形用户接口 GUI 的工具,包括:

(1) 布局编辑器(Layout Editor)

布局编辑器是可以启动用户界面的控制面板,在图形窗口中加入安排对象。在 MATLAB 命令窗口中输入"guide"即可启动,或在启动平台窗口中单击 GUIDE 按钮也可启动,启动后的布局编辑器如图 9.2.1 所示。

布局编辑器左侧为控件选项,如图 9.2.2 所示,依次为 Push Button(命令按钮)、Slider(滚动条)、Radio Button(单选按钮)、Check Box(复选按钮)、Edit Text(文本编辑器)、Static Text(静态文本框)、Pop-up Menu(弹出式菜单)、Listbox(列表框)、Toggle Button(开关按钮)、Table(表格)、Panel(框架面板)、Button Group(按钮群组)和 ActiveX Control(ActiveX 控制器)等控件对象和 Axes 坐标轴对象,用户可以根据自己的需要任意选择控件对象或坐标轴对象。

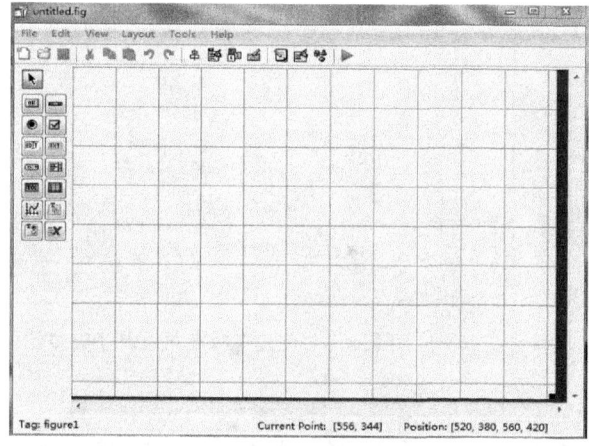

图 9.2.1　GUI 布局编辑器界面

图 9.2.2　GUI 控件选项

布局编辑器上侧为 GUI 设计工具栏,如图 9.2.3 所示,依次为 Align Objects(对齐对象)、Menu Editor(菜单编辑器)、Tab Order Editor(Tab 顺序编辑器)、Toolbar Editor(工具栏编辑器)、M-file Editor(M 文件编辑器)、Property Inspector(属性检测器)、Object Browser(对象浏览器)和 Run Figure(运行按钮)。

(2) 对齐对象(Align Objects)

在 GUI 设计中,为了使设计出来的界面更加美观、规范、统一和协调,MATLAB 提供了对齐对象,用于调整各对象之间的几何关系和位置。在布局编辑器的工具栏上单击 ⊞ 按钮,或在界面中选择 Tools→Align Objects 命令即可打开对齐对象的界面,如图 9.2.4 所示。

对象位置调整工具包括水平位置调整和垂直位置调整,单击 Distribute 属性右侧的按钮,可以在 Set spacing 中调整对象之间的间距,单位为像素。

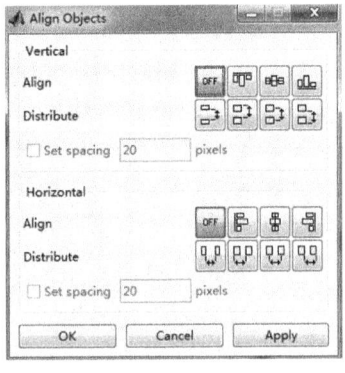

图 9.2.3　GUI 设计工具　　　　图 9.2.4　GUI 的对齐对象界面

(3) 菜单编辑器(Menu Editor)

MATLAB 为用户提供了操作简单的菜单编辑器,用于建立窗口菜单栏的菜单和任何构成布局的弹出菜单。在布局编辑器中单击工具栏中的 按钮,或在布局界面中选择 Tools→Menu Editor 命令即可弹出菜单编辑器的界面,如图 9.2.5 所示。

在菜单编辑器界面中,单击 按钮可以创建下拉式菜单,单击 按钮可以创建下拉菜单的子菜单,左右和上下箭头分别可以改变菜单的级别和上下位置,如图 9.2.6 所示。在菜单编辑器窗口的 Menu Properties(属性项)中可以设置、修改菜单的属性,Accelerator 项中可以设置菜单项的快捷键,Callback 项中可以编写菜单项的回调函数。

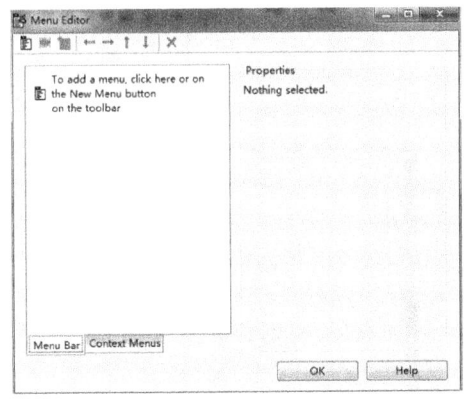 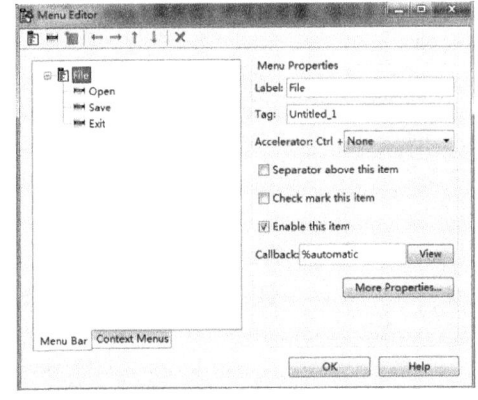

图 9.2.5　GUI 的菜单编辑器　　　　图 9.2.6　创建下拉菜单及其子菜单

(4) M 文件编辑器(M-file Editor)

MATLAB 的布局编辑器中为用户提供编写回调函数的 M 文件编辑器,单击布局编辑器工具栏中的 按钮或者在布局界面中选择 View→M-file Editor 命令即可启动 M 文件编辑器,如图 9.2.7 所示,用户可在编辑器中编写回调函数。

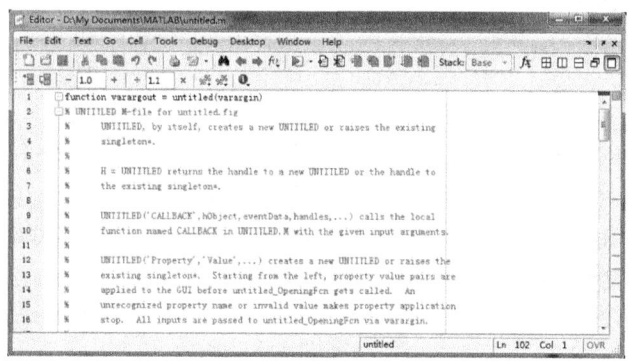

图 9.2.7　M 文件编辑器

(5) Tab 顺序编辑器(Tab Order Editor)

MATLAB 中提供了一个 Tab 顺序编辑器,用来改变对象交点的顺序。单击布局编辑器工具栏上的 按钮即可启动 Tab 顺序编辑器,用户可通过编辑器界面左上角的上、下箭头来改变触发焦点的顺序。

(6) 对象浏览器(Object Browser)

MATLAB 中提供了获得图形用户界面程序中所有对象信息、对象类型,同时显示控件的名称和标识的对象浏览器。单击布局编辑器工具栏上的 按钮或者在布局界面中选择 View→Object Browser 即可启动对象浏览器,如图 9.2.8 所示,双击其中任意一个对象可以启动对象属性编辑器。

(7) 属性检测器(Property Inspector)

MATLAB 提供了属性检测器,可以查询并设置每一个对象的属性值。单击布局编辑器工具栏上的 按钮或者双击选择的组件对象,又或者在界面中选择 View→Property Inspector 命令,都可以打开属性检测器的界面,如图 9.2.9 所示。

图 9.2.8　对象浏览器

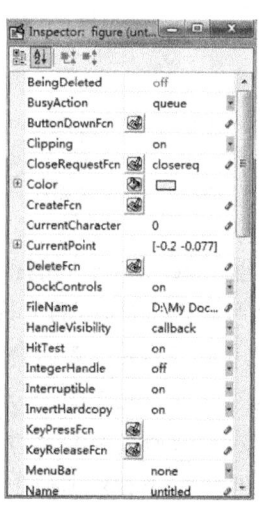

图 9.2.9　属性检测器

9.2.2 GUI 基本控件

控件是用户和应用程序进行交互的主要渠道,MATLAB 中的 GUI 基本控件主要有以下几类。

(1) 按钮键(Push Button),小的长方形屏幕对象,对象本身常标有文本。主要用于将系统的控制转向某一个程序,以执行某一种功能,如 OK(确定)、Cancel(取消)等。

将鼠标指针移动至对象来选择按钮键,单击鼠标,执行由回调字符串所定义的动作。按钮主要是用于响应鼠标单击事件的交互组件。默认情况下,按钮处于上凸的弹起状态,当单击按钮时,按钮变为被按下的凹状态,同时 MATLAB 响应按钮被单击的事件,当用户松开鼠标左键后,按钮又恢复为上凸的弹起状态。

按钮键的实例如图 9.2.10 所示,图中显示的是单击按钮控件 Plot sin(x)后的图形效果,绘制为正弦曲线,当单击按钮控件 Plot cos(x)时绘制为余弦曲线,当单击按钮控件 Exit 时关闭图形退出程序。

(2) 单选按钮(Radio Button),由标志文本和标志文本左端的一个小圆圈或小菱形组成,允许用户从多种选择中选择其中某一项内容,被选按钮只能进行"单项选择"的操作。选中时,圆圈或菱形被填充;如果未被选中,指示符被消除。

单选按钮的实例如图 9.2.11 所示,图中显示了三个测试按钮,用户可以从中选择一个进行操作。

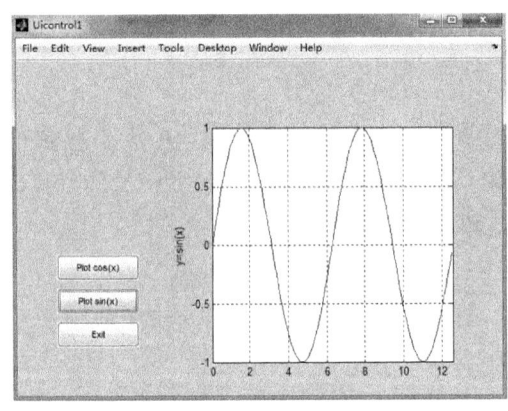

图 9.2.10 按钮键的实例

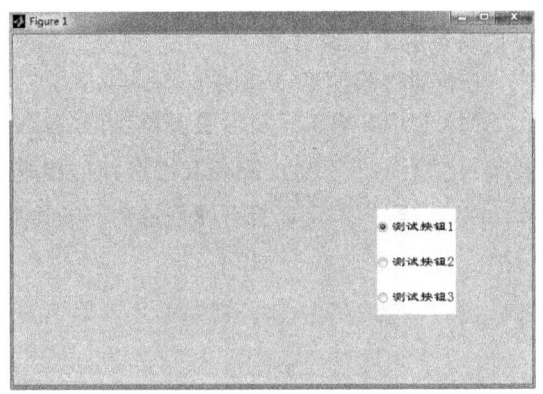

图 9.2.11 单选按钮的实例

(3) 复选框(Check Box),由标志和标志左边的一个小方框组成,允许用户从多种选择中选择其中某些内容,被选中的复选框在其方形框中有一个对号标记。这种按钮主要用于让用户选用或不选用某种设置内容。

复选框的实例如图 9.2.12 所示,图中显示的是单击按钮控件 Plot sin(x)后的图形效果,绘制为正弦曲线,通过选择左边的复选框为图形添加网格。

(4) 列表框(List Box),类似于一组复选框,用于从列表中给出的一些项目中选择其中的某一项内容,选中的项目将会出现在列表框的最上一行。

列表框的实例如图 9.2.13 所示,用于显示线条类型。

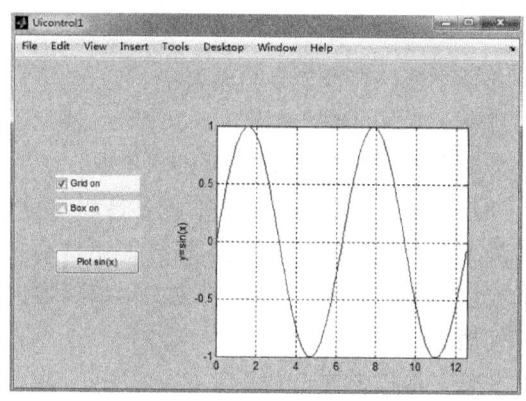

图 9.2.12 复选框的实例

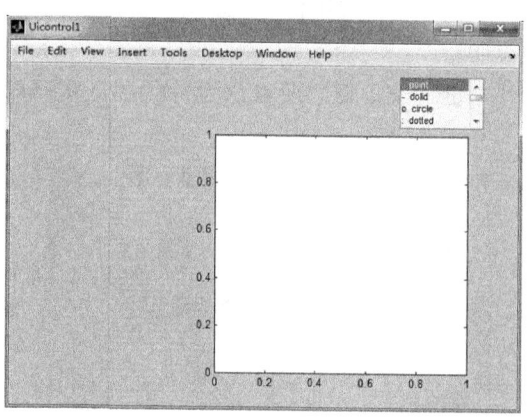

图 9.2.13 列表框的实例

(5) 弹出式菜单(PoPupMenu),用于从系统所弹出的由一些命令按钮所组成的菜单中选取某一菜单项并实现相应的功能,以供用户选择。在关闭状态下,弹出式菜单以矩形或按钮的形式出现,按钮上含有当前选择的标志,在标志右侧有一个向下的箭头或凸起的小方块来表明对象为一个弹出式菜单。当指针位于弹出式菜单上并按下鼠标左键时,会出现其他选项。移动指针到不同的选项,松开鼠标即关闭弹出式菜单,显示新的选项。

弹出式菜单的实例如图 9.2.14 所示,用于显示图形的颜色。

(6) 滚动条(Slider),又称滑动条,包括 3 个独立部分:滚动槽(长方条区域),代表有效对象值范围;滚动槽内的指示器,代表滚动条当前值;槽两端的箭头。滚动条以图示的方式使用户从某一范围的数值中选取某一个数值,数值的大小通过滑动杆中滑块的位置来近似显示。

滚动条的实例如图 9.2.15 所示,用于设置视点方位角,在图形中创建了坐标轴和滚动条。拖动滚动条的滑块,可以改变滚动条值。

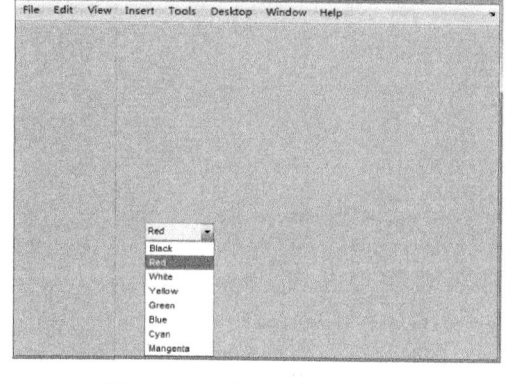

图 9.2.14 弹出式菜单的实例

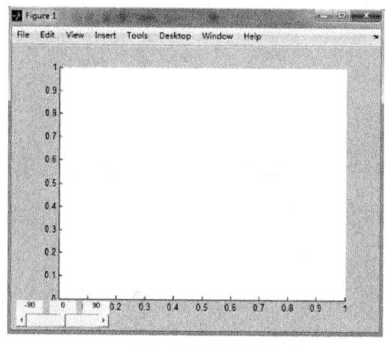

(a)滚动条初始值状态

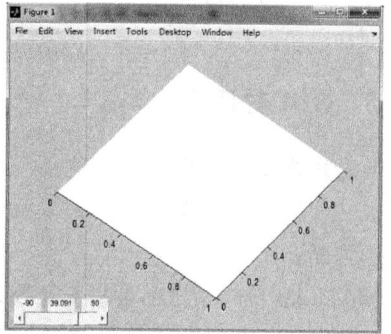

(b)改变滚动条值后的状态

图 9.2.15 滚动条的实例

(7) 静态文本框,是显示固定字符串的标签区域,用于为其他组件提供功能解释和使用说明。

静态文本框之所以称为"静态",是因为用户不能动态地修改所显示的文本。

静态文本框的实例如图 9.2.16 所示,显示了一个文本信息为 MATLAB GUI 的文本框。

(8) 动态文本框,也可在屏幕上显示字符,但与静态文本框不同,动态文本框允许用户动态编辑或重新安排文本串,就像使用文本编辑器或字符处理器一样。

动态文本框的实例如图 9.2.17 所示,输入阈值即可显示图像经过 Sobel 算子、Roberts 算子、Prewitt 算子和 LOG 算子检测后的图像。

下面通过一个实例来演示 GUI 的各个控件。如图 9.2.18 所示,图形中包括按钮键、静态文本框、动态文本框、坐标轴等,展示了基于微分算子的图像边缘检测。

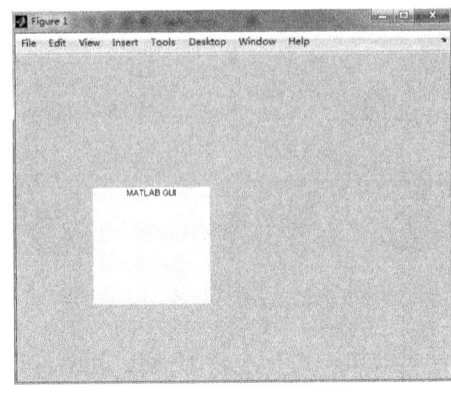

图 9.2.16　静态文本框的实例

图 9.2.17　动态文本框的实例

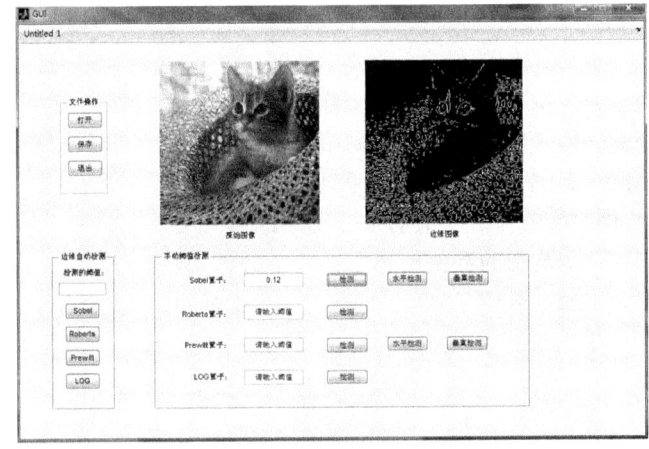

图 9.2.18　GUI 控件的综合实例

9.2.3　GUI 对话框

对话框是用来提示用户输入某些信息或给用户提供某些信息而出现的一类窗口,是用户和计算机之间进行交互操作的一种手段,可显示信息字符串,可含有一个或多个按钮键以供用户选择判断。

所有 MATLAB 的对话框都是基于函数 dialog 的,在 MATLAB 命令窗口中输入如下语句:

```
>>dialog
```

回车运行程序,即可打开如图 9.2.19 所示的对话框。

1. 文件打开对话框

MATLAB 中提供的 uigetfile 函数用于实现打开文件对话框,其调用格式如下:

① FileName=uigetfile

② [FileName,PathName,FilterIndex] = uigetfile(FilterSpec)

③ [FileName,PathName,FilterIndex] = uigetfile(FilterSpec,DialogTitle)

④ [FileName,PathName,FilterIndex] = uigetfile(FilterSpec,DialogTitle,DefaultName)

图 9.2.19 一个简单的对话框

⑤ [FileName,PathName,FilterIndex]=uigetfile(…,'MultiSelect',selectmode)

其中,参数 FilterSpec 决定对话框中文件的初始显示;参数 DialogTitle 为对话框标题字符串;参数 DefaultName 为默认的文件名;参数 MultiSelect 支持多选(on)和单选(off,默认);参数 selectmode 为选择的模型。输出参数 FileName 是对话框内所选文件的名称字符串,如果用户单击"取消"按钮或有错误发生,那么 FileName 的值为 0;输出参数 PathName 为对话框内所选文件的路径名字符串,如果用户单击"取消"按钮或有错误产生,那么 PathName 的值设置为 0;输出参数 FilterIndex 为对话框内过滤条件的序号,从 1 开始。

在 MATLAB 命令窗口中输入如下语句:

```
>>[filename,pathname] = uigetfile( …
{'*.m; *.fig; *.mat; *.mdl','MATLAB Files (*.m, *.fig, *.mat, *.mdl)';
  '*.m','Code files (*.m)'; …
  '*.fig','Figures (*.fig)'; …
  '*.mat','MAT-files (*.mat)'; …
  '*.mdl','Models (*.mdl)'; …
  '*.*',  'All Files (*.*)'}, …
  'Pick a file');
```

回车运行程序,即可打开如图 9.2.20 所示的对话框。

2. 文件保存对话框

MATLAB 中提供的 uiputfile 函数用于实现保存文件对话框,其调用格式如下:

① FileName=uiputfile

② [FileName,PathName]=uiputfile

③ [FileName,PathName]=uiputfile(FilterSpec)

④ [FileName,PathName,FilterIndex]=uiputfile(FilterSpec,DialogTitle)

⑤ [FileName,PathName,FilterIndex]=uiputfile(FilterSpec,DialogTitle,DefaultName)

其中,参数 FilterSpec 决定了对话框中文件的初始显示;参数 DialogTitle 为对话框标题字符串;参数 DefaultName 为默认的文件名。输出参数 FileName 为对话框内所选文件的名称字符串,如果用户单击"取消"按钮或有错误发生,那么 FileName 的值设置为 0;输出参数 PathName 为对话框内所选文件的路径名字符串,如果用户单击"取消"按钮或有错误发生,那么 PathName 的值设置为 0;输出参数 FilterIndex 为对话框内过滤条件的序号,从 1 开始。

在 MATLAB 命令窗口中输入如下语句:

>>[filename,pathname,filterindex] = uiputfile(…

```
           {'*.m;*.fig;*.mat;*.mdl','MATLAB Files (*.m,*.fig,*.mat,*.mdl)';
            '*.m','Code files (*.m)';…
            '*.fig','Figures (*.fig)';…
            '*.mat','MAT-files (*.mat)';…
            '*.mdl','Models (*.mdl)';…
            '*.*',  'All Files (*.*)'},…
            'Save as');
```

回车运行程序,即可打开如图 9.2.21 所示的对话框。

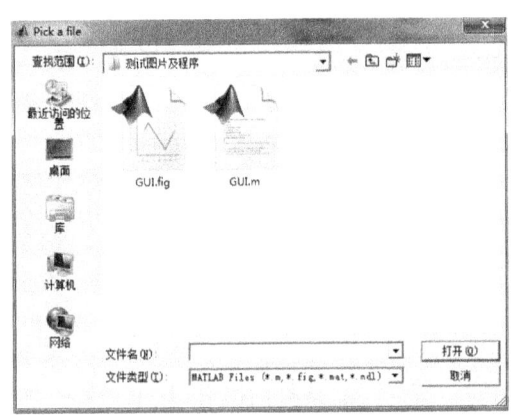

图 9.2.20　文件打开对话框

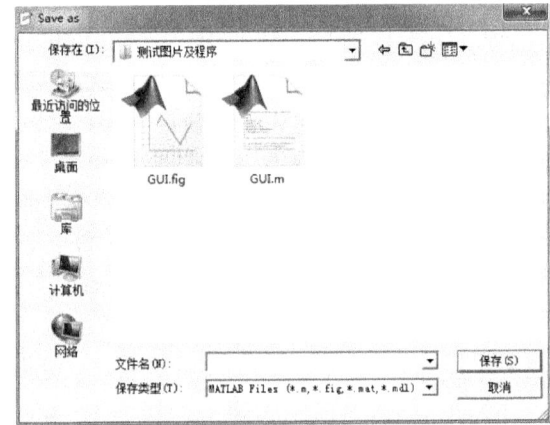

图 9.2.21　文件保存对话框

3. 输入对话框

MATLAB 中提供的 inputdlg 函数用于实现输入数据等信息的输入对话框,其调用格式如下:

① answer＝inputdlg(prompt)

② answer＝inputdlg(prompt,name)

③ answer＝inputdlg(prompt,name,numlines)

④ answer＝inputdlg(prompt,name,numlines,defaultanswer)

⑤ answer＝inputdlg(prompt,name,numlines,defaultanswer,options)

其中,参数 prompt 为一个字符串变量或字符串数组变量,表示输入时的提示信息;参数 name 为一个字符串变量,表示对话框的名称;参数 numlines 为一个数值或数组,表示各个输入框的行数;参数 defaultanswer 为一个字符串或字符串数组变量,表示各个输入项目的默认值;对话框的大小是否可以调整由参数 options 决定,options 值为 on 时,对话框可以水平方向调整。

在 MATLAB 命令窗口中输入如下语句:

```
>> prompt = {'Enter the matrix size for x^2:','Enter the colormap name:'};
   name = 'Input for Peaks function';
   numlines = 1;
   defaultanswer = {'20','hsv'};
   answer = inputdlg(prompt,name,numlines,defaultanswer);
```

回车运行程序,即可打开如图 9.2.22 所示的对话框。

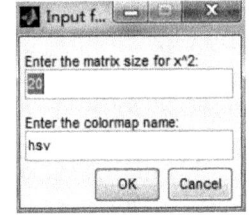

图 9.2.22　输入对话框

4．错误信息对话框

MATLAB 中提供的 errordlg 函数用于实现错误信息对话框，其调用格式如下：

① h＝errordlg：创建一个默认的错误信息提示框。

② h＝errordlg(errorstring)：创建一个错误信息提示框，提示信息由参数 errorstring 决定。

③ h＝errordlg(errorstring,dlgname)：创建一个错误信息提示框，提示信息由参数 errorstring 决定，标题由参数 dlgname 决定。

在 MATLAB 命令窗口中输入如下语句：

＞＞errordlg('This is an error string.','My Error Dialog');

回车运行程序，即可打开如图 9.2.23 所示的对话框。

5．帮助对话框

MATLAB 中提供的 helpdlg 函数用于实现帮助对话框，其调用格式如下：

① helpdlg：创建一个默认的帮助提示框，默认信息为 This is the default helpstring。

② helpdlg('helpstring')：创建一个帮助提示框，帮助信息由参数 helpstring 决定。

③ helpdlg('helpstring','dlgname')：创建一个帮助提示框，帮助信息由参数 helpstring 决定，标题由参数 dlgname 决定。

在 MATLAB 命令窗口中输入如下语句：

＞＞ helpdlg('This is a help string','My Help Dialog');

回车运行程序，即可打开如图 9.2.24 所示的对话框。

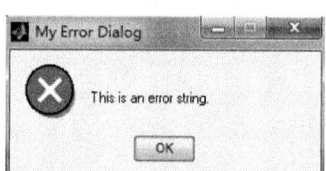
图 9.2.23　错误信息提示框

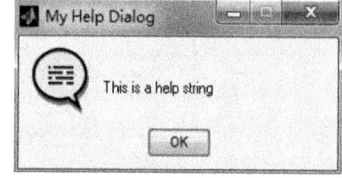
图 9.2.24　帮助对话框

6．消息对话框

MATLAB 中提供的 msgbox 函数用于实现消息显示对话框，其调用格式如下：

① h＝msgbox(Message)

② h＝msgbox(Message,Title)

③ h＝msgbox(Message,Title,Icon)

④ h＝msgbox(Message,Title,'custom',IconData,IconCMap)

⑤ h＝msgbox(…,CreateMode)

其中，参数 Message 为一个字符串变量或字符串数组变量，表示对话框要显示的信息；参数 Title 为一个字符串变量，表示对话框的名称；参数 Icon 为一个字符串变量，说明在对话框中要加入的 Icon 图标种类，如图 9.2.25 所示。参数 custom 为自定义的图标；参数 IconData 为自定义图标数据；参数 IconCMap 为自定义使用图像的颜色表。

在 MATLAB 命令窗口中输入如下语句：

＞＞ msgbox('出现问题,请检查','消息对话框','warn');

回车运行程序,即可打开如图 9.2.26 所示的对话框。

   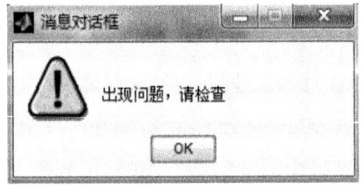

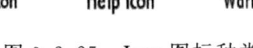

图 9.2.25　Icon 图标种类　　　　　图 9.2.26　消息对话框

9.2.4　GUI 实现图像处理实例

本节利用上述提高的 GUIDE 来完成两个简单的数字图像处理界面的设计,具体实现步骤如下。

(1) 创建 GUI 界面

在 MATLAB 的命令窗口中运行 guide 命令,打开 GUI 界面,如图 9.2.27 所示。然后,选择空模板(Blank GUI),单击 OK 按钮,即可打开 GUI 的设计界面,如图 9.2.28 所示。

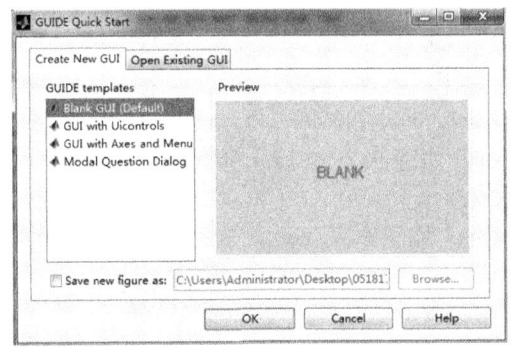

图 9.2.27　创建 GUI

(2) 编辑菜单项

单击工具栏上的菜单编辑器(Menu Editor),打开菜单编辑器,在 Menu Bar 中新建一个菜单项,Label 设置为"文件",Tag 设置为"m_file",其他设置如图 9.2.29 所示。

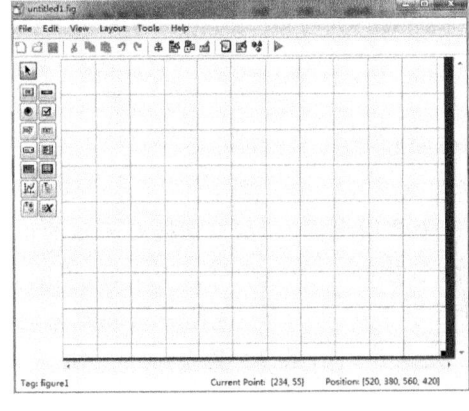 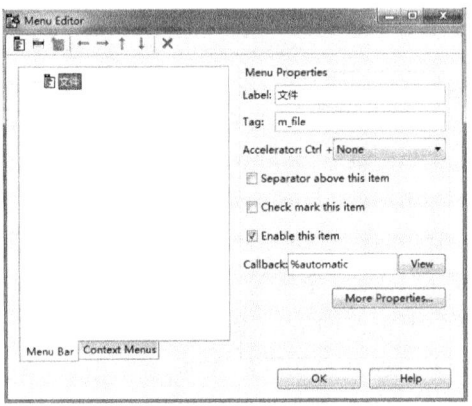

图 9.2.28　GUI 的设计界面　　　　　图 9.2.29　"文件"菜单项

在"文件"菜单项下添加二级菜单项："打开""保存""退出"，如图 9.2.30 所示。

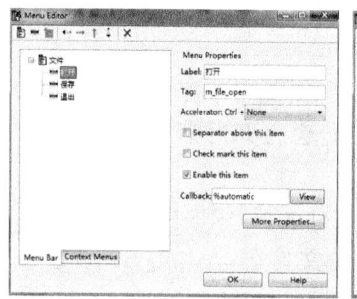
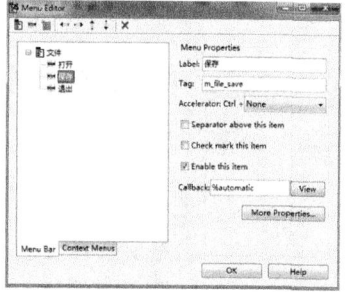
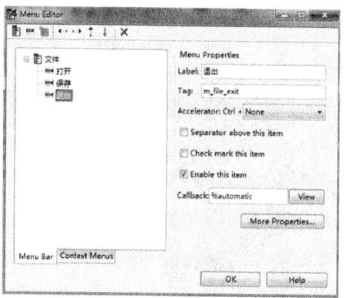

(a) "打开"菜单项　　　　(b) "保存"菜单项　　　　(c) "退出"菜单项

图 9.2.30　"文件"二级菜单项

将界面另存为 pjimage.fig，保存完毕之后，会自动打开 pjimage.m 文件，所有的程序都是要写在这个 M 文件里面的。在编程中，每一个鼠标动作都对应一个 Callback 函数，菜单项也是如此。

在界面上，单击鼠标右键选择"Property Inspector"，即可打开属性检测器窗口。当单击不同的控件时，其对应的属性都会在这里显示，根据需要可以进行修改。设置当前的 figure 窗口的 Tag 属性为：figure_pjimage，Name 属性为：图像处理实例，如图 9.2.31 所示。

单击工具栏的保存按钮。保存界面后，单击运行按钮（Run），如图 9.2.32 所示。

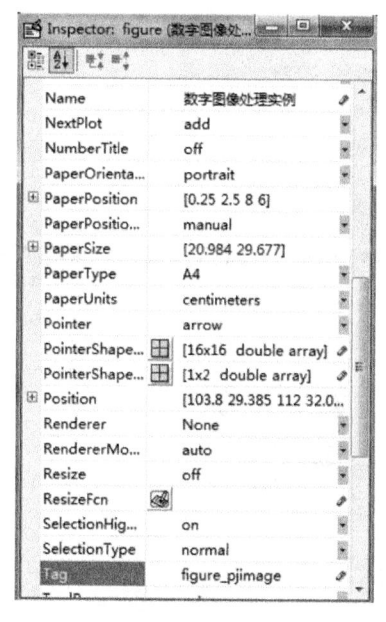

图 9.2.31　界面的属性检测器　　　　图 9.2.32　运行结果

（3）编写菜单项的 Callback 回调函数

打开一个图像，要用打开对话框。在界面编程中，打开对话框的函数是 uigetfile，关于它的详细说明用 help uigetfile 命令查看。找到"打开"菜单项的 Callback 函数 m_file_open_Callback，输入以下响应程序：

```
[filename,pathname] = uigetfile(…
    {'*.bmp;*.jpg;*.png;*.jpeg','Image Files(*.bmp,*.jpg,*.png,*.jpeg)';…
    '*.*','All Files(*.*)'},…
    'Pick an image');
```

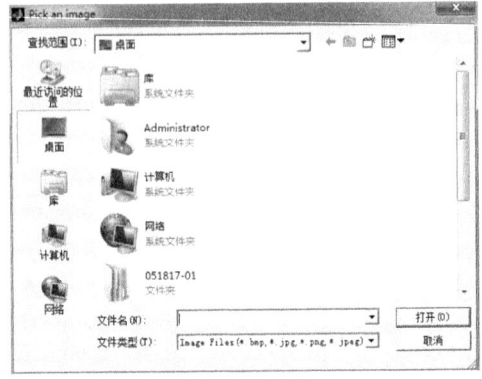

图 9.2.33 打开一个对话框

保存.m文件,并运行程序。单击"文件"下的"打开"菜单项,会打开对话框,如图9.2.33所示。

选择一个文件之后,程序中的filename就是所选择文件的文件名,pathname就是该文件所在的目录的路径。

获得路径后,需要读入图像并将其显示在坐标轴上。为了对比,在界面上画两个坐标轴,一个显示处理前的图像,一个显示处理后的图像。将处理前的坐标轴的Tag属性改为axes_src,处理后的坐标轴的Tag属性为axes_dst。更改之后,保存,如图9.2.34所示。

然后,在m_file_open_Callback程序原来的基础上,再添加程序:

```
axes(handles.axes_src);%用axes命令设定当前操作的坐标轴是axes_src
fpath = [pathname filename];%将文件名和目录名组合成一个完整的路径
img_src = imread(fpath);%用imread读入图像
imshow(img_src);%用imshow在axes_src上显示
```

运行程序,通过"打开"菜单项,打开一个图像,效果如图9.2.35所示。

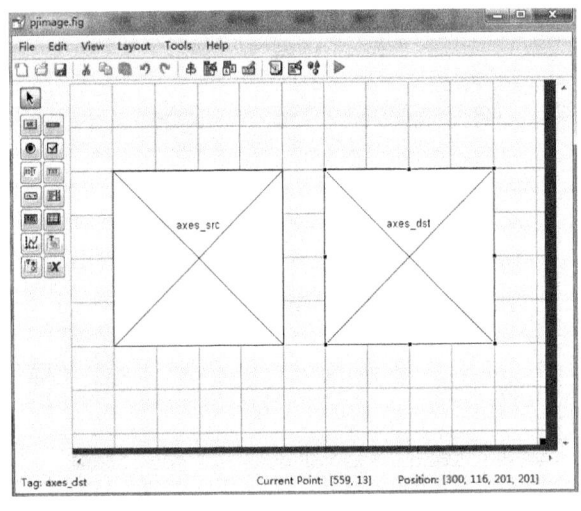

图 9.2.34 画两个坐标轴

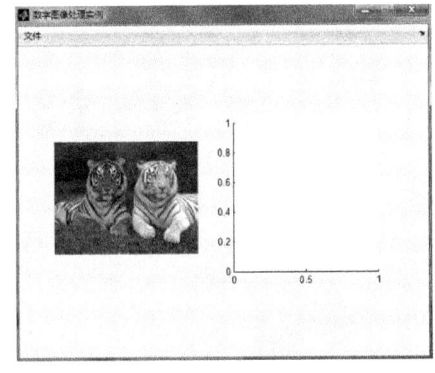

图 9.2.35 打开一幅图像

保存菜单项m_file_save_Callback函数,如何去获得m_file_open_Callback函数下的img_src变量呢?这就需要将img_src作为一个共享的数据,用setappdata和getappdata两个函数来实现。

在.m文件中除了各个菜单项的Callback函数以外,还有两个函数:pjimage_OpeningFcn和

pjimage_OutputFun。其中 pjimage_OpeningFcn 是界面的初始化函数，pjimage_OutputFun 是界面的输出函数。所以，要在 pjimage_OpeningFcn 中添加如下程序，来共享这个 img_src 矩阵：

```
setappdata(handles.figure_pjimage,'img_src',0);
```

然后，在 m_file_open_Callback 函数的最后写上如下程序：

```
setappdata(handles.figure_pjimage,'img_src',img_src);
```

那么，在 m_file_save_Callback 函数中提取 img_src，如下：

```
img_src = getappdata(handles.figure_pjimage,'img_src');
```

保存的时候要用保存对话框 uiputfile 函数，具体方法请看 help uiputfile。m_file_save_Callback 的程序可以这样写：

```
[filename,pathname] = uiputfile({'*.bmp','BMP files';'*.jpg;','JPG files'},'Save an Image');
if isequal(filename,0)||isequal(pathname,0)
    return;% 如果单击了"取消"按钮
else
    fpath = fullfile(pathname,filename);% 获得全路径的另一种方法
end
img_src = getappdata(handles.figure_pjimage,'img_src');% 取得打开图像的数据
imwrite(img_src,fpath);% 保存图像
```

保存 M 文件，运行程序，保存图像到相应的路径，如图 9.2.36 所示。

要退出界面，在退出菜单项 m_file_exit_Callback 函数中添加程序如下：

```
Close(handles.figure_pjimage);
```

即可退出 GUI 界面。

（4）图像二值化

添加一个"图像处理"菜单项，设置 Label 为"图像处理"，Tag 为"m_image"；并在其下面添加一个"图像二值化"菜单项，设置 Label 为"图像二值化"，Tag 为"m_image_2bw"，如图 9.2.37 所示。

图 9.2.36　保存对话框

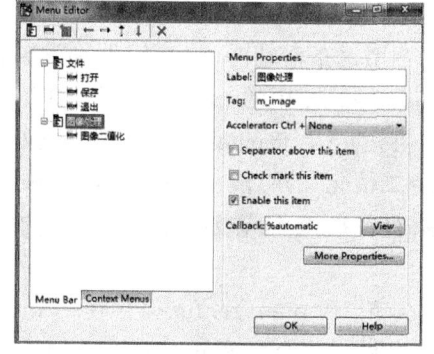

(a)"图像处理"菜单项

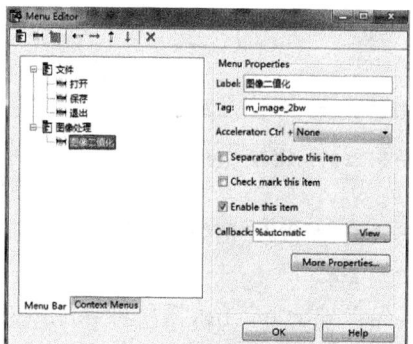

(b)"图像二值化"菜单项

图 9.2.37　"图像处理"菜单项

然后，单击"OK"按钮关闭菜单编辑器，并保存整个界面。如果 .m 文件中没有对应的

Callback 时，可以单击图中的 View 按钮来生成一个 Callback 函数。

图像二值化处理需要有一个阈值的设置，可以新建一个界面，在这个界面上放一个滑动条来设置二值化的阈值。同时，设置静态文本，显示当前滑动条的值。新建一个空白界面，在它上面画一个 Static Text 和一个 Slider 控件，并将这个界面保存为 im2bw_args.fig，如图 9.2.38 所示。

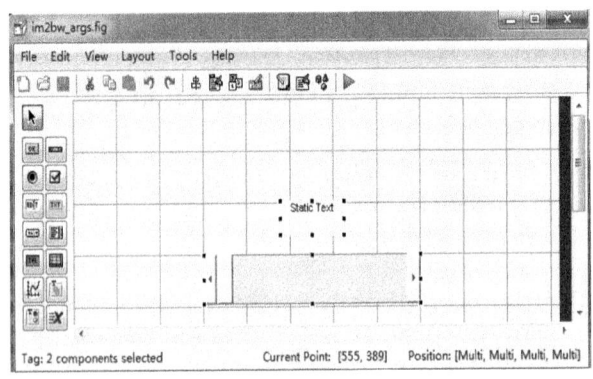

图 9.2.38　图像二值化界面

双击 Static Text，将其 FontSize 属性设置为 10 使字体大一点，并将其 Tag 属性设置为 txt_display，将滑动条的 Tag 属性设置为 slider_val。为了能够在滑动条滚动时，Static Text 显示滑动条的值，需要在滑动条上单击右键，选择 View Callbacks 下的"Callback"直接进入滑动条的 Callback 函数（slider_val_Callback），写下如下程序：

```
val = get(hObject,'Value');
set(handles.txt_display,'String',num2str(val));
```

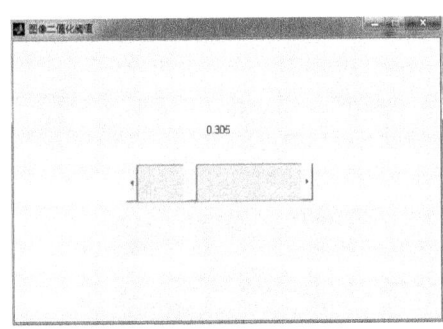

图 9.2.39　图像二值化阈值

保存，运行程序，就可以滚动滑动条，同时 Static Text 会显示相应的值。在界面上双击打开 figure 的属性窗口，将其 Tag 属性设置为"figure_im2bw"，将其 Name 属性设置为"设置图像二值化阈值"。然后，保存界面，运行如图 9.2.39 所示。

当滑动条滑动时，将二值化的图像需要显示在 pjimage.fig 中的 axes_dst 坐标轴上。

首先，当单击 pjimage.fig 菜单"图像处理"下的"图像二值化"的时候，调用 im2bw_args.m，会打开 im2bw_args.fig。所以在"图像二值化"的 m_image_2bw_Callback 函数下，写上如下的程序：

```
h = im2bw_args;
```

然后，保存 pjimage.fig，需要将 im2bw_args.fig 和 pjimage.fig 保存在一个目录下面。运行 pjimage.fig，可以看到，当单击"图像二值化"的时候会打开 im2bw_args.fig，同时滑动条滚动时也会显示响应的值。

在 im2bw_args.fig 下的滑动条的 slider_val_Callback 函数中添加如下程序：

```
h_pjimage = getappdata(handles.figure_im2bw,'h_pjimage');
axes(h_pjimage.axes_dst);
```

```
img_src = getappdata(h_pjimage.figure_pjimage,'img_src') ;
bw = im2bw(img_src,val);
imshow(bw);
```

然后,在 im2bw_args_OpeningFcn 中添加如下程序:

```
h_pjimage = findobj('Tag','figure_pjimage');
h_pjimage = guihandles(h_pjimage);
setappdata(handles.figure_im2bw,'h_pjimage',h_pjimage);
```

保存程序,运行后的结果如图 9.2.40 所示。

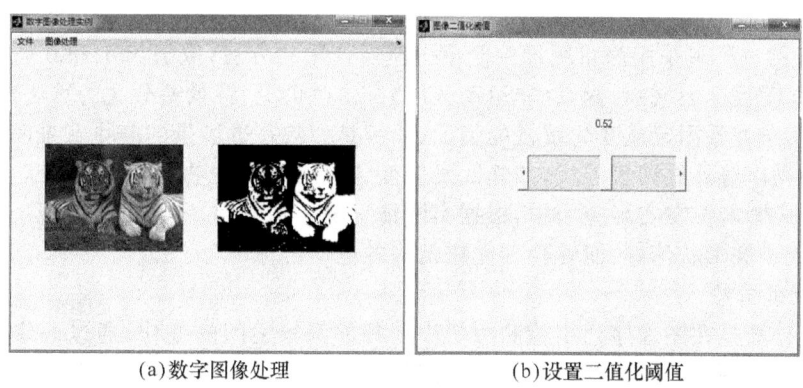

(a)数字图像处理　　　　　　　(b)设置二值化阈值

图 9.2.40　图像二值化处理

9.3　运动目标检测的 MATLAB 实现

运动目标检测是对运动目标进行分割、提取、识别和跟踪的技术,一直以来都是机器视觉、智能控制系统、视频跟踪系统等领域的研究重点,是整个计算机视觉的研究难点之一。运动目标检测的结果正确性对后续的图像处理、图像理解等工作的顺利开展具有决定性的作用,所以能否将运动物体从视频序列中准确地检测出来,是运动估计、目标识别等视频分析能否成功的关键。

运动目标检测在许多领域有着广泛的应用。在运输上,用于交通管理与场景监视自动识别运输工具或行人的违章行为,为后续的抓拍、录入等提供了数据源;在医学上,用于生物组织运动分析等方面,为病理判断提供了参考依据;在场景监控等安防领域,基于运动目标检测的视频监控系统与原来完全依靠人眼来进行监控的系统相比,大大减轻了监控人员的工作强度,避免了值班员主观判断所引起的漏报、误判等问题,为单位节省了人工成本。因此,对运动目标检测技术的研究是一项既有理论意义又有实用价值的课题。近年来,关于这个课题的研究很多,主要有帧间差分法、背景差分法和流光法等算法。其中,帧间差分法由于运算量较小,易于硬件实施,已得到广泛运用。

9.3.1　运动目标检测的理论基础

运动目标检测算法往往都是面向特定应用场景,不存在一个算法能适用于所有场所的情况,也就是说每个算法都有其一定的适用范围,目前还没有一个公认的标准来衡量算法的优劣。从算法的应用对象的角度来看,运动目标检测主要有两种算法:基于图像差分的算法和基于光流场的算法。其中,基于图像差分的算法又可以分为背景差分法和帧间差分法。

1. 背景差分法

背景差分法是在假设图像背景不随图像帧数而变化,即图像背景是静止不变的,可表示为 $b(x,y)$,这时让每一帧图像的灰度值减去背景的灰度值而得到一个差值图像 $d(x,y,i)$ 的过程:

$$d(x,y,i) = f(x,y,i) - b(x,y)$$

式中,运动图像序列为 $f(x,y,i)$,(x,y) 为图像位置坐标,i 为图像帧数。

二值化差分图像可以通过设置一个阈值 T 而得到:

$$id(x,y,i) = \begin{cases} 1 & |d(x,y,i)| \geqslant T \\ 0 & |d(x,y,i)| < T \end{cases} \tag{9.3.1}$$

阈值 T 的选择可采用静止图像中阈值分割所使用的方法,取值为 1 和 0 的像素分别对应于前景(运动目标区域)和背景(非运动区域)。由此可见,背景差分法的算法比较简单,易于实现,适用于背景固定或变化缓慢的情况,关键是如何获得场景的静止背景图像。其缺点是容易受到噪声等外界因素干扰,如光线发生变化或者背景中物体暂时移动都会对最终的检测结果造成影响。在实际应用中,根据实际情况确定阈值后,所得结果直观反映了运动目标的位置、大小和形状信息,能够得到比较精确的运动目标信息。

2. 帧间差分法

帧间差分法是在图像序列中检测图像序列相邻两帧之间的变化,通过逐像素比较可直接求得前后两帧图像对应像素点之间灰度值的差别。帧间差分法一般通过判断相邻两帧图像之间像素灰度值之差是否大于某一阈值来识别物体的运动:如果差的绝对值小于某一阈值 T,则未检测到运动目标;反之,则发现运动目标。在这种方式下,帧 $f(x,y,i)$ 与帧 $f(x,y,j)$ 之间的变化可用一个二值差分图像 $d(x,y)$ 来表示:

$$d(x,y) = \begin{cases} 1 & |f(x,y,j) - f(x,y,i)| \geqslant T \\ 0 & |f(x,y,j) - f(x,y,i)| < T \end{cases} \tag{9.3.2}$$

在差分图像中,取值为 1 的像素点表示在不同时刻的灰度发生了很大的变化,对应运动目标;取值为 0 的像素点的灰度没有发生变化或者变化很小,说明没有运动目标。阈值 T 的选择非常关键,决定了检测目标区域的准确度和灵敏度。

帧间差分法的算法比较简单,程序设计复杂度低,易于实现,并且对背景或者光线的缓慢变化不太敏感,能根据帧序的移动来较快适应,对运动目标的检测灵敏度高。其主要缺点是检测位置不够精确,特别是当目标运动速度较快,相邻帧之间的目标运动位移较大时,会影响运动目标区域的定位及其特征参数的准确提取。此外,帧间差分法阈值的选取对其检测结果也有直接的影响,往往会决定目标检测的区域范围。特别是,如果预先定义某阈值而不是自适应计算阈值,则会提高差分图像中运动目标点和噪声点的误判概率。虽然帧间差分法可能提取不到完整的目标图像,但这种方法简单,计算量小,速度快,也容易优化,适合 DSP 实现,所以目前被广泛应用。

3. 光流法

光流指图像中模式的运动速度,属于二维瞬时速度场的范围。光流法检测运动目标的基本原理是:首先,为图像中的每个像素点初始化一个速度矢量,形成图像运动场;然后,在运动中的某个特定时刻,将图像的点与三维物体的点根据投影关系进行一一映射;最后,根据各个像素点的速度矢量特征,对图像进行动态分析。在此过程中,如果图像中没有运动目标,则光流矢量在整个图像区域呈现连续变化的态势;如果图像中存在物体和图像背景的相对运动,则运动物体所形成的速度矢量必然和领域背景速度矢量不同,从而检测出运动物体的位置。

光流法的优点是在不需要预先知道场景的任何消息的前提下能够检测独立的运动目

标;其缺点是该方法在大多数情况下的计算复杂度较高,容易受光线、噪声等因素的影响,不利于实时处理。

9.3.2 程序实现

1. 背景差分法运动目标检测的实现

```
% 用背景差分法从静止图像中分割出运动目标
clear all;close all;clc;% 清除工作空间所有变量,关闭所有图形窗口,清空命令行
image_original1 = imread('原始图像.bmp');% 读取原始图像
image_gray = rgb2gray(image_original1);% 把原始图像转换成灰度图像
subplot(2,2,1);imshow(image_gray);% 显示图像
title('原始图像');
image_original2 = imread('背景图像.bmp');% 读取背景图像
image_background = rgb2gray(image_original2);% 把背景图像转换成灰度图像
subplot(2,2,2);imshow(image_background);% 显示图像
title('背景图像');
a = image_gray;
b = image_background;
c = imsubtract(a,b);% 进行图像差分
subplot(2,2,3);imshow(c);% 显示差分图像
title('背景差分图像');
image_bw = im2bw(c,0.2);% 进行图像差分二值化
subplot(2,2,4);imshow(image_bw);% 显示二值化差分图像
title('二值化背景差分图像');
```

程序运行后,结果如图 9.3.1 所示。图 9.3.1(a)为原始图像,图 9.3.1(b)为背景图像,图 9.3.1(c)为背景差分后的图像,图 9.3.1(d)为对背景差分后的图像进行二值化处理的结果。

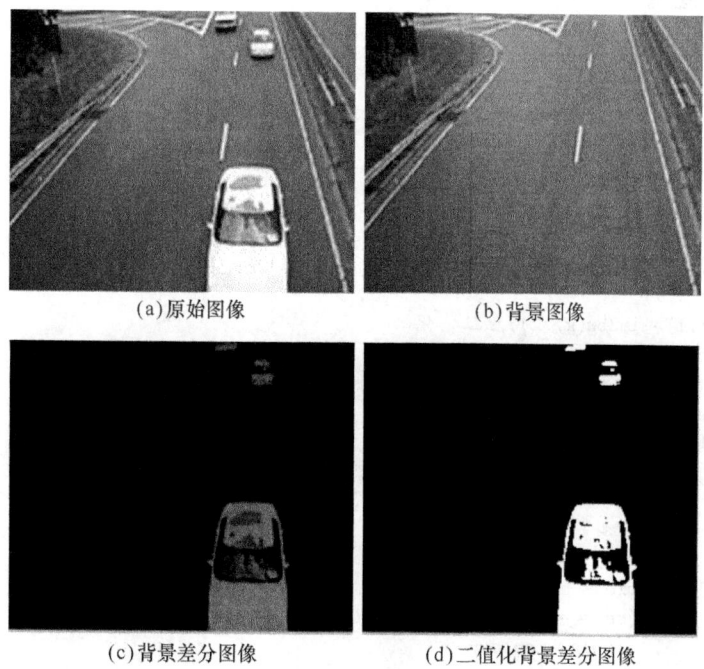

图 9.3.1 背景差分法

2. 帧间差分法运动目标检测的实现

```
% 用帧间差分法从视频序列中分割出运动目标
% 主程序
clear data
disp('input video');
avi = aviread('samplevideo.avi');  % 读取视频
video = {avi.cdata};  % 得到视频中的图像数据
% 在 figure 中播放原始视频(一帧一帧图像连续显示)
for a = 1:length(video)
    imagesc(video{a});
    axis image off
    drawnow;
end;
disp('output video');
tracking(video);  % 调用目标检测跟踪程序
% 子程序
function d = tracking(video)
if ischar(video)
        % 读取视频序列 video
        avi = aviread(video);
        pixels = double(cat(4,avi(1:2:end).cdata))/255;
        clear avi
else
        % 直接读取视频中的帧,间隔取帧,得到一个四维的矩阵,里面放的是彩色图像
        pixels = double(cat(4,video{1:2:end}))/255;
        clear video
end
% 将每一帧的彩色图像转化为灰度图像
nFrames = size(pixels,4);  % 帧的数目
for f = 1:nFrames
        pixel(:,:,f) = (rgb2gray(pixels(:,:,:,f)));
end
rows = 240;
cols = 320;
nrames = f;
% 下面就是利用帧间做差分进行运动目标的跟踪
for l = 2:nrames
        % 后一帧减去前一帧
        d(:,:,l) = (abs(pixel(:,:,l) - pixel(:,:,l-1)));
        k = d(:,:,l);
        bw(:,:,l) = im2bw(k,.2);  % 二值化
        bw1 = bwlabel(bw(:,:,l));  % 连通标记
        imshow(bw(:,:,l));  % 显示图像
        hold on
        cou = 1;
        % 下面的目的就是得到二值图像中目标的大小,并用矩形框出来,连续显示
        for h = 1:rows
          for w = 1:cols
             if(bw(h,w,l)>0.5)
                toplen = h;
                if(cou = = 1)
                    tpln = toplen;
                end
                cou = cou + 1;
                break
```

```
            end
          end
        end
        disp(toplen);
        coun = 1;
        for w = 1:cols
          for h = 1:rows
            if(bw(h,w,1)>0.5)
                leftsi = w;
                if (coun = = 1)
                    lftln = leftsi;
                    coun = coun + 1;
                end
                break
            end
          end
        end
        disp(leftsi);
        disp(lftln);
        widh = leftsi - lftln;
        heig = toplen - tpln;
        widt = widh/2;
        disp(widt);
        heit = heig/2;
        with = lftln + widt;
        heth = tpln + heit;
        wth(l) = with;
        hth(l) = heth;
        disp(heit);
        disp(widh);
        disp(heig);
        rectangle('Position',[lftln tpln widh heig],'EdgeColor','r');
        disp(with);
        disp(heth);
        plot(with,heth,'r * ');
        drawnow;
        hold off
end;
```

程序运行后,结果如图 9.3.2 所示。图 9.3.2(a)为用暴风影音播放器播放的原始视频序列,图 9.3.2(b)为运动目标检测结果。

(a)原始视频序列　　　　　　　　(b)运动目标检测

图 9.3.2　帧间差分法

3. 交通视频中汽车目标检测的实现

视频文件是由一帧一帧的图像按照一定顺序连接而成的,对图像的处理方法同样适用于对视频文件的处理,只不过是逐帧选取图像,然后对每一帧图像进行处理,最后再将处理后的每帧图像按照原来的顺序连接成视频。

检测视频中汽车目标的基本步骤如下:

① 读取视频文件;
② 读取一帧图像并检测图像中的汽车;
③ 使用循环逐帧对图像进行检测。

在智能交通中,通常需要对汽车的车牌号进行识别,或者对某种颜色的汽车进行检测。下面给出如何在交通视频中检测浅颜色汽车的例子。

本例中使用了图像处理工具箱中很多视频处理的函数,如读取文件 mmreader 函数、视频可视化 implay 函数等。视频处理的基础仍然是图像处理,在例子中根据汽车的颜色和形状来确定汽车的存在,涉及很多数学形态学的操作,包括 imextendedmax、imopen、bwareaopen 函数等。基本过程如下。

(1) 读取视频文件,代码如下:

```
trafficObj = mmreader('traffic.avi'); % 从多媒体文件中读取数据
get(trafficObj)  % 获取视频信息
implay('traffic.avi'); % 播放视频
```

在这一过程中,首先使用 mmreader 函数从多媒体文件中读取视频数据,视频格式为 AVI 格式,并使用 implay 函数播放视频,如图 9.3.3 所示。

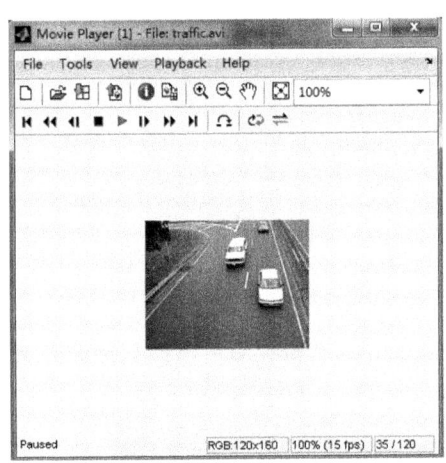

图 9.3.3 播放原始交通视频

为了获取关于多媒体文件更多的信息,可以使用 get 函数,获得如视频持续时间、路径等更多的信息,如下所示:

```
General Settings:
    Duration = 8
    Name = traffic.avi
    Path = C:\Users\Administrator\Desktop
    Tag =
    Type = mmreader
    UserData = []
Video Settings:
    BitsPerPixel = 24
    FrameRate = 15.0000
    Height = 120
    NumberOfFrames = 120
    VideoFormat = RGB24
    Width = 160
```

(2) 读取一帧图像并进行处理。

对于视频数据,包含很多帧图像,选取一帧有代表性的图像帧,这帧图像中包含深颜色的汽车和浅颜色的汽车,除了汽车外,还有很多其他的目标,如公路、草坪等。在检测浅颜色的汽车前,一般需要尽可能地简化图像,通常使用的方法是采取一系列的形态学操作来去除这些无关的目标,代码如下:

```
darkCarValue = 50; % 阈值
```

```
darkCar = rgb2gray(read(trafficObj,71)); % 真彩色图像转化为灰度图像
noDarkCar = imextendedmax(darkCar,darkCarValue); % 去除图像中深色的汽车
subplot(131);imshow(darkCar); % 显示灰度图像
subplot(132);imshow(noDarkCar); % 显示浅颜色的车
sedisk = strel('disk',2); % 圆形结构元素
noSmallStructures = imopen(noDarkCar,sedisk); % 开操作
subplot(133);imshow(noSmallStructures); % 去除小目标
```

由于视频文件的每帧图像都是真彩色图像,因此首先将真彩色图像转换为灰度图像,如图 9.3.4(a)所示。在视频数据处理中,去除深色汽车一般使用 imextendedmax 函数,返回值为二值图像,此例中采取 50 作为阈值,其中亮度值大于阈值的区域会在结果中显示出来,亮度值小于阈值的目标变成背景,如图 9.3.4(b)所示。处理后的图像中大部分深颜色目标已经被去除,但仍然有少部分无关的目标存在,尤其是公路上的标志线。使用 imextendedmax 函数不能去除公路上的标志线,因为这些区域的像素值超过了给定的阈值。

为了去除这些目标,可以使用形态学来操作 imopen 函数,这个函数使用形态学理论处理二值图像时,在保留大目标的同时,可以去除小目标。形态学操作时,首先要确定函数使用的结构元素的大小和形状,由于公路上的标志线是很长很细的,因此可以使用圆形结构元素对这些目标进行去除,其中圆形结构元素的半径等于标志线的宽度,标志线的宽度大约为 2,因此结构元素的半径也设为 2。去除小目标后的图像如图 9.3.4(c)所示。

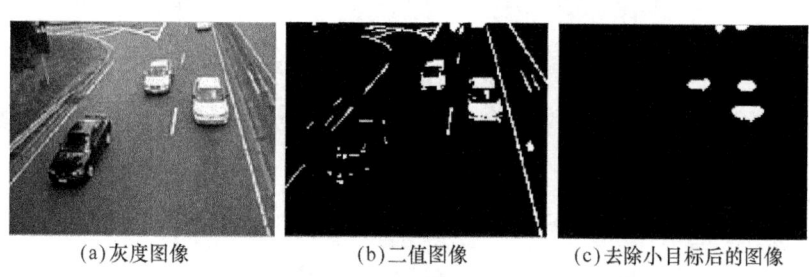

(a)灰度图像　　　　　(b)二值图像　　　　(c)去除小目标后的图像

图 9.3.4　一帧图像的处理

(3) 使用循环处理视频数据,并标注目标的质心,确定目标位置,代码如下:

```
nframes = get(trafficObj,'NumberOfFrames'); % 帧数
I = read(trafficObj,1); % 第一帧图像
taggedCars = zeros([size(I,1) size(I,2) 3 nframes],class(I));
for k = 1:nframes
    singleFrame = read(trafficObj,k); % 读取图像
    I = rgb2gray(singleFrame); % 转换为灰度图像
    noDarkCars = imextendedmax(I,darkCarValue); % 去除深色的汽车
    noSmallStructures = imopen(noDarkCars,sedisk); % 去除线性目标
    noSmallStructures = bwareaopen(noSmallStructures,150); % 去小目标
    L = bwlabel(noSmallStructures); % 生成标签矩阵
    taggedCars(:,:,:,k) = singleFrame;
    if any(L(:))
        stats = regionprops(L,{'centroid','area'}); % 求取质心和面积
        areaArray = [stats.Area]; % 求取目标对象的面积
        [junk,idx] = max(areaArray); % 求取最大面积
        c = stats(idx).Centroid; % 最大面积对应的圆心
        c = floor(fliplr(c));
```

```
            width = 2;
            row = c(1) - width:c(1) + width; % 标注目标
            col = c(2) - width:c(2) + width;
            taggedCars(row,col,1,k) = 255; % 设置为红色
            taggedCars(row,col,2,k) = 0;
            taggedCars(row,col,3,k) = 0;
        end
    end
    frameRate = get(trafficObj,'FrameRate');
    implay(taggedCars,frameRate); % 播放视频
```

在这一处理过程中,使用 bwlabel 函数返回一个标签矩阵,通过这个标签矩阵可以进一步求得更多的参数,如可以使用 regiongrops 函数获取目标的质心,并且使用质心来确定浅颜色汽车标签的位置。由于交通视频是由一系列的图像帧连接而成的,在处理时需要使用循环逐帧对数据进行处理,处理后的视频数据中使用标签对浅颜色的汽车进行标注,播放视频如图 9.3.5 所示。

图 9.3.5　检测交通视频中浅颜色的汽车

9.4　车牌倾斜校正算法的 MATLAB 实现

Hough 变换将原始图像空间中给定形状的曲线或直线变换成 Hough 空间中的一个点,即原始图像空间中给定形状的曲线或者直线上的所有点,都将集中到变换空间中的某个点上形成峰点。这样通过原始图像空间中给定曲线或者直线的检测问题就变成寻找变换空间的峰点问题。

在直角坐标平面内有一条直线,它与坐标原点 O 的距离为 ρ,它的法线与 x 轴正向夹角为 θ,直线上任意一点 (x,y) 满足直线方程:

$$\rho = x\cos\theta + y\sin\theta \tag{9.4.1}$$

对于直角坐标平面内的任一点 (x_i, y_i),对应 (ρ,θ) 空间中一条正弦曲线。直角坐标平面内同一直线的点序列,变换到 (ρ,θ) 空间中表示经过同一点 (ρ_0,θ_0) 的所有正弦曲线。由于该直线上的所有点的 Hough 变换曲线均经过 (ρ_0,θ_0),所以 (ρ_0,θ_0) 成为 (ρ,θ) 空间中的一个峰点。

将(ρ,θ)量化为许多个小格。根据每个(x_i,y_i)点代入θ的量化值,算出每个ρ所得值经量化后落入某个小格内,使该小格的计数累加器加1,当全部(x_i,y_i)点变换完毕后,对(ρ,θ)空间中的小格进行统计,有大的计数值的小格对应于共线点,其(ρ,θ)可以作为直线拟合参数。

利用Hough变换可进行车牌倾斜的校正,其基本原理是利用Hough变换检测车牌的边框,确定边框直线的倾斜角度,根据倾斜角度进行旋转,获得校正后的图像,具体步骤如下:

(1) 图像预处理。读取图像,并转换成灰度图像,去除离散噪声点。
(2) 利用边缘检测,对图像中的水平线进行锐化处理。
(3) 基于Hough变换检测车牌图像中的边框,获取倾斜角度。
(4) 根据倾斜角度,对车牌图像进行倾斜校正。

基于Hough变换进行车牌倾斜校正,具体实现的代码如下:

```
clear all;close all;clc;% 清除工作空间,关闭图形窗口,清除命令行
I = imread('car.jpg');% 读取图像
I1 = rgb2gray(I);% 转换成灰度图像
I2 = wiener2(I1,[5,5]);% 对图像进行维纳滤波
I3 = edge(I2,'sobel','horizontal');% 用Sobel算子进行图像边缘检测
[m,n] = size(I3);% 获取图像大小
rou = round(sqrt(m^2 + n^2));% 获取rou最大值
theta = 180;% 获取theta最大值
r = zeros(rou,theta);% 初始化计数矩阵
for i = 1:m
    for j = 1:n
        if I3(i,j) = = 1
            for k = 1:theta
                ru = round(abs(i * cos(k * 3.14/180) + j * sin(k * 3.14/180)));
                r(ru + 1,k) = r(ru + 1,k) + 1;% 对矩阵计数
            end
        end
    end
end
r_max = r(1,1);
for i = 1:rou
    for j = 1:theta
        if r(i,j)>r_max
            r_max = r(i,j);
            c = j;
        end
    end
end
if c< = 90
    rot_theta = - c;% 确定旋转角度
else
    rot_theta = 180 - c;
end
I4 = imrotate(I2,rot_theta,'crop');% 对图像进行旋转
subplot(1,2,1);imshow(I);% 显示图像
subplot(1,2,2);imshow(I2);
```

```
figure;
subplot(1,2,1);imshow(I3);
subplot(1,2,2);imshow(I4);
```

程序运行后,结果如图 9.4.1 所示。在程序中,首先读取图像并对其进行预处理,转换为灰度图像,进行维纳滤波和边缘检测,如图 9.4.1(a)~(c)所示;然后创建(ρ,θ)空间的量化矩阵 θ 角的范围为 $1\sim180°$,ρ 的取值范围为 $1\sim\sqrt{m^2+n^2}$,把(ρ,θ)空间分成等间隔 (1×1)的小网格,对应一个计数矩阵。对图像中像素为 1 的每一个点进行计算,做出每一个像素为 1 的点的曲线,凡是曲线所经过的网格,对应的计数矩阵元素值加 1,对原图像中的每一点进行计算以后计数矩阵元素的值等于共线的点数。计数矩阵中元素的最大值对应原始图像中最长的直线。然后寻找计数矩阵的最大元素所对应的列坐标 θ,θ 即为这条直线的法线与 x 轴的夹角。最后通过 θ 角度来确定车牌的倾斜角度,将图像进行旋转校正,如图 9.4.1(d)所示。

(a)原始图像   (b)维纳滤波后的图像

(c)边缘检测后的图像   (d)倾斜校正后的图像

图 9.4.1　车牌倾斜校正

9.5　本章小结

本章主要介绍了一些基于 MATLAB 进行数字图像处理的实例。从实际问题出发,以 MATLAB 语言和函数为工具,介绍了几种数字图像处理中常见问题的解决方法。实例中涉及 Simulink 图像处理模块、GUI 图像界面、动态目标检测及车牌倾斜校正,启发用户通过这些实例掌握 MATLAB 图像处理的方法,从而解决各种工程问题。

附录 A 常用 MATLAB 图像处理工具箱函数

表 A.1 图像显示

函数名	功能	函数名	功能
colorbar	显示颜色条	subimage	在一幅图中显示多个图像
getimage	从坐标轴获得图像数据	truesize	调整图像显示尺寸
imshow	显示图像	warp	将图像显示到纹理映射表面
montage	在矩形框中显示多幅图像	zoom	缩放图像
immovie	创建多帧索引图的电影动画		

表 A.2 图像文件 I/O

函数名	功能	函数名	功能
infinfo	返回图像文件信息	load	将以 mat 为扩展名的图像文件调入到内存
imread	从图像文件中读取图像	save	将工作空间中的变量保存到以 mat 为扩展名的图像文件中
imwrite	把图像写入到图像文件中		

表 A.3 几何操作

函数名	功能	函数名	功能
imcrop	裁剪图像	imrotate	旋转图像
imresize	改变图像大小	interp2	二维数据插值

表 A.4 像素和统计处理

函数名	功能	函数名	功能
col2im	重排矩阵列为图像块	mean2	计算矩阵元素的平均值
im2col	重排图像块为矩阵列	median	求向量中值
corr2	计算两幅图像矩阵的二维相关系数	pixval	显示图像像素信息
imcontour	创建图像数据的轮廓图	size	计算图像大小
imfeature	计算图像区域的特征尺寸	sort	对给定的向量或矩阵排列

续表

函数名	功 能	函数名	功 能
imhist	显示图像数据的直方图	sum	对数组元素求和
impixel	确定像素颜色值	std	计算给定向量标准方差
improfile	沿线段计算剖面的像素值	std2	计算矩阵元素的标准偏差
mean	求向量平均值		

表A.5 图像增强

函数名	功 能	函数名	功 能
histeq	进行直方图均衡化	medfilt2	计算二维中值滤波
imadjust	调整图像对比度	ordfilt2	计算二维顺序统计滤波
imnoise	给图像添加噪声	wiener2	计算二维自适应去噪滤波

表A.6 图像复原

函数名	功 能	函数名	功 能
deconvblind	盲去卷积复原图像	deconvwnr	维纳滤波器复原图像
deconvreg	规则化滤波器复原图像	edgetaper	使图像边缘振铃逐渐减弱

表A.7 图像分析

函数名	功 能	函数名	功 能
edge	识别灰度图像中的边界	qtgetblk	获取四叉树分解块值
qtdecomp	进行四叉树分解	qtsetblk	设置四叉树分解块值

表A.8 线性滤波

函数名	功 能	函数名	功 能
conv2	计算二维卷积	fspecial	创建预定义滤波器
convmtx2	计算二维卷积矩阵	filter	进行一维线性滤波
convn	计算多维卷积	filter2	进行二维线性滤波

表A.9 二维线性滤波设计

函数名	功 能	函数名	功 能
freqspace	确定二维频率响应间隔	ftrans2	用频率转换设计二维FIR滤波器
freqz2	计算二维频率响应	fwind1	用一维窗口方法设计二维FIR滤波器
fsamp2	用频率抽样设计二维FIR滤波器	fwind2	用二维窗口方法设计二维FIR滤波器

表 A.10　图像变换

函数名	功　能	函数名	功　能
fft	计算一维快速傅里叶变换	dctmtx	计算离散余弦变换矩阵
ifft	计算一维快速傅里叶逆变换	dwt	计算一维离散小波变换
fft2	计算二维快速傅里叶变换	idwt	计算一维离散小波逆变换
ifft2	计算二维快速傅里叶逆变换	wavedec	一维信号的小波分解
fftn	计算多维快速傅里叶变换	waverec	一维信号的小波重构
ifftn	计算多维快速傅里叶逆变换	dwt2	计算二维离散小波变换
fftshift	将快速傅里叶变换的直流分量移到频谱中心	idwt2	计算二维离散小波逆变换
		wavedec2	二维信号的小波分解
dct	计算一维离散余弦变换	waverec2	二维信号的小波重构
idct	计算一维离散余弦逆变换	wcodemat	对数据矩阵进行伪彩色编码
dct2	计算二维离散余弦变换	radon	计算 Radon 变换
idct2	计算二维离散余弦逆变换		

表 A.11　图像邻域操作与块处理

函数名	功　能	函数名	功　能
bestblk	选择块处理的块大小	colfilt	利用列相关函数进行邻域操作
blkproc	实现图像的块处理	im2col	将图像块重排成矩阵列
col2im	将矩阵列重排成图像块	nlfilter	进行邻域操作

表 A.12　二值图像操作

函数名	功　能	函数名	功　能
applylut	利用查找表进行邻域操作	bwmorph	对二值图像进行形态学运算
bwarea	计算二值图像中目标区域面积	bwperim	确定二值图像中的边缘
bweuler	计算二值图像的欧拉数	bwselect	选择二值图像中的目标
bwfill	填充二值图像的背景区域	dilate	对二值图像进行膨胀运算
bwlabel	标识二值图像中的连接成分	erode	对二值图像进行腐蚀运算

表 A.13　区域处理

函数名	功　能	函数名	功　能
roicolor	选择感兴趣的颜色区域	roifilt2	对感兴趣的区域进行滤波
roifill	在图像任意区域内平滑插值	roipoly	选择感兴趣的多边形区域

表 A.14 颜色映射处理

函数名	功 能	函数名	功 能
brighten	增加或降低颜色映射的亮度	colormap	设置或获取颜色映射
cmpermute	重新排列颜色映射表中的颜色	imapprox	对索引图像近似处理
cmunique	查找颜色映射表中特定的颜色及相应的图像	rgbplot	绘制颜色映射图

表 A.15 颜色空间转换

函数名	功 能	函数名	功 能
hsv2rgb	将 HSV 颜色空间值转换为 RGB 颜色空间值	rgb2ntsc	将 RGB 颜色空间值转换为 NTSC 颜色空间值
rgb2hsv	将 RGB 颜色空间值转换为 HSV 颜色空间值	rgb2ycbcr	将 RGB 颜色空间值转换为 YC_bC_r 颜色空间值
ntsc2rgb	将 NTSC 颜色空间值转换为 RGB 颜色空间值	ycbcr2rgb	将 YC_bC_r 颜色空间值转换为 RGB 颜色空间值

表 A.16 图像类型转换

函数名	功 能	函数名	功 能
dither	通过抖动增加图像颜色分辨率	mat2gray	将矩阵转换为灰度图像
gray2ind	灰度图像转换为索引图像	grayslice	通过阈值化方法从灰度图像创建索引图像
ind2gray	索引图像转换为灰度图像	isbw	判断图像是否为黑白二值图像
rgb2gray	RGB 图像转换为灰度图像	isrgb	判断图像是否为 RGB 真彩色图像
rgb2ind	RGB 图像转换为索引图像	isind	判断图像是否为索引图像
ind2rgb	索引图像转换为 RGB 图像	isgry	判断图像是否为灰度图像
im2bw	通过阈值化方法将图像转换为二值图像		

表 A.17 数据类型转换

函数名	功 能	函数名	功 能
double	将数据转换为双精度型	im2uint8	将图像矩阵转换为 8 位无符号整型
im2double	将图像矩阵转换为双精度型	uint16	将数据转换为 16 位无符号整型
uint8	将数据转换为 8 位无符号整型	im2uint16	将图像矩阵转换为 16 位无符号整型

附录 B　数字图像处理常用英汉术语对照

2-D image　二维图像
3-D image　三维图像

A

aberration　像差
accuracy factor　准确度因子
acquisition　采集
adaptive encoding　自适应编码
adaptive thresholding　自适应阈值
additive noise　加性噪声
affine transformation　仿射变换
air photo　航片
algebraic operations　代数运算
algebraic approach restoration　代数法复原
artificial language　人工语言
area function　面积函数
arithmetic coding　算术编码
Artificial Intelligence(AI)　人工智能
Artificial Neural Network(ANN)　人工神经网络
autocorrelation　自相关
autocorrelation matrix　自相关矩阵

B

band-limited function　有限带宽函数
bandpass filter　带通滤波器
bandstop filter　带阻滤波器
basis function　基函数
basis image　基图像
binary image　二值图像
binary image coding　二值图像编码
bit　比特
bit error　比特误差
bit map　位图
bit reduction　比特压缩
bit reversal　比特倒置

blind image restoration　盲图像复原
block circulant matrix　分块循环矩阵
blurring　模糊
bottom hat transform　低帽变换
boundary　边界
boundary pixel　边界像素
boundary tracking　边界跟踪
brightness　亮度
brightness adaptation　亮度适应
brightness discrimination　亮度鉴别
brightness level　亮度级
butterworth filter　巴特沃斯滤波
butterworth high-pass filtering　巴特沃斯高通滤波
butterworth low-pass filtering　巴特沃斯低通滤波

C

Canny edge detector　坎尼边缘检测算子
character recognition　文字识别
chromaticity diagram　色度图
circulant matrix　循环矩阵
circulant matrix diagonalization　循环矩阵对角化
circulant matrix eigenvectors　循环矩阵特征向量
classical restoration filters　经典复原滤波器
classification　分类
classification rule　分类规则
closing　闭
cluster　聚类,集群
clustering analysis　聚类分析
code　码
code transform　码变换
code position　码位
code block　编码块
codebook　码本
coding　编码
color　颜色

color histogram　颜色直方图
color hue　彩色色度
color image　彩色图像
color image processing　彩色图像处理
color model　颜色模型
color matching　色匹配
color primaries　基色
color saturation　色饱和度
color space　彩色空间
color spectrum　色谱
color vector　颜色向量
color wheel　颜色轮
colorimetry　色度学
Compact Disk(CD)　光盘
compress　压缩
compression ratio　压缩比
Computed Tomograph(CT)　计算机断层摄影
Computer Graphics(CG)　计算机图形学
computer vision　计算机视觉
connected　连通的
connected component　联接分量
connectivity　连接性
constrained filtering restoration　约束滤波复原
constrained restoration　约束复原
Content-Base Image Retrieval(CBIR)　基于内容的图像检索
Content-Based Multimedia Information Retrieval(CMIR)　基于内容的多媒体信息检索
continuous convolution　连续卷积
continuous correlation　连续相关
Continuous Wavelet Transform(CWT)　连续小波变换
contour　轮廓
contour coding　轮廓编码
contrast　对比
contrast stretch　对比度扩展
convolution kernel　卷积核
convolution theorem　卷积定理
convolution filtering　卷积滤波
convolution operation　卷积操作
cornea　角膜
correction　校正
correlation　相关

correlation matrix　相关矩阵
correlation theorem　相关定理
cosine kernel　余弦核
cosine transform　余弦变换
covariance matrix　协方差矩阵
covariance matrix estimation　协方差矩阵估计
cross-correlation　互相关
cumulative distribution function　累积分布函数
curve　曲线
curve fitting　曲线拟合
cut-off frequency　截止频率

D

data compression　数据压缩
data-flow diagram　数据流图
deblurring　去模糊
deconvolution　去卷积
degradation　退化
degradation model　退化模型
degradation model restoration　退化模型复原
density slicing　密度分层
diagonalization　对角化
differential encoding　差分编码
differential mapping　差分映射
differential pulse code　差分脉冲编码
Differential Pulse Code Modulation (DPCM)　差分脉冲编码调制
Digital Audio Broadcasting(DAB)　数字音频广播
Digital Audio Tape(DAT)　数字录音带
digital camera　数码相机
Digital Compact Cassette(DCC)　数字盒式录音机
digital image　数字图像
digital image processing　数字图像处理
digital video camera　数码摄像机
Digital Video Disk(DVD)　数字视盘
digital watermark　数字水印
digitization　数字化
digitizer　数字化器
dilation　膨胀
direct coding　直接编码
discrete convolution　离散卷积
discrete correlation　离散相关
Discrete Cosine Transform(DCT)　离散余弦变换

Discrete Fourier Transform(DFT) 离散傅里叶变换
discrete image transform 离散图像变换
discrete K-L transform 离散卡胡南-列夫变换
Discrete Wavelet Transform(DWT) 离散小波变换
discretization 离散化
distance measure 距离测度
domain block 域块
Dot Per Inch(DPI) 点/英寸
drawings 图

E

edge 边缘
edge detection 边缘检测
edge enhancement 边缘增强
edge image 边缘图像
edge linking 边缘连接
edge operator 边缘算子
edge pixel 边缘像素
eigenvector-based transform 基于特征向量的变换
electronic image tube camera 电子成像管摄像机
enhance 增强
eigenvalue 特征值
eigenvector 特征向量
encoding 编码
encoding model 编码模型
entropy 熵
entropy coding 熵编码
equal length code 等长度码
erosion 腐蚀
error 误差
error-free encoding 无误差编码
estimation 估计
euler 欧拉
euler formula 欧拉公式
euler number 欧拉数
exponential filter 指数滤波器
exponential high-pass filtering 指数高通滤波器
exponential low-pass filtering 指数低通滤波器
extended function 延伸函数,扩展函数
exterior pixel 外像素

F

false color 假颜色
false contouring 假轮廓
Fast Cosine Transform(FCT) 快速余弦变换
feature 特征
feature extraction 特征提取
feature database 特征数据库
feature matching 特征匹配
feature selection 特征选择
feature space 特征空间
film scanning 胶片扫描
filter 滤波器
filter transfer function 滤波传递函数
flash memory 闪存
flying spot scanner 飞点扫描器
formal language 形式语言
forward looking infrared 远红外线
Fourier transform 傅里叶变换
fourier transform pair 傅里叶变换对
fourier transform shifting 傅里叶变换移位
fourier transform spectrum 傅里叶变换谱
FFT(fast fourier transform) 快速傅里叶变换
fractal coding 分形编码
Fractal Image Format(FIF) 分形图像格式
frame-store memory 帧存储器
frequency domain 频率域
frequency variable 频率变量
fuzzy logic 模糊逻辑
fuzzy set 模糊集
fuzzy set theory 模糊集理论

G

gamma correction 伽马校正
gaussian noise 高斯噪声
geometric correction 几何校正
geometric distortion 几何失真
geometric operation 几何操作
global thresholding 全局阈值化
gradient 梯度
gradient operator 梯度算子
gradient template 梯度模板
gradient-based segmentation 基于梯度的分割
granular noise 散粒噪声

Graphic User Interface(GUI)　图形用户界面
grating　光栅
gray image　灰度图像
gray level　灰度级
gray level correction　灰度修正
gray level histogram　灰度直方图
gray level interpolation　灰度值插值
gray level thresholding　灰度级阈值化
gray level transformation　灰度级变换

H

hadamard kernel　哈达玛核
hadamard transform　哈尔玛变换
hadamard transform encoding　哈达玛变换编码
hadamard transform matrix　哈达玛变换矩阵
High Definition Television(HDTV)　高清晰度电视
high-frequency enhancement filter　高频增强滤波器
High Pass Filter(HPF)　高通滤波器
histogram　直方图
histogram equalization　直方图均衡化
histogram linearization　直方图线性化
histogram of differences　差值直方图
histogram specification　直方图规定化
histogram thresholding　直方图阈值化
histogram transform　直方图变换
hit　击中
hologram　全息图
homomorphic enhancement　同态增强
homomorphic filter　同态滤波器
homomorphic filtering　同态滤波
Hough transform　霍夫变换
HSV space　HSV 空间
Huffman code　霍夫曼码
hue　色调
hybrid encoding　混合编码

I

ideal high-pass filtering　理想高通滤波
ideal low-pass filtering　理想低通滤波
ideal filter　理想滤波器
image　图像
image analysis　图像分析
image averaging　图像平均

image basis　图像基础
image classification　图像分类
image coding　图像编码
image communication　图像通信
image compression　图像压缩
image database　图像数据库
image degradation model　图像退化模型
image description　图像描绘
image digitalization　图像数字化
image digitizer　图像数字化器
image element　图像元素
image encoding　图像编码
image enhancement　图像增强
image formation　图像形成
image fundamentals　图像基础
image fusion　图像融合
image matching　图像匹配
image model　图像模型
image processing　图像处理
image processing operation　图像处理运算
image processing software　图像处理软件
Image Processing Toolbox　图像处理工具箱
image quality　图像质量
image reconstruction　图像重建
image representation　图像表示
image registration　图像配准
image restoration　图像复原
image retrieval　图像检索
image rotation　图像旋转
image segmentation　图像分割
image sharpening　图像锐化
image smoothing　图像平滑
image structure　图像结构
image transform　图像变换
image understanding　图像理解
image-processing system　图像处理系统
imaging system　成像系统
impulse　冲激
impulse response　冲激响应
index image　索引图像
information preserving encoding　信息保持编码
intensity　亮度
interior pixel　内像素

interface　界面,接口
interpolation　插值
inverse FFT　快速傅里叶逆变换
inverse filter　反向滤波器
inverse filtering　反向滤波
inverse filter restoration　反向滤波复原

J

Joint Photographic Expert Group(JPEG)　联合图像专家组

K

kernel　核
Karhunen-Loeve transform　K-L 变换

L

labeled graph　标记图
landsat　地球卫星
Laplacian operator　拉普拉斯算子
Least Signification Bit(LSB)　最低有效位
least squares filter restoration　最小二乘滤波复原
lens　透镜
line　行
line detection　线检测
line pixel　直线像素
line template　线模板
light senso　光传感器
linear algebraic restoration　线性代数复原
linear system　线性系统
linear transformations　线性变换
Liquid Crystal Display(LCD)　LCD 显示器
local operation　局部运算
local property　局部特征
logarithm transformation　对数变换
lossless image compression　无失真图像压缩
lossy image compression　有失真图像压缩
low pass filter　低通滤波器
lossy image coding　有损图像编码
Low Pass Filter(LPF)　低通滤波器

M

machine perception　机器感觉
machine vision　机器视觉

mapping　映射
mapping reconstruction　映射重建
Marr's operator　马尔算子
mask　掩膜
matched filtering　匹配滤波
matching template　匹配模板
mathematical morphology　数学形态学
Maximum Entropy (ME)　最大熵
maximum entropy filter　最大熵滤波器
maximum likelihood algorithm　最大似然算法
MSE (Mean Square Error)　均方误差
Mean Opinion Score (MOS)　平均判分
mean vector　平均矢量
measurement space　度量空间
median filtering　中值滤波
medical image　医学图像
menu-driven interface　菜单驱动用户界面
Minimum Mean Square Error (MMSE)　最小均方误差
misclassification　误分类
miss　击不中
model-based coding　基于模型的编码
Modified Huffman Coding (MHC)　改进的霍夫曼编码
modulation function　调制函数
moments　矩
monochrome image　单色图像
Monte Carlo restoration　蒙特卡罗复原法
MOD (Movies-On-Demand)　点播电影
mosaic　镶嵌图
motion　运动
Moving Picture Expert Group (MPEG)　活动图像专家组
multimedia　多媒体
Multimedia Content Depiction Interface (MCDI)　多媒体内容描述界面
multiple-copy averaging　多拷贝平均
multiple sensor　多谱传感器
multispectral image　多光谱图像
multispectral image processing　多光谱图像处理

N

NASA (National Aeronautics and Space Administration)

美国国家航空和宇宙航行局
National Television System Committee（NTSC）
　美国国家电视制式
Nearest Neighbor Rule（NNR）　最近邻准则
nearest mean classification rule　最近平均值分类
　规则
nearest-neighbor decision rule　最近邻判决规则
neighborhood　邻域
neighborhood operation　邻域运算
neighborhood averaging　邻域平均
neural network(NN)　神经网络
noise　噪声
noise model　噪声模型
noise reduction　噪声抑制
non-linear system　非线性系统
non-uniform quantization　非均匀量化
non-uniform sampling　非均匀采样
numerical　数字
Nyquist sampling　奈奎斯特采样

O

object　目标，物体
object measurement　目标测量
objective function　目标函数
object-oriented　面向对象
opening　开
optical image　光学图像
Optical Character Recognition（OCR）　光学字符
　识别
optimum thresholding　最佳阈值
ordered Hadamard transform　有序哈达玛变换
orthogonality condition　正交条件
orthogonal template　正交模板
outline image　概要图像
overflow　溢出

P

paintings　画
pattern　模式
pattern class　模式类
pattern classification　模式分类
pattern recognition　模式识别
perception　感知器

permanent display　永久显示设备
Phase Alternating Line（PAL）　行相位交错制式
photoconductor　光敏电阻
photographs　照片
photopic vision　亮视觉，白昼视觉
picture　图片，图像
picture element　图像元素，像素
picture description language　图像描绘语言
pixel　像素
Plasma Display Panel（PDP）　等离子显示器
point operation　点运算
point-dependent segmentation　点分割
point spread function　点扩展函数
point template　点模板
positional operators　位置算子
power spectrum　功率谱
predictive code　预测编码
predictive coefficient　预测系数
primary color　基色
principal components　主分量
probability density function　概率密度函数
probability of error　误差概率
prototype matching　模板匹配
pseudo color　假彩色，伪彩色
pseudo color filtering　假彩色滤波
pseudo color slicing　假彩色密度分层
pseudo color transformations　假彩色变换

Q

quad tree　四叉树
quantitative image analysis　图像定量分析
quantization　量化
quantizer　量化器

R

range block　值域块
reconstruction　重建
rectangular wave transform　方波变换
reflectance　反射率
reflected binary code　反射二进制码
region　区域
region growing　区域生长法
region clustering　区域聚合

region dependent segmentation   区域分割
region description   区域描绘
region merging   区域合并
region splitting   区域分割
Region Of Interest(ROI)   感兴趣区域
registered   校准的
registered image   已校准图像
registration   配准
remote sensing   遥感
remote sensing image   遥感图像
resolution   分辨率
resolution element   分辨单元
restoration   复原
reversible encoding   可逆编码
RGB space   RGB 空间
ringing   振铃
Roberts gradient   罗伯特梯度
Roberts gradient operator   罗伯特梯度算子
robotics   机器人学
robustness   鲁棒性
run   行程
run length   行程长度
run length encoding   行程编码
Run Length Coding(RLC)   行程长度编码

S

sampled data   采样数据
sampling   采样
sampling aperture   采样孔
sampling grid size   采样点阵大小
sampling interval   采样间隔
sampling theorem   采样定理
saturation   饱和度
scanner   扫描仪
scanning mechanism   图像扫描机构
scene   景物
scotopia vision   暗视觉,夜视觉
segment   分割
segmentation   分割
self-adaptive mesh coding   自适应网格编码
self-similarity   自相似性
set theory   集合论
Shannon coding   香农编码

shape   形状
sharpen   锐化
shift code   移位码
Signal to Noise Ratio(SNR)   信噪比
similarity measure   相似性度量
sinusoidal transform   正弦变换
sinusoidal interference   正弦干扰
skeleton   骨架
Small Computer System Interface(SCSI)   小型计算机系统接口
smoothing   平滑
smoothing matrix   平滑矩阵
Sobel's operator   索贝尔算子
solid-state cameras   固态摄像机
source encoding   信源编码
space invariance   空间不变
spatial   空间的
spatial coordinates   空间坐标
spatial domain   空间域
spatial transformation   空间变换
spectral band   谱带
spectral density   谱密度
spectrum   谱
split   分裂
standard deviation   标准差
statistic coding   统计编码
storage media   存储体
structuring element   结构元素
structural pattern recognition   结构模式识别
statistical pattern recognition   统计模式识别
symmetric kernel   对称核
syntactic pattern recognition   句法模式识别
system   系统

T

tag   标记
template   模板
textural feature   纹理特征
texture   纹理
thinning   细化
three dimension   三维
three dimensional imaging   三维成像
threshold   阈值

thresholded gradient 阈值梯度
top hat transform 高帽变换
transfer function 传递函数
transform coding 变换编码
transform domain filtering 变换域滤波
trapezoidal filter 梯度滤波
trapezoidal high-pass filtering 梯度高通滤波
trapezoidal low-pass filtering 梯度低通滤波
tristimulus values 三刺激值
true color 真彩色
TV camera 电视摄像机
two dimensions(2-D) 二维
two dimensional convolution 二维卷积
two dimensional correlation 二维相关
two dimensional Fourier transform 二维傅里叶变换

U

unconstrained restoration 非约束复原
uncorrelated variables 非相关变量
uniform quantization 均匀量化
uniform sampling 均匀取样
Universal Serial Bus(USB) 通用串行总线
uniquely decodable code 唯一可解码
update 更新
user interface 用户界面

V

variable length code 可变长码字
variance covariance matrix 协方差矩阵
Vector Quantization(VQ) 向量量化

video 视频
video camera 电视摄像机
Video CD(VCD) 视盘
vidicon 光电摄像管
virtual reality 虚拟现实
visible spectrum 可见光谱
visual perception 视觉
VOD(Video On Demand) 视频点播
volume visualization 体视化

W

Walsh transform 沃尔什变换
Walsh-Hadamard transform 沃尔什-哈达玛变换
wavelet 小波
wavelet series expansion 小波级数展开
Wavelet Transform(WT) 小波变换
Weber ratio 韦伯比
weighting function 加权函数
Wiener filter 维纳滤波器
Wiener filtering 维纳滤波
Wiener filter restoration 维纳滤波复原

X

X-ray imaging X 射线成像

Y

YUV space YUV 空间

Z

zero transfer function 零传递函数

参 考 文 献

[1] Rafael C Gonzalez,Richard E Woods. 数字图像处理英文版[M]. 3版. 北京:电子工业出版社,2010.

[2] Rafael C Gonzalez,Richard E. Woods. 数字图像处理[M]. 3版. 阮秋琦,阮宇智,等,译. 北京:电子工业出版社,2011.

[3] Rafael C Gonzalez,Richard E Woods,Steven L Eddins. 数字图像处理(MATLAB版)[M]. 3版. 阮秋琦,译. 北京:电子工业出版社,2014.

[4] 杨帆,等. 数字图像处理与分析[M]. 2版. 北京:北京航空航天大学出版社,2010.

[5] 胡学龙. 数字图像处理[M]. 2版. 北京:电子工业出版社,2011.

[6] 侯宏花. 数字图像处理与分析[M]. 北京:北京理工大学出版社,2011.

[7] 杨丹,赵海滨,龙哲,等. MATLAB图像处理实例详解[M]. 北京:清华大学出版社,2013.

[8] 张德丰. 数字图像处理(MATLAB版)[M]. 北京:人民邮电出版社,2009.

[9] 高展宏,徐文波. 基于MATLAB的图像处理案例教程[M]. 北京:清华大学出版社,2011.

[10] 张德丰. 详解MATLAB数字图像处理[M]. 北京:电子工业出版社,2010.

[11] 章毓晋. 图像工程(上册):图像处理[M]. 3版. 北京:清华大学出版社,2012.

[12] 章毓晋. 图像工程(中册):图像分析[M]. 3版. 北京:清华大学出版社,2012.

[13] 赵小川. MATLAB图像处理:程序实现与模块化仿真[M]. 北京:北京航空航天大学出版社,2014.

[14] 赵小川. MATLAB图像处理:能力提高与应用案例[M]. 北京:北京航空航天大学出版社,2014.

[15] 周品. MATLAB图像处理与图形用户界面设计[M]. 北京:清华大学出版社,2013.

[16] 刘衍琦,詹福宇. MATLAB图像与视频处理实用案例详解[M]. 北京:电子工业出版社,2015.

[17] 张铮,倪红霞,苑春苗,等. 精通MATLAB数字图像处理与识别[M]. 北京:人民邮电出版社,2013.

[18] 韩晓军. 数字图像处理技术与应用[M]. 北京:清华大学出版社,2009.

[19] Oge Marques. 实用MATLAB图像和视频处理[M]. 章毓晋,译. 北京:清华大学出版社,2013.

[20] 张强,王正林. 精通MATLAB图像处理[M]. 北京:电子工业出版社,2012.